建筑钢结构焊接工程施工综合技术

周文瑛　主编
中建一局集团建设发展有限公司
中冶集团建筑研究总院有限公司

中国建筑工业出版社

图书在版编目（CIP）数据

建筑钢结构焊接工程施工综合技术／周文瑛主编．—北京：中国建筑工业出版社，2011.9

ISBN 978-7-112-13476-2

Ⅰ.①建… Ⅱ.①周… Ⅲ.①建筑结构：钢结构—焊接工艺 Ⅳ.①TG457.11

中国版本图书馆 CIP 数据核字（2011）第 167945 号

本书总结并展示中建一局集团建设发展有限公司和中冶集团建筑研究总院有限公司近几年来在钢结构焊接工程施工领域的优秀创新技术成果。内容包括超高层钢结构工程施工总承包管理、施工技术及应用、特大跨度钢结构施工焊接变形及结构形位控制技术、低合金结构钢材焊接性试验研究及评估应用、复杂节点焊接裂纹防止技术、焊接工程无损检验技术及工程质量管理和控制、国内外相关规范标准评述、《钢结构焊接规范》编制说明及相关技术资讯。本书可供建筑钢结构专业技术人员、研究人员参考使用。

* * *

责任编辑：岳建光　张　磊
责任设计：张　虹
责任校对：张　颖　姜小莲

建筑钢结构焊接工程施工综合技术
周文瑛　主编
中建一局集团建设发展有限公司
中冶集团建筑研究总院有限公司
*
中国建筑工业出版社出版、发行(北京西郊百万庄)
各地新华书店、建筑书店经销
华鲁印联（北京）科贸有限公司制版
北京盈盛恒通印刷有限公司印刷
*
开本:787×1092 毫米　1/16　印张:21½　插页:6　字数:530 千字
2011 年 10 月第一版　2012 年 5 月第二次印刷
定价:**48.00** 元
ISBN 978－7－112－13476－2
(21257)

本书编委会

主　编：周文瑛

副主编：马　昕　刘景凤　杨耀辉　苏　平
　　　　葛冬云　段　斌　马德志

编　委：刘　春　张建锋　赵　晖　李业绩

前　言

作为钢结构的一种主要连接方法，焊接在建筑钢结构中发挥了重要的作用。到目前为止，我国已建成百余幢要求抗震性能好，主要以焊接连接的高层钢结构建筑，钢结构住宅楼也已进入一个新的发展阶段；大跨度空间全焊钢结构已在各种体育馆、展览中心、大剧院、候机楼、飞机库和一些工业厂房中广泛应用；在20世纪90年代以后已建和在建桥梁中一半以上是钢桥，随着国内高速铁路、公路的发展，其沿线的跨街、跨河桥梁也大量使用钢结构，由于其承受动载，对焊接技术的要求更高。

与20世纪相比，被称为钢铁裁缝的焊接技术在当代建筑钢结构工程中的重要性更为突现，已成为工程建设中举足轻重的关键技术而受到各方重视，从而促进了焊接技术在建筑钢结构领域的发展。

中建一局集团建设发展有限公司和中冶集团建筑研究总院有限公司紧密合作，在国内重大钢结构工程项目建设中针对施工和质量控制的难点，开展了相应的科研、试验，施工中严格执行相关国家规程、规范，顺利、优质地建成了一批重大钢结构工程，并形成了系统的焊接技术软件，同时为企业树立了品牌。本书总结并展示双方近几年来在钢结构焊接工程施工领域的优秀创新技术成果。论文主题范围包括超高层钢结构工程施工总承包管理、施工技术及应用、特大跨度钢结构施工焊接变形及结构形位控制技术、低合金结构钢材焊接性试验研究及评估应用、复杂节点焊接裂纹防止技术、焊接工程无损检验技术及工程质量管理和控制、国内外相关规范标准评述、《钢结构焊接规范》编制说明及相关技术资讯。论文以试验数据为基础，以工程实践经验的总结为主，注重归纳、分析、论述，反映现时代钢结构焊接工程施工领域中综合创新技术与先进水平。

希望本书对相关钢结构施工有一定的借鉴作用。

周文瑛

2011年7月

目 录

钢结构施工总承包管理

应 用 研 究

焊接施工技术

质 量 控 制

国家规范、标准

焊接工艺评定与焊工培训考试

钢结构施工总承包管理

超高层钢结构工程施工总承包管理
（北京国贸三期/天津津塔）

马 昕 杨耀辉 葛冬云 张谨孝
（中建一局集团建设发展有限公司）

摘 要：从钢结构工程施工总承包的核心技术，总承包管理形式、团队组成，全面论述总承包管理模式的特点、优势。以北京国贸三期、天津津塔工程为例，重点并全面阐述总承包管理工作内容，说明总承包管理模式是工程质量、工期、成本控制目标的有力保证。

关键词：总承包管理 深化设计 构件加工制作 现场安装 焊接

0 序言

20 世纪 80 年代，内地有代表性的钢结构工程施工都是由境外钢结构企业承包，国内企业参与劳务，例如北京京广中心，北京国贸一期，深圳发展中心，深圳国贸等。

20 世纪 90 年代，内地有代表性的钢结构工程施工均采取境外企业总包，内地企业分包模式，例如上海金茂大厦、深圳地王大厦、大连森茂大厦、上海中银大厦、北京国贸二期等。

进入 21 世纪，中国的钢结构工程施工走上了内地企业独立总承包道路，其中如北京 LG 大厦、国家游泳中心（水立方）、北京国贸三期、天津津塔等是一局集团的代表工程（见图 1）。一局集团投入了最优秀的管理团队，形成了一局集团独有的钢结构总承包管理模式。把十几年累积的钢结构管理经验和施工技术全面应用在实践中，实现了北京国贸三期 480d 完成主楼全部 5.8 万 t 钢结构施工的中国速度。充分说明总承包管理模式是工程质量、工期、成本控制目标的有力保证。

超高层钢结构总承包管理具有技术含量高、自主性强、协作面广、专业环节多、团队人员素质要求高的特点，分别简述如下：

1 钢结构工程施工总承包的核心技术

（1）节点深化设计及计算，要求满足强节点的抗震安全原则；

（2）钢构件加工详图设计，细化装配焊接工艺以确定复杂节点构造设计；

（3）优质钢板、热轧型钢定尺定量采购，严防因钢材质量问题或供货不及时延误工程；

（4）3～5 个加工厂质量及进度全程管控，尤其是加工厂分工接口的同步衔接；

（5）钢结构现场安装及焊接技术优化，是总包方管理与施工作业的重点所在；

（6）施工计算：内外筒结构压缩变形差异分析计算，以确定钢柱实际加工长度，保证楼面水平度；典型层钢梁施工验算，以确定各个过程中楼面梁的稳定性以及钢梁的预起拱值；钢板墙焊接过程应力监测，据此优选焊接顺序。

中国国际贸易中心三期	天津环球金融中心·津塔
总高度330m，地上74层，地下4层，钢结构总重5.8万t，现在是北京最高的建筑。 我公司承担该工程总包和钢结构总包	总高度为336.9m，地上75层，地下4层，钢结构总重6.8万t，目前是天津最高的建筑。我公司承担工程总包，包括钢结构

图1　一局集团·超高层钢结构总承包代表工程

作为总包方通过全面掌控钢结构节点深化设计、钢构件加工详图设计、钢材采购订货、工厂加工制作、现场安装测量焊接等过程的每一个细节，才能达到全过程质量、进度控制，有效降低经济成本、缩短时间成本。

2　钢结构工程施工总承包管理形式

（1）自主完成深化节点设计计算——对接业主设计顾问，保证信息的及时沟通，使节点设计以及与机电、装饰、幕墙工程之间协调关系等各种建议方案符合并完善设计意图，指导加工详图的设计；

（2）自主完成构件加工详图设计——加工详图是构件制作的基本依据，总包方自主完成加工详图设计为强化加工厂管理创造了必要条件；

（3）直接与钢铁企业签订采购合同——减少中间环节，保证钢材质量及供货；

（4）钢材和加工图纸直接发给工厂——避免钢材供货及图纸的延误；

（5）自行组织钢结构吊装、测量、焊接等——避免层层分包，有效控制施工质量及进度。

一局集团通过以上管理形式实现全方位的总承包管理模式，并形成了企业独有的品牌风格。

3　钢结构工程施工总承包管理的优势

（1）以现场施工需求为核心，深化设计、加工详图、钢材采购、构件制作各环节紧密围绕配合，实现钢结构总体进度计划可控；

（2）钢结构吊装与土建施工密切配合，现场统一协调管理；

（3）解决组合结构施工复杂的难题，在深化设计阶段创造与钢筋混凝土工程衔接的良好条件；

（4）尽可能降低现场焊接难度，落实工厂制作焊接工艺的优化。桁架层复杂结构全面实施工厂预拼装，提高现场吊装效率。

4 钢结构工程施工总承包管理团队组成

总承包管理团队人员要求专业齐全，经验丰富。一局集团在国贸三期、天津津塔两工程总包管理团队人员组成如表 1 所示。

总包管理团队人员组成 **表 1**

工程名称	国贸三期	天津津塔	说　明
顾问团队	10	4	国贸三期配备了台北 101 大厦设计顾问、施工顾问，随着施工管理经验加强，顾问团队人员减少
深化设计人员	51	32	设计人员技术水平提高，单个项目人员减少
设计协调管理	12	9	
预算采购人员	9	9	保持稳定
加工监造人员	6	9	天津津塔比国贸三期时增加了一个大型加工厂（曹妃甸）
现场安装人员	18	18	保持稳定
总包人员配备合计	106	81	因管理团队业务水平稳定提高，天津津塔比国贸三期管理人员减少 25 人

在项目经理的统一领导下，结构施工分为土建和钢结构两部分有机结合体。在项目内部形成土建、钢结构、机电、装修、幕墙为一体的组织系统。以某个钢结构为主体的项目为例，钢结构总包管理团队组织形式如图 2 所示。

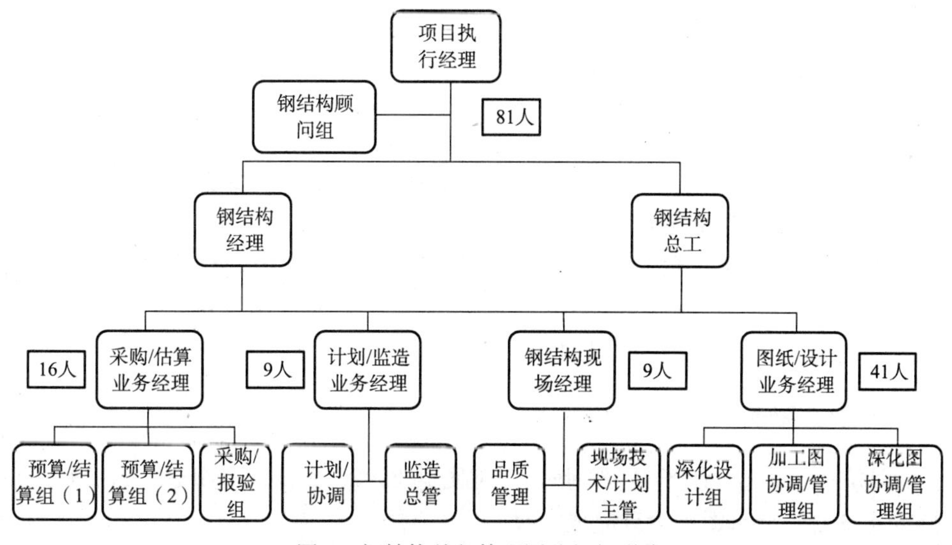

图 2　钢结构总包管理团队组织形式

5　钢结构工程施工总承包管理工作内容

节点深化设计、预算/采购、加工、安装各环节程序如图3所示。

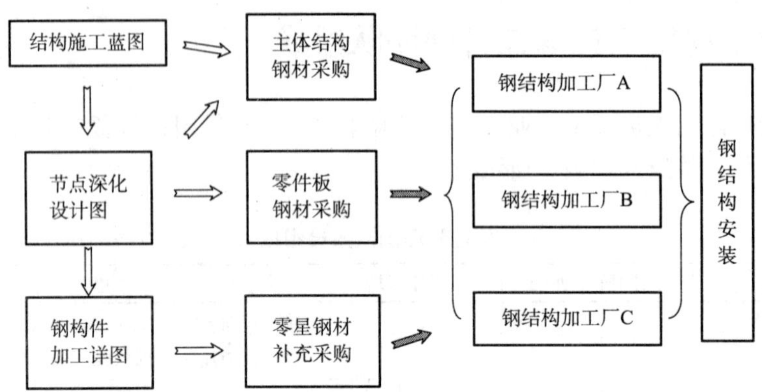

图3　钢结构工程施工总承包工作各环节程序

5.1　钢结构深化设计及加工图设计

5.1.1　设计图模式及技术要求

依据业主提供的结构和建筑施工图，深化设计人员进行节点构造设计及连接节点计算，同时绘制详细的构件平、立面布置图、标准节点图、特殊节点图等；再以深化图为依据绘制每个构件加工详图，在图中明确每个零件放样图、装配图及焊缝要求。一般工程的深化设计图纸是用Xsteel完成，但工艺坡口、焊缝表达用程序是无法完成的，因而对复杂节点构件采用的是全部手工画图。

深化设计过程中，充分与土建、机电、幕墙、电梯等专业协调配筋、洞口、埋件、二次结构等在结构构件上的预留条件。

5.1.2　设计管理

（1）建立深化设计管理台账：深化设计进度台账，原设计院变更台账，原设计院图纸会审洽商台账，深化设计变更台账；

（2）建立加工详图管理台账：加工详图设计进度台账，详图设计变更台账，详图会审记录台账，变更签证管理台账；

（3）工作目标：快速、准确、无遗漏、低损失。

5.1.3　设计能力配备

北京国贸三期深化设计图共635张，加工图共29920张，共组织51人，自2005年5月至2006年6月将所有图纸设计完成。

天津津塔深化设计图共905张，加工图共17736张，共组织32人，自2008年3月至

2009 年 5 月将所有图纸设计完成。

5.1.4　设计阶段工作内容

（1）在深化设计阶段可以根据工程具体特点，深入完成柱脚节点、不同类型柱与梁连接节点、梁与梁、柱与支撑、梁与支撑、钢板墙连接等节点设计，同时根据各专业的需要，完善配合工作，如钢筋与钢结构的连接，电梯结构与主结构的连接等。例如：国贸三期钢板墙连接，经过深化设计及施工实际的配合计算，通过与结构设计的协调，最终采用高强螺栓连接方式，尚属国内首例。

（2）完善伸臂桁架等复杂节点设计，根据工程特点及安装加工焊接工艺等条件，对施工图节点构造提出合理建议，并根据核心筒与外筒不均匀沉降、压缩、徐变计算和监测结果，对伸臂桁架连接形式和封闭时间提出合理建议。例如：国贸三期、天津津塔的结构体系中都设置了伸臂桁架和带状桁架，我们根据内外筒沉降、压缩、徐变计算结果，对伸臂桁架与内外筒柱连接，在施工阶段设计斜腹杆采用销轴连接，待结构封顶后再焊接固定。

5.1.5　深化设计图表达的信息与技术要求

（1）钢柱、钢梁及桁架截面形式（钢柱截面实例见表 2）

钢柱截面实例　　**表 2**

核心筒内钢柱截面		外筒内钢柱截面	
国贸三期	天津津塔	国贸三期	天津津塔
2300　3300	1150　40	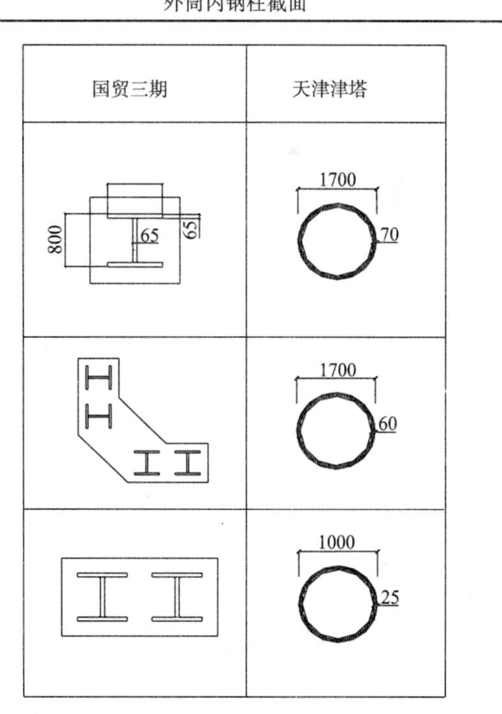	
600　2960	1650		
3595　2600	120　120　80　720　1680		

（2）深化设计说明文件包含焊接工艺要求（部分实例见表 3～表 6）

贴角焊接列表 **表 3**

形式		尺寸		
贴角焊接图一	贴角焊接图二	t	s	焊接方法
		6～8	6	焊条电弧焊 埋弧焊 CO_2 气体保护焊
		10	8	
		12	10	
		14～16	12	
		20	16	

工厂自动焊接列表 **表 4**

编号	形式	尺寸	编号	形式	尺寸
GA	熔透焊 SC－TL－2 F 埋弧焊 清根	$t \leqslant 20$ $b=0$ $p=10$ $H1=t-p$ $\alpha=60°$	GG	埋弧焊 SC－BK－2 F 清根	$t \geqslant 20$ $\alpha1=55°$ $\alpha2=60°$ $b=0$ $p=5$ $H1=2/3(t-p)$ $H2=1/3(t-p)$
GB	熔透焊 SC－TK－2 F 埋弧焊 清根	$t>20$ $\alpha1=55°$ $\alpha2=60°$ $b=0$ $p=5$ $H1=2/3(t-p)$ $H2=1/3(t-p)$	GH	熔透焊 SC－TL－B1 埋弧焊 不清根	$t>10$ $b=6$ $p=0\sim2$ $\alpha1=45°$
GC	箱形截面熔透焊焊接 SC－CV－B1 埋弧焊	$\alpha1=30°$ $b=8$ $p=2$ $H1=t-p$	GJ	部分熔透焊 埋弧焊	$t>16$ $\alpha1=55°$ $\alpha2=55°$ $p=6$ $H1=1/2(t-p)$ $H2=1/2(t-p)$

工厂手工焊接列表　　表 5

编号	形式及尺寸	焊接方法	编号	形式及尺寸	焊接方法
GD	熔透焊 清根　CO_2 气体保护焊 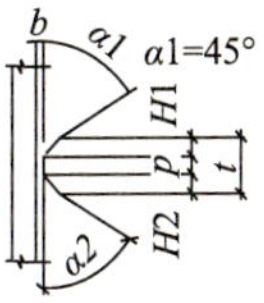 b　α1　α1=45°　H1　p　t　H2　α2	GC-TK-2 $t \geqslant 16$ $\alpha 2=60°$ $b=0\sim3$ $p=0\sim3$ $H1=2/3(t-p)$ $H2=1/3(t-p)$	GK	熔透焊 清根　CO_2 气体保护焊 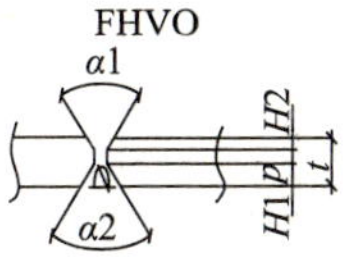 FHVO α1　H2　H1　p　t　α2	GC-BX-2 $t \geqslant 16$ $b=0\sim3$ $p=0\sim3$ $\alpha 1=60°$ $\alpha 2=60°$ $H1=2/3(t-p)$ $H2=1/3(t-p)$
GE	熔透焊 清根　CO_2 气体保护焊 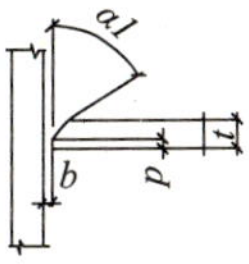 α1　t　b　p	GC-TL-2 FHVO $t \geqslant 6$ $p=0\sim3$ $\alpha 1=45°$ $b=0\sim3$	GL	部分熔透焊 CO_2 气体保护焊 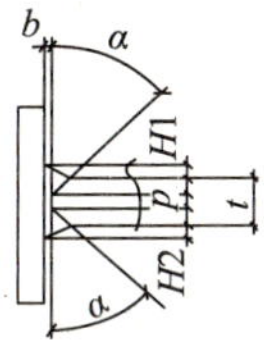 b　α　H1　p　t　H2　α	$t \geqslant 20$ $b=0$　$p=0\sim6$ $H1=1/4t$ $\alpha=50°$

工地焊接列表（焊接方法：全部采用手工 CO_2 焊接）　　表 6

编号	形式及尺寸	焊接位置	编号	形式及尺寸	焊接位置
XA	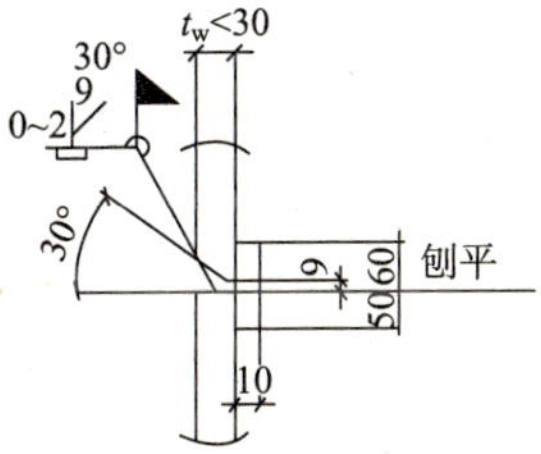 $t_w<30$　30°　9　0~2　30°　9　刨平　60　50　10 （t_w 为 H 柱腹板厚）	钢柱腹板对焊	XB	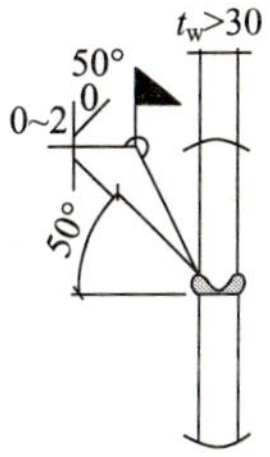 $t_w>30$　50°　0　0~2　50° （t_w 为 H 柱腹板厚） 反面清根	钢柱腹板对焊
XD	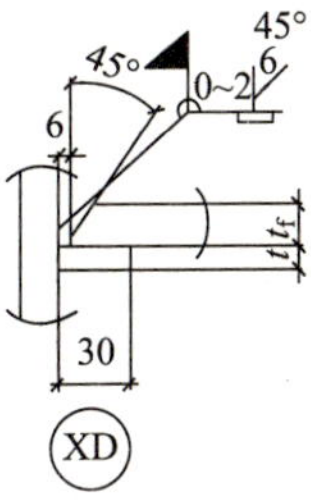 45°　45°　6　0~2　6　t_f　30　XD	钢梁翼板焊接	XP	清根 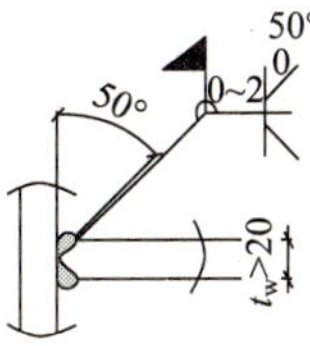 50°　0　0~2　50°　$t_w>20$	钢梁腹板焊接

节点大样图和加工图应严格按以上图示方式标注。

（3）信息完整的钢梁端头列表

一根钢梁的两端头同时给出节点索引号和节点大样编号，另外还有截面尺寸/材质/端头焊接/栓接/螺栓数量/连接板厚度等丰富的信息（见表 7）。

（4）设计说明、平面布置索引图、钢梁列表与节点图的关系示例（图 4）

（5）节点图焊缝标注与总说明保持一致（图 5）

构件一览表

表 7

序号	构件编号	截面尺寸 $D\times B\times t\times T$ (mm)	截面类型	材质	与外框梁连接端					
					连接形式图索引编号/图号	连接大样图索引编号/图号	螺栓规格	螺栓数量	连接板厚（mm）	连接板块数
1	B2GL04－20	HN400×800×8×13	A	Q345C	WJ5（SS33－01）	WK001a（SS31－003）	M24（10.9S）	4	6	2
2	B2GL04－21	HN400×800×8×13	A	Q345C	WJ2（SS33－01）	WJ85（SS34－06）	M24（10.9S）	4	10	1
3	B2GL04－22	HN400×800×8×13	A	Q345C	WJ5（SS33－01）	WK001a（SS31－003）	M24（10.9S）	4	6	2
4	B2GL04－23	HN400×800×8×13	A	Q345C	WJ2（SS33－01）	WJ86（SS34－06）	M24（10.9S）	4	10	1
5	B2GL04－24	HN400×800×8×13	A	Q345C	WJ5（SS33－01）	WK002a（SS31－003）	M24（10.9S）	4	6	2
6	B2GL04－25	HN400×800×8×13	A	Q345C	WJ2（SS33－01）	WJ87（SS34－06）	M24（10.9S）	4	10	1
7	B2GL04－26	HN400×800×8×13	A	Q345C	WJ5（SS33－01）	WK003a（SS31－003）	M24（10.9S）	4	6	2
8	B2GL04－27	HN400×800×8×13	A	Q345C	WJ2（SS33－01）	WJ23（SS34－01）	M24（10.9S）	4	10	1
9	B2GL04－28	HN400×800×8×13	A	Q345C	WJ5（SS33－01）	WK006a（SS31－004）	M24（10.9S）	4	6	2
10	B2GL04－29	HN400×800×8×13	A	Q345C	WJ2（SS33－01）	WK006a（SS31－004）	M24（10.9S）	4	10	1
11	B2GL04－30	HN400×800×8×13	A	Q345C	WJ5（SS33－01）	WJ23（SS34－01）	M24（10.9S）	4	6	2
12	B2GL04－31	HN400×800×8×13	A	Q345C	WJ2（SS33－01）	WK007a（SS31－004）	M24（10.9S）	4	10	1
13	B2GL04－32	HN400×800×8×13	A	Q345C	WJ5（SS33－01）	WJ23（SS34－01）	M24（10.9S）	4	6	2
14	B2GL04－33	HN400×800×8×13	A	Q345C	WJ2（SS33－01）	WK007a（SS31－004）	M24（10.9S）	4	10	1
15	B2GL04－34	HN400×800×8×13	A	Q345C	WJ5（SS33－01）	WJ25（SS34－02）	M24（10.9S）	4	6	2
16	B2GL04－35	HN400×800×8×13	A	Q345C	WJ2（SS33－01）	WK008a（SS31－004）	M24（10.9S）	4	10	1
17	B2GL04－36	HN400×800×8×13	A	Q345C	WJ5（SS33－01）	WJ25（SS34－02）	M24（10.9S）	4	6	2

主安装方向
S
R
Q
19
18
17
16
8400
8400
8400
节点号索引
钢筋方向
构件编号
安装方向
节点索引
HN500x200x10x16
HN400×200×8
GL03E-7
GL03E-6
GL03E-5
GL05-8
GL05-7
GL05-6
GL05-5
GL02-2
GL02-1
GL01F-19
GL01F-18
GKL01A-13
GL06-1
GL06E-4
2326
2326
2326
1421
2452
2452
2521
2168
2168
1542
1310
225
225
(a)

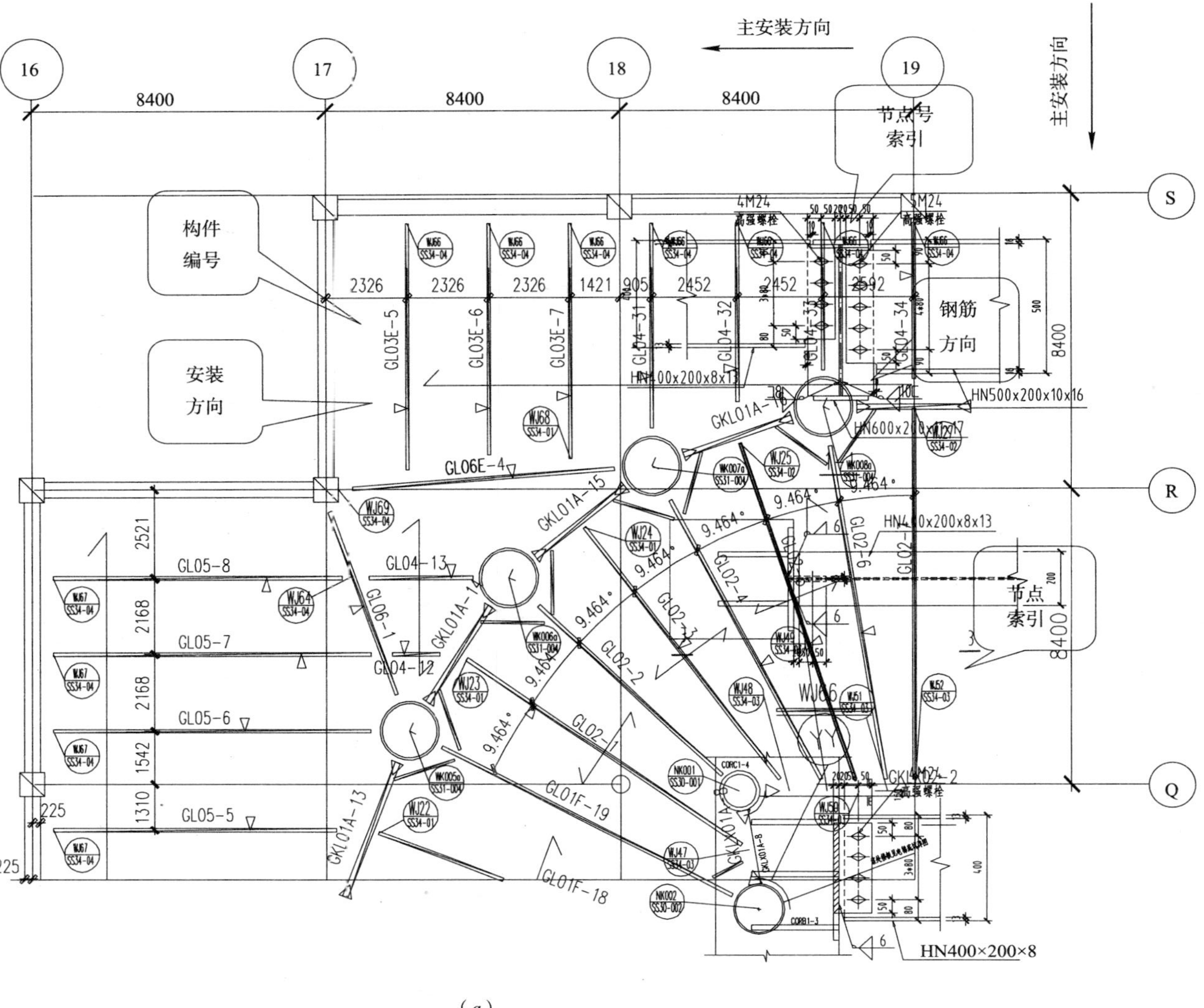

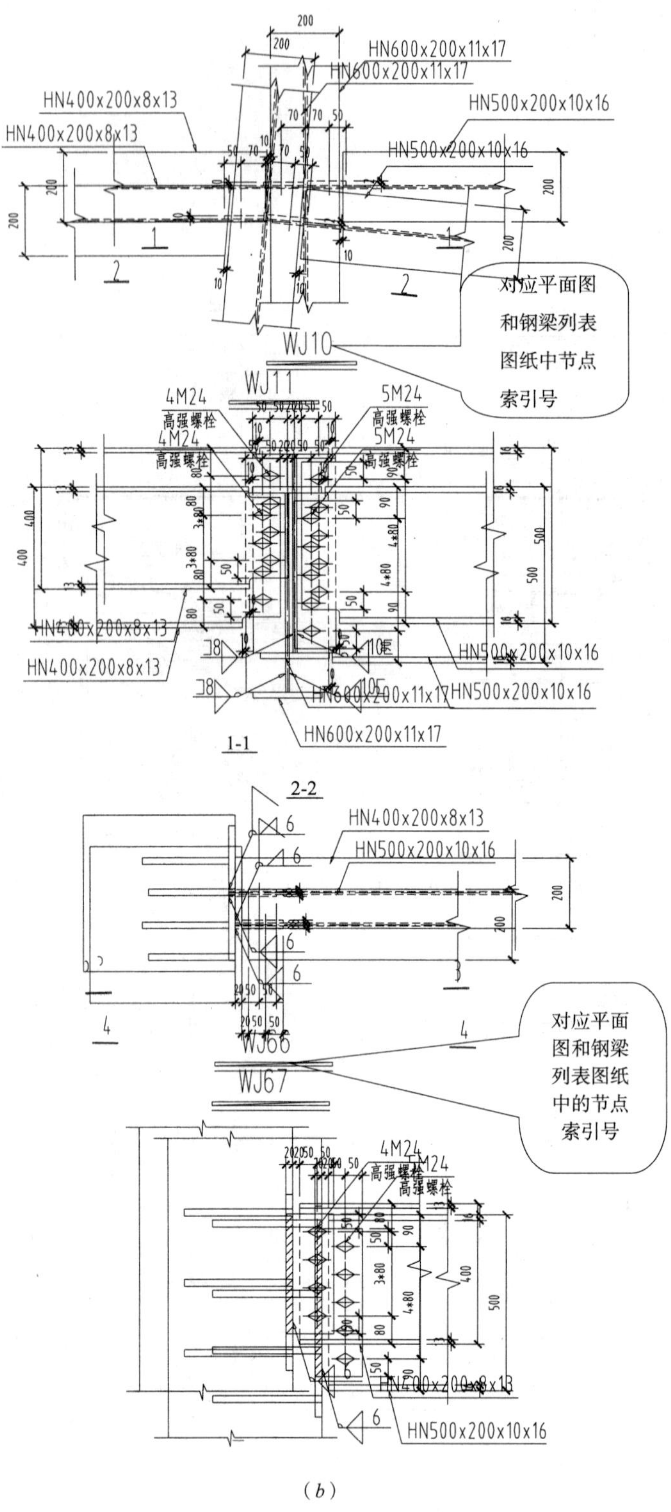

(*b*)

图 4　设计说明、平面布置索引图、钢梁列表与节点图的关系

(*a*) 平面布置图；(*b*) 3－3

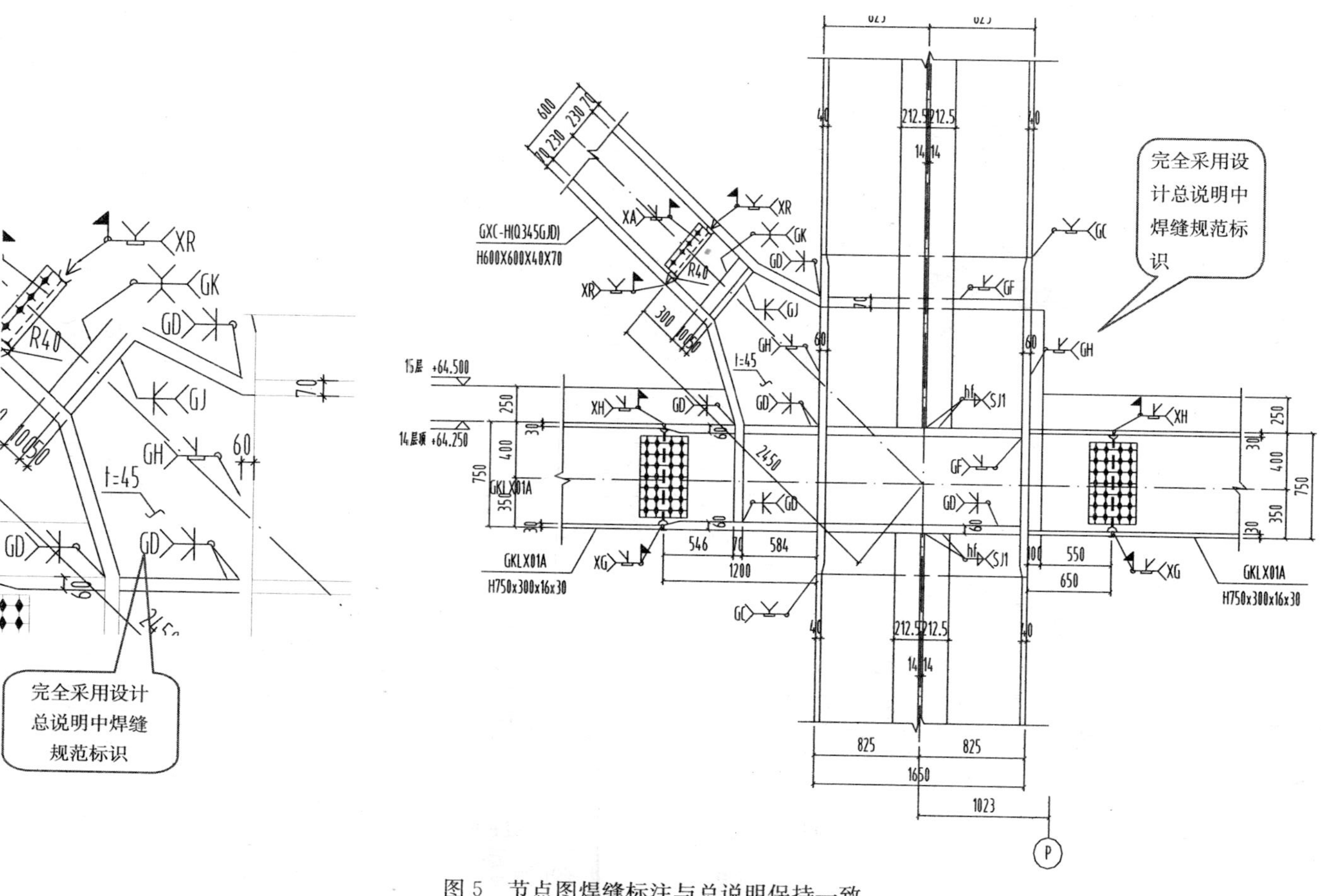

图 5　节点图焊缝标注与总说明保持一致

（6）对复杂节点进行有限元分析

例如：天津津塔主塔楼为地上 75 层，地下 4 层之超高层大楼，抗侧力体系为框架剪力墙体系，周边延性抗弯框架为钢管混凝土框架筒体，内筒为钢管混凝土剪力墙核心筒体，筒体之间设有四个伸臂桁架。

针对第一道伸臂桁架与核心筒柱连接位置，该部位节点复杂、传力途径不明确，故采用有限元对节点内力情况进行分析（见图 6）。

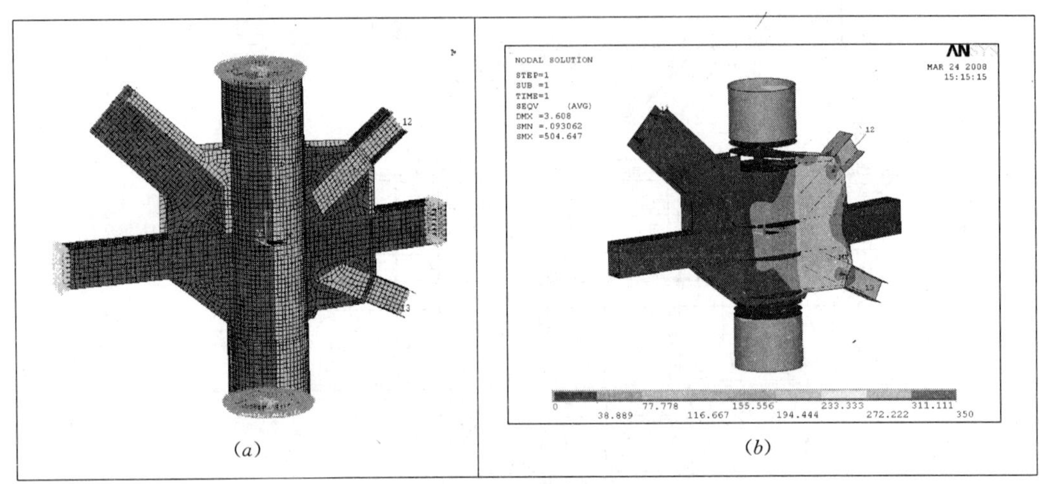

图 6 采用有限元对节点内力进行分析

（a）节点有限元模型；（b）设计荷载下节点剖开局部等效应力分布图

通过有限元分析证明该节点在设计荷载下总体应力比较小，仅斜撑牛腿与节点板连接处局部应力比较大。据此确认该节点设计的安全性。

5.1.6 深化设计进度控制

深化设计周报表示例如表 8。

5.1.7 加工详图进度控制

加工详图周报表示例如表 9。

5.2 钢材采购管理

5.2.1 质量控制

（1）一般化学成分及力学性能按照国家标准：《低合金高强度结构钢》GB/T 1591－2008；《建筑结构用钢板》GB/T 19879－2005；《厚度方向性能钢板》GB 5313－1985；《厚钢板超声波检验方法》GB/T 2970－2004。

还需附加以下要求：

当钢板厚度≥40mm，增加 Z 向性能要求，该钢板最低要求 UT Ⅲ级 100%检测合格。尚应根据板厚、节点复杂程度和焊接拘束度选择提高 Z 向性能等级及 UT 质量等级要求（Ⅰ级最高）。

表 8

天津津塔　深化设计组周报（部分）（2009.4.9 至 2009.4.15）

序号	部位	钢板采购用图		有效深化图		预估图纸（张）	本周完成量（张）	实际累计完成量	材料预算/加工图绘制状态	备注栏
		计划完成时间	实际完成时间	计划完成时间	实际完成时间					
6	第 6 扎 深化图（L25 - L33）T11 T12 T13	2008.4.15	2008.4.18	2008.8.1	2008.8.20	107	0	107	加工图绘制	
7	第 7 扎 深化图（L34 - L39）T14 T15	2008.5.13	2008.5.23	2008.8.22	2008.9.25	132	0	132	加工图绘制	
8	第 8 批 深化图（L40 - L48）T16 T17 T18	2008.5.13	2008.5.23	2008.10.24					加工图绘制	
9	第 9 批 深化图（L49 - L54）T19 T20	2008.6.5	2008.6.15	2008.11.26	2008.12.31	133	10	133	加工图绘制	
10	第 10 批 深化图（L54 - L63）T21 T22 T23	2008.6.5	2008.6.15	2008.12.26						
11	第 11 批 深化图（L64 - L69）T24 T25	2008.7.13	2008.7.15	2009.2.3	2009.2.11	128	17	81	加工图绘制	已报审给 ECADI，ECADI 承诺 2009.4.10 前回复
12	第 12 批 深化图（L70 - LR）T26 T27	2009.2.23	2009.2.23						未开始	2009 - 4 - 15 前发出蓝图给 ECADI 及各家
				2009.4.20					未开始	正式深化图发出

天津津塔　加工详图周报（部分）（2009 年 4 月 8 日）　**表 9**

序号	节次	构件类型			预估构件总量	本周计划完成量	本周实际完成量	本周剩余量	至本周计划完成总量	至本周实际完成总量	至本周剩余总量	原计划发图日期	实际发图日期	备注
24	T24	外筒	柱		32	24	24	0	32	32	0	09.04.11		
			框架梁	L64 层顶	32	0	0	0	32	32	0			
				L65 层顶	32	0	0	0	32	32	0			
				L66 层顶	32	0	0	0	32	32	0			
			平面梁	L64 层顶	116	0	0	0	116	116	0			
				L65 层顶	116	0	0	0	116	116	0			
				L66 层顶	116	0	0	0	116	116	0			
		内筒	柱		19	3	3	0	13	13	6	09.04.29		
			框架梁及支撑	L64 层顶	43	19	19	0	31	31	12			
				L65 层顶	43	19	19	0	31	31	12			
				L66 层顶	43	19	19	0	31	31	12			
			平面梁	L64 层顶	85	0	0	0	85	85	0			
				L65 层顶	85	0	0	0	84	84	1			
				L66 层顶	85	0	0	0	85	85	0			

工作纪要	上周完成工作	下周工作计划	急需解决的问题
	1. T23 节外筒柱、框架梁、平面梁加工图已完成，已于 4 月 3 日发图； 2. F61～F63 层顶隅撑加工图已完成，已于 4 月 3 日发图； 3. T22 节核心筒柱、框架梁、平面梁加工图完成，已于 4 月 3 日发图	1. T23 节内筒加工图的发图； 2. T24 节外筒加工图的发图； 3. T23 节内筒加工图的绘制发图； 4. T24 节内筒加工图绘制； 5. T25 节外筒加工图绘制	F45 层顶～F64 层顶之间的楼梯急需华东院确认

例如：为了避免钢板夹层或中心部位组织偏析，在 $t \geqslant 25$mm 时增加 UTⅢ级要求；60mm$\geqslant t \geqslant$40mm 时要求 Z15 级；80mm$\geqslant t >$60mm 时要求 Z25 级；100mm$\geqslant t >$80mm 时要求 Z35 级。伸臂桁架、带状桁架 $t >$40mm 时要求 Z25 级。

或者在节点拘束度不大时略降低要求，如 70mm$\geqslant t \geqslant$40mm 时要求 Z15 级；100mm$\geqslant t >$70mm 时要求 Z25 级；$t >$100mm 时要求 Z35 级。

(2) 交货状态：热轧、正火或控轧的选择，一般按国家标准规定以保证钢板性能为原则由钢厂确定。但热处理工艺涉及钢材价格影响成本控制，订货时可根据不同钢厂的条件，兼顾钢材性能与成本确定需正火热处理的最小板厚。

(3) 满足《高层民用建筑钢结构技术规程》JGJ 99－1998 的要求：要求强屈比$\geqslant$1.2；应有明确的屈服台阶；伸长率应大于 20%。具有良好的可焊性，在材质证明书中注明所含微量元素含量，用于计算碳当量及裂纹敏感性指数。

(4) 钢厂的选择：根据目前钢厂的生产水平，厚度 40mm 及以上钢板可采购舞阳钢厂、武汉钢厂、宝钢的钢材；40mm 以下钢板可采购舞阳钢铁、武汉钢铁、秦皇岛首钢、鞍钢、济南、安阳钢铁厂的钢材。对于新增装备或首次生产厚板的钢厂，需慎重考察其冶炼、轧制装备及工艺技术和产品质量，特别是冲击韧性和厚度方向断面收缩率的实际水平。

5.2.2 采购管理

采购预算在每天对钢板的合同执行、投料、炼钢、轧制、化学/力学检验、热处理、无损检测、装车/装船、工厂到货、复试等进行全线跟踪，详细到每一单的每一块钢板具体位置。管理报表格式及内容示例于表 10。

5.3 钢结构加工厂管理与控制

5.3.1 加工厂管理模式

(1) 多工厂加工的模式

由于超高层钢结构供货周期长，单节次构件现场吊装周期短，所以一个工程需要选择多个工厂供货。

(2) 合理分配单个工厂供货量

根据经验，总体量在 6 万 t、75 层、安装周期 18 个月的超高层钢结构工程，高峰时标准层每个月现场可以吊装 6 层，约 4500～6000t，构件加工周期为 45d，故生产线上应同时有 6500～9000t 才能满足现场要求。而桁架层构件会重于标准层，且加工周期长，通常在 90d 左右，此时生产线上同期构件会达到 9000～12000t。

所有的工厂都不只为一个工程供货，这样的需求量是任何一个加工厂都无法独立完成的。

由于超高层钢结构的构件节点构造复杂加工难度大、钢板厚焊接量大，优秀的大型工厂月供货 2000～3000t 已是很好，因此 3～4 家工厂同时加工才能满足需求。

(3) 内外筒构件分开工模式

以内筒速度带动外筒、以外筒进度促进内筒进度在国贸三期和天津津塔项目收到良好效果。

5.3.2 总包方直接管理加工的优势

(1) 图纸和钢材由总包方提供，完全掌握主控权。深化和详图设计是加工基准，在设

表 10

钢板供货一览表

填表人：史红中　统计时间：2008 年 10 月 16 日

月份	供货厂家	订单编号	合同项目号	使用部位	订货量		到厂量		在途中		未交货量		备注
					数量（块）	重量（t）	数量（块）	重量（t）	数量（块）	重量（t）	数量（块）	重量（t）	
5 月	舞钢	三批三单	WX1 - 78 - 15	T12 节内筒柱	14	159.216	12	140.771	2	18.445			补轧一块
5 月	舞钢	三批四单	WX1 - 78 - 15	L25 - L34 钢板墙	77	445.555	76	471.795			1	13.876	
10 月	武钢	五批九单	8CD01562A06～7 8CD01562A11～22 8CD01563A31～50 8CD01562B19 8CD01563B01～04 8CD01564B01、05	内筒 T21 节 CORB 柱内筒 T23 节 CORB 柱内筒 T23 节 CORA 柱 L56 - L64 内筒柱内环板 L56 - L64 内筒框架梁牛腿	119	407.738	30	87.180	61	235.282	28	85.276	
10 月	武钢	五批十单	8CD01562B22～33 8CD01563A51	L50 - L64 支撑异形板、斜支撑	73	355.425			31	162.873	42	192.552	
	合计												

计阶段已经完成了所有与结构顾问就工艺和构造问题的协商工作，工厂的任务就是按图加工。

（2）合同执行力度大，随时在工厂间调配钢板和图纸。根据各工厂实际进度，一旦发现某个工厂有拖后现象，立即将钢板和图纸调运到其他工厂。

（3）根据各工厂能力，合理分配加工任务。每个工厂因场地、吊车、技术人员、装配工人、自动焊和手工焊工人的条件不同，不同类型构件的加工能力差异很大，只有知人善任才能取得高质量和高效率。

（4）完善的管理团队。所有的事情都需要有人管理，完善的管理团队才能真正实现过程控制目标。

5.3.3 制造管理要点

（1）制作进度管理

以现场需求为核心，精确测算复杂构件加工周期，提出图纸需求计划和钢材需求计划（加工工期目标计划实例见表 11）。

（2）工艺方案控制

全部加工工艺方案经由总包方顾问审核，总工程师批准后才能实施（方案项目见图 7）。

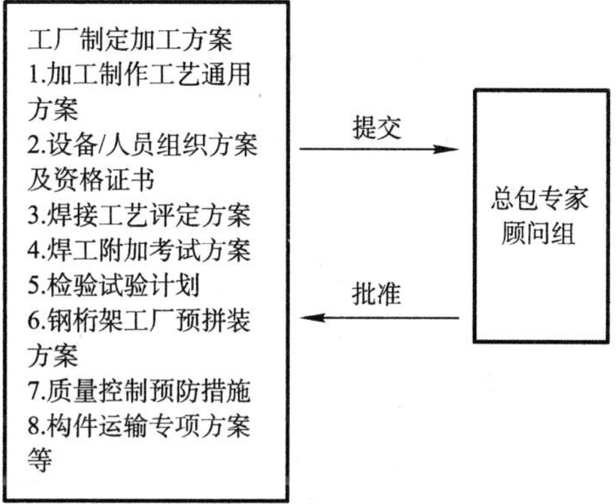

图 7 方案项目

（3）过程质量监督

委派责任心强，经验丰富的钢结构监造人员驻加工厂，掌握工厂生产动态信息并及时进行反馈；全面了解工程图纸发放、设计变更、材料采购与供应以及现场安装等环节信息并在保证工期需求的前提下做好协调工作，以利工厂生产及现场施工顺畅。

在加工制作准备阶段，驻厂工程师主要从钢材进厂检尺验收、钢板探伤、钢材（及焊材）按规范或已报送审定方案规定的抽样比例取样复试、材质证明单等几个方面，控制监督钢板的使用。

在加工制作阶段，驻厂工程师从排板、下料、冷/热成形、装配、焊接、校正、端铣、喷涂、编号标识、验收（主要检查钢构件加工的外形尺寸，孔距位置，焊缝质量特别是隐蔽焊缝质量，检验与实验报告，钢结构构件配套情况）各环节进行监督。

在成品入库、运输阶段，驻厂工程师对成品堆放、包装装车、随构件发运的资料等进行监督。

驻厂监造执行日、周报制度。周报内容包括：上周工厂生产完成情况，存在的质量问题，图纸、材料供应的情况以及下周生产计划安排，质量控制重点，图纸、材料需求情况以及需总包协调解决的问题等。

驻厂工程师与工厂质量及技术负责人和第三方无损检测人员共同参加周巡检工作，发现的问题可及时整改，并做出必要的处罚。表 12 为周巡检记录表及驻厂人员日报表实例。

5.3.4 典型复杂构件及节点制作实例

（1）异形组合截面柱制作（图 8）

天津津塔项目钢结构加工工期目标分解（第 3 版）计划编制时间：2009 年 2 月 3 日 表 11

序号	项目名称	图纸及钢材需求时间			卷管周期			装配/拼装周期			总加工周期			计划吊装时间		
1	钢构件加工总工期	深化图计划	钢材计划	加工图计划	天数	开始时间	结束时间	天数	开始时间	结束时间	天数	开始时间	结束时间	开始时间	天数	完成时间
5	1. 内筒钢结构加工											2008. 5. 3	2009. 10. 20	2008. 7. 10		2009. 11. 5
6	T9 节（L19 - L21 层顶）	2008. 8. 5	2008. 12. 14	2008. 12. 18	20	2008. 12. 28	2009. 1. 17	30	2009. 1. 12	2009. 2. 11	45	2008. 12. 28	2009. 2. 11	2009. 2. 14	5	2009. 2. 18
7	T10 节（L22 - L24 层顶）	2008. 8. 5	2008. 12. 26	2008. 12. 30	20	2009. 1. 9	2009. 1. 29	30	2009. 1. 24	2009. 2. 23	45	2008. 12. 28	2009. 2. 23	2009. 2. 26	5	2009. 3. 2
8	T11 节（L25 - L27 层顶）	2008. 8. 1	2009. 1. 11	2009. 1. 15	20	2009. 1. 25	2009. 2. 14	30	2009. 2. 9	2009. 3. 11	45	2009. 1. 9	2009. 3. 11	2009. 3. 14	5	2009. 3. 18
9	T12 节 桁架（L28 - L30 层顶）	2008. 8. 1	2009. 1. 3	2009. 1. 3	30	2009. 1. 17	2009. 2. 16	50	2009. 2. 1	2009. 3. 23	65	2009. 1. 25	2009. 3. 23	2009. 3. 26	8	2009. 4. 2
10	T13 节（L31 - L33 层顶）	2008. 8. 1	2009. 2. 12	2009. 2. 16	20	2009. 2. 26	2009. 3. 18	30	2009. 3. 13	2009. 4. 12	45	2009. 1. 17	2009. 4. 12	2009. 4. 15	5	2009. 4. 19
11	T14 节（L34 - L36 层顶）	2008. 8. 22	2009. 2. 24	2009. 2. 28	20	2009. 3. 10	2009. 3. 30	30	2009. 3. 25	2009. 4. 24	45	2009. 2. 26	2009. 4. 24	2009. 4. 27	5	2009. 5. 1
12	T15 节（L37 - L39 层顶）	2008. 8. 22	2009. 3. 8	2009. 3. 12	20	2009. 3. 22	2009. 4. 11	30	2009. 4. 6	2009. 5. 6	45	2009. 3. 10	2009. 5. 6	2009. 5. 9	5	2009. 5. 13

说明：此工期计划用于工厂加工指导，每个月按照现场施工进度情况进行相应调整。

加工厂周巡检记录——津塔项目 **表 12**

<table>
<tr><td colspan="6">巡检日期：2009 年________月________日　　　　巡检：第________次</td></tr>
<tr><td colspan="6">本周加工节次：　　　　班组：　　　　质检员：</td></tr>
<tr><td colspan="2">序号</td><td>检查项目</td><td>责任人</td><td>有否</td><td>数量</td><td>备注</td></tr>
<tr><td rowspan="7">资料检查</td><td>1</td><td>工艺作业指导书</td><td></td><td></td><td></td><td></td></tr>
<tr><td>2</td><td>UT 设备标定记录</td><td></td><td></td><td></td><td></td></tr>
<tr><td>3</td><td>焊缝探伤记录</td><td></td><td></td><td></td><td></td></tr>
<tr><td>4</td><td>构件隐蔽记录</td><td></td><td></td><td></td><td></td></tr>
<tr><td>5</td><td>构件焊接预热、后热记录</td><td></td><td></td><td></td><td></td></tr>
<tr><td>6</td><td>不合格焊缝返修记录</td><td></td><td></td><td></td><td></td></tr>
<tr><td>7</td><td>焊丝复试报告/气体检测报告</td><td></td><td></td><td></td><td></td></tr>
<tr><td rowspan="3">检查要求</td><td>1</td><td colspan="5">全部资料每次轮换抽检 5 项记录，每次检查可以采用个别情况记录</td></tr>
<tr><td>2</td><td colspan="5">现场检查针对班组操作实体，抽查项目包括：焊工证件、是否附加考试合格焊工、焊丝品牌型号、二氧化碳气体合格证、坡口除锈/坡口尺寸、实测预热温度/后热温度、焊接电流/电压参数、焊缝是否分层/分道焊接、焊缝外观、UT/MT 检验员留下的标识、过手孔外观、柱顶/柱底外观、贴脚焊缝高度/外观</td></tr>
<tr><td>3</td><td colspan="5">构件主体尺寸、钢板厚度、材质、零配件装配尺寸、钢筋连接器/栓钉焊脚高度/焊缝外观、设计变更单班组落实情况等</td></tr>
<tr><td rowspan="2">现场检查</td><td>1</td><td colspan="5"></td></tr>
<tr><td>2</td><td colspan="5"></td></tr>
<tr><td colspan="7">参检巡检人员</td></tr>
<tr><td rowspan="3">签字栏</td><td colspan="2">浙江精工</td><td colspan="4"></td></tr>
<tr><td colspan="2">一局发展</td><td></td><td>第三方京冶</td><td colspan="2"></td></tr>
<tr><td colspan="2">监理单位</td><td></td><td>其他人员</td><td colspan="2"></td></tr>
</table>

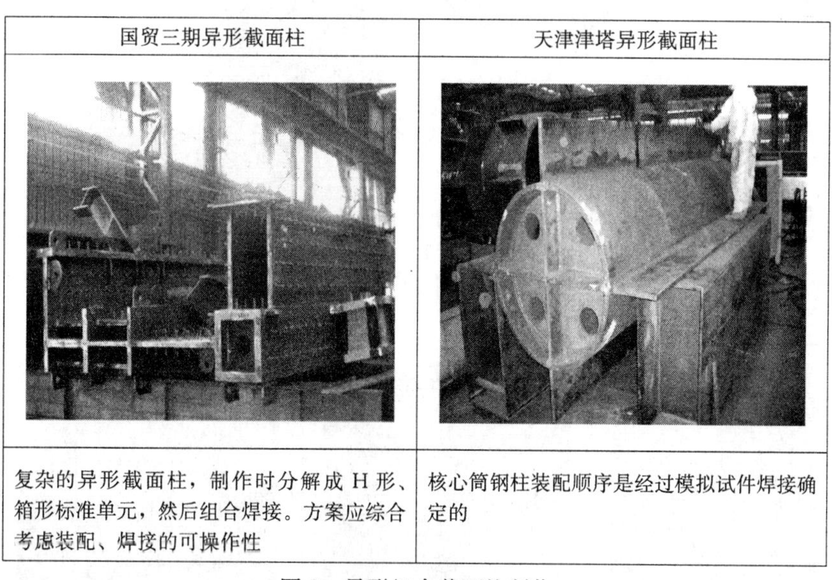

图 8　异形组合截面柱制作

（2）桁架柱复杂节点制作（图 9）

图9 桁架柱复杂节点制作

(3) 双板贯穿米字节点制作(图10)

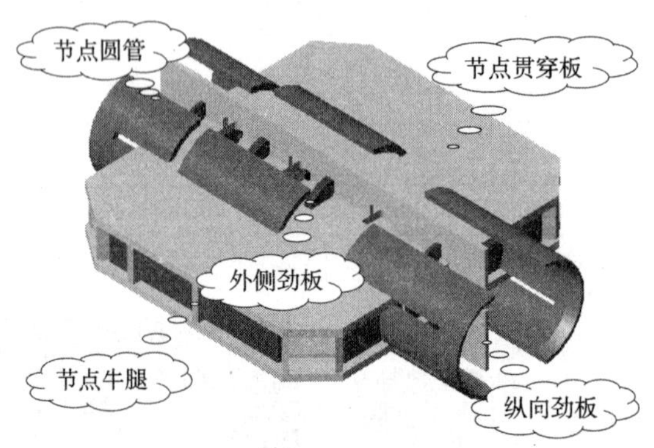

图10 双板贯穿米字节点制作

(4) 核心筒十字柱工艺试验柱加工(图11)

图11 核心筒十字柱工艺试验柱加工

(5) 大型桁架工厂内预拼装（图 12）

图 12　大型桁架工厂内预拼装

5.4　现场安装工艺质量控制

5.4.1　钢结构现场施工管理内容（图 13）

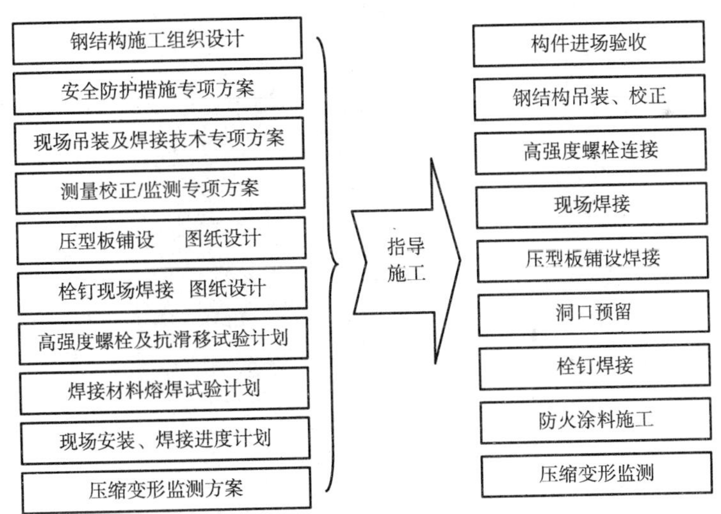

图 13　钢结构现场施工管理内容

5.4.2　钢结构现场安装管理

以合约为控制手段，以总控计划为依据，在计划、工期、质量、安全、文明施工等方面充分发挥总包综合协调管理的优势。

(1) 制定科学合理的施工计划：建立完善的计划体系是控制施工生产局面，保证工程进度的关键。以施工总进度网络图为宏观调控计划，施工进度计划为总体实施计划，以月、周、日计划为具体执行计划，并由此确定设计进度计划、构件进场计划。

（2）建立例会制度，保证各项计划的落实：建立周会议制度：部门经理以上人员会议，协调内部各方面事务；生产例会，总结计划完成情况，并下发下一周周计划；业主、设计、监理、总包方的协调会，分析工程进展形势，沟通各方面进度信息，协调各方关系，及时解决问题。

制定各级控制计划，通过日计划保证周计划，通过周计划保证月计划，通过月计划保证总进度的完成。

（3）在不同阶段加强现场平面布置管理：根据结构施工不同阶段的特点和需求，合理进行施工现场的平面布置，平面图涉及现场循环道路、各阶段大型机械、各阶段材料堆场等方面的布置（津塔工程施工平面布置示例见图 14）。各阶段的现场平面布置图与物资采购、构件设备进厂、资源配备等辅助计划相配合，对现场进行宏观调控，是施工顺利进行和保证工期的重要保证之一。

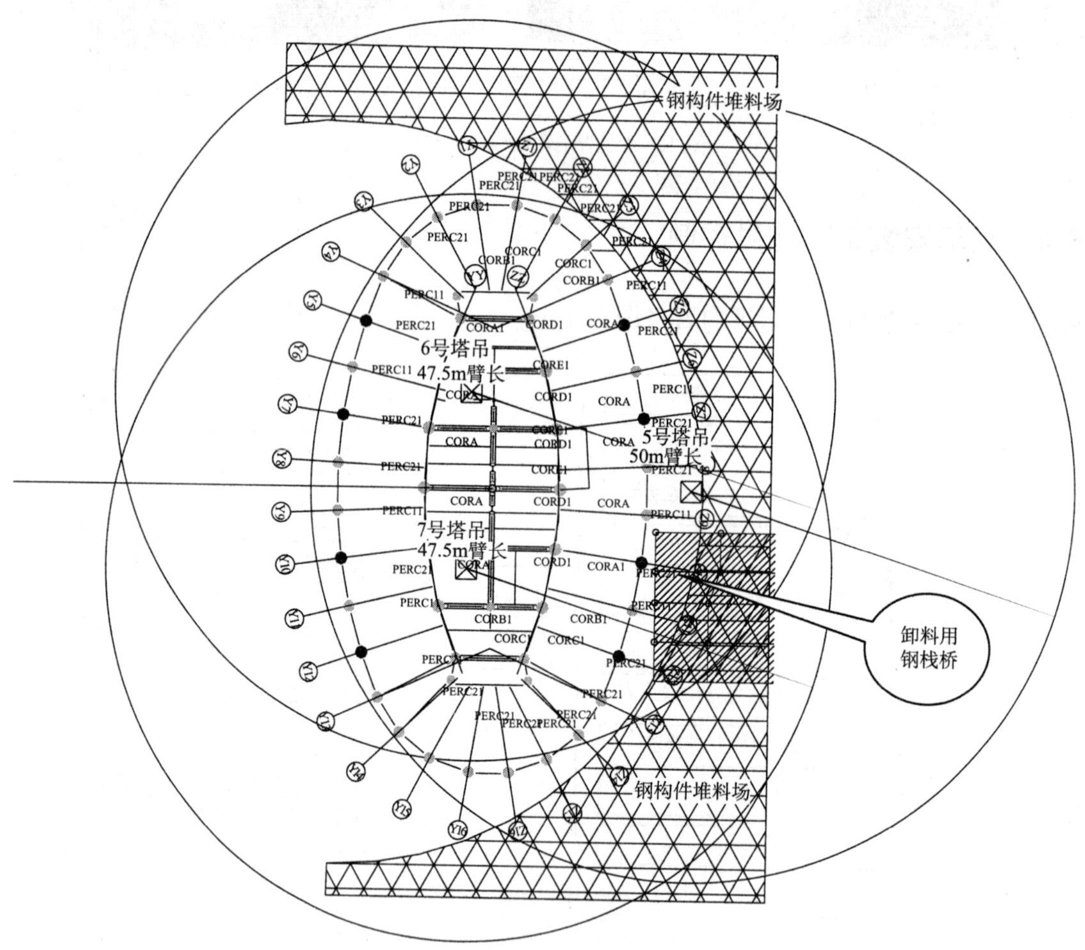

图 14　天津津塔钢结构工程施工平面布置图

国贸三期钢结构总体竖向施工顺序为核心筒先行，外框筒紧跟，内外筒始终保持相差3～6 层高度，然后焊接施工、混凝土浇筑、压型钢板铺设等工序形成流水施工。平面施工顺序则根据现场实际情况和构件分段情况综合分析进行施工分区，包括核心筒、外框筒、伸臂桁架及带状桁架施工分区（图 15）。

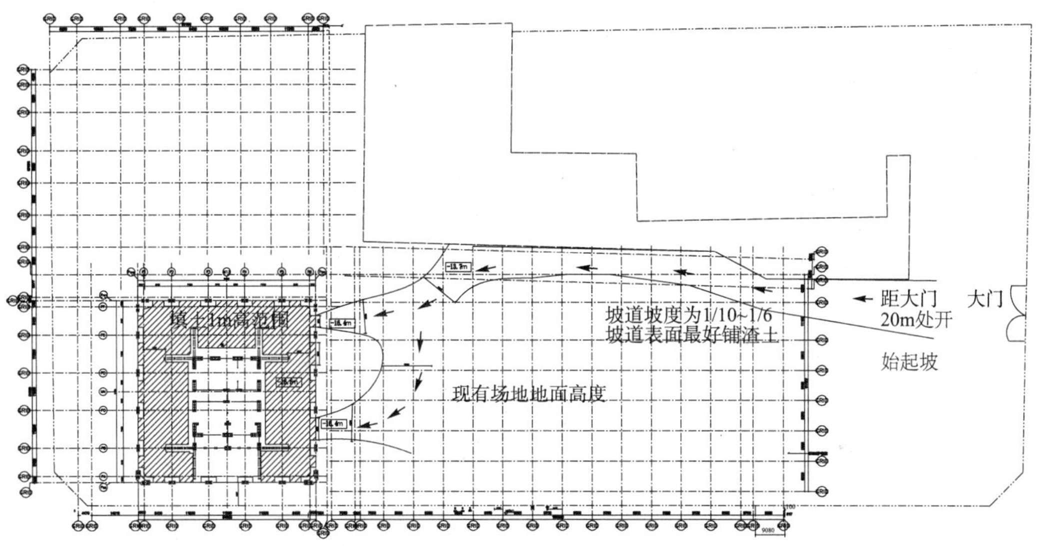

图 15　国贸三期钢结构工程第一节柱安装阶段现场平面布置图（坡道及行车路线）

（4）制定各工种劳动力进场计划，保证劳动力的投入充足（略表例）。做好钢结构安装雨期和冬期的施工技术措施及相应施工物资的准备工作。

（5）制定设备机具及供电设施需求计划（略表例）。

5.4.3　现场安装工艺、质量管理控制

根据构件重量及塔吊起吊能力确定塔吊平面布置及吊装分区。

（1）钢结构吊装塔吊的设置（图 16）

津塔塔吊设置	国贸塔吊设置
核心筒内布置 2 台 M440D 动臂吊，结构东侧布置 1 台 ZSL1000 动臂吊	核心筒内布置 M440D、M760D 塔各一台，主楼南侧安装 1 台 ZSL750

图 16　吊装塔吊的设置

(2) 塔吊平面布置（图 17）

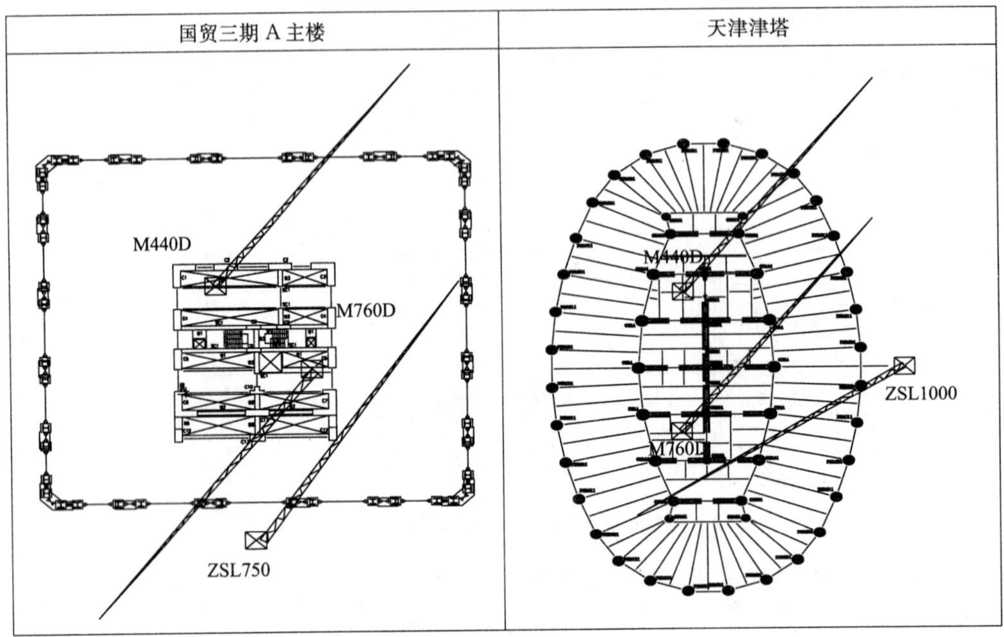

图 17　塔吊平面布置

(3) 吊装分区（图 18）

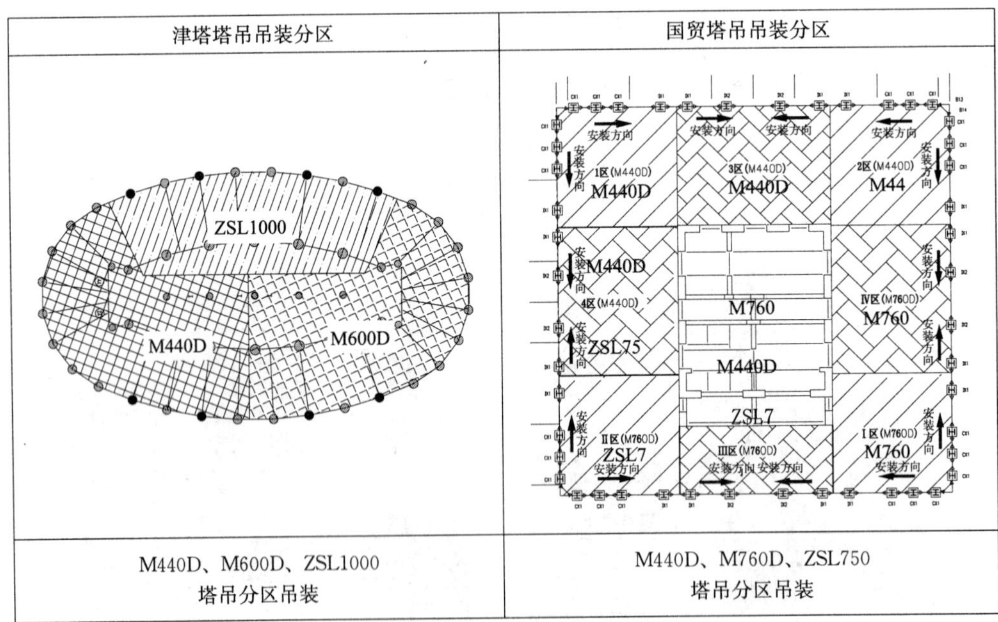

图 18　塔吊分区

5.4.4　现场安装实例

(1) 国贸底板预埋钢板墙/锚桩/地脚螺栓（图 19）

	全部采用连体支架，提高预埋件定位尺寸精度	 2007 年 4 月　施工进度

图 19　国贸底板预埋钢板墙/锚桩/地脚螺栓

(2) 首节柱吊装（图 20、图 21）

津塔首节钢柱吊装方法	国贸首节钢柱吊装方法
天津津塔工程采用先立钢柱，后浇筑底板的施工方法（塔吊安装就位）	国贸三期工程采用先浇筑底板，后安装钢柱的施工方法（大型履带吊与塔吊共同安装就位）

图 20　首节柱吊装（一）

图 21　首节柱吊装（二）

（3）钢筋与连接器的连接（图 22）

图 22　钢筋与连接器的连接

(4) 支撑体系安装（图 23）

图 23　支撑体系安装

(5) 钢板墙安装（图 24）

图 24　钢板墙安装

（6）桁架层吊装（图 25）

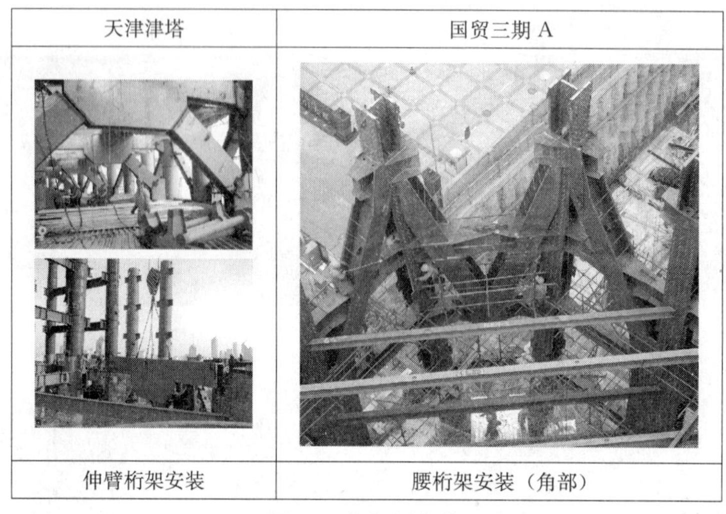

图 25　桁架层安装

（7）钢板墙栓接

国贸三期 A 主楼是国内第一个设计采用钢板墙的工程，单钢板墙竖向连接全部采用高强度螺栓。

钢板墙连接使用高强螺栓约 11 万套，35％连接板现场配钻孔，实现螺栓孔零扩孔，为国内首例。

图 26　钢板墙栓接

5.4.5　测量校正（图 27）

5.4.6　现场焊接工艺、质量管理控制

钢结构现场焊接工艺技术管理主要在于焊接材料与钢材强度等级的匹配、焊接方法与不同焊接位置的工艺参数选择、电弧热输入量的控制、必要的预/后热措施选用以及焊接顺序的优化。而建筑钢结构经过近十余年的迅猛发展，对于单个标准截面构件，以上所述焊接工艺技术已规范化，关键在于执行力度。例如焊材，焊接参数和电弧热输入量，在满足可操作性和焊缝基本质量的前提下优化的范围已极小。

图 27　测量校正

对于平面总体焊接顺序，各钢柱的焊接一般先焊核心筒，后焊外框筒。在核心筒及外框筒焊接作业面内采用先焊四角定位钢柱，再焊接中间钢柱的顺序。角柱之间的钢柱采用对称跳跃的焊接方法。该焊接顺序能避免单一对称焊接造成的变形累积叠加，保证结构整体尺寸准确。单个标准截面钢柱一般采用对称截面同时对称焊接的顺序。

对于立面总体焊接顺序，在安装形成稳定立体框架后，一般先焊上层钢梁后焊柱，最后焊下/中层梁，以便于控制整体尺寸。

以上工艺技术也已有成熟工法被广泛推广应用。

近年来随着超高层钢结构抗震性能要求的提高，异形组合截面巨形钢柱、避难层大型伸臂桁架和带桁架、钢板墙的设计应用，对焊接工艺技术提出了新的要求，但焊接时减小外加刚性拘束防止裂纹同时兼顾减小收缩变形的目标是不变的，因此对称多人同时或轮流焊接的顺序原则和预/后热措施的切实执行更显重要，也是焊接工程管理上难度较大之处，因为这涉及大量高技艺焊工的培训、预/后热能源及自控设备的配置。其工艺技术管理控制的重点在于有针对性的特殊焊接顺序、预/后热工艺的制定和实施以及特殊条件如低温环境、仰焊位置的焊接工艺评定。

对于异型组合截面巨形钢柱现场拼焊时，防止垂偏同时减小拘束应力从而降低裂纹倾向的基本原则是：沿中心轴线均匀加热熔焊，其根本措施则是多人同时对称施焊或轮换焊接。

对于大型多节点立面桁架和平面梁的焊接顺序，应从中间向两端扩展或按各节点间跳焊的原则，单个节点上各焊口尽量同时或轮流施焊。

对于大面积大厚度钢板墙长焊缝应由多人分段退焊或跳焊。

以下就节点焊接顺序、特殊条件下焊接工艺评定、预/后热强化措施、焊缝质量控制等各方面逐一说明。

(1) 各种典型节点或结构焊接顺序优化控制

1) 多名焊工同时焊接大型钢柱（图 28）

天津津塔	国贸三期 A
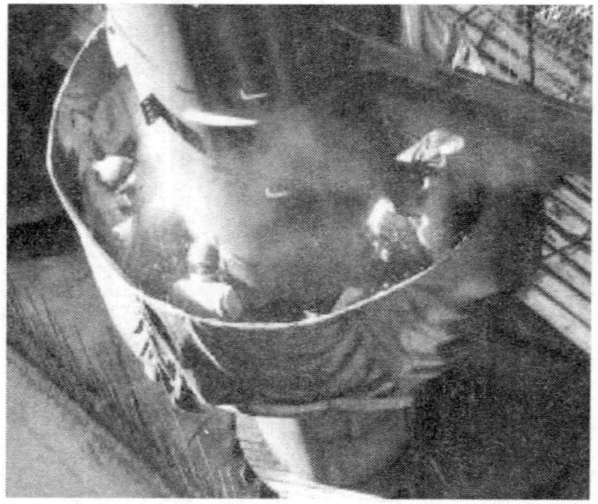 钢柱直径 1700mm，钢板厚 70mm	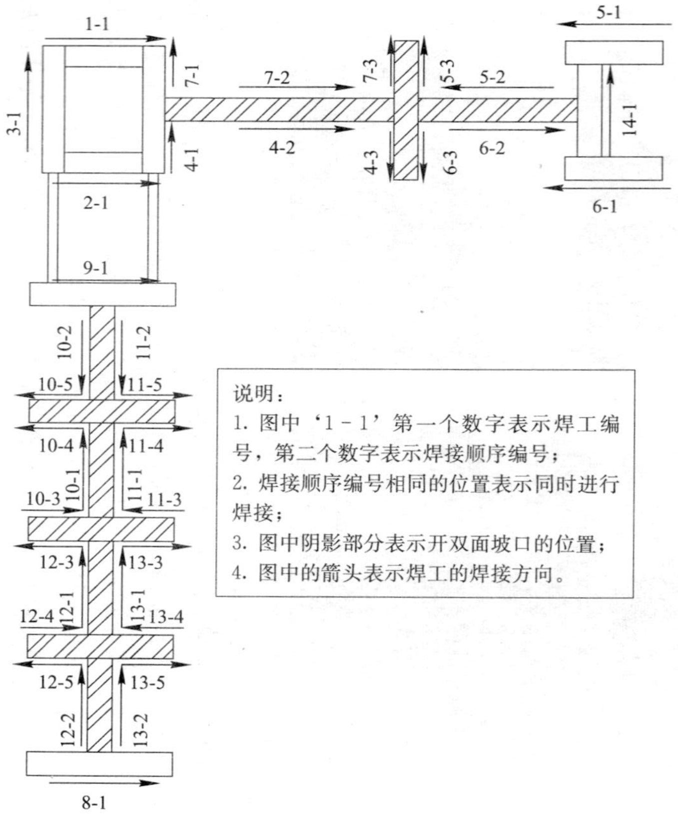 说明： 1. 图中‘1－1’第一个数字表示焊工编号，第二个数字表示焊接顺序编号； 2. 焊接顺序编号相同的位置表示同时进行焊接； 3. 图中阴影部分表示开双面坡口的位置； 4. 图中的箭头表示焊工的焊接方向。
5.6m 长的环焊缝由 8 名焊工同时焊接	异形组合截面柱横焊缝由 14 名焊工同时对称焊接

图 28　多名焊工同时焊接大型钢柱

2）平面总体焊接顺序（图 29～图 31）

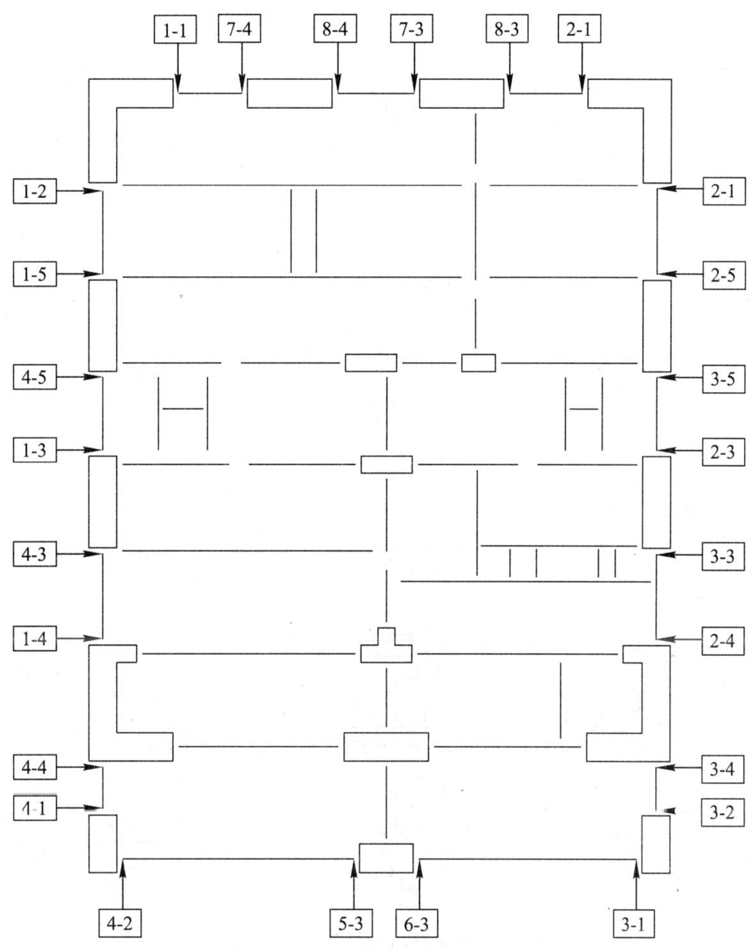

图 29 国贸三期核心筒顶层边梁平面焊接顺序

注：1. ‘1-1’第一个数字表示焊工分组编号；第二个数字表示焊接顺序号。

2. 四组焊工应同时进行焊接。

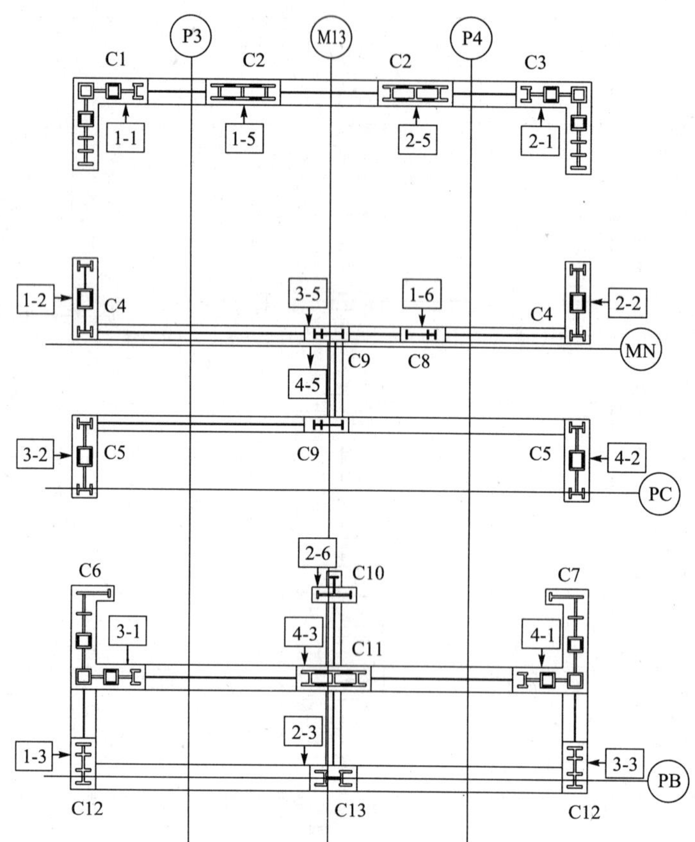

图 30　国贸三期核心筒钢柱平面焊接顺序示意图

注：1. ‘1－1’第一个数字表示焊工分组编号；第二个数字表示焊接顺序号。
　　2. 四组焊工应同时进行焊接。

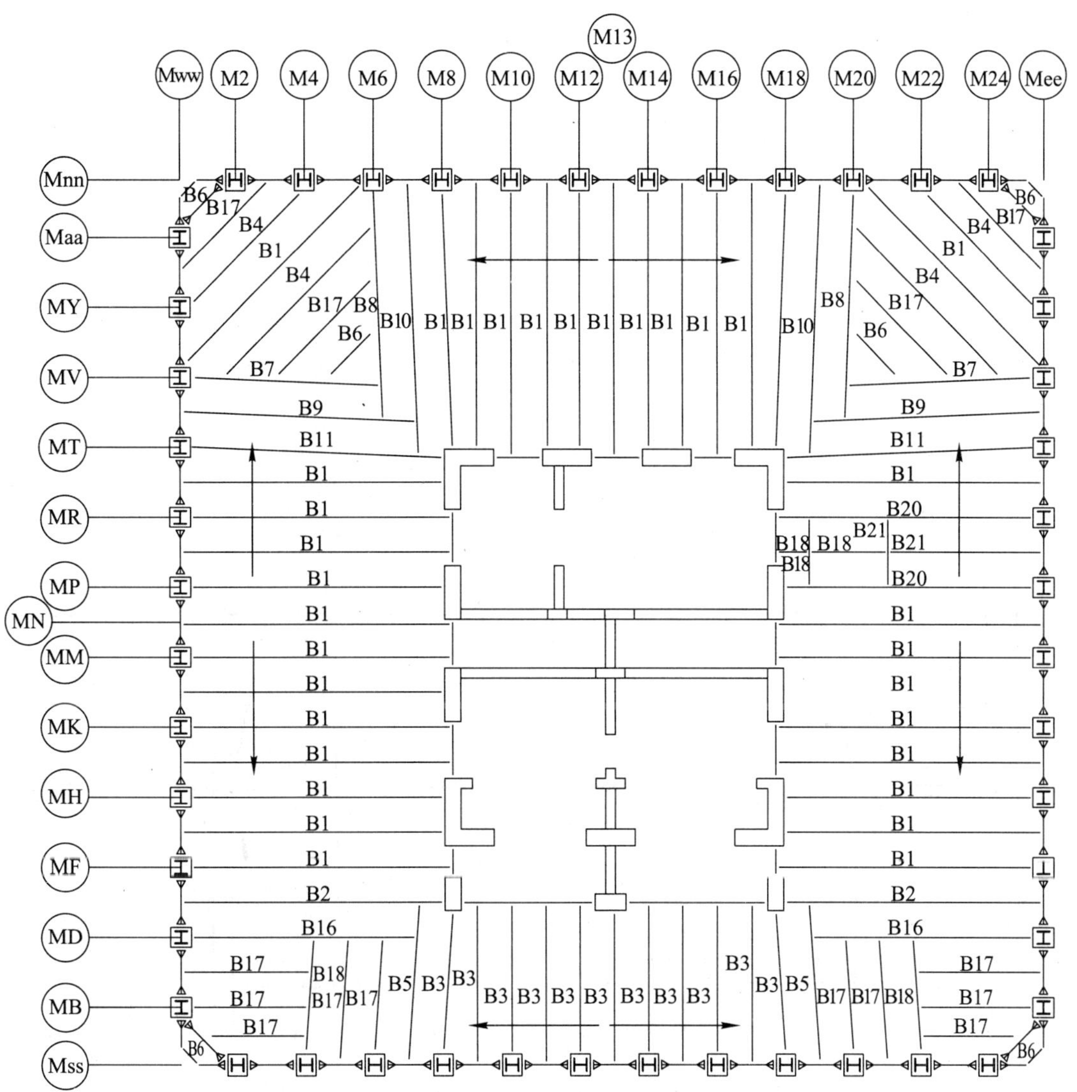

图 31　国贸三期平面内辐射梁焊接顺序

注：对称位置同时焊接。

3）桁架立面总体焊接顺序（图 32、图 33）

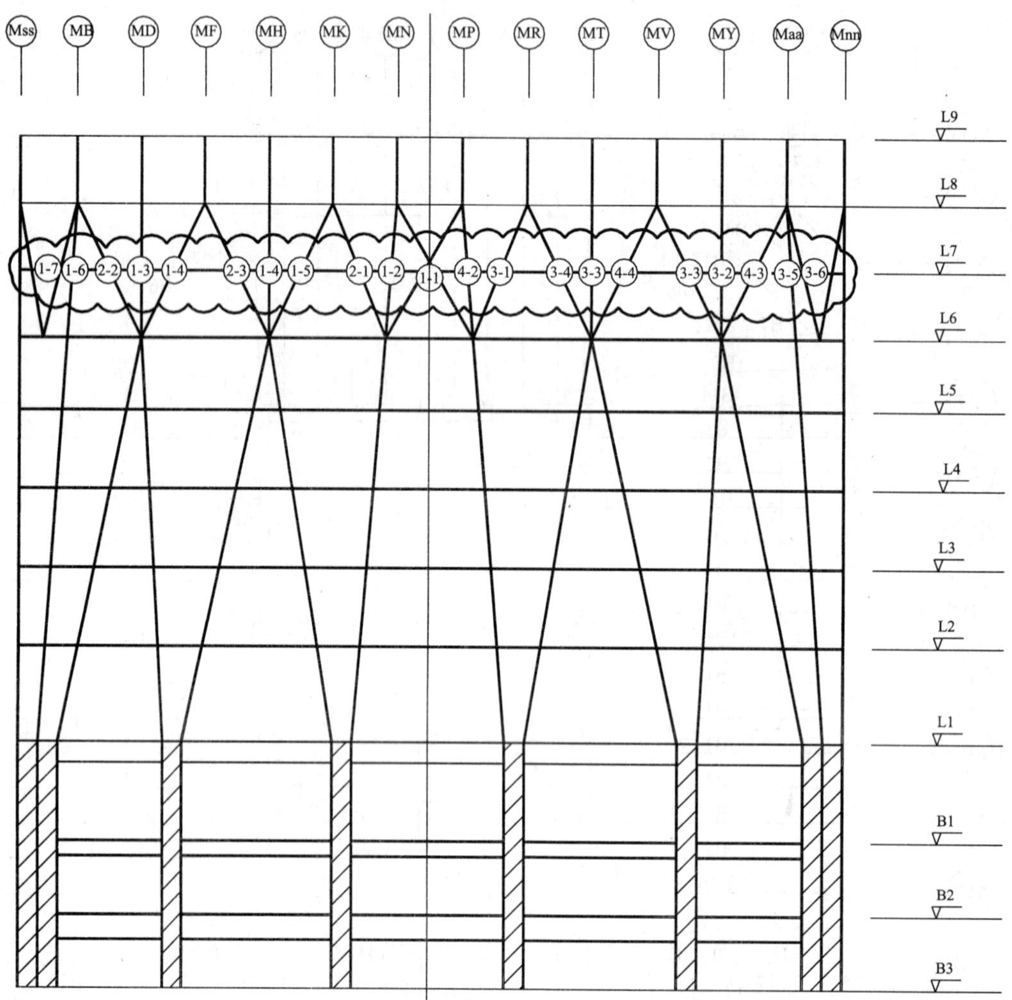

图 32　国贸三期典型立面腰桁架钢梁焊接顺序

注：1. ‘1－1’第一个数字表示焊工分组编号；第二个数字表示焊接顺序号。

2. 四组焊工同时进行焊接。

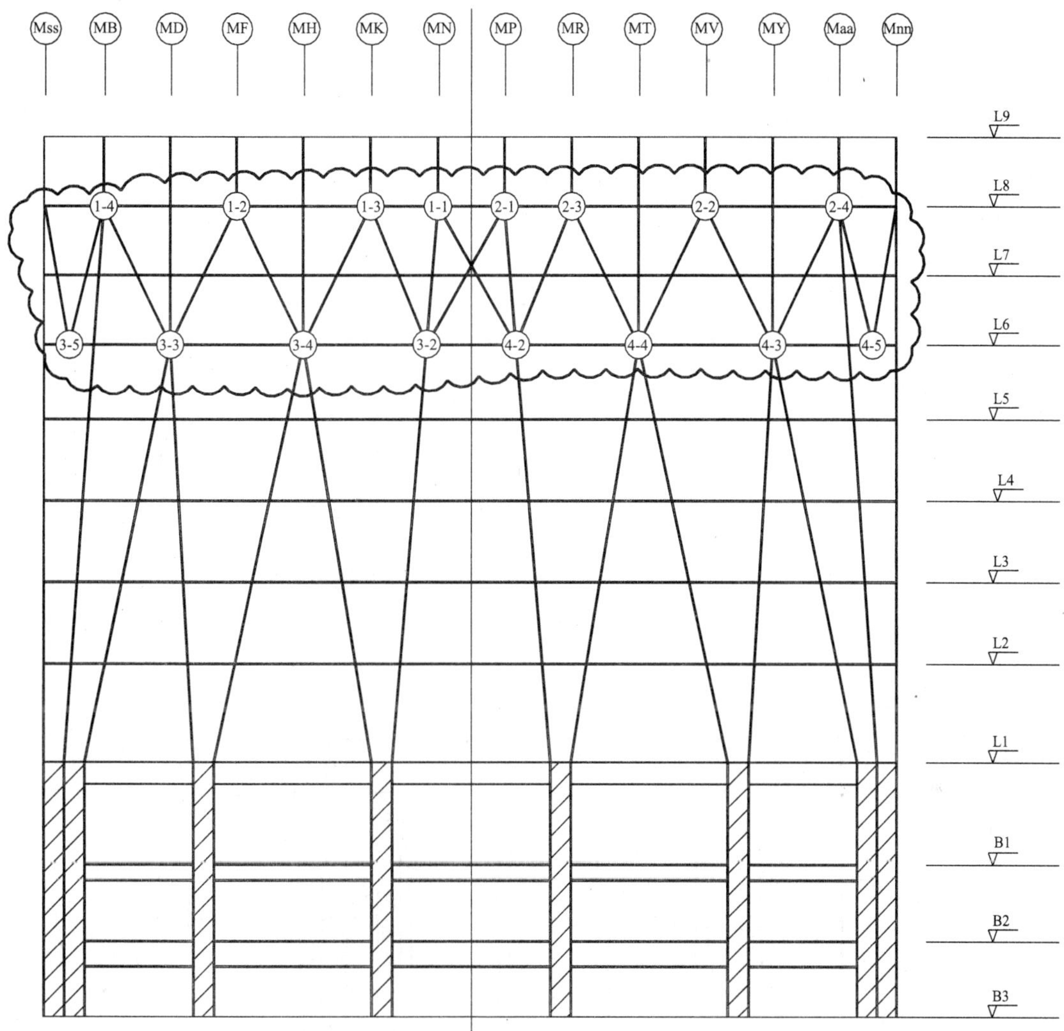

图 33　国贸三期典型立面腰桁架支撑焊接顺序

注：1. ‘1-1’第一个数字表示焊工分组编号；第二个数字表示焊接顺序号。

2. 四组焊工应同时进行焊接。

4）钢板墙焊接顺序（图 34～图 36）

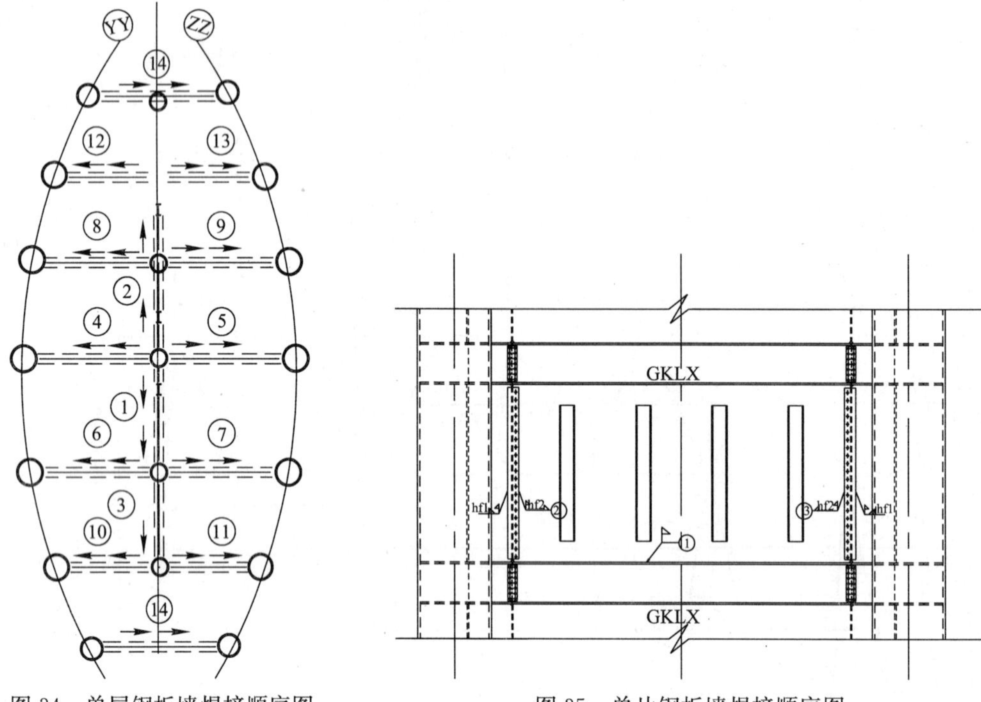

图 34　单层钢板墙焊接顺序图

图 35　单片钢板墙焊接顺序图

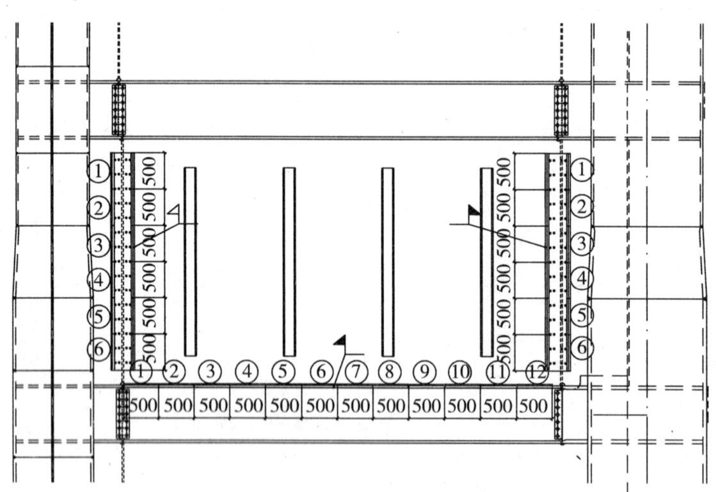

图 36　钢板墙超长焊缝分段焊接图

将钢板墙焊缝按 500mm 长度进行分段，多人隔段同时进行焊接。

5）外伸臂桁架单个节点焊接顺序（图 37）

	使用部位	焊接顺序说明
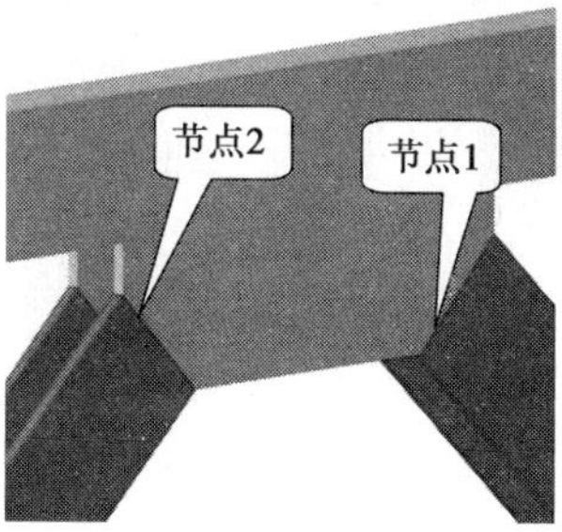 节点2 节点1	外伸臂桁架上弦梁节点与箱型斜撑连接	1. 节点1和节点2同时焊接。 2. 先进行四条斜立焊的焊接。 3. 同一节点上各焊接位置焊缝焊至板厚1/3时，换至另一焊接位置焊接，如此轮换至焊完。单一焊接位置焊缝不得一次焊满
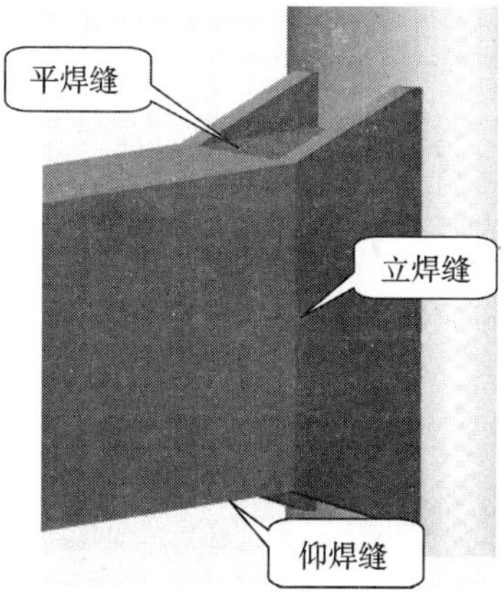 平焊缝 立焊缝 仰焊缝	伸臂桁架上弦箱型梁与钢柱箱型牛腿对接	1. 两侧立焊缝同时焊接。 2. 仰焊缝与平焊缝同时焊接

图37 外伸臂桁架单个节点焊接顺序

(2) 特殊条件下焊接工艺控制

1) Q390GJD钢材负温度焊接试验（图38）

Q390GJD负温度焊接施工时，为防止热影响区脆化，采用后热工艺措施，为此进行低温焊接工艺评定：

时间：2008年12月

地点：沈阳

环境温度：－10℃

试验条件：一组做焊后保温/一组自然冷却

结论：两组试件力学检测均合格，但焊后保温的试样冲击功优于自然冷却，要求施工时采用焊后保温措施。

2) 现场仰焊工艺评定

70mm/80mm/90mm厚Q345GJ/Q390GJ钢，应用在国贸和津塔的伸臂桁架、带状桁架、支撑等，其箱形截面构件现场焊接采用仰焊可以全部在箱外焊接。由于不开人孔而减少翼板焊缝因而可减小构件变形。

CO_2保护焊接方法现场仰焊是我公司于2006年在中国石油大厦上地，主中庭箱型桁架现场焊接时首次采用的，在国内属于首例（图39）。

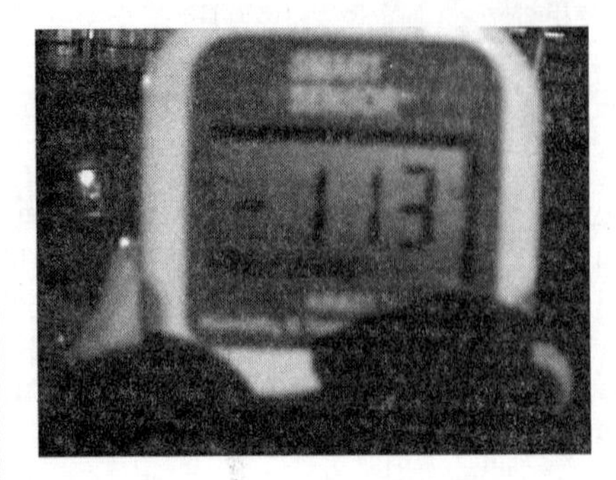

环境温度实测零下 11.3℃，两组试板同时等速焊接

两组试件同时进行后热

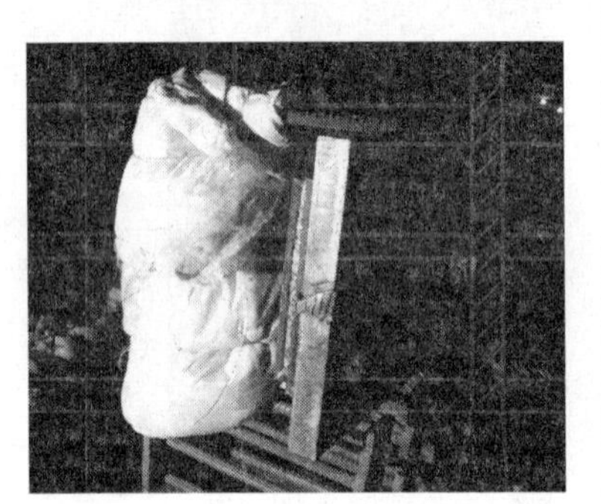

一组保温缓冷，一组自然冷却

图 38　负温度焊接试验

90mm 钢板仰焊工艺评定

Q390GJ 钢板现场焊接工艺评定

图 39　工艺评定

(3) 现场焊接预热/后热工艺控制

2006 年 7 月，一局集团在国贸三期 A 主楼现场钢结构焊接中，首次推行电加热，现场板厚等于及大于 50mm 的钢柱焊接及伸臂桁架、带状桁架焊接预热/后热全部使用电加热，继而在天津津塔项目推广使用（图 40）。

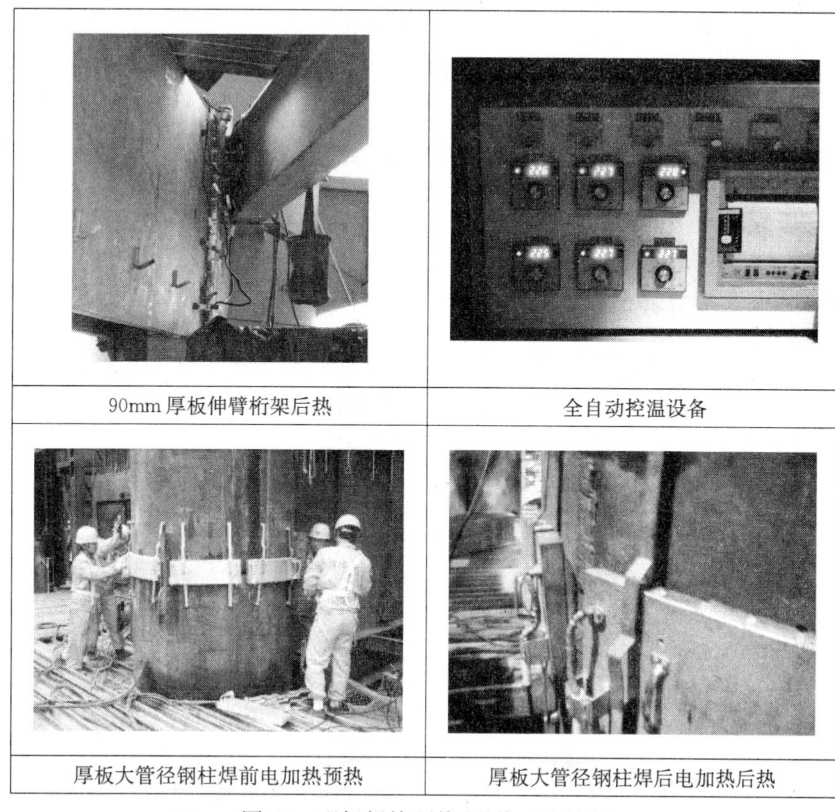
90mm 厚板伸臂桁架后热　全自动控温设备

厚板大管径钢柱焊前电加热预热　厚板大管径钢柱焊后电加热后热

图 40　现场焊接预热/后热工艺控制

（4）桁架预留延迟焊口监测

外伸臂桁架采用钢板厚度达到 90mm，现场预留延迟焊缝间隙量受建筑物压缩影响不断变化，图为检查人员监测焊口间隙尺寸，必要时采取修改坡口的措施，以控制延迟焊缝的间隙尺寸符合要求（图 41）。

接口间隙量的测量　水平杆已焊接，斜腹杆预留后焊　监测点的设置

图 41　桁架预留延迟焊口监测

（5）焊缝质量检测

焊缝外观及无损检测执行《钢结构工程施工质量验收规范》GB 50205－2001 和《建筑钢结构焊接技术规程》JGJ 81－2002 以及《钢焊缝手工超声波探伤方法和探伤结果分级》GB/T 11345－1989 的规定。另外根据设计要求还必须满足以下要求：

1）全熔透焊缝 100％超声波检测，以及 100％磁粉检测。

2）局部熔透焊缝至少20%超声波检测，以及不少于20%的磁粉检测。

3）对于焊脚尺寸大于12mm的角焊缝进行不少于20%的超声波检测以及至少20%的磁粉检测。

4）其他位置的角焊缝应不少于10%的磁粉检测。

5.5 施工计算

5.5.1 结构压缩变形计算分析

（1）建筑物在施工期间的竖向缩短分析的条件和影响因素

1）应按施工单位提供的施工进度安排模拟施工加载过程；

2）应根据实际情况考虑混凝土的压缩与徐变特性；

3）应考虑建筑物基底沉降差异对上部结构变形的影响；

4）应考虑临时结构对计算的影响；

5）结构的实际变形十分复杂，竖向缩短分析用于构件加工、安装的预调整是一个动态的过程，应参照监测得到的变形数据不断调整计算模型，以在满足工程进度和施工精度的前提下提供更准确的计算结果。

（2）压缩变形分析的施工条件（表13）

天津津塔　主楼施工顺序及时间计划（部分）　　表13

序号	时间点	吊装		焊接		柱内灌浇混凝土板	钢板墙焊接	幕墙	机电	装修
		核心筒	外框筒	核心筒	外框筒					
1	2008.8.28									
2	2008.9.21	B4/T1	B4/T1							
3	2008.9.30			B1/T2	B1/T2					
4	2008.10.21	L2/T3	L2/T3			B4/T1				
5	2008.11.9	L5/T4	L5/T4	L2/T3	L2/T3					
6	2008.11.28	L8/T5	L8/T5	L5/T4	L5/T4					
7	2008.12.18	L12/T6	L12/T6	L8/T5	L8/T5					
8	2009.1.6			L12/T6	L12/T6	L2/T2、T3				
9	2009.2.2	L15/T7	L15/T7	L15/T7	L15/T7					
10	2009.2.21	L21/T8、T9	L21/T8、T9	L18/T8	L18/T8					
11	2009.3.12	L24/T10	L24/T10	L21/T9	L21/T9	L5/T4				
12	2009.4.1	L27/T11	L27/T11	L24/T10	L24/T10	L12/T5、T6	B4/T1			
13	2009.4.20			L27/T11	L27/T11	L15/T7				
14	2009.5.1					L18/T8	B1/T2			
15	2009.5.14	L30/T12	L30/T12	L30/T12	L30/T12			L3	L1	L1
16	2009.5.22					L21/T9				

（3）施工阶段各伸臂桁架两端内外筒钢柱的柱顶预调分析值（天津津塔）（表 14）

柱顶预调分析值 **表 14**

施工阶段标高预调值		第 1 道伸臂桁架			第 2 道伸臂桁架			第 3 道伸臂桁架			第 4 道伸臂桁架			屋顶结构		
		内筒	外筒	内外差值	内筒	外筒	内外差值	内筒	外筒	内外差值	内筒	外筒	内外差值	内筒	外筒	内外差值
T07 节（L15 层）安装时	安装标高	45.3	32.2	13.1												
	构件加长	48.1	35.0	13.1												
T12 节（L30 层）安装时	安装标高	34.5	26.2	8.3	62.4	47.2	15.2									
	构件加长	—	—	—	32.5	23.0	9.5									
T17 节（L45 层）安装时	安装标高	23.2	18.7	4.5	43.4	34.2	9.2	67.5	50.4	17.1						
	构件加长	—	—	—	—	—	—	29.2	18.2	11.0						
T22 节（L60 层）安装时	安装标高	14.3	12.0	2.3	26.2	22.1	4.0	42.9	33.4	9.5	63.6	44.7	18.9			
	构件加长	—	—	—	—	—	—	—	—	—	25.3	13.1	12.2			
T27 节（L74 层）安装时	安装标高	6.6	5.9	0.7	12.0	10.7	1.3	19.4	16.3	3.1	31.1	22.7	8.4	43.4	26.8	16.6
	构件加长													15.9	6.4	9.5

（4）第一道伸臂桁架标高监测记录（表 15）

压缩变形安装值监测记录表（第一道伸臂桁架） **表 15**

监测时间	桁架标高状态	内筒标高	外筒标高
当第一道伸臂桁架安装就位时	第一道伸臂桁架安装就位标高	设计值＋42	设计值＋27.2
	第一道伸臂桁架压缩计算预估标高	设计值＋43.2	设计值＋32.2
当第二道伸臂桁架安装就位时	第一道伸臂桁架标高实测值	设计值＋35.1	设计值＋19.2
	第一道伸臂桁架压缩计算预估标高	设计值＋34.5	设计值＋26.2
当第三道伸臂桁架安装就位时	第一道伸臂桁架标高实测值	设计值＋23.5	设计值＋14.9
	第一道伸臂桁架压缩计算预估标高	设计值＋23.2	设计值＋18.7
当第四道伸臂桁架安装就位时	第一道伸臂桁架标高实测值	设计值＋19.2	设计值＋11.8
	第一道伸臂桁架压缩计算预估标高	设计值＋14.3	设计值＋12.0
L74 层结构封顶时	第一道伸臂桁架标高实测值	设计值＋	设计值＋
	第一道伸臂桁架压缩计算预估标高	设计值＋	设计值＋

（5）第二、三道伸臂桁架标高监测记录（见《天津津塔钢结构压缩变形计算及监测》）

（6）第四道伸臂桁架标高监测记录（表 16）

压缩变形安装值监测记录表（第四道伸臂桁架） **表 16**

监测时间	桁架标高状态	内筒标高	外筒标高
当第四道伸臂桁架安装就位时	第四道伸臂桁架安装就位标高	设计值＋69.5	设计值＋52.5
	第四道伸臂桁架压缩计算预估标高	设计值＋63.6	设计值＋44.7
L74 层结构封顶时	第四道伸臂桁架安装就位标高	设计值＋	设计值＋
	第四道伸臂桁架压缩计算预估标高	设计值＋	设计值＋

5.5.2 钢板墙应力监测（图 42）

 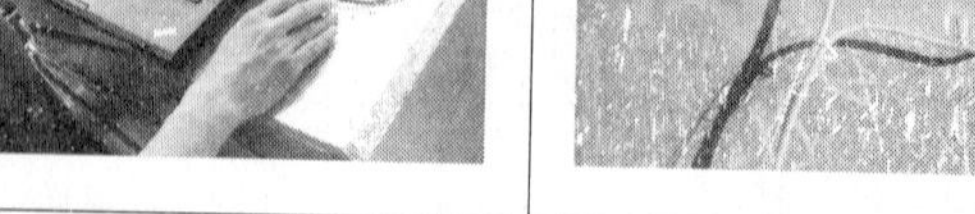	
现场数据实时采集	振弦应力传感器
天津津塔：钢板墙连接为全焊接设计，特邀请“国家建筑质量监督检验中心”进行钢板墙焊接过程应力变化实时监测，依据应力监测结果确定焊接顺序	

图 42　钢板墙应力监测

5.6 钢结构施工安全管理

5.6.1 工具箱会议（略去其他安全制度措施）

5.6.2 设置水平网（图 43）

自 1995 年开始，安装现场每天上工前，施工人员召开工具箱会议，做好全员安全教育	
自国贸工程开始，我公司全面落实现场水平安全网铺设工作，只有当压型板铺设后才能拆除水平网	

图 43　设置水平网

5.6.3 必要的安装安全措施

水平网挂钩、安全爬梯、安全攀手环、安全绳挂环、专用吊耳、钢梁端头定位板、洞口护网、压型板支撑等（图 44）。

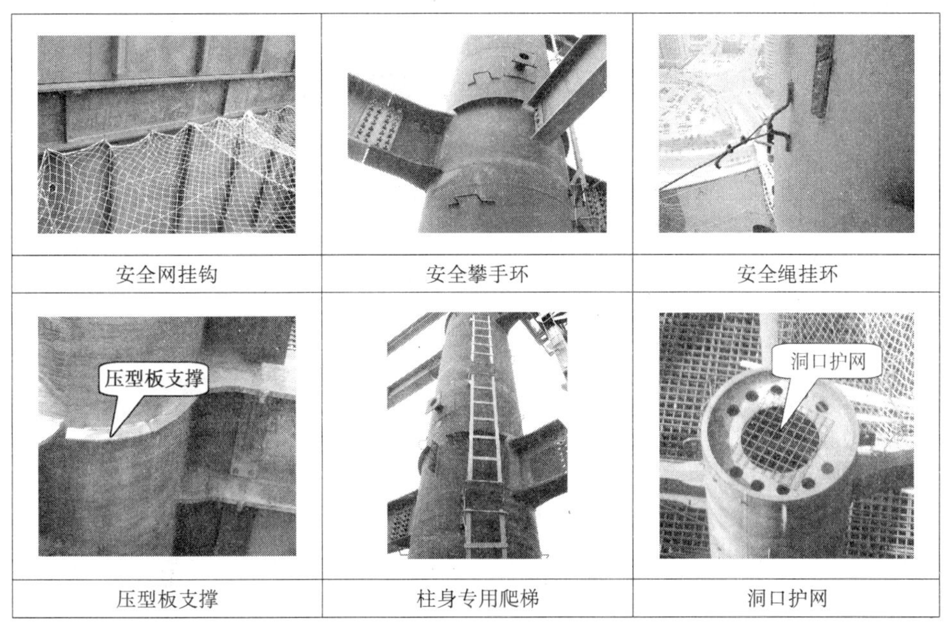

图 44　安全措施

5.6.4 必要的焊接安全措施

焊接操作平台、焊接专用挂篮、接火盆等（图 45）。

图 45　焊接安全措施

6 结束语

钢结构工程施工总承包管理是国际上通行的管理模式，目前国内建筑企业能够达到钢结构总包国际管理水平的数量极少，而中建一局是独立总承包 300m 以上超高层建筑钢结构工程的第一家内地施工企业。

在总结国贸三期和天津津塔超高层钢结构总包管理经验的基础上，我们期待着再创辉煌。

钢结构驻厂监造管理与控制

崔 基 陈大牛 于有为
（中建一局集团建设发展有限公司）

摘 要：以钢结构工程总承包的角度进行驻厂监造管理与控制，本文从驻厂监造任务目标、驻厂人员应具备的条件、驻厂人员的行为准则、驻厂监造工作控制要点以及驻厂监造工作制度等五个方面分别进行阐述。驻厂监造工作在钢结构加工厂和施工现场之间起到桥梁纽带作用，可以使项目加工成本、工期、质量均得到可靠的保障。

关键词：驻厂监造 生产动态信息 加工成本 质量及工期

0 序言

鉴于目前国内钢结构行业针对钢结构驻厂监造管理与控制方面的论述还是空白，在实际工作中没有可以参照执行的文献。本文站在钢结构工程总承包的角度对驻厂监造工作的管理与控制，从驻厂监造任务目标、驻厂人员应具备的条件、驻厂人员的行为准则、驻厂监造工作控制要点以及驻厂监造工作制度等五个方面分别进行阐述，希望能够为正在从事这个行业的人员提供有价值的参考。

0.1 钢结构驻厂监造任务目标

驻厂监造人员是由总承包单位派驻到钢结构加工厂的人员，其主要工作职责是监督构件的工厂制造。在钢结构工程各个工作环节中，驻厂监造主要起着联系工厂与现场的作用，是钢结构施工的“第二现场”。

驻厂监造的工作任务目标是控制加工成本、质量及工期；掌握工厂生产动态信息并及时进行反馈；全面了解工程图纸发放、设计变更、材料采购与供应以及现场安装等环节信息并在保证工期需求的前提下做好协调工作，以利工厂生产及现场施工顺畅。

0.2 驻厂人员应具备的条件

驻厂监造工作的环境在钢结构加工厂，工作内容以钢结构加工监造为主，这就要求钢结构驻厂监造人员首先需要对工厂的生产工艺有所了解，同时对钢结构加工厂的生产管理流程有清楚的认识，以便于监造人员在发现某一环节存在问题时可以及时找到相关的部门及人员及时解决问题。其次，驻厂监造人员需要对工厂的产能以及构件的生产周期有相对精准的预测与判断，这将有利于驻厂监造人员从整体对工程的加工进度进行把握。最后，对驻厂监造人员提出的要求是需要有高度的责任心与自我约束力，对新的环境有很强的适应能力，良好的沟通协调能力，这些都是驻厂监造人员做好本职工作的基础条件。

0.3 驻厂监造人员的行为准则

驻厂监造人员应以总包单位与钢结构加工厂签订的合同条款，或以总包单位与业主签订的合同条款为依据行使其职权，并在总包授权范围内完成监造工作。在钢结构加工厂监造过程中处理事情应做到有据可依，公平、公正。在厂内监造阶段应与厂方的各层管理人员、操作人员保持良好的沟通与联系。

0.4 驻厂监造工作控制要点

驻厂监造工作从大的方面说可以分为三个阶段，即加工制作前准备阶段、加工制作阶段、成品入库及运输阶段，根据所处的阶段不同，监造工作控制的重点也有很大差异。

1 加工制作前准备阶段

1.1 设计图纸的管理与执行

在加工制作前准备阶段，驻厂监造应对相关工程的图纸设计总说明及加工详图有一个清楚的认知，对于设计总说明中的重点条款，例如构件编号原则、焊接要求、坡口形式、无损检测要求、喷砂涂装要求等内容（示例于表 1）应予以显著标记，并在实际监督过程中加以重点检查落实。对设计变更及图纸版本的更新应及时跟踪，准确执行。

设计图纸中关于无损检测的要求示例 **表 1**

<table>
<tr><th colspan="2">项目</th><th colspan="2">用于以下部位</th><th>采用标准</th></tr>
<tr><td rowspan="17">焊接检验</td><td rowspan="13">一级熔透焊缝</td><td rowspan="7">工厂</td><td>（1）钢柱、钢梁主体组合焊缝</td><td rowspan="17">1.《钢结构工程施工质量验收规范》GB 50205－2001
2.《钢焊缝手工超声波探伤方法和探伤结果分级法》GB 11345
3.《建筑钢结构焊接技术规程》JGJ 81－2002
4.《高层民用建筑钢结构技术规程》JGJ 99－98
5.《焊缝磁粉检测方法及缺陷磁痕的分级》JB/T 6061－1992</td></tr>
<tr><td>（2）钢板墙的所有水平焊缝</td></tr>
<tr><td>（3）柱与牛腿翼缘（柱的挑出端）之间的焊接，柱与牛腿翼缘板（t>16mm）之间的焊接</td></tr>
<tr><td>（4）组合柱与框架梁连接部位的横隔板焊缝</td></tr>
<tr><td>（5）板材间、型材间拼接焊缝</td></tr>
<tr><td>（6）与≥40mm 厚钢板间的焊缝及其层状撕裂的检验</td></tr>
<tr><td></td></tr>
<tr><td rowspan="6">现场</td><td>（1）柱段拼接焊缝，钢板墙水平对接焊缝</td></tr>
<tr><td>（2）框架梁与柱的焊缝</td></tr>
<tr><td>（3）框架梁与牛腿（柱挑出端）之间的焊缝</td></tr>
<tr><td>（4）与≥40mm 厚钢板间的焊缝及其层状撕裂的检验</td></tr>
<tr><td></td></tr>
<tr><td></td></tr>
<tr><td rowspan="4">二级焊缝</td><td rowspan="2">工厂</td><td>钢结构除一级外的其他焊缝</td></tr>
<tr><td>熔透焊为二级外观，贴角焊缝为二级外观</td></tr>
<tr><td rowspan="2">现场</td><td>除一级外均为二级</td></tr>
<tr><td></td></tr>
</table>

续表

项目	用于以下部位	采用标准
焊接检验	无破损检验次数：全熔透焊缝——100％超声波检验，以及 100％磁粉或渗透检验 局部熔透焊缝——至少 20％超声波检验，以及至少 20％磁粉或渗透检验 其中一脚长大于 12mm 之角焊——至少 20％磁粉或渗透检验 其他角焊——至少 10％磁粉或渗透检验 外观检验：外观检验所有焊接	此外，各类焊缝的外观检查和超声波探伤检查应符合《建筑钢结构焊接规程》JGJ 81－2001 的规定，对于焊缝缺陷的控制和处理，应符合国家标准《钢焊缝手工超声波探伤方法和探伤结果分级》GB 11345 的规定

设计图纸中关于焊缝坡口形式的规定示例见表 2 和表 3。

贴角焊接列表　　表 2

形式		尺寸（mm）		
		t	s	焊接方法
贴角焊缝图一 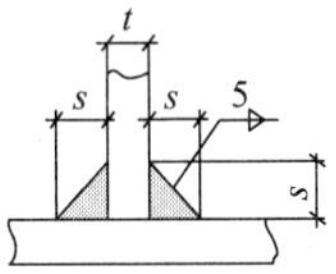	贴角焊缝图二 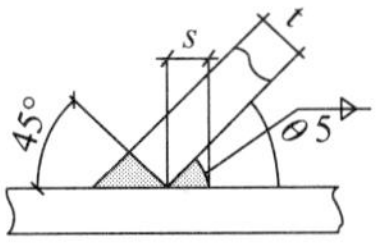	6～8	6	焊条电弧焊 埋弧焊 CO_2 气体保护焊
		10	8	
		12	10	
		14～16	12	
		20	16	

工厂自动焊接列表　　表 3

编号	形式	尺寸	编号	形式	尺寸
GA	熔透焊　SC－TL－2 F 埋弧焊 清根 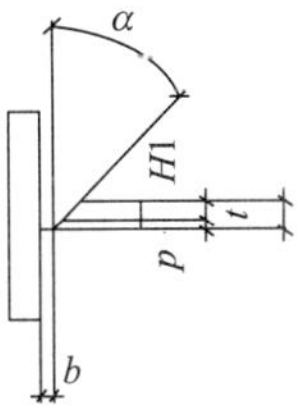	$t\leqslant 20$ $b=0$　$p=10$ $H1=t-p$ $\alpha=60°$	GG	埋弧焊　SC－BK－2 F 清根 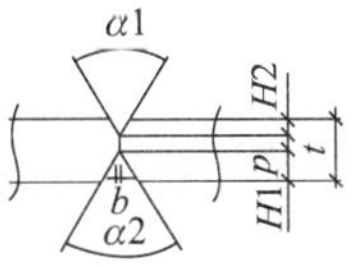	$t\geqslant 20$ $\alpha 1=55°$ $\alpha 2=60°$ $b=0$　$p=5$ $H1=2/3(t-p)$ $H2=1/3(t-p)$
GB	熔透焊　SC－TK－2 F 埋弧焊 清根 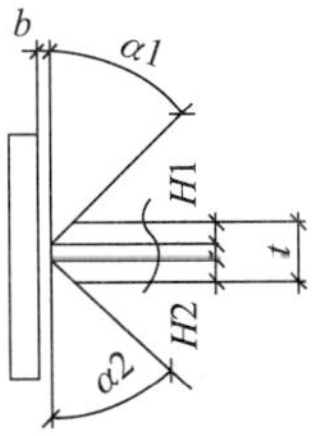	$t>20$ $\alpha 1=55°$ $\alpha 2=60°$ $b=0$　$p=5$ $H1=2/3(t-p)$ $H2=1/3(t-p)$	GH	熔透焊　SC－TL－B1 埋弧焊 清根 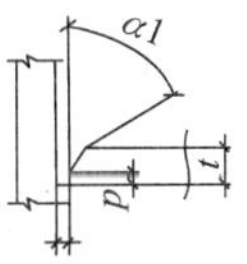	$t>10$ $b=6$ $p=0\sim 2$ $\alpha 1=45°$

续表

编号	形式	尺寸	编号	形式	尺寸
GC	箱形截面熔透焊焊接 C-CV-B1 埋弧焊	$\alpha 1 \leqslant 30°$ $b=8$　$p=2$ $H1=t-p$	GJ	部分熔透焊 埋弧焊	$t>16$ $\alpha 1=55°$ $\alpha 2=55°$ $p=6$ $H1=1/2(t-p)$ $H2=1/2(t-p)$

1.2　方案、计划等技术文件管理与执行

开工前应要求工厂依据工程的特点有针对性的编制加工工艺方案、专项的焊接工艺评定方案、焊工附加考试计划等技术文件，并将这些文件提交总包技术部门进行审核，作为驻厂监造人员应对此类技术文件尤其是通过审核后的技术文件要加以认真学习，这些技术文件将是指导工厂开展各项工作的基本依据，也是驻厂监造人员监督检查的依据。驻厂监造人员在实际监督过程中不仅要检查工厂的各项工作是否按照技术文件执行，更要留意执行的技术文件是否是最终通过审核的版本（图 1）。

(*a*)

(*b*)

(*c*)

图 1　方案和技术文件

(*a*) 加工工艺方案；(*b*) 工艺评定方案；(*c*) 附加考试计划

1.3　工程材料的管理与控制

工程中使用的钢材、焊丝、焊剂、气体、栓钉、连接器等材料都可以统称为工程材料。驻厂监造在对工程材料进行管理时，不同的工程材料控制重点也不同。对于钢材这类主要的工程材料主要从钢材进厂检尺验收、钢板探伤、按规范或已报送审定方案规定的抽样比例取样复试、材质证明单等几个方面进行控制。钢材管理控制见图 2。

图 2 钢材管理控制

(*a*) 进厂钢材检尺验收；(*b*) 进厂钢板探伤验收；(*c*) 钢材质量证明书示例；(*d*) 钢材取样复试

对于焊材这类工程辅材，主要是从材质证明、熔敷金属试验等方面进行控制。在工厂进行焊材熔敷金属试验时，驻厂监造人员主要负责旁站监督，对于试验过程中的作业指导书、焊接记录、工艺参数控制、温度控制、试件制备与送检等过程进行见证监督。试件制备过程见图 3。

1.4 焊接工艺与焊工的管理与控制

焊接工艺与焊工是钢结构焊接工程必不可少的两大要素，若钢结构加工厂的焊接工艺与焊工失控，则该工程的质量无法得以保证。加强对工厂焊接工艺与焊工技艺的控制对于保证钢结构工程质量意义重大。作为驻厂监造人员在工厂内对此进行管理与控制时，主要体现在焊接工艺评定与焊工附加考试的组织与监督。

在进行焊接工艺评定时，需注意检查焊接工艺评定项目是否与报审的焊接工艺评定方案所列项目一致；焊接工艺评定指导书内容是否完整，责任人签字是否齐全；试件几何尺寸、坡口是否准确；所用的焊接材料质量证明文件是否齐全；操作人员证件及检测机构以及检测人的资质、证件是否符合资格并在有效期内以及焊接过程中焊接工艺参数的记录是否属实等。

在进行焊工附加考试时，本着随机抽取考试人员的原则，对参加考试的人员进行身份核对，同时对所考项目与其持有证件规定的操作范围进行核对，并对焊工附加考试的全过程进行旁站监督。对于考试试件的送检进行跟踪，对考试合格的人员予以登记备案，对于考试不合格的人员将不得参与和该项目有关的焊接作业（图 4）。

图 3　试件制备过程

(*a*) 试件下料；(*b*) 试件打磨；(*c*) 试件装配；(*d*) 试件焊接

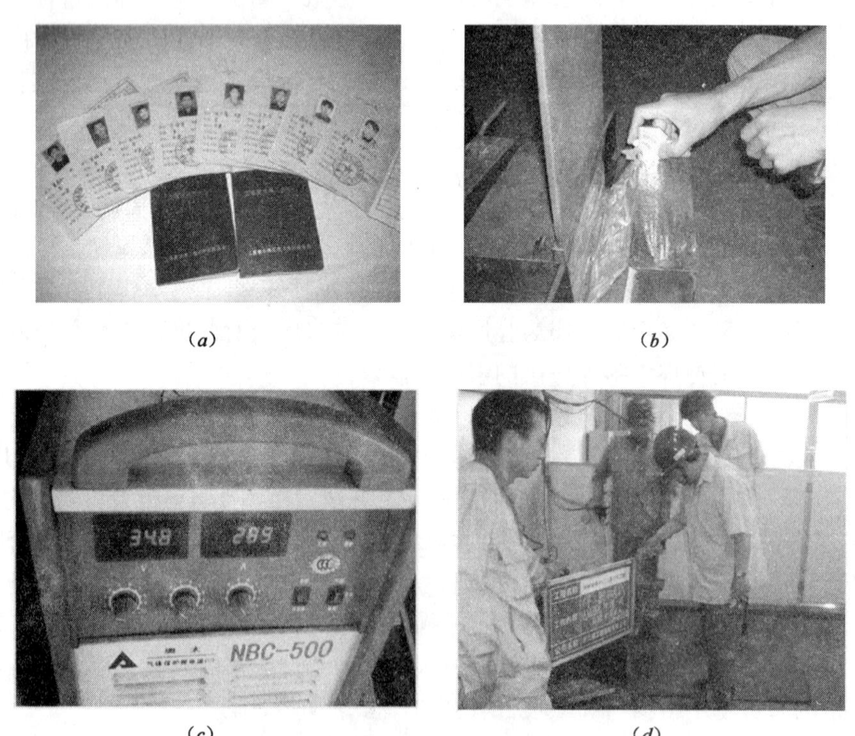

图 4　焊接工艺与焊工的管理与控制

(*a*) 焊工资质证件；(*b*) 坡口尺寸；(*c*) 电流电压参数；(*d*) 监造监督旁站

1.5 足尺模型的制备监督与检查

在工程构件结构形式比较复杂的情况下，为了保证复杂节点在工厂加工制作环节的可实现性，工厂通常的做法是根据节点结构按照 1∶1 的比例做一个构件模型，以检验节点是否可以实现。驻厂监造在此环节应注意控制足尺模型的几何尺寸、坡口形式等数据是否与图纸一致，同时需要用相应的焊接设备进行实际比对，以验证实际焊接操作时其焊接操作能否实现（图 5）。

(*a*)

(*b*)

图 5　足尺模型实例

(*a*) 国贸三期异型组合柱足尺模型实例；(*b*) 津塔核心筒柱足尺模型实例

2　加工制作阶段

钢结构加工制作阶段是驻厂监造工作管理控制的主要阶段，按照钢结构在加工厂的加工工序可以大体分为排板、下料、冷/热成形、装配、焊接、校正、端铣、喷涂、验收等环节。驻厂监造应抓住每一个工作环节的重点，这样在实际工作中可以减少质量问题的出现，避免返工现象的发生。

2.1 排板管理

排板是钢结构加工的第一道工序，排板时要综合考虑既符合规范又最省材料。排板为下料工作提供依据。驻厂监造对甲供材料进行管理控制时，首先要检查工厂的排板图是否合理，并检查排板图中材料的使用部位是否与总包材料订单中的使用部位一致，避免材料使用错误。

排板工序控制要点：排板图的板材利用率、所排钢板使用部位与订单要求是否一致（图 6）。

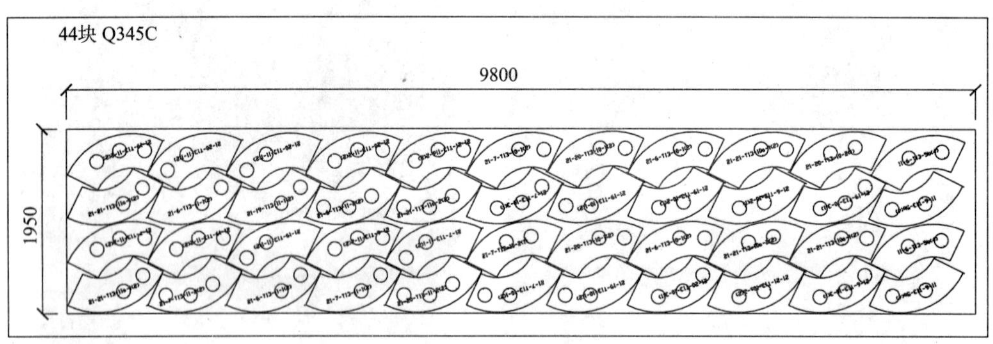

图 6 排板图示例

2.2 下料管理

排板完成后，排板图将流转至下料工序进行下料，此时驻厂监造人员应注意检查排板图流转单是否经过审核确认，落实排板图所示钢材与实际将要下料的钢材材质、批号、几何尺寸等信息是否一致。下料前钢板表面是否清洁无杂质。

下料后应注意钢板炉批号及材质信息的标识转移，保证原材的可追溯性，下料后零件材料堆放应整齐规范，同规格、同材质堆放在一起（图 7）。

2.3 装配管理

钢材下料完成后，进入装配工序，一般情况下，钢结构在工厂内的装配可以简单地分为主体装配和附件装配，根据构件的结构复杂程度不同，其装配次数也不同。从驻厂监造的管理控制角度来说，应尽量分别控制主体和附件的精度，以减少累计误差，从而可以提高构件整体的加工精度。在装配阶段，驻厂监造可以从装配前与装配过程中两个时段进行控制。

2.3.1 装配前控制

从工作的先后顺序上来讲，下料完成后即进入装配工序，驻厂监造在进行装配工序进行管理之前，应首先检查工序交接记录，即下道工序对上道工序的检查记录。这是验证构件在下料工序的质量情况，为准确的装配提供前提保证。其次，应检查装配班组是否有装配交底书并对交底的内容做到了充分的理解。最后，检查准备装配的板件或零件几何尺寸、坡口角度、切割面质量、单体外观质量等是否符合要求。图 8 示例均为装配前控制项目。

(a)

(b)

图 7　钢材下料示意图

(a) 钢材排板下料示例图；(b) 钢材下料堆放示例图

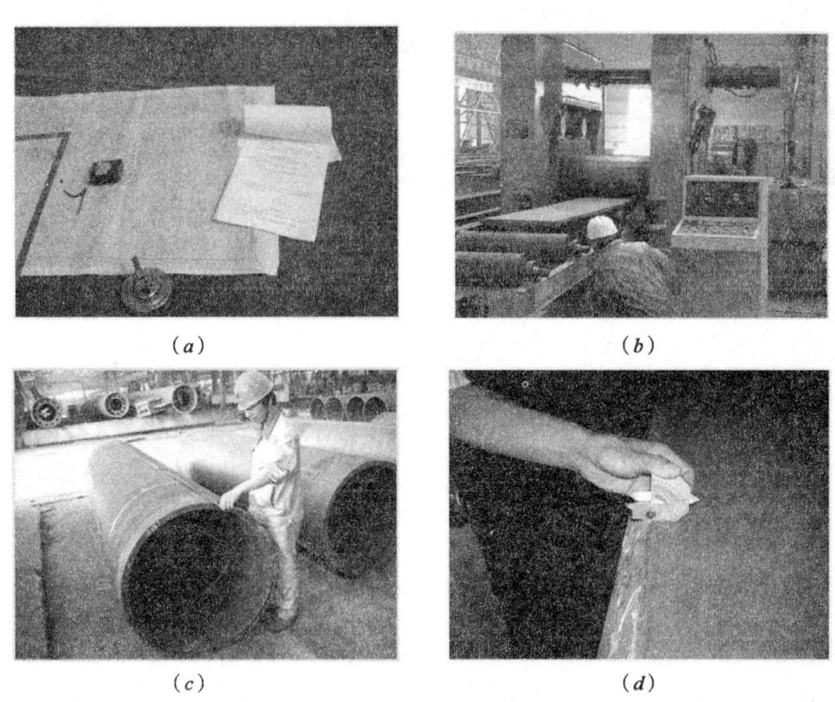

(a)　(b)

(c)　(d)

图 8　装配前控制项目

(a) 装配交底及图纸；(b) 装配前平板检查；(c) 装配前零件检查；(d) 装配前坡口检查

2.3.2 装配过程中控制

构件在进行装配时，监造人员应对装配过程中的主要尺寸、重要部位加以控制，对于特殊构件应重点注意控制其装配顺序。一般情况下，钢柱装配时牛腿的装配定位，箱型构件的电渣焊隔板的定位，连接板的定位角度、正反、数量等均应是监造人员在装配过程中重点加以控制的地方。见图9示例。

(*a*) (*b*) (*c*) (*d*)

图9 装配过程中控制项目

(*a*) 装配顺序检查；(*b*) 连接板定位检查；(*c*) 牛腿定位检查；(*d*) 箱型内隔板定位检查

2.4 焊接管理

焊接作业是钢结构加工厂内主要的工作内容，也是驻厂监造管理控制的重点项目。作为一名驻厂监造人员，对这个工序的管理控制可以分成“焊前控制，焊中监督，焊后检查”三个阶段。

2.4.1 焊前控制

构件焊接前，驻厂监造人员首先应对构件的工序交接单进行检查，确定构件在从装配工序流转至焊接工序时是否经过“交互检”环节。其次，应检查焊接班组人员是否有书面的焊接工作交底书并对交底书内容是否理解。第三，对于即将进行焊接作业的人员需核实其是否具备与之相符的作业资格。第四，应检查使用的焊材、气体的质量证明文件是否齐备，品牌、型号是否与项目设计要求一致。第五，应确保投入使用的焊剂、焊条经过烘焙并达到规范要求。第六，检查焊接所使用的焊机种类、规格以及仪表等是否经过标定。最后，应检查对于即将施焊部位其焊缝两侧是否经过除锈打磨处理，焊接所用的衬板、引熄弧板设置是否规范等。补充一点的是，若有焊前预热要求的构件，应对其焊前的预热加以检查控制。

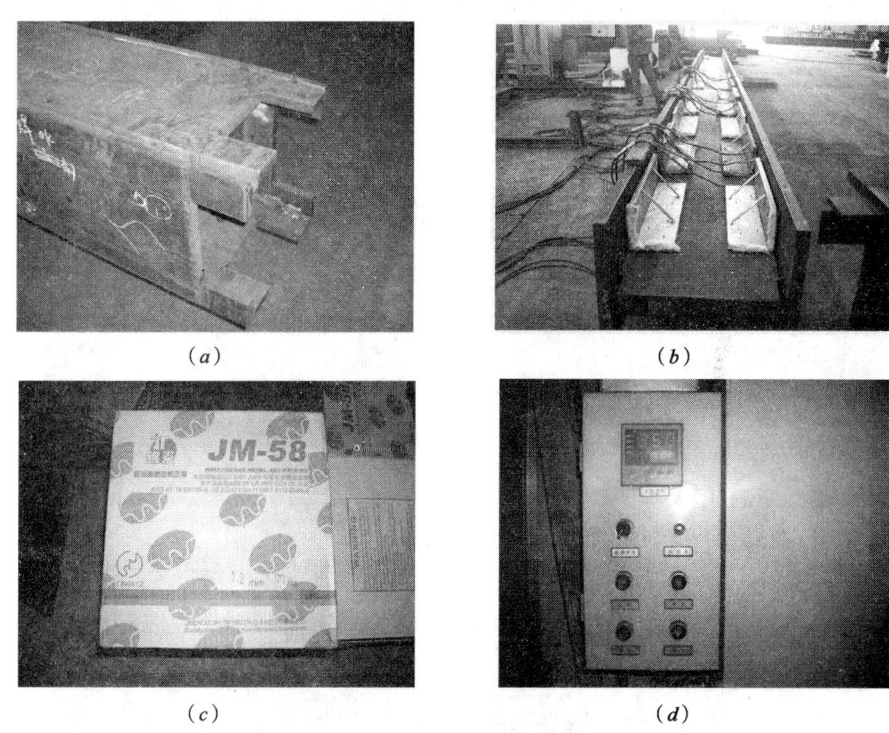

(a) (b) (c) (d)

图 10 焊前控制

(a) 引弧板设置检查；(b) 焊前预热检查；(c) 焊丝、焊材品牌检查；(d) 焊剂烘干检查

2.4.2 焊中监督

焊接过程中，监造人员应对焊接的工艺参数进行监督检查，对焊接的电流、电压、速度应做详细的监督检查记录，并对照工厂的焊接工艺评定文件进行核查，落实其实际操作过程中的参数是否与焊接工艺评定的工艺参数相符。对于道间温度、单道焊缝的宽度、焊接顺序等项目，监造人员也应在焊接过程中加以监督。

2.4.3 焊后检查

构件焊接完成后，监造人员应对焊缝的外观质量进行检查，对于存在超标气孔、夹渣、咬边、余高过大、焊缝未熔合等质量问题的焊缝应要求工厂进行返修处理。有超声波检测要求及磁粉检测要求的焊缝，应检查无损检测设备的标定记录并监督其检测过程，同时保证检测时间在焊接完后 24～48h。有焊后加热保温要求的焊缝，应检查是否有焊后加热保温措施，并对焊后加热的温度及保温时间进行检查控制。同一部位的焊缝，返修次数不宜超过两次，否则需要对焊接工艺进行工艺评定并在焊接后增加磁粉探伤检查。

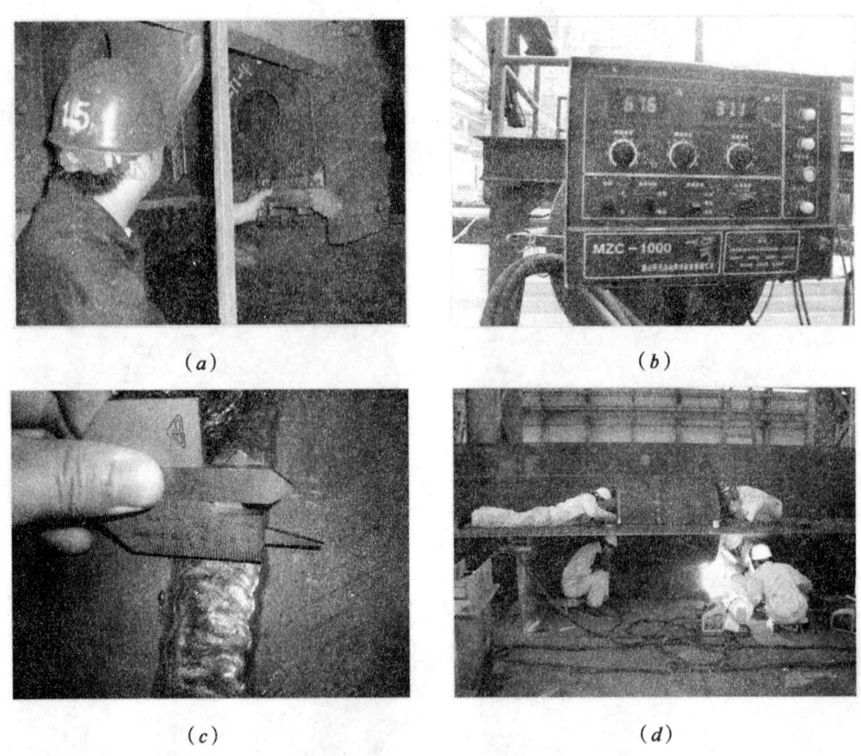

(*a*) (*b*) (*c*) (*d*)

图 11 焊中监督

(*a*) 焊接层间温度控制；(*b*) 焊接工艺参数控制；(*c*) 单道焊缝宽度控制；(*d*) 焊接顺序控制

(*a*) (*b*) (*c*) (*d*)

图 12 焊后检查

(*a*) 焊缝高度检测；(*b*) 焊后保温；(*c*) 超声波无损检测；(*d*) 磁粉探伤检测

2.5 校正管理

校正主要是针对钢材本身及构件焊接变形的一种补救措施，在工厂内通常采用机械校正、火焰校正以及机械与火焰相结合校正三种形式，监造人员对此环节的控制应视其所采用的方法而关注不同的控制指标。

2.5.1 机械校正

采用机械校正的构件，在工厂比较常见的有平板机、型钢调直机、液压千斤顶、液压机等。当采用机械校正时，驻厂监造应注意钢材的材质与校正时的环境温度，当环境温度低于－12℃时，低合金结构钢及碳素钢就应尽量避免采取机械校正的措施（包括冷成形），另外，构件采用机械校正后，应注意检查构件焊缝有无裂纹，构件表面有无超过规范的压痕。

2.5.2 火焰校正

构件火焰校正时，根据钢材的牌号及轧制或热处理等交货状态的不同，其火焰校正（包括热成形）的温度也不同，驻厂监造人员应注意检查火焰校正的温度，对于碳素钢和低合金结构钢校正时的加热温度，热轧交货状态的钢材最高温度不超过 900℃，正火及控轧控冷交货状态的钢材最高温度不超过 800℃，最低温度应控制在 600℃以上。同时应注意控制火焰校正时不得使火焰喷枪在构件某一个部位持续加热，避免局部烧损母材。进行火焰校正时，遵循“先主后次，先下后上，先整体后局部”的校正顺序。低合金结构钢校正后不允许水冷。

(*a*)

(*b*)

图 13 火焰校正

(*a*) 箱形构件火焰校正；(*b*) 异形构件火焰校正

2.6 端铣管理

构件经过装配、焊接、校正并经过验收合格后，进行端铣加工。为了保证构件的加工精度，通常应至少预留 5mm 端铣量。驻厂监造人员在对此环节进行管控时，应重点注意端铣面的平面度、垂直度以及构件端铣后的长度等项目的检查。根据构件的结构形式不同并结合工厂内实际端铣机的端铣能力，构件可以分为构件整体端铣与零部件单体端铣两种情况。构件端铣时，应标出端铣基准线，然后将构件固定牢固，根据端铣要求使其端铣面与铣刀垂直或成一定角度进行端铣。

(*a*)

(*b*)

图 14　端铣管理
(*a*) 箱形构件端铣；(*b*) 端铣面垂直度检查

2.7　喷涂管理

构件端铣净尺后，进入喷涂工序，细分来说，喷涂工序实际上分为除锈和涂装两个工序。

2.7.1　除锈

构件除锈通常有喷砂、抛丸、酸洗、砂轮打磨等方式，在加工厂内比较常用抛丸和喷砂两种方法。构件进行除锈时，监造人员应注意控制以下几点：

第一，对构件的表面清洁情况进行检查，确保构件表面无焊渣、飞溅及油污。

第二，工作环境的相对湿度应不大于 85%。

第三，应注意高强度螺栓摩擦面的除锈，当设计要求摩擦面的抗滑移系数等于或大于 0.45 时，用构件通过式抛丸机除锈难以达到要求，这时需要求工厂对高强度螺栓连接面进行手工喷砂。若工厂仅使用构件通过式抛丸机方式进行处理，应注意监督工厂制备抗滑移摩擦面试件时，需要与抛丸构件上高强度螺栓连接面的角度、位置及抛丸参数、环境条件一致。此时制备的摩擦面试件抗滑移系数才能代表实际构件而具有说服力。

第四，摩擦面喷砂时应注意对砂粒形状种类及配比（铸钢丸、棱角钢丸）、粒径、风压、喷嘴直径、喷嘴距钢材表面距离等数据进行检查。具体数据可参见表 4：

规定数据　　**表 4**

砂粒粒径 (mm)	风压 (N/mm^2)	喷嘴直径 (mm)	喷嘴距钢材表面 (mm)	喷射时间 (min)
1.5～4.0	0.6	8～10	100～150	1～2

2.7.2　涂装

构件在完成除锈工序后进入涂装工序，在涂装工序，驻厂监造人员应注意控制以下几个方面：

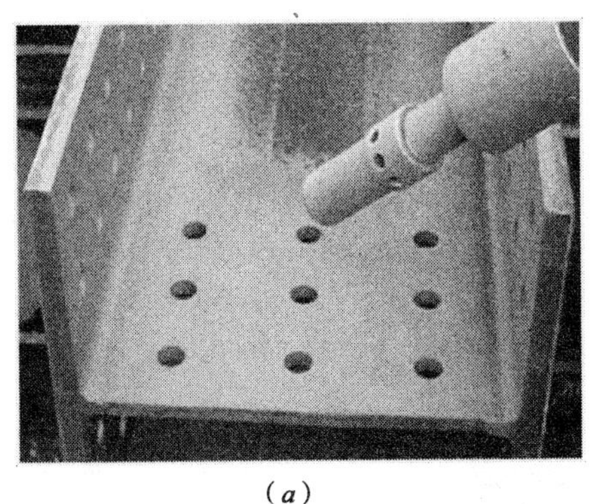

（a）

（b）

图 15　构件喷砂与抛丸

（a）构件喷砂；（b）构件抛丸

第一，注意控制除锈与涂装工序的时间间隔，对于有涂装要求的构件在其完成喷砂除锈工序后应于 4h 内进行底漆的涂装；若超过这个时间，需对构件表面有无锈蚀情况进行检查，对于产生锈蚀的需要对其表面进行处理除去表面锈蚀。

第二，涂装的环境温度与相对湿度，应符合涂料产品说明书的要求；对于无要求时，其涂装的环境温度应控制在 5～38℃之间，环境相对湿度应控制在 85％以下，这样做可以防止涂装时出现气泡、针孔、起皱、流挂等质量问题。

第三，应注意控制在雨雪天气不得在室外进行涂装。

第四，在涂装完成后 4h 内不得淋雨，防止漆膜未固化而被雨水冲坏。

第五，在进行多道涂装时，应注意根据涂料说明书控制每层涂装的时间间隔，当上道油漆检验合格后，方可进行下一道油漆的工序，这样可以防止褶皱或剥离的现象出现。

第六，对涂装构件检查时，应注意控制焊接处、构件边角处等极易产生涂装缺陷等位置的涂装质量（图 16）。

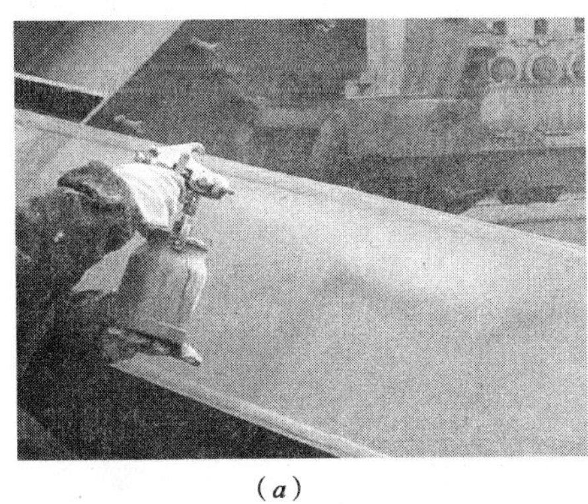

（a）

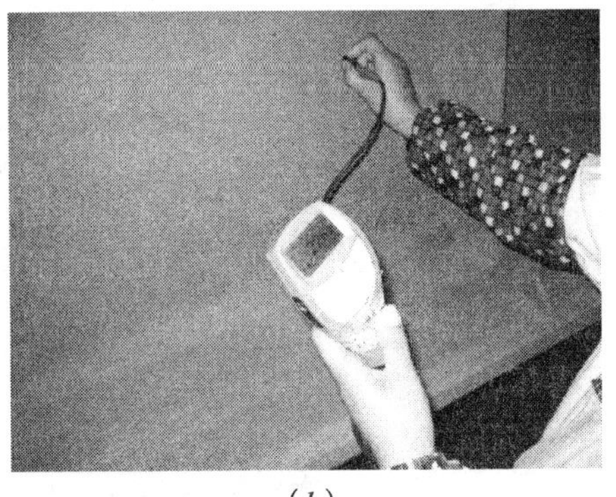

（b）

图 16　构件喷漆与漆膜厚度检查

（a）构件喷漆；（b）漆膜厚度检查

2.8　验收管理

驻厂监造人员应注重对工厂所加工的构件的验收管理，主要应做到以下几点：

第一，应对构件的整体外观进行质量检查，包括焊缝外观质量检查，油漆涂装外观质量检查，漆膜厚度检查，构件号标识情况检查，现场安装线标识情况检查等。

第二，对构件重要部位的几何尺寸进行检查，包括构件截面尺寸检查，构件长度检查，特殊构件起拱值检查，构件牛腿定位检查，工地安装焊缝坡口，高强度螺栓孔外观及尺寸检查，连接板、吊耳、栓钉焊接质量检查及位置数量检查等（图 17）。

(*a*)

(*b*)

图 17　验收管理（一）

(*a*) 构件牛腿定位验收；(*b*) 构件截面尺寸验收

第三，构件的报验资料检查，包括构件切割记录，装配记录，焊接记录，隐蔽检查记录，探伤记录，焊缝返修记录等质检类记录及报告。

第四，对于存在预拼装要求的构件，在对其进行预拼装检查验收前，应注意做到预拼装的单体构件的验收合格并确保报验资料齐全。检查预拼装构件时，应注意检查控制以下几个要点：

（1）预拼装胎架搭设牢固度检查。

（2）预拼装平台平整度检查，可以通过水准仪器进行抄平检查。

（3）定位轴线及尺寸线落样情况检查，可以依据图纸所示尺寸验证地样尺寸是否准确。

（4）重点控制检查预拼装构件间的接口错位，预拼装构件整体的组内孔距与组间孔距及高强度螺栓穿孔率，整体预拼装构件对角线尺寸，整体预拼装构件截面尺寸等数值（图 18）。

(*a*)

(*b*)

(*c*)

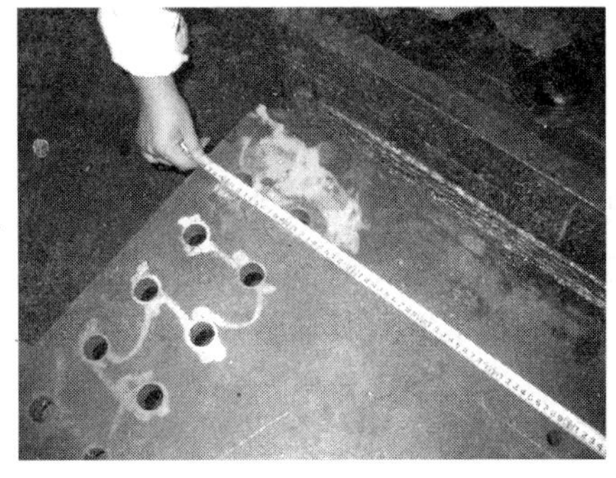

(*d*)

图 18　验收管理（二）

(*a*) 工厂内预拼装构件；(*b*) 预拼装构件整体截面尺寸检查；
(*c*) 预拼装构件穿孔检查；(*d*) 构件孔距检查

3　成品入库及运输阶段

经过验收合格的构件，应及时转入成品库进行堆放等待项目部提供需求计划并准备发运。在这个阶段驻厂监造应注意检查构件的成品保护措施是否落实到位，主要注意控制以下几个方面：

(1) 成品构件区域应独立划分，地面应干燥、坚实、平整。

(2) 成品构件摆放应离开地面约 400mm 的距离，防止雨雪侵蚀，并做好防雨、雪等防护措施。

(3) 成品构件堆放高度不应超过 1.5m，且不应超过两层，以防止构件发生变形，层间应用木方垫护并摆放整齐。

(4) 成品构件应用道木等坚固物体垫平、垫稳，必要时设置警戒线和专人看管，以免构件倾倒损坏或砸伤行人。

(5) 成品构件装运时，吊装构件应注意控制其速度缓慢轻放以免损伤构件。构件间要注意避免直接摩擦，接触部位要设置橡胶、皮管等软保护。构件装放要平稳、牢固，封车时应用倒链固定。

(*a*)　　(*b*)

图 19　构件堆放与装运

(*a*) 构件堆放图例；(*b*) 构件装运图例

4 驻厂监造工作制度

在钢结构总承包管理模式下，无论是业主还是总包单位，对钢结构加工环节的重视程度越来越大，所以作为监督钢构件加工环节的驻厂监造人员需要在一个比较完善的工作制度下才能够很好地完成其监督工作职能。

首先，驻厂监造工作以监督为主，对于工厂的各项生产信息要有清楚的了解并能够做到及时地进行信息反馈，确保总包单位或施工现场能够第一时间了解到构件生产加工的状态。鉴于此，驻厂监造执行日报制度是及时反馈生产信息的最佳途径。一般情况下，日报内容应以量化的形式反映构件加工状态。

其次，作为监造人员应以周（或旬）为周期，对工厂的生产状况进行阶段性的总结，包括质量情况、进度情况及图纸、材料等供应情况等描述，以便总包单位项目管理者对工厂加工环节有一个整体的把握。所以，周报或旬报是监造人员需要执行的一项常规工作。周报内容要包括：上周工厂生产完成情况，存在的质量问题，图纸、材料供应的情况描述以及下周生产计划安排，质量控制重点，图纸、材料需求情况以及需总包协调解决的问题等。

最后，监造人员应有一定的协调组织能力来处理工厂在加工过程中出现的质量、进度等问题，也包括工厂需总包单位协调解决的一些问题。一般情况下，可以通过组织工厂的相关人员召开生产例会的方式对问题进行讨论解决。但是此项需要监造人员有一定的授权才能够实现。

5 结束语

驻厂监造主要肩负监督制造的职能，应在钢结构加工厂和施工现场之间起到桥梁纽带作用。成功的驻厂监造工作可以使钢结构工程的制作、安装紧密联系，高效运行。同时也可以使项目加工成本、工期、质量均得到可靠的保障。希望通过本文能够对正在从事驻厂监造工作或准备从事驻厂监造工作的人员提供有价值的参考。

应用研究

钢结构常用低合金结构钢焊接性评定

马德志　周文瑛　段　斌
（中冶集团建筑研究总院有限公司）

摘　要：随着钢结构用钢品种的日益增多，对其焊接要求也各有不同，本文通过对钢结构常用结构钢的焊接性进行分析、试验、研究，根据试验结果给出常用结构钢焊接的最低预热要求，以期能够对实际的钢结构焊接具有一定的参考作用。

关键词：钢结构　低合金结构钢　焊接性

0　序言

2010年，我国钢铁产量超过6亿t，钢结构产量接近3000万t。国内钢结构的日新月异，带动了新材料、新方法、新技术的突飞猛进。

从国内钢结构用钢的品种上来看，已经不仅仅局限于Q235、Q345等几种碳素结构钢和低合金钢的范围内，越来越多的高强度、大厚度钢材以及铸钢、不锈钢、复合钢板、耐火耐候钢在众多钢结构上得到应用，正待颁布的国家规范《钢结构焊接规范》GB 50661已经把《优质碳素结构钢》GB/T 699；《碳素结构钢》GB/T 700；《桥梁用结构钢》GB/T 714；《低合金高强度结构钢》GB/T 1591；《耐候结构钢》GB/T 4171；《焊接结构用碳素钢铸件》GB/T 7659；《建筑结构用钢板》GB/T 19879；《铸钢节点应用技术规程》CECS 235以及日本、美国、欧洲相应的结构用钢（按照中国的标准对其进行分类）都纳入在内，因此，有必要对这些钢种的焊接性进行试验、研究，不断积累数据，为钢结构焊接施工中编制焊接工艺提供依据，从而获得满意的焊技质量，对保障钢结构工程的整体质量安全具有重要意义。

所谓焊接性，就是金属材料对焊接加工的适应性。主要是指在一定的焊接工艺条件下，获得优质焊接接头的难易程度，焊接性受材料、焊接方法、构件类型及使用要求四个因素的影响，对于钢结构用钢，包括碳素结构钢、低合金结构钢、桥梁钢、耐候钢、抗震钢等各类结构钢，评定钢材的焊接性，主要关注的问题是钢材焊接时的抗裂能力和热影响区的组织和性能（包括韧性和脆化等）的变化。本文即通过碳当量计算、斜Y坡口试验（小铁研试验）、最高硬度试验等方法针对目前工程上使用的低合金高强结构钢的焊接性进行评定，虽然试验数据有限，但希望通过对这些钢材焊接性试验数据的归纳、整理，获得不同材质、强度、板厚及热处理状态对钢材焊接性的影响规律。

1　不同板厚、屈服强度钢材碳当量

钢材（非调质钢）碳当量$CE_{(IIW)}$采用下面公式计算：

$$CE_{(IIW)}（\%）=C+\frac{Mn}{6}+\frac{Cr+Mo+V}{5}+\frac{Cu+Ni}{15}（\%）$$

通过对国内钢结构工程普遍应用的低合金结构钢进行化学成分分析、力学试验，其碳当量、屈服强度结果见表 1 和表 2。

Q420、Q460 钢碳当量、屈服强度 **表 1**

序号	牌号	板厚（mm）	碳当量 $CE_{(IIW)}$（%）	屈服强度 MPa	供货状态	生产厂	备注
1	Q420	19	0.381	475	控轧	舞阳钢厂	/
2		19	0.390	455	控轧	鞍钢	/
3		21	0.380	420	控轧	鞍钢	/
4		21	0.380	430	控轧	鞍钢	/
5		24	0.404	405	热轧	鞍钢	/
6		24	0.414	430	热轧	鞍钢	/
7		24	0.414	450	热轧	鞍钢	/
8		24	0.386	355	热轧	武钢	/
9		24	0.388	450	热轧	武钢	/
10		30	0.413	445	控轧	鞍钢	/
11		40	0.408	425	TMCP		/
12		40	0.416	410	TMCP		/
13		40	0.389	410	TMCP		/
14		40	0.389	435	TMCP		/
15		40	0.412	430	TMCP		/
16		40	0.412	440	TMCP		/
17		40	0.393	425	正火		/
18		40	0.393	445	正火		/
19		52	0.398	430	TMCP		/
20		52	0.392	440	TMCP		/
21		52	0.392	450	TMCP		/
22		52	0.411	430	TMCP		/
23		52	0.402	440	TMCP		/
24		62	0.410	420	TMCP		/
25		62	0.411	390	TMCP		/
26		62	0.411	400	TMCP		/
27	Q420D	75	0.392	/	正火	舞阳钢厂	/
28	Q420D	100	0.398	415	正火	鞍钢	/
29	Q420D	100	0.413	405	正火	鞍钢	/
30	Q420D	100	0.416	375	正火	鞍钢	/
31	Q420D	100	0.423	405	正火	鞍钢	/
32	Q420D	100	0.428	440	正火	鞍钢	/
33	Q420D	100	0.418	400	正火	鞍钢	/
34	Q420D	120	0.407	385	正火	鞍钢	/
35	Q460E	75	0.384	460	正火	舞阳钢厂	/

续表

序号	牌号	板厚 (mm)	碳当量 $CE_{(IIW)}$（%）	屈服强度 MPa	供货状态	生产厂	备注
36	Q460E	80	0.419	425	正火	舞阳钢厂	/
37	Q460E	80	0.419	420	正火	舞阳钢厂	/
38	Q460E	100	0.470	410	正火	舞阳钢厂	/
39	Q460E	100	0.460	435	正火	舞阳钢厂	/
40	Q460E	100	0.440	420	正火	舞阳钢厂	/
41	Q460E	100	0.460	410	正火	舞阳钢厂	/
42	Q460E	100	0.460	430	正火	舞阳钢厂	/
43	Q460E	110	0.470	455	正火	舞阳钢厂	/
44	Q460E	110	0.470	495	正火	舞阳钢厂	/

Q345、Q390钢碳当量、屈服强度 **表2**

序号	牌号	板厚 (mm)	碳当量 $CE_{(IIW)}$（%）	屈服强度 MPa	供货状态	生产厂	备注
1	Q345C	20	0.382	340	热轧	首钢	/
2	Q345C	20	0.373	385	热轧	新余钢厂	/
3	Q345C	20	0.375	375	热轧	湘潭钢厂	/
4	Q345B	20	0.347	415	热轧	南钢	/
5	Q345C	20	0.365	430	热轧	舞阳钢厂	/
6	Q345GJC	20	0.381	435	热轧	武钢	/
7	Q345GJD	20	0.374	445	热轧	武钢	/
8	Q390D	20	0.385	385	热轧	舞阳钢厂	/
9	Q345C	30	0.394	/	热轧	湘潭钢厂	/
10	Q345C	30	0.420	430	热轧	宝钢	/
11	Q345GJC	30	0.405	400	热轧	武钢	/
12	Q345B	32	0.347	415	热轧	南钢	/
13	Q345C	35	0.397	485	热轧	舞阳钢厂	/
14	Q345GJD	38	0.402	420	热轧	武钢	/
15	Q390C	35	0.397	485	热轧	舞阳钢厂	/
16	Q390D	48	0.388	/	热轧	武钢	/
17	Q345B	50	0.432	/	热轧	宝钢	/
18	Q345C	50	0.432	/	热轧	宝钢	/
19	Q345C Z15	50	0.415	/	正火	南钢	/
20	Q345GJC	60	0.403	/	正火	宝钢	/
21	Q345GJC	60	0.438	/	正火	济钢	/
22	Q345C Z15	60	0.447	/	正火	南钢	/

续表

序号	牌号	板厚 (mm)	碳当量 $CE_{(IIW)}$（%）	屈服强度 MPa	供货状态	生产厂	备注
23	Q345B	70	0.433	325	正火	舞阳钢厂	/
24	Q345C	70	0.401	/	正火	舞阳钢厂	/
25	Q345GJC	90	0.410	375	正火	舞阳钢厂	/
26	Q390D	70	0.435	385	正火	舞阳钢厂	/
27	Q390D	80	0.419	385	正火	舞阳钢厂	/
28	Q390D	100	0.418	380	正火	舞阳钢厂	/
29	Q390D	120	0.426	340	正火	舞阳钢厂	/
30	Q390D	130	0.418	400	正火	舞阳钢厂	/

根据以上少量材质单统计，从各表1、表2已可见大致情况：

（1）Q345厚度50mm以下 $CE_{(IIW)}$ 大体上约低于0.4%，厚度50mm以上约高于0.4%，最高至0.447%；

Q390厚度50mm以下 $CE_{(IIW)}$ 大体上约低于0.4%，厚度50mm以上约高于0.4%，最高至0.435%。可以认为板薄时与Q345相近，板厚时则与Q420相近，以此作为钢材分类依据；

Q420厚度50mm以下 $CE_{(IIW)}$ 大体上约在0.4%上下，厚度50mm以上约高于0.4%，最高至0.428%；

Q460厚度80mm以下 $CE_{(IIW)}$ 缺乏实物资料，厚度80mm以上高于0.41%，最高至0.48%。

由此可见，不同强度等级钢材的碳当量值有所交叉，按照碳当量划分钢材类别和预热温度档次难以实现。

（2）由表1可见，厚度40mm、50mm的TMCP钢，其碳当量并不比正火钢低。而厚度50mm以上真正意义上的TMCP钢，目前国内尚未生产，因此，目前还无足够依据更无必要将国产TMCP钢列入钢材分类和最低预热温度分档表。

（3）根据以上实际情况，钢材分类及最低预热温度分档，仍然只能以屈服强度等级分类。

2 不同板厚、屈服强度钢材斜Y坡口试验结果

斜Y坡口焊接裂纹试验（小铁研）主要是评定焊接热影响区及焊缝金属产生冷裂纹的倾向性。试验按照《焊接性试验斜Y型坡口焊接裂纹实验方法》GB/T 4675.1－84的规定进行，试验形式如图1所示，按照不同板厚、标称屈服强度，对各种钢材进行斜Y坡口试验，结果见表3～表7。

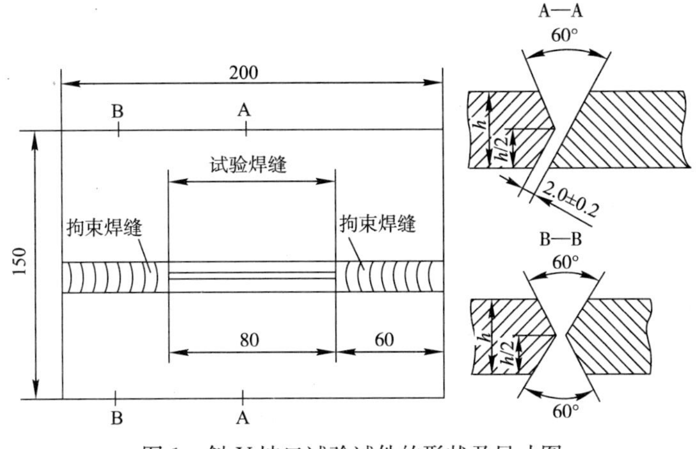

图 1　斜 Y 坡口试验试件的形状及尺寸图

Q345、Q390 钢（板厚 20mm）碳当量、屈服强度及斜 Y 坡口试验结果　　表 3

序号	牌号	碳当量 $CE_{(IIW)}$（%）	屈服强度 MPa	3 个试样裂纹总长（常温）（mm）	生产厂家	备注
1	Q345C	0.382	395	75.5	首钢	板厚 20mm
2		0.373	385	0	新余钢厂	
3		0.375	375	0	湘潭钢厂	
4		0.365	430	0	舞阳钢厂	
5	Q345B	0.347	415	0	南钢	
6	Q345GJC	0.381	435	5	武钢	
7	Q345GJD	0.374	445	0	武钢	
8	Q390D	0.385	445	34	舞阳钢厂	

Q345、Q390 钢（板厚 30mm）碳当量、屈服强度及小铁研试验结果　　表 4

序号	牌号	碳当量 $CE_{(IIW)}$（%）	屈服强度 MPa	3 个试样裂纹总长（常温）（mm）	生产厂家	备注
1	Q345C	0.366	340	0	首钢	板厚 30mm
2		0.374	335	117	新余钢厂	
3		0.394	400	156	湘潭钢厂	
4		0.420	430	0	宝钢	
5	Q345B	0.416	360	0	新余钢厂	
6	Q345GJC	0.405	400	71	武钢	
7	Q345GJD	0.404	445	0	武钢	
8	Q390D*	0.397	485	0	舞阳钢厂	板厚 35mm

注：板厚 35mm，预热温度为 60℃。

Q345 钢（板厚 50mm、60mm）碳当量、屈服强度及小铁研试验结果　　表 5

序号	牌号	碳当量 $CE_{(IIW)}$（%）	屈服强度 MPa	3 个试样裂纹总长（60℃）（mm）	生产厂家	备注
1	Q345C Z15	0.426	/	0	首钢	板厚 50mm
2		0.425	/	0	济钢	
3		0.415	/	0	南钢	
4	Q345B	0.432	336	10	宝钢	
5	Q345C	0.432	430	16	宝钢	
6	Q345C Z15	0.446	/	0	首钢	板厚 60mm
7		0.438	/	0	济钢	
8		0.446	/	0	南钢	
9	Q345GJC	0.403	346	67	宝钢	

Q345、Q390 钢（板厚 70mm、90mm）碳当量、屈服强度及小铁研试验结果　　表 6

序号	牌号	碳当量 $CE_{(IIW)}$（%）	屈服强度 MPa	3 个试样裂纹总长（80℃）（mm）	生产厂家	备注
1	Q345B	0.433	325	7	上钢三厂	板厚 70mm
2	Q345C	0.401	/	64	/	
3	Q390D	0.385	385	9	舞阳钢厂	
4	Q345C*	0.429	375	73	舞阳钢厂	板厚 90mm

注：板厚 90mm，预热温度为 100℃。

国家体育场（鸟巢）Q460 钢（110mm）碳当量、屈服强度及小铁研试验结果　　表 7

编号	牌号	碳当量 $CE_{(IIW)}$（%）	屈服强度 MPa	预热温度*	焊接方法	裂纹情况	备注
1	Q460E－Z35	0.470	415	145℃	焊条手工电弧焊	无	/
2				149℃		无	/
3				147℃		无	/
4				148℃	实心焊丝 CO_2 气体保护焊	无	/
5				153℃		无	/
6				150℃		无	/
7				153℃	药芯焊丝 CO_2 气体保护焊	无	弧坑裂纹，长 5mm
8				152℃		无	弧坑裂纹，长 3mm
9				148℃		无	弧坑裂纹，长 8mm

注：* 预热 100℃、120℃时，均存在超标裂纹，为节约篇幅，详细数据省略。

其他：用于北京中央电视台新台址工程的 75mm 厚 Q420D/Z25 钢，其 $CE_{(IIW)}$ 为 0.402%，预热 100℃，裂纹总长达 187mm；而同一工程中 75mm 厚 Q460E/Z35 钢，其 $CE_{(IIW)}$ 仅为 0.384%，预热 100℃，无裂纹，试验结果虽符合常理，但此钢材成分反常或属不常见（材质单 C=0.15%，复验 C=0.08%）。

根据以上结果，可以得出以下结论：

Q345 各种钢厚度 20mm 可不预热；Q345 各种钢厚度 30mm、35mm 应预热 60℃；

Q345 各种钢厚度 50mm 至少应预热 60℃。厚度 60mm 应预热 80℃；Q345 各种钢厚度 70mm 至少应预热 80℃；Q345 各种钢厚度 90mm 至少应预热 100℃（试验数量仅一组）；

Q390 从碳当量和裂纹总长来看可以与 Q345 归为同类；

Q420 试验数量较少，国家游泳中心工程的 30mm 厚试板，碳当量值 0.413%，其无裂纹的最低预热温度为 120℃（焊条电弧焊）、100℃（二氧化碳气保焊）；

Q460 钢体育场试验的 110mm 厚试板，材质单 $CE_{(IIW)}=0.445\%$，复验 $CE_{(IIW)}=0.47\%$，最低预热温度 150℃。

（以上最低预热温度的结论基于手工电弧焊）

3 常用钢结构钢材焊接最低预热温度

根据以上分析，对钢结构常用低合金结构钢在中等热输入情况下的焊接最低预热温度进行归纳整理，结果如表 8 所示：

常用结构钢材最低预热温度要求（℃） **表 8**

钢材牌号	接头最厚部件的板厚 t（mm）				
	$t\leqslant20$	$20<t\leqslant40$	$40<t\leqslant60$	$60<t\leqslant80$	$t>80$
Q345、Q345GJ	—	20	60	80	100
Q390、Q420、Q390GJ、Q420GJ	20	60	80	100	120
Q460、Q460GJ	20	80	100	120	150

注：1. 中等热输入指焊接热输入约为 15～25kJ/cm，热输入每增大 5kJ/cm，预热温度可降低 20℃；

2. 当采用非低氢焊接材料或焊接方法焊接时，预热温度应比该表规定的温度提高 20℃；

3. 当母材施焊处温度低于 0℃时，应根据焊接作业环境、母材牌号及板厚的具体情况将表中母材预热温度适当增加，且应在焊接过程中保持这一最低道间温度；

4. 焊接接头板厚不同时，应按接头中较厚板的板厚选择最低预热温度和道间温度；

5. 焊接接头材质不同时，应按接头中较高强度、较高碳当量的钢材选择最低预热温度；

6. 本表各值不适用于供货状态为调质处理的钢材；控轧控冷（热机械轧制）钢材最低预热温度可下降的数值由试验确定；

7. “—”表示焊接环境在 0℃以上时，可不采取预热措施。

4 结论

（1）本文对钢结构常用低合金结构钢随机样品进行化学成分分析，测定屈服强度，并通过计算碳当量对各钢种的焊接性进行分析比较；

（2）通过对不同牌号、板厚钢材进行斜 Y 坡口试验，测试钢材抗冷裂性能，并根据试验结果给出了常用低合金结构钢焊接所需的最低预热温度；

（3）本文试验研究成果已应用于国家标准《钢结构焊接规范》GB 50661 的编制之中。

ASTM A913 Gr60、Gr65（QST）高强钢在建筑钢结构工程应用的焊接性试验研究

申献辉　马德志　徐贝尔　宋晓峰
（中冶集团建筑研究总院）

摘　要：本文通过焊接冷、热裂纹敏感性分析、热影响区最高硬度试验、斜 Y 坡口焊接裂纹试验、插销冷裂纹试验对 ASTM A913 Gr60、Gr65（QST）高强钢的抗冷、热裂纹敏感性进行全面的试验研究，通过常温环境下不预热刚性模拟试板，焊接接头力学性能试验结果可以看出，各项试验数据均能满足标准要求。说明其抗裂性优良。

关键词：焊接性　刚性模拟焊接接头

1　序言

随着高层钢结构工程对钢材强度要求的不断提高，当前国内高层钢结构中大多采用的 Q345 钢已经不能满足一些高层钢结构的要求。北京新保利大厦钢结构工程中首次在国内大规模采用了从卢森堡进口的 ASTM A913 Gr60（QST 淬火＋自回火）H 型钢，其强度级别相当于国内的 Q420 钢，引起了国内工程界的极大关注。为保证新保利大厦钢结构工程的焊接施工质量，同时为其他高强钢工程中的应用提供借鉴，中冶集团建筑研究总院焊接研究所与浙江精工钢构集团共同进行了该钢材的焊接性试验研究。为该工程制作、安装焊接工艺的制定提供了科学依据和具体的指导。同时还对 A913 Gr65 钢（强度级别相当于国内的 Q460 钢）进行了对比试验。

2　材料性能与复验

2.1　试验钢材

是阿赛罗公司提供的轧制 H 型钢，其翼缘板板厚 125mm，腹板厚度 78mm，供货状态为淬火＋自回火。化学成分、各项力学性能等列于表 1～表 3。

化学成分（%）　　**表 1**

钢号		C	Si	Mn	P	S	Cu	Ni	Mo	Nb	V	Cr	C_{eq}（IIW）
A913 Gr60	标准要求 Max	0.14	0.40	1.60	0.030	0.030	0.35	0.25	0.070	0.040	0.060	0.25	
	熔炼	0.10	0.20	1.43	0.013	0.029	0.17	0.07	0.015	0.002	0.059	0.12	
	复验	0.089	0.22	1.37	0.011	0.024	0.14	0.074	0.021	0.001	0.058	0.12	0.371

续表

钢号		C	Si	Mn	P	S	Cu	Ni	Mo	Nb	V	Cr	C_{eq}（IIW）
A913 Gr65	标准要求 Max	0.16	0.40	1.60	0.030	0.030	0.35	0.25	0.07	0.05	0.06	0.25	
	复验	0.079	0.25	1.55	0.014	0.015	0.20	0.11	0.04	0.001	0.06	0.12	0.402

注：熔炼成分摘自材质单，炉批号为81045。

力学性能及复验结果 **表2**

钢号		σs MPa	σb MPa	δ（%）	A_{kv}（J）（0℃）		
A913 Gr60	标准要求	415	520	16	54（0℃）		
	材质单	436	568	19.46	117，138，131	取样位置	位于翼缘板边 $B/6$，距上表面 $\delta/4$ 处
	复验	473	597	30	130，116，125		位于翼缘板边 $B/6$，距上表面 $\delta/4$ 处
					132，132，131		位于翼缘板边 $B/6$，距上表面 $\delta/2$ 处
					122，132，137		位于翼缘板边 $B/2$，距上表面 $\delta/4$ 处
					104，103，52		位于翼缘板边 $B/2$，距上表面 $\delta/2$ 处
					72，85，92		位于翼缘板边 $B/2$，距上表面 $3\delta/4$ 处
	全厚度拉伸（mm^2）121.9×40.1	473	597	30			
A913 Gr65	标准要求	450	550	15	54（常温）		
					34，141，143	取样位置	位于翼缘板边 $B/6$，距上表面 $\delta/4$ 处
					32，14，142		位于翼缘板边 $B/6$，距上表面 $\delta/2$ 处
					152，140，134		位于翼缘板边 $B/6$，距上表面 $3\delta/4$ 处
					140，133，141		位于翼缘板边 $B/2$，距上表面 $\delta/4$ 处
					73，10，10		位于翼缘板边 $B/2$，距上表面 $\delta/2$ 处
					124，92，92		位于翼缘板边 $B/2$，距上表面 $\delta/2$ 处
					114，11，10		位于翼缘板边 $B/2$，距上表面 $3\delta/4$ 处
					140，142，146		位于翼缘板边 $B/2$，距上表面 $3\delta/4$ 处
	全厚度拉伸（mm^2）125.0×36.7	475	602	27			

注：1. 表中 B=440mm 为翼缘板板宽，δ=125mm 为翼缘板板厚。
2. 标准要求常温冲击值为54J。
3. 全厚度拉伸试样取样方向为沿轧制方向，位于翼缘板边 $B/6$（B=440mm 为翼缘板板宽）。

Z 向拉伸性能复验 **表 3**

钢号	试样编号	σ_S (MPa)	σ_b (MPa)	δ (%)	Ψ (%)	备注
A913 Gr60	1	445	580	26	55	
	2	455	575	25	62	
A913 Gr65	1	430	565	25	60	
	2	415	555	26	68	

注：试件采用 ϕ10 的圆形拉伸试棒。

通过对钢材成分和力学性能的复验，各项指标均符合标准要求。

2.2 选用焊接材料的牌号、性能

为实现性能及成本等各项因素的综合对比，选择了不同牌号的焊丝和焊条进行试验。主要采用的试验焊接材料的化学成分及各项力学性能列于表 4、表 5。

焊接材料熔敷金属的化学成分（质量%） **表 4**

牌号	C	Si	Mn	P	S	Mo	Cu	Ni	Cr	V
实芯焊丝 JM60	0.07	0.75	1.81	0.011	0.006	0.42	0.26	0.06	0.10	
焊条 CHE 557	0.076	0.45	1.34	0.015	0.014	0.334		0.009	0.024	0.010
焊条 CHE 507	0.070	0.34	0.92	0.012	0.012	0.001	0.038	0.007	0.021	0.010

注：以上数据摘自材质单。

焊接材料熔敷金属的力学性能 **表 5**

型号	牌号	σ_S (MPa)	σ_b (MPa)	δ (%)	A_{kv} (J)	冲击试验温度（℃）
ER55-G	JM60	630	730	25	52，58，56	−29
E5515-C	CHE 557	495	605	28	66，90，92	−40
E5015	CHE 507	430	545	30	138，139，168	−30

注：以上数据摘自材质单。

3 工作流程

为了对 ASTM A913 Gr60 钢的焊接性进行全面的研究及制定该钢种焊接工艺的需要，首先制定工作流程如图 1 所示。鉴于供货商未提供钢材的具体焊接性资料，且该钢材强度高、板厚大，试验主要围绕钢材的抗冷裂性进行。

4 焊接性试验

4.1 焊接冷裂纹敏感性试验

4.1.1 焊接冷裂纹敏感性分析

钢材的焊接冷裂纹敏感性一般与母材和焊缝金属的化学成分有关，为了说明冷裂纹敏感性与钢材化学成分的关系，通常用碳当量来表示。计算碳当量的公式很多，对于 ASTM A913 Gr60 钢，采用了日本工业标准（JIS）推荐的调质钢碳当量 $CE_{(JIS)}$ 计算公式（公式1）和国际焊接学会（IIW）推荐的碳当量 $CE_{(IIW)}$ 计算公式（公式 2）进行计算。

$$CE_{(JIS)}=C+\frac{Mn}{6}+\frac{Si}{24}+\frac{Ni}{40}+\frac{Cr}{5}+\frac{Mo}{4}+\frac{V}{14} \tag{1}$$

$$CE_{(IIW)}=C+\frac{Mn}{6}+\frac{Mo+Cr+V}{5}+\frac{Cu+Ni}{15} \tag{2}$$

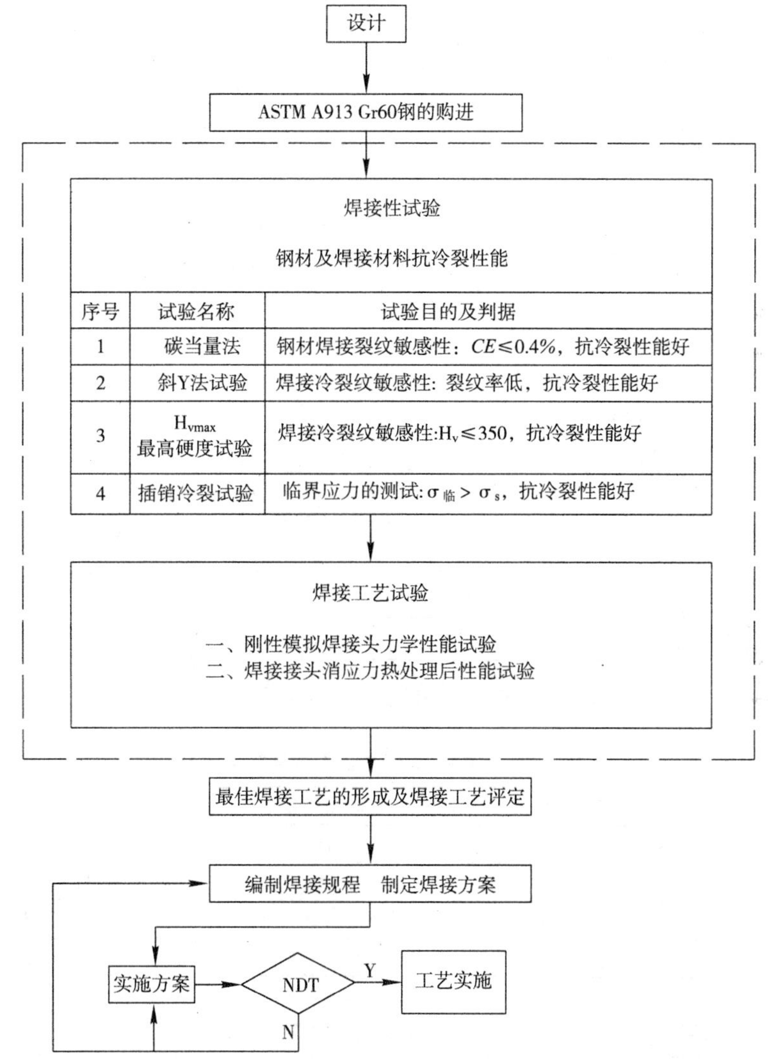

图 1　新保利钢结构施工焊接试验流程

按表 1 的复验值，ASTM A913 Gr60 钢依据公式（1）、（2）进行计算，得到的结果分别为 0.362 和 0.3714。ASTM A913 Gr65 钢依据公式（1）进行计算，得到的结果为 0.402，根据 JGJ 81－2002 标准，碳当量结果处于标准规定的焊接性良好范围内，说明试验用 ASTM A913 Gr60 及 Gr65 钢具有良好的抗焊接冷裂纹性能。

4.1.2 热影响区最高硬度试验

热影响区最高硬度试验方法主要是以测定焊接热影响区的淬硬倾向来评定钢材的冷裂敏感性。试验按照《焊接性试验焊接热影响区最高硬度试验方法》GB 4675.5－84 的规定进行。试验条件如下：

焊丝型号（牌号）及直径：ER55－G（JM60）　ϕ1.2mm；

CO_2气体流量：20L/min；

CO_2气体生产厂家：北京南亚气体有限公司；

熔敷金属扩散氢含量为 3.44mL/100g，水银法；

最高线能量：电流 I=310－330A，电压 U=34V，速度 280mm/min；

最低线能量：电流 I=200－230A，电压 U=30V，速度 350mm/min。

硬度测试采用维氏硬度计，施加荷载为 10kg，测点位置如图 2 所示，图中 0 点是测定线与熔合线的切点，0 点右侧为正，左侧为负。两测点之间的距离为 0.5mm。ASTM A913 Gr60 钢具体试验参数见表 6，试验结果列于表 7。ASTM A913 Gr65 钢具体试验参数见表 8，试验结果列于表 9。各试验对应硬度曲线如图 3～图 10 所示。

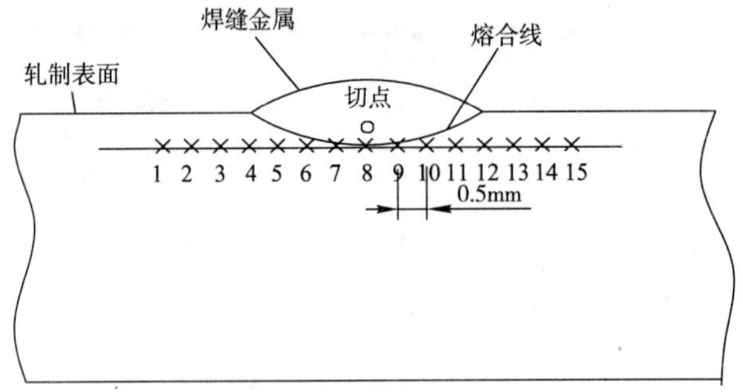

图 2　热影响区最高硬度试验测量位置示意图

ASTM A913 Gr60 钢最高硬度试验具体试验参数　　**表 6**

试件编号	试件规格（mm）	试验预热温度	线能量（kJ/cm）
1 号	200×75	常温	最低线能量 10～12
33 号	200×150	50	最低线能量 10～12
5 号	200×150	100	最低线能量 10～12
6 号	200×150	100	最高线能量 22～24

ASTM A913 Gr60 钢 CO_2 气体保护焊焊接热影响区最高硬度试验结果　　**表 7**

序号	1	2	3	4	5	6	7	8	9	10	11	12	13	14	15
与焊缝中心距离（mm）	−3.5	−3.0	−2.5	−2.0	−1.5	−1.0	−0.5	0	+0.5	+1.0	+1.5	+2.0	+2.5	+3.0	+3.5
1 号	251	264	266	262	256	232	233	230	237	251	268	268	256	247	232
33 号	238	249	256	264	254	233	225	224	240	245	266	266	253	243	230
5 号	230	235	238	256	260	251	227	219	219	254	249	251	233	228	216
6 号	195	205	207	212	218	219	222	222	219	218	215	207	201	199	197

ASTM A913 Gr65 钢最高硬度试验具体试验参数 **表 8**

试件编号	试件规格（mm）	试件预热温度	热输入（kJ/cm）
1	200×75	常温	最低热输入 10～12
2	200×75	常温	最高热输入 22～24
3	200×150	50℃	最高热输入 22～24
4	200×150	100℃	最高热输入 22～24
5	200×150	50℃	最低热输入 10～12
6	200×150	100℃	最低热输入 10～12

ASTM A913 Gr65 钢 CO_2 气体保护焊 HAZ 最高硬度试验结果（HV10） **表 9**

试件编号	部位																
	−4.0	−3.5	−3.0	−2.5	−2.0	−1.5	−1.0	−0.5	0	+0.5	+1.0	+1.5	+2.0	+2.5	+3.0	+3.5	+4.0
1	—	264	256	240	237	279	336	272	264	272	311	306	266	249	251	264	—
2	221	233	238	253	254	262	270	260	221	215	215	207	213	212	218	216	210
3	224	218	216	207	212	210	218	215	206	213	210	209	216	221	221	228	222
4	237	228	203	202	203	197	194	198	206	199	203	193	195	205	202	199	198
5	254	253	245	237	228	233	268	297	285	274	238	224	238	254	254	254	254
6	218	224	245	264	283	268	240	230	227	230	232	238	258	283	260	243	218

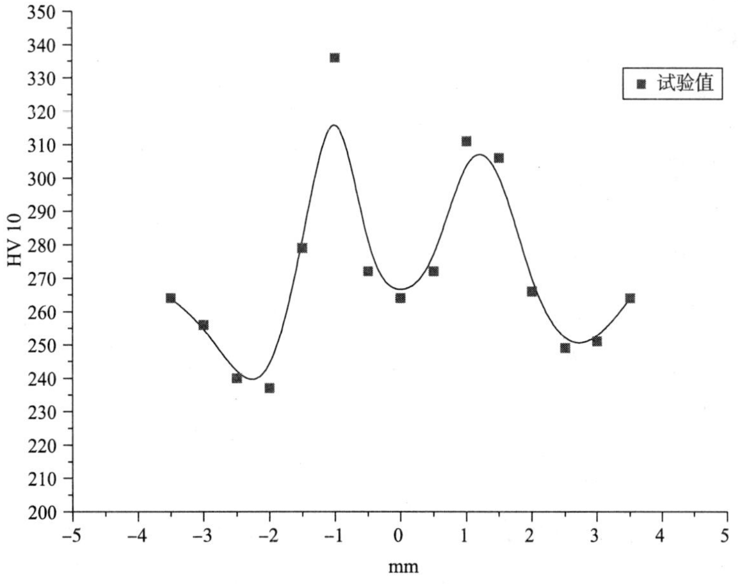

图 3　最低热输入、常温时 HAZ 硬度分布示意图

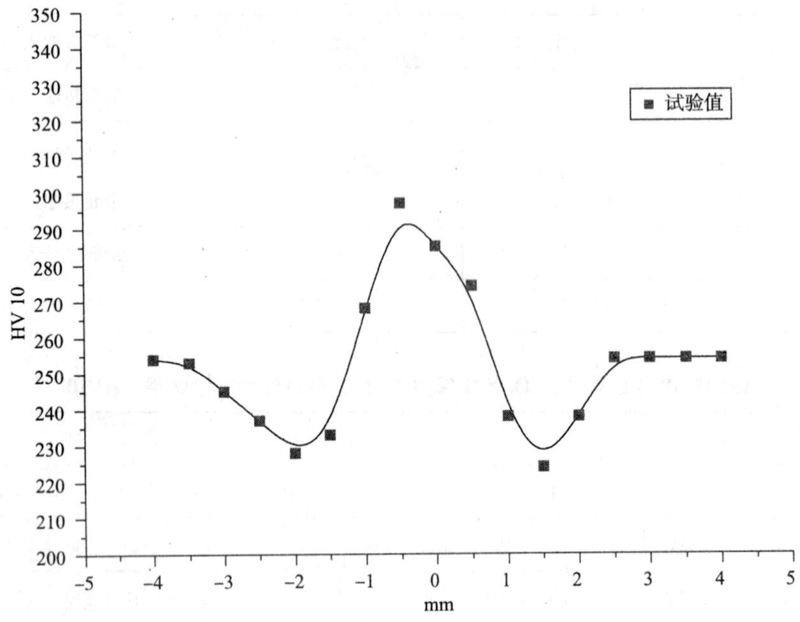

图 4　最低热输入、预热 50℃时 HAZ 硬度分布示意图

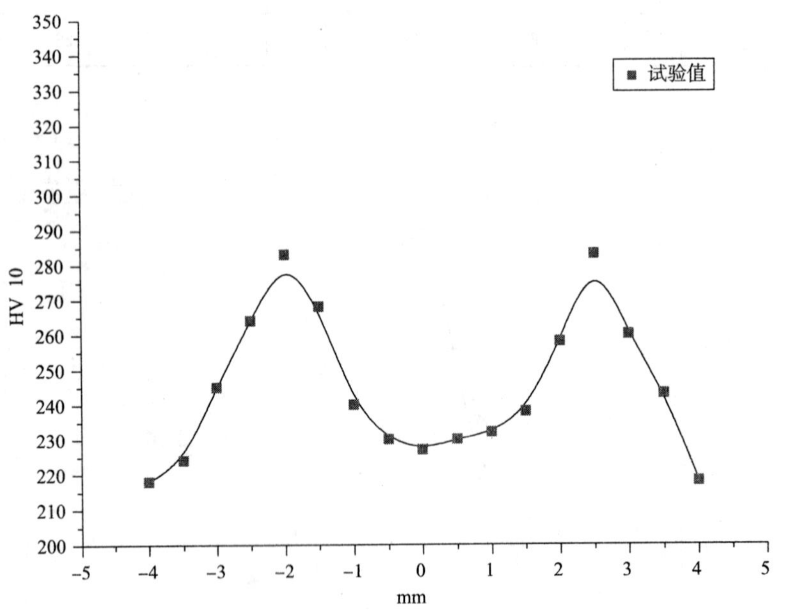

图 5　低热输入、预热 100℃时 HAZ 硬度分布示意图

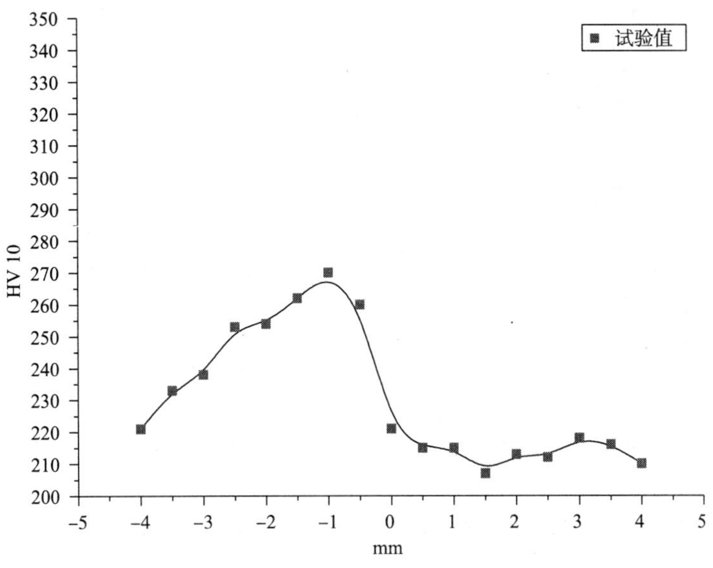

图 6　高热输入、常温硬度分布示意图

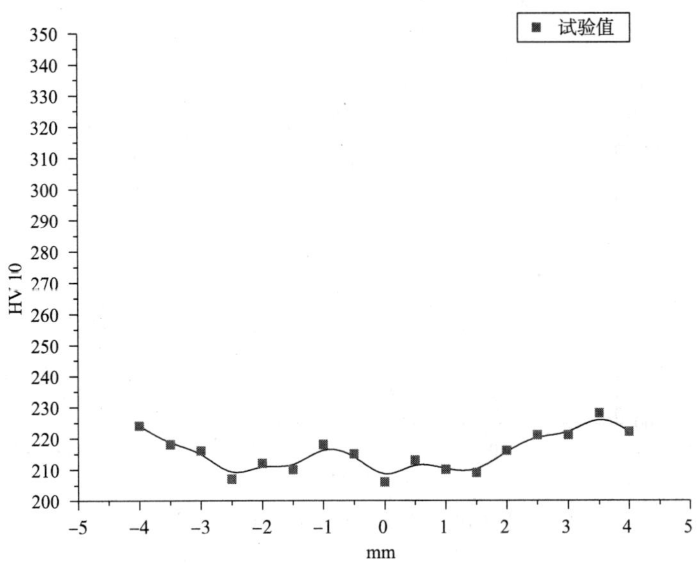

图 7　最高热输入、预热 50℃时 HAZ 硬度分布示意图

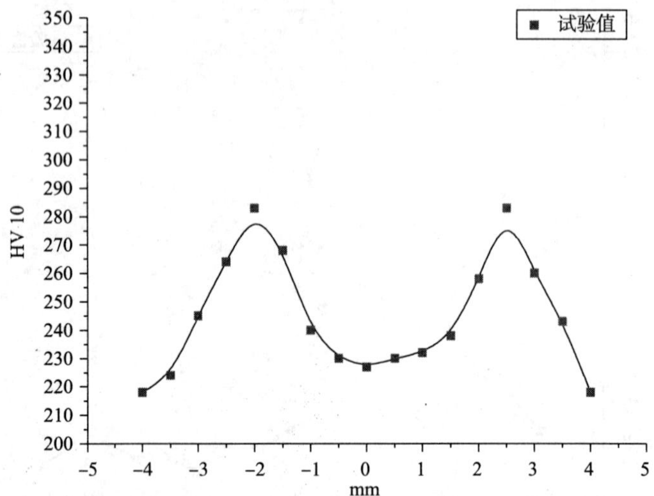

图 8 最高热输入、预热 100℃时 HAZ 硬度分布示意图

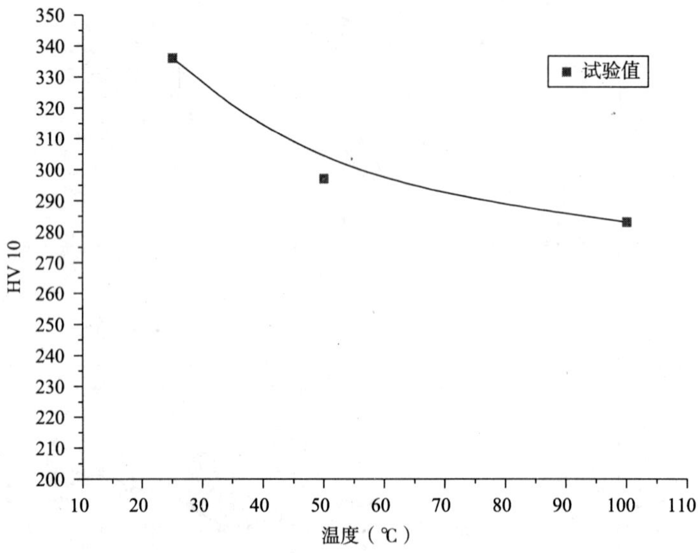

图 9 最低热输入时 HAZ 最高硬度-预热温度曲线

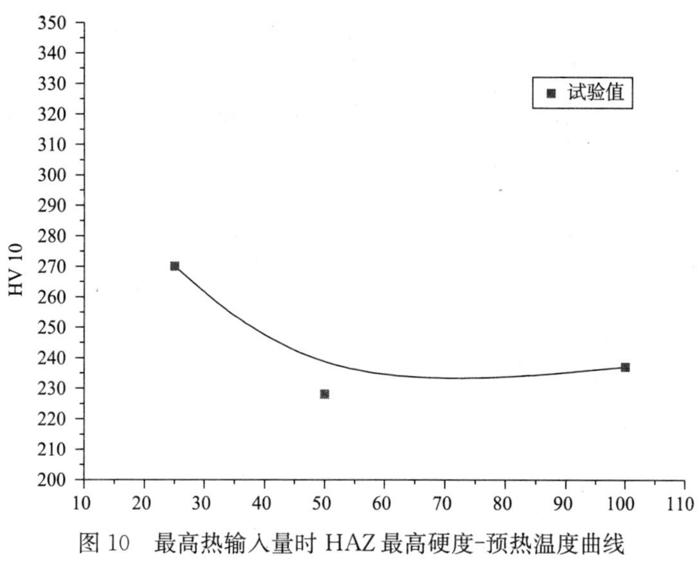

图 10　最高热输入量时 HAZ 最高硬度-预热温度曲线

从试验结果表 7、表 9 和图 3～图 10 可以看出，HAZ 区域的硬度随着线能量和预热温度的提高呈下降的趋势，由于提高热输入和升高预热温度都增大了 HAZ 区域焊接热循环参数 $t_{8/5}$ 的值，说明该区域的硬度随着 $t_{8/5}$ 的增大而降低，在常温下采用最低热输入进行焊接时，ASTM A913 G60 钢热影响区维氏硬度值也最大值为 268；ASTM A913 G65 钢热影响区维氏硬度（HV10）的最大值为 336。采用最高线能量时，整体硬度值较低。以上数据说明该试验钢材虽然强度高，但因碳当量低，因此焊接冷裂敏感性不高。

4.1.3　斜 Y 坡口焊接裂纹试验

斜 Y 坡口焊接裂纹试验（小铁研）主要是评定焊接热影响区产生冷裂纹的倾向性。试验按照《焊接性试验斜 Y 型坡口焊接裂纹实验方法》GB/T 4675.1－1984 的规定进行，试件厚度分别为 125mm、78mm 和 42mm，并以 125mm 厚钢板为主，试验在室温下进行（图 11、图 12）。

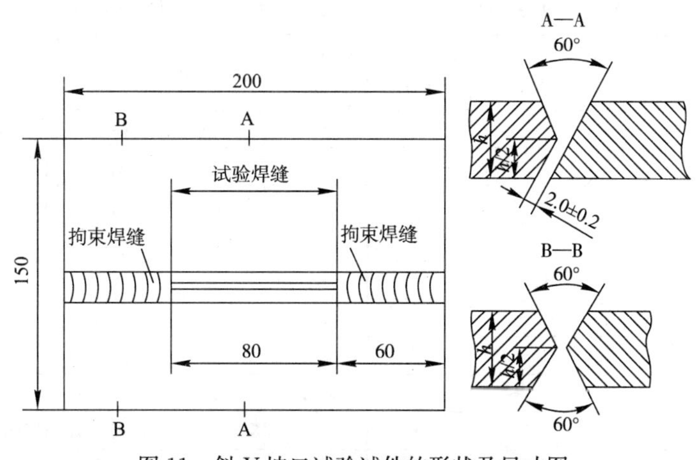

图 11　斜 Y 坡口试验试件的形状及尺寸图

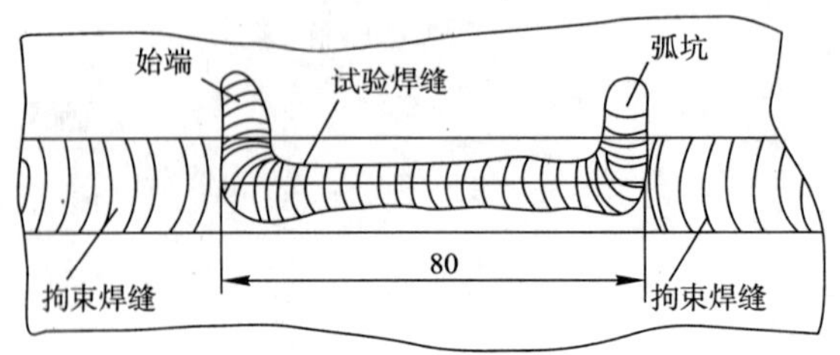

图 12　斜 Y 坡口试验焊条电弧焊时的试验焊缝

4.1.3.1　试验条件：

焊接方法：CO_2气保焊

焊丝直径：1.2mm

CO_2气体生产厂家：（1）北京南亚气体有限公司

（2）北京普莱克斯气体有限公司

CO_2气体流量：20L/min

环境温度：25℃

预热温度：常温不预热

装配要求：试件坡口间隙为 2±0.2mm

焊接材料型号（牌号）及直径：

焊丝 ER55－G（JM60）　ϕ1.2mm、ER50－G（JM58）　ϕ1.2mm、E550T1－Ni1（GL－YJ602（Q））　ϕ1.2mm

焊条 CHE557（仅用于 ASTM A913 Gr65 钢 δ=78mm），ϕ4.0mm

焊机型号：奥太逆变 NBC－350

4.1.3.2　试验内容及步骤：

试验焊缝结束，经 24h 后，进行表面裂纹检查，每块均经发蓝处理后进行解剖观察断面裂纹状况。

4.1.3.3　试验结果详见表 10～表 14

ASTM A913 Gr60 钢 δ=125mm CO_2气保焊铁研试验结果　　表 10

序号	焊丝牌号	焊接电流（A）	焊接电压（V）	焊接时间（s）	根部间隙（mm）	裂纹情况	气体种类	备注
1	JM60	278～300	33～33.7	14	1.9	裂纹通长	南亚	位于焊缝中心，根部启裂
2	JM60	278～300	33～33.7	15	2.0	裂纹通长	南亚	位于焊缝中心，根部启裂
3	JM60	278～300	33～33.7	15	2.1	裂纹通长	南亚	位于焊缝中心，根部启裂
4	JM60	290～300	32～33	15	2.0	无	南亚	/
5	JM60	290～300	32～33	15	1.9	无	南亚	/
6	JM58	280～300	32～33	15	1.9	无	南亚	/
7	JM58	280～300	32～33	15	2.0	无	南亚	/
8	AT－YJ602（Q）	282～300	30.1～33	15	2.1	无	普莱克斯	/
9	AT－YJ602（Q）	282～300	30.1～33	15	2.1	裂纹 24mm	普莱克斯	位于焊缝中心，根部启裂
10	AT－YJ602（Q）	282～300	30.1～33	15	1.9	裂纹通长	普莱克斯	位于焊缝中心，根部启裂

ASTM A913 Gr60 钢 δ=42mm CO_2 气保焊铁研试验结果 **表 11**

序号	焊丝牌号	焊接电流（A）	焊接电压（V）	焊接时间（s）	根部间隙（mm）	裂纹情况	气体种类	备注
1	JM60	280～300	32～33	14	1.9	无	南亚	/
2	JM60	280～300	32～33	14	2.0	无	南亚	/

ASTM A913 Gr60 钢 δ=78mm CO_2 气保焊铁研试验结果 **表 12**

序号	焊丝牌号	焊接电流（A）	焊接电压（V）	焊接时间（s）	根部间隙（mm）	裂纹情况	气体种类	备注
1	JM60	290～300	32～33	14	2.0	无	南亚	/
2	JM60	290～300	32～33	15	2.1	无	南亚	/

ASTM A913 Gr65 钢 δ=125mm CO_2 气保焊铁研试验结果 **表 13**

编号	焊丝型号	焊接电流（A）	焊接电压（V）	焊接时间（s）	裂纹情况	裂纹位置	备注
11	JM60	278～300	33～33.7	14	无	/	常温
12	JM60	278～300	33～33.7	15	裂纹长 8mm	位于焊缝中心，根部启裂	常温
13	JM60	278～300	33～33.7	15	无	/	常温
21	JM60	278～300	33～33.7	15	裂纹长 15mm	位于焊缝中心，根部启裂	预热 100℃
22	JM60	278～300	33～33.7	15	无		预热 100℃
23	JM60	278～300	33～33.7	15	裂纹长 17mm	位于焊缝中心收弧处，根部启裂	预热 100℃

ASTM A913 Gr65 钢 δ=78mm CO_2 气保焊铁研试验结果 **表 14**

编号	焊条型号	焊接电流（A）	焊接电压（V）	焊接时间（s）	裂纹情况	裂纹位置	备注
21	CHE557	160～180	24～26	30	无	/	常温
33	CHE557	160～180	24～26	30	无	/	常温
22	CHE557	160～180	24～26	30	无	/	预热 70℃
23	CHE557	160～180	24～26	30	无	/	预热 70℃
31	CHE557	160～180	24～26	30	裂纹长 10mm	裂纹位于熔合线（收弧处）	预热 100℃
32	CHE557	160～180	24～26	30	无	/	预热 100℃

从 ASTM A913 Gr60 钢试验结果看出，板厚为 125mm 部分试件焊缝中心出现了不同程度的开裂，但并未向母材延伸，其余试验板厚试件未出现裂纹，说明 ASTM A913 Gr60 钢抗冷裂性能良好。除 JM58 焊丝以外，各试验焊材或多或少均出现焊缝中心通裂的现象，说明焊材本身的性能对试验结果有一定影响，但限于试验数量较少，未能做出较为确切的对比。

从 ASTM A913 Gr65 钢试验结果看出，大部分试验未出现裂纹。CO_2 气保焊所有裂纹均出现在焊缝中心或收弧弧坑处，这主要是由于 CO_2 气保焊保护罩直径较大，只能在坡口底部起弧、熄弧，无法将收弧焊缝按标准试验方法的要求引到坡口面上导致的。试验条件下预热方法对试验钢材冷裂倾向没有显著影响，在本试验中试验结果表明 ASTM A913

Gr65 钢抗冷裂性能良好。

两种牌号钢材相比较，板厚为 125mm 的 Gr60 钢焊缝中心裂纹反而比 Gr65 严重，这可能是由于试验用 Gr60 钢的实际强度比标准值高很多（见表 2）所致。

4.1.4 插销冷裂纹试验

插销试验是能定量地研究焊接冷裂纹的方法之一。试验按照《焊接用插销冷裂纹试验方法》GB/T 9446－88 的规定进行。本试验采用了实芯焊丝（JM60）CO_2气体保护焊，采用环形缺口插销试件，确保缺口的根部位于热影响区。试件取自于 125mm 钢板厚度方向的 1/4 表层。

4.1.4.1 实验条件

试验标准：插销冷裂纹试验《焊接用插销冷裂纹试验方法》GB/T 9446－88。

试验准则：断裂准则。

4.1.4.2 试样的制取

插销的外形如图 13 所示：

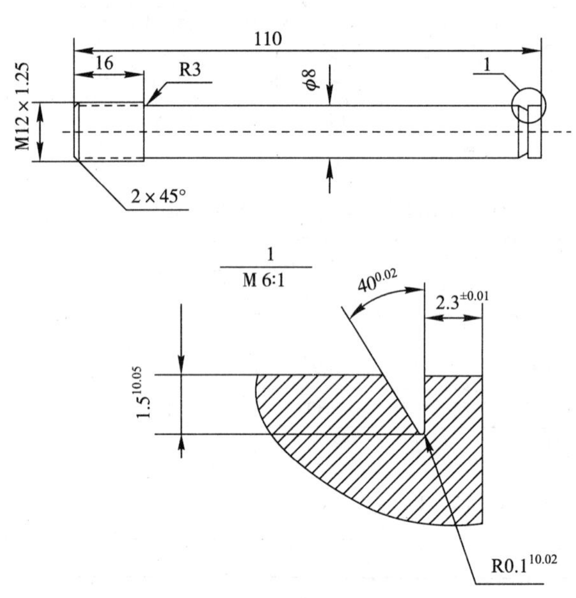

图 13　插销形状和尺寸

底板选用 Q235－A 普通碳素结构钢，底板的尺寸为 300mm×200mm，厚度为 20mm。底板钻孔数小于等于 4，位置处于底板纵向中心线上，孔的间距为 33mm。

插销试样和底板的制备严格按照《焊接用插销冷裂纹试验方法》GB/T 9446－88 的要求进行。

4.1.4.3 焊接工艺

焊接方法：ASTM A913 Gr60 钢用 CO_2气体保护焊。试验温度为室温 28℃（无预热和后热）；ASTM A913 Gr65 钢用手工电弧焊。试验温度为室温 15℃左右，无预热和预热

70℃。焊接规范如表 15、表 16 所示。

试验结果见表 17。

ASTM A913 Gr60 钢焊接规范 **表 15**

焊丝牌号	焊丝直径	伸出长度	焊接电流	电弧电压	焊接速度	气体流量
JM 60	1.2mm	12～14mm	140A	23V	18cm/min	8L/min

注：通过计算得到热输入 E=4.29（kJ/cm）。

ASTM A913 Gr65 钢焊接规范 **表 16**

焊条牌号	焊条直径	焊接电流	电弧电压	焊接速度	线能量
CHE557	4mm	160A	25V	15cm/min	16kJ/cm

注：焊条预热 350℃×1.5h。

焊接时，在底板上熔敷一焊道，必须使焊道中心线通过插销端面中心。该焊道的熔深应保证缺口位于热影响区的粗晶区中。

4.1.4.4 试验结果

ASTM A913 Gr60 钢插销试验结果汇总表 **表 17**

插销编号	初始载荷	断裂载荷	断裂时间
1	504.5	484	1643
2	514.5	512	3745
3	470	470	未断
4	924	924	0
6	750	737	40
7	647	605	751
9	799	799	0
10	615	585	1272
11	696	668	1730
12	710	695	1388

4.1.4.5 试验结论

ASTM A913 Gr60 钢试验结果：在室温为 28℃左右，没有预热和后热的试验条件下，采用 CO_2 气体保护焊（焊丝为 JM60，焊接规范见表 15），该种钢材临界断裂应力 485MPa。从该材料的力学性能试验结果可知，屈服应力为 473MPa，因此该材料在此焊接工艺条件下抗冷裂性能较好。

ASTM A913 Gr65 钢试验结果：在室温为 15℃左右，没有预热和后热的试验条件下，采用手工电弧焊进行插销冷裂纹试验，结果表明该种钢材临界断裂应力 629MPa；预热 70℃情况下，结果表明该种钢材临界断裂应力 656MPa。从该材料的力学性能试验结果可知，屈服应力为 475MPa，抗拉强度为 602MPa。因此该材料在此焊接工艺条件下对冷裂纹不敏感，具有良好的抗裂性。

结合 HAZ 最高硬度试验，斜 Y 坡口试验和插销试验可知，两种牌号试验钢材均具有良好的抗冷裂性能。

4.2 再热裂纹敏感性研究

4.2.1 再热裂纹敏感性分析

再热裂纹是指焊接接头经消除应力热处理的构件，经高温热作用使焊接热影响区在应力作用下产生的一种沿晶间破坏的裂纹。再热裂纹的产生主要由钢材的化学成分决定，同时构件的应力状态及温度条件也是重要的影响因素。再热裂纹敏感性计算公式如下：

$$\Delta G = Cr + 3.3Mo + 8.1V - 2 \tag{3}$$

$$P_{SR} = Cr + Cu + 2Mo + 10V + 7Nb + 5Ti - 2 \tag{4}$$

式中 ΔG 和 P_{SR} 是再热裂敏感性指数，以合金元素重量百分比来表示，当 ΔG 和 $P_{SR} > 0$ 时，表示该钢种对再热裂纹敏感；当 ΔG 和 $P_{SR} < 0$ 时，则表示不敏感。按公式（3）及（4）计算结果分别为：$\Delta G = -1.3409$ 及 $P_{SR} = -1.111$。因此可以认为试验钢材对再热裂纹不敏感。

4.2.2 再热裂纹敏感性试验

4.2.2.1 ASTM A913 Gr60 钢采用斜 Y 坡口试验评定再热裂纹倾向

试样的尺寸及制备方法按《焊接性试验斜 Y 型坡口焊接裂纹试验方法》GB 4675.1-84 的规定进行，焊接工艺与冷裂纹试验相同，预热温度为 150℃（以保证焊缝及热影响区在消除应力热处理前不会产生冷裂纹），并在焊接 48h 后进行消除应力热处理，观察其产生裂纹的情况。具体热处理方法如下：①任意速度升至 300℃；②以 55℃/h 的速度升温到 550℃；③保温 3h；④以 55℃/h 降至 300℃后自然冷却。试验结果见表 18。

评定再热裂纹倾向铁研试验结果（δ=125mm、CO_2气保焊）　　表 18

序号	焊丝牌号	焊接电流（A）	焊接电压（V）	焊接时间（s）	裂纹情况	气体种类	备注
1	JM60	290～300	32～33	15	无	南亚	
2	JM60	290～300	32～33	15	无	南亚	

试验结果说明在所选取的热处理温度条件下（550℃×3h），该钢材对再热裂纹不敏感。

4.2.2.2 ASTM A913 Gr65 钢以刚性对接试板检验评定

（1）试验条件

①焊接方法：CO_2气保焊

②焊丝：JM60（δ=78mm），焊丝直径 ϕ1.2mm

③焊机型号：奥太逆变 NBC-350

④CO_2气体种类：南亚气体（$CO_2 \geqslant 99\%$）

⑤CO_2气体流量：20L/min

⑥试验温度：常温

⑦装配要求：试件坡口角度为 35°，间隙为 8mm

⑧检查时状态：其他条件相同，8 号，9 号为焊后直接检查；8R 号为经 530℃保温

2.5h 后进行检查；9R 号为经 550℃保温 2.5h 后进行。

（2）刚性对接试板检验

在单 V 焊接接头试板上截取一块与焊接方向垂直的横截面，经刨磨加工和磨制抛光后，用硝酸酒精溶液腐蚀。然后分别沿着焊接接头的直边和斜边检测全熔质自上而下熔合区的维氏硬度，检测位置示意图如图 14 所示，检测结果如表 19、图 15。

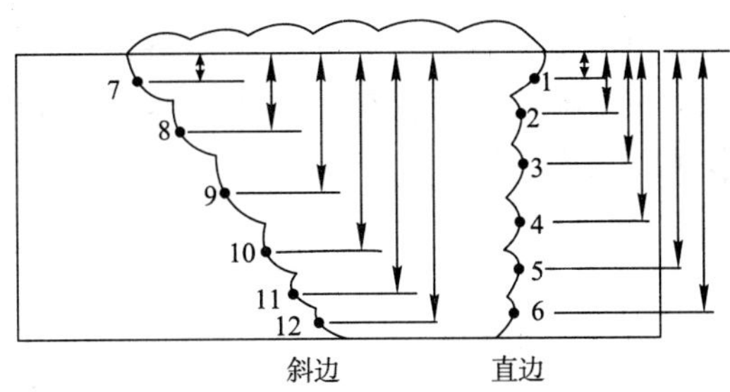

图 14 单 V 坡口焊接接头硬度检验位置示意图

单 V 坡口焊接接头硬度检验 **表 19**

序号	测量结果											
	9 号单 V 直边		9 号单 V 斜边		8R 号单 V 直边		8R 号单 V 斜边		9R 号单 V 直边		9R 号单 V 斜边	
	距离（mm）	HV5	距离（mm）	HV5	距离（mm）	HV5	距离（mm）	HV5	距离（mm）	HV5	距离（mm）	HV5
1	3.7	239	2.5	236	3.5	249	2.5	246	3.8	241	5.2	232
2	7.0	229	7.5	208	9.7	241	12.6	236	10.5	225	11.0	225
3	12.2	229	13.5	214	18.5	241	19.0	241	16.6	229	18.2	225
4	19.0	229	21.1	223	24.0	227	25.0	208	22.0	232	24.3	223
5	26.2	199	27.5	212	28.5	225	31.0	244	27.9	232	30.0	218
6	32.5	202	35	204	35.2	221	35.4	216	35.0	244	35.2	234
7	44.3	246	42.7	227	42.5	246	43.5	239	45.0	234	44.0	227
8	51.1	244	50.1	204	50.0	249	48.0	234	52.8	229	52.0	236
9	57.8	236	55.2	246	61.5	244	54.0	234	60.1	236	58.0	236
10	65.1	236	64.8	234	67.0	236	60.6	241	65.8	232	66.5	241
11	72.2	246	72.8	236	74.0	229	67.5	244	72.5	241	73.8	234
12							73.5	227				

注：表中距离是指距焊接试板上表面的垂直距离。

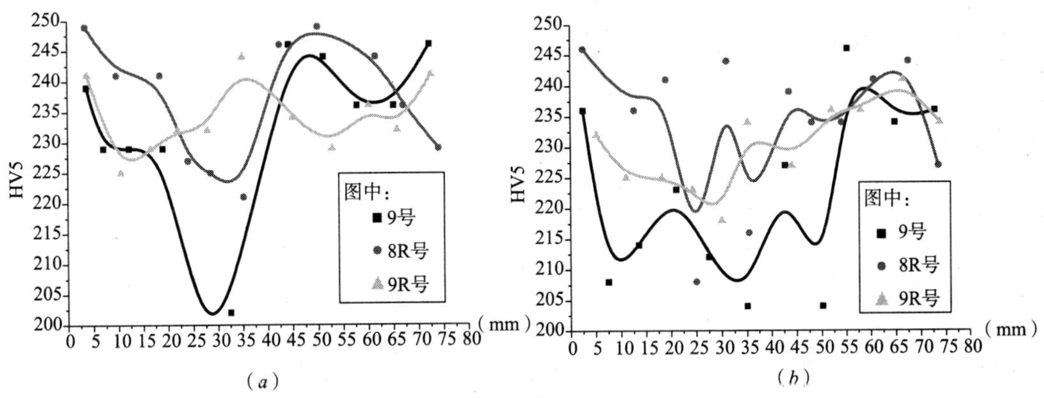

图 15 单 V 坡口接头硬度变化曲线

（a）单 V 直边硬度变化曲线；（b）单 V 斜边硬度变化曲线

由图 15 可以看出，热处理后熔合区的硬度在单 V 坡口的两侧变化趋势相近，硬度变化的波动降低并且整体上呈升高的趋势，随着热处理温度的升高，其硬度略降。由于其硬度值都处于较低的水平，此单 V 硬度试验表明热处理使熔合区性能均匀化。

接头 0℃冲击试验结果 **表 20**

序号	试验编号	冲击功（J）				备注
		试验值			平均值	
1	8X-1～3	118	118	116	117.3	位置：熔合线，未热处理
2	8RX-1～3	102	138	142	127.3	位置：熔合线，热处理后
3	9RX-1～3	124	92	92	102.7	位置：熔合线，热处理后
4	8R-1～3	102	160	96	119.3	位置：热影响区，未热处理
5	8RR-1～3	140	130	140	136.7	位置：热影响区，热处理后
6	9RR-1～3	140	142	146	142.7	位置：热影响区，热处理后

冲击试验结果显示，刚性对接试板焊接接头的韧性总体上略微得到改善（仅有熔合线经 550℃保温 2.5h 后韧性略有降低），说明焊后热处理可以改善接头的冲击韧性。

4.2.3 层状撕裂敏感性试验——Z 向窗口试验

Z 向窗口试验是一种模拟实际层状撕裂的试验方法，这种试验在工程上得到广泛应用。

4.2.3.1 试验步骤

（1）在拘束板（300mm×350mm×30mm）的中心开一窗口，将 ASTM A913 Gr60 钢试验板（150mm×170mm×20mm）插入此窗口，其位置如图 16（*b*）所示；

（2）按图 16（*c*）的顺序焊 4 条角焊缝，其中 1、2 为拘束焊缝，3、4 为试验焊缝。装配时应将原始未加工表面放在试验焊缝一侧；

（3）焊后在室温下放置 24h 后再切取试件检查裂纹，裂纹率按下式计算：

$$C = \sum \iota / \sum L \times 100\%$$

式中 $\sum \iota$——各截面上撕裂长度的总和（mm）；

$\sum L$——各截面上焊缝厚度的总和（mm）。

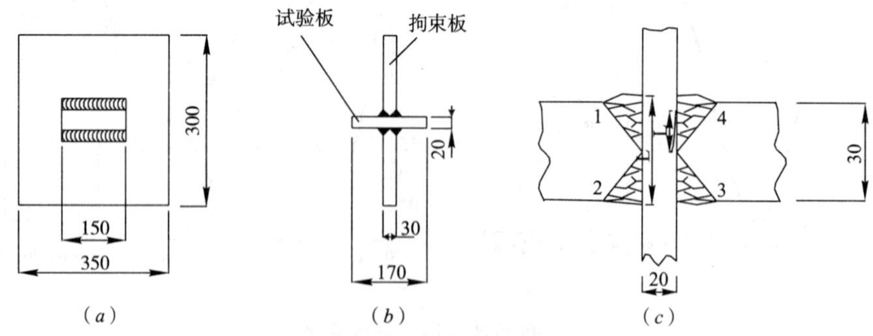

图 16 Z 向窗口试验图

（*a*）拘束板；（*b*）试验板的位置；（*c*）焊接顺序

4.2.3.2 试验结果

通过对试验板的解剖，共解剖3块，均未发现裂纹。

5 刚性模拟焊接接头力学性能试验

5.1 ASTM A913 Gr60 钢

根据上述试验已知，试验钢材具有良好的抗冷裂、再热裂纹和层状撕裂性能。为进一步制定该钢材的焊接工艺，结合工程实际情况，模拟现场条件，选取125mm、68mm两种板厚进行了横向拘束钢性对接接头试验，并且对$\delta=68$mm的焊接接头分别进行焊态及热处理状态下的性能对比。

5.1.1 试验条件

焊接方法及位置：CO_2气保焊、横焊

焊丝型号及规格：JM60，直径：1.2mm

CO_2气体生产厂家：北京南亚气体有限公司

熔敷金属扩散氢含量为3.44mL/100g，水银法

CO_2气体流量：20L/min（$\delta=68$mm）、50L/min（$\delta=125$mm）

试板初始温度：常温

层间温度：150～180℃

热处理工艺：

①以任意升温速度升至300℃；

②以55℃/h的升温速度升至550℃；

③保温2h；

④以55℃/h的降温速度降至300℃，空冷。

试板坡口、间隙见图17。焊接工艺参数见表21、表22。

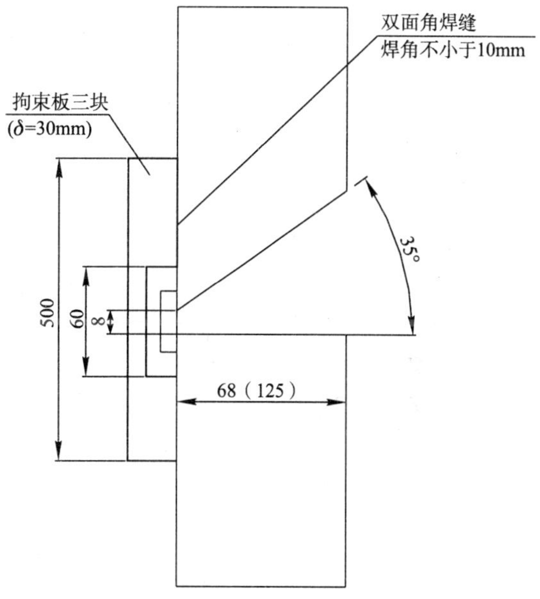

图17 试板坡口、间隙

$\delta=68$mm焊接工艺参数 **表21**

层次	电流（A）	电压（V）	焊接速度（mm/min）	热输入（kJ/cm）
1～8	300～320	29～30	250～300	17.4～23.04
5～44	290～310	29.5～315	350～400	12.83～16.7
盖面11道	280～290	26～27	330～350	12.48～14.3

δ=125mm 焊接工艺参数 **表 22**

层次	电流（A）	电压（V）	焊接速度（mm/min）	热输入（kJ/cm）
1～4	290～307	30.4～31	300～350	15.1～19.03
5～167	310～320	31～34	350～400	14.41～18.65
盖面 18 道	280	31	350～400	13.02～14.88

5.1.2 性能试验结果（表 23～表 25）

熔敷金属拉伸试验结果（试件均取自于坡口根部） **表 23**

编号	试件截面尺寸（mm^2）	屈服强度 σs（MPa）	抗拉强度 σ_b（MPa）	延伸率 δ（%）	备注
1	78.54	600	685	29	δ=125mm
2	78.54	645	725	20	δ=68mm，未经热处理
3	78.54	680	755	26	δ=68mm，未经热处理
4	78.54	685	785	20	δ=68mm，经热处理
5	78.54	695	785	24	δ=68mm，经热处理

接头冲击试验结果 **表 24**

序号	试验温度（℃）	冲击功（J）				备注
		试验值			平均值	
1	0	148	149	145	147	δ=125mm，熔合线
2	0	153	135	140	143	δ=125mm，热影响区
3	0	75	60	58	64	δ=68mm，熔合线，未经热处理
4	0	56	56	48	53	δ=68mm，热影响区，未经热处理
5	0	52	66	60	59	δ=68mm，熔合线，经热处理
6	0	73	26	60	53	δ=68mm，热影响区，经热处理
7	−20	58	40	64	54	δ=68mm，熔合线，未经热处理
8	−20	38	41	26.5	35	δ=68mm，热影响区，未经热处理
9	−20	32	32	40	35	δ=68mm，熔合线，经热处理
10	−20	43	39	40	41	δ=68mm，热影响区，经热处理
11	−30	40	36	41	39	δ=68mm，熔合线，未经热处理
12	−30	44	24	24	33	δ=68mm，热影响区，未经热处理
13	−30	35	32	32	33	δ=68mm，熔合线，经热处理
14	−30	34	36	40	37	δ=68mm，热影响区，经热处理

注：取样位置：位于刚性模拟焊接接头上表面。

接头侧弯试验结果 **表 25**

序号	试件尺寸（mm）	弯心（mm）	角度	结果	备注
1	300×122	30	180°	合格	δ=125mm
2	300×122	30	180°	合格	δ=125mm
3	300×122	30	180°	合格	δ=125mm
4	300×122	30	180°	合格	δ=125mm

5.1.3 接头（焊态）的金相组织

5.1.3.1 盖面焊缝

先共析铁素体沿柱状晶晶界析出，沿先共析铁素体边缘有少量珠光体组织；晶内为粒状贝氏体和针状铁素体交叉分布，粒状贝氏体中的岛状相很多已分解。其熔合区、粗晶区、不完全重结晶区组织见图 18（*a*）、（*b*）、（*c*）。

5.1.3.2 打底焊缝区

先共析铁素体沿原奥氏体柱状晶晶界析出，沿先共析铁素体边缘有极少量珠光体组织；晶内大多组织为粒状贝氏体和针状铁素体交叉分布，粒贝中的岛状相已开始有分解。其熔合区、粗晶区、不完全重结晶区组织见图 18（*d*）、（*e*）、（*f*）。

通过金相组织检验，焊缝及 HAZ 均未发现脆性组织。

上述试验表明，在试验条件下焊接接头的组织未发现脆性组织，力学性能优良，钢材及焊接工艺参数基本满足施工的需要。

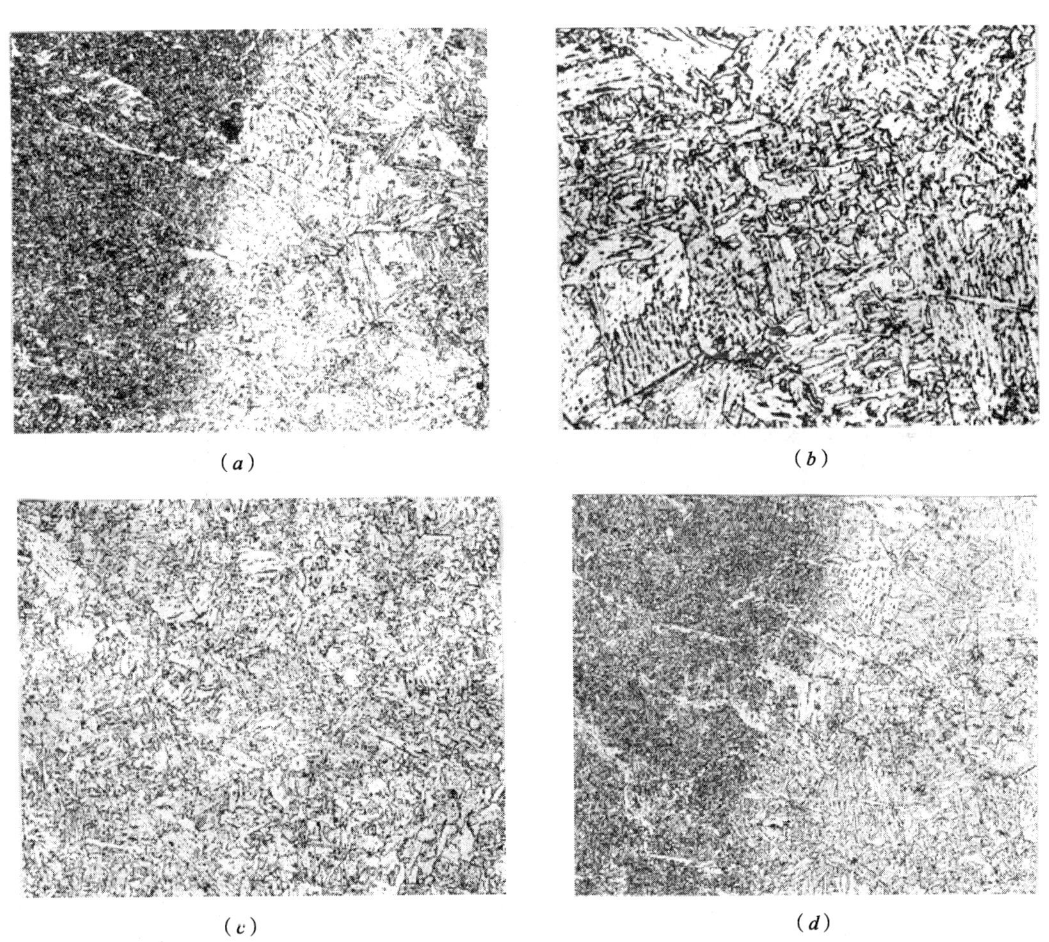

（*a*） （*b*）

（*c*） （*d*）

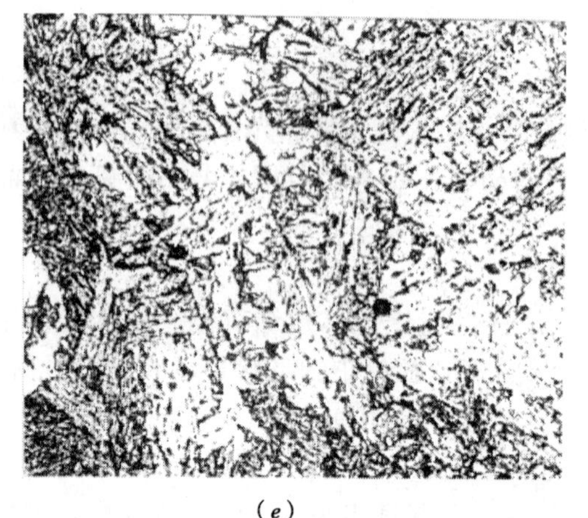

(*e*)

(*f*)

图 18 照片

(*a*) 照片 1 200×；(*b*) 照片 2 400×；(*c*) 照片 3 200×；
(*d*) 照片 4 200×；(*e*) 照片 5 400×；(*f*) 照片 6 200×

5.2 ASTM A913 Gr65 钢

选取 125mm、78mm 两种板厚进行了横向拘束钢性对接接头试验。

5.2.1 试验条件

(1) 焊接方法及位置：CO_2气保焊、手工电弧焊、横焊

(2) 焊材：焊丝 JM60，直径：ϕ1.2mm；焊条 CHE 557，直径：ϕ4mm

(3) 焊机型号：奥太逆变 NBC－350

(4) CO_2气体种类：南亚气体（$CO_2 \geqslant 99\%$）

(5) CO_2气体流量：25L/min（δ＝78mm）

(6) 试验温度：常温

(7) 层间温度：150～180℃

(8) 热处理工艺：①以任意升温速度升至 300℃

①以 55℃/h 的升温速度升至 550℃；

②保温 2h；

③以 55℃/h 的降温速度降至 300℃，空冷。

(9) 试件坡口、间隙见图 19

(10) 焊道层次见图 20、图 21

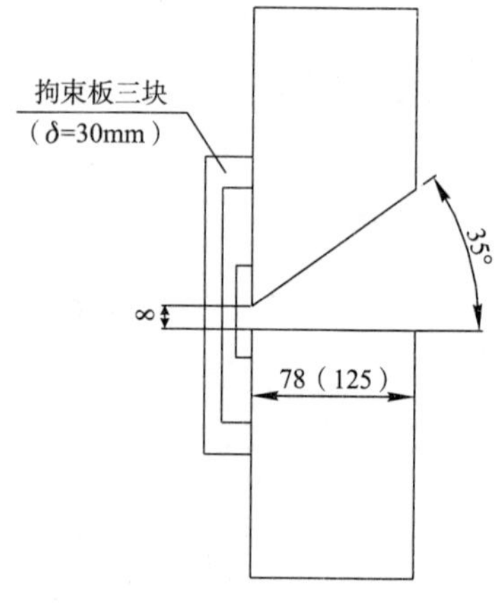

图 19 试件坡口、间隙

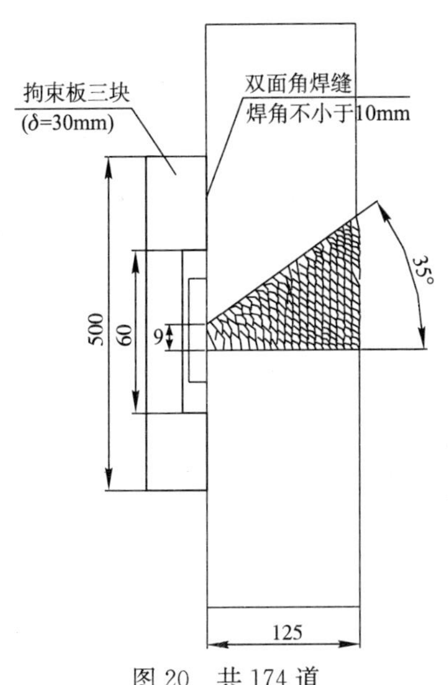

图 20　共 174 道

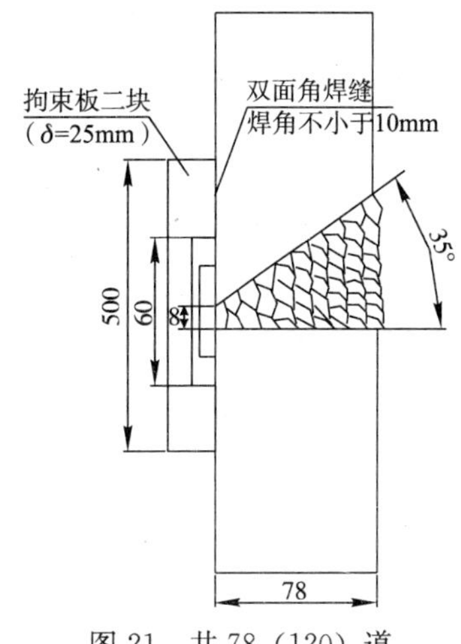

图 21　共 78（120）道

（11）焊接工艺参数见表 26～表 28。

1 号、2 号 δ＝125mm 板试验焊接工艺参数（JM60 焊丝＋南亚气体）　　表 26

层次	电流（A）	电压（V）	焊接速度（mm/min）	热输入（kJ/cm）	备注
1～3	210～240	28～29	250	14.1	
4～10	270～290	29.3	240～377	12.59～21.24	
11～156	270～310	29.3～30.5	280～357	13.30～20.26	
盖面 18 道	220～240	25～26	250	13.2～14.98	

5 号、7 号 δ＝78mm 板试验焊接工艺参数（JM60 焊丝＋南亚气体，大热输入、不控制层温）　表 27

层次	电流（A）	电压（V）	焊接速度（mm/min）	热输入（kJ/cm）	备注
1～2	280～290	33	400	13.86～14.36	
3～9	320～340	36.5	380～400	17.52～19.6	
10～68	320～360	35.5～36.5	290～400	17.04～27.18	
盖面 10 道	240～250	29.5	300～350	12.13～14.75	

6 号 δ＝78mm 板试验焊接工艺参数（焊条 CHE 557）　　表 28

层次	电流（A）	电压（V）	焊接速度（mm/min）	热输入（kJ/cm）	备注
1～5	150～160	23～24	100	20.70～23.04	
6～15	150～160	22～24	100～130	15.23～23.04	
16～45	160～170	22～24	150	14.08～16.32	
46～105	160～175	22～25	150～180	11.73～17.50	
盖面 15 道	160～170	22～25	200～250	8.45～12.75	

注：10 号实验焊接工艺参数同此表，与 6 号实验的不同点是其焊接材料选用 CHE 507。

5.2.2 性能试验结果

5.2.2.1 熔敷金属拉伸试验结果（见表 29）

熔敷金属拉伸试验结果（试件均取自于坡口根部） **表 29**

编号	屈服强度 σ_S (MPa)	抗拉强度 σ_b (MPa)	伸长率 δ (%)	收缩率 (%)	备注
2-1	705	755	21	62	焊丝 JM60
2-2	720	765	21	63	焊丝 JM60

5.2.2.2 板厚 125mm 对接接头冲击试验结果（表 30，图 22）

接头冲击试验结果（焊接工艺参数见表 26） **表 30**

序号	试验编号	试验温度 (℃)	冲击功（J）				备注
			试验值			平均值	
1	2X-1～3	0	135	112	132	126.3	位置：熔合线
2	2X-4～6	−10	129	128	130	129	
3	2X-7～9	−20	105	126	160	130.3	
4	2X-10～12	−30	109	84	42	78.3	
5	2R-1～3	0	135	132	122	129.7	位置：热影响区
6	2R-4～6	−10	108	96	88	97.3	
7	2R-7～9	−20	112	120	66	99.3	
8	2R-10～12	−30	35	59	78	57.3	

注：取样位置为刚性模拟焊接接头上表面。

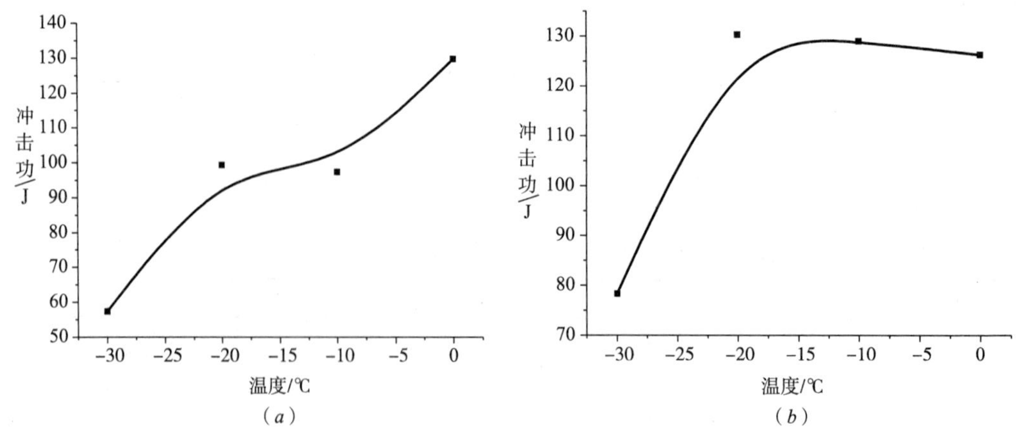

图 22 板厚 125mm 对接接头冲击试验结果（JM60 焊丝+南亚气体）

（a）熔合线处冲击功曲线；（b）热影响区处冲击功曲线

接头拉伸试验结果（焊接工艺参数见表 26） 表 31

试验编号	抗拉强度 σ_b (MPa)	伸长率（%）	收缩率（%）	备注
1-1（上）	650	15	25	
1-4（上）	640	9.5	32	
1-2（中）	610	13.5	46	σ_s=500MPa
1-5（中）	570	14	48	σ_s=430MPa
1-3（下）	635	10	25	
1-6（下）	620	12	25	

注：两块拉伸板沿厚度方向三等分，试验编号 1-X 中，X 是 1、4 时表示取上层；2、5 时为中层；3、6 时为下层。

接头侧弯试验结果（焊接工艺参数见表 26） 表 32

试件编号	试件规格（mm）	弯心直径（mm）	角度（°）	结果
1-1	10.0×120.0	30	180	侧弯合格
1-2	10.0×120.0	30	180	侧弯合格
1-3	10.0×120.0	30	180	侧弯合格
1-4	10.0×120.0	30	180	侧弯合格

5.2.2.3 板厚 78mm 对接接头试验结果（见表 33～表 40）。

接头 0℃ 冲击试验结果（焊接工艺参数见表 28） 表 33

序号	试验编号	冲击功（J）				备注
		试验值			平均值	
1	6X-1～3	166	162	159	162.3	熔合线
2	6R-1～3	164	166	174	168	热影响区

注：取样位置为刚性模拟焊接接头上表面。

接头 0℃ 冲击试验结果（焊接工艺参数见表 27，大线能量、不控制层温） 表 34

序号	试验编号	冲击功（J）				备注
		试验值			平均值	
1	7X-1～3	162	167	160	163	熔合线
2	7R-1～3	124	162	150	145.3	热影响区

注：取样位置为刚性模拟焊接接头上表面。

接头拉伸试验结果（焊接工艺参数见表 27，大线能量、不控制层温） 表 35

试验编号	抗拉强度 σ_b (MPa)	伸长率（%）	收缩率（%）	备注
5-1（上）	635	9	22	
5-3（上）	615	9.5	7.5	
5-2（下）	620	9	17	
5-4（下）	555	4	3.3	

注：两块拉伸板沿厚度方向两等分，试验编号 5-X 中，X 是 1、3 时表示取上层；2、4 时为下层。

接头拉伸试验结果（焊接工艺参数见表 28） **表 36**

试验编号	抗拉强度 σ_b (MPa)	伸长率（%）	收缩率（%）	备注
6-1（上）	630	17	46	σ_s=525MPa
6-3（上）	635	17.5	51	σ_s=520MPa
6-2（下）	630	14.5	42.5	σ_s=520MPa
6-4（下）	615	23	60.5	σ_s=510MPa

注：两块拉伸板沿厚度方向两等分，试验编号 6-X 中，X 是 1、3 时表示取上层；2、4 时为下层。

接头拉伸试验结果（焊接工艺参数见表 28 注） **表 37**

试验编号	抗拉强度 σ_b (MPa)	伸长率（%）	收缩率（%）	备注
10-1（上）	560	14	59.5	
10-3（上）	560	13.5	53	σ_s=435MPa
10-2（下）	600	13	43	σ_s=495MPa
10-4（下）	600	12.5	46	σ_s=505MPa

注：两块拉伸板沿厚度方向两等分，试验编号 10-X 中，X 是 1、3 时表示取上层；2、4 时为下层。

接头侧弯试验结果（焊接工艺参数见表 28） **表 38**

试件编号	试件规格（mm）	弯心直径（mm）	角度（°）	结果
6-1	10.0×76.0	30	180	侧弯合格
6-2	10.0×76.0	30	180	侧弯合格
6-3	10.0×76.0	30	180	侧弯合格
6-4	10.0×76.0	30	180	侧弯合格

接头侧弯试验结果（焊接工艺参数见表 27，大线能量、不控制层温） **表 39**

试件编号	试件规格（mm）	弯心直径（mm）	角度（°）	结果
7-1	10.0×76.0	30	180	侧弯合格
7-2	10.0×76.0	30	180	侧弯合格
7-3	10.0×76.0	30	180	侧弯合格
7-4	10.0×76.0	30	180	侧弯合格

接头侧弯试验结果（焊接工艺参数见表 28 注，低匹配 CHE507） **表 40**

试件编号	试件规格（mm）	弯心直径（mm）	角度（°）	结果
10-1	10.0×76.0	30	180	侧弯合格
10-2	10.0×76.0	30	180	侧弯合格
10-3	10.0×76.0	30	180	侧弯合格
10-4	10.0×76.0	30	180	侧弯合格

6 结论

（1）通过斜 Y 试验可以看出，ASTM A913 Gr60、Gr65 钢具有良好的抗冷裂性能，但厚板不预热焊接要选择抗裂性好的焊接材料。

（2）ASTM A913 Gr60 钢通过斜 Y 试验说明，在 550℃×3h 热处理制度下具有良好的抗再热裂纹性能。

ASTM A913 Gr65 钢通过刚性对接试板检验说明，经 530℃及 550℃保温 2.5h 后，硬度值都处于较低的水平，随着热处理温度的升高，其硬度略降。在单 V 坡口的两侧硬度变化的波动降低，说明热处理使熔合区性能均匀化。冲击试验结果显示，刚性对接试板焊接接头的韧性总体上略微得到改善（仅有熔合线经 550℃保温 2.5h 后韧性略有降低），说明焊后热处理可以改善接头的冲击韧性。

（3）ASTM A913 Gr60 钢通过 Z 向拉伸复验及 Z 向窗口试验，表明其具有良好的 Z 向性能。

（4）ASTM A913 Gr60 钢通过在不预热条件下采用 CO_2 气体保护焊的插销试验（焊丝为 JM60，焊接线能量为 4.29kJ/cm），可以看到该钢材在极小热输入焊接工艺条件下，断裂应力尚能达到 485MPa，说明该钢材抗冷裂性能较好。

ASTM A913 Gr65 钢通过在室温为 15℃左右，没有后热的试验条件下，采用手工电弧焊进行插销冷裂纹试验，结果表明该种钢材临界断裂应力 629MPa。在预热 70℃情况下，结果表明该种钢材临界断裂应力 656MPa。从该材料的力学性能试验结果可知，屈服应力为 475MPa，抗拉强度为 602MPa。因此该材料在此焊接工艺条件下对冷裂纹不敏感。具有良好的抗裂性。

（5）ASTM A913 Gr60、Gr65 钢通过常温环境下不预热刚性模拟试板，用 JM60 焊丝 CO_2 气体保护半自动焊，仅作横向拘束条件下，根部焊道热输入 15～20kJ/cm，各焊道尤其是根部不允许用摆动一次填满坡口间隙，层间温度 150～180℃，其焊接接头力学性能试验结果可以看出，各项试验数量均能满足标准要求，焊缝及 HAZ 均未发现脆性金相组织，证明试验所采取的焊接工艺可以应用到本报告试验条件相类似的实际施工中，如 H 型钢之间的对接焊。如工程实际节点的拘束条件更为苛刻，或需在低温环境下施焊，则应考虑适当预热，以防冷裂。

7 焊接工艺评定

根据《建筑钢结构焊接技术规程》JGJ 81－2002 的有关规定，国内首次用于钢结构工程的钢材（包括钢材的牌号与标准相符但微合金强化元素类别不同和供货状态不同或国外钢号国内生产）的必须进行焊接工艺评定。鉴于本钢种在国内属首次使用，因此严格按规程要求进行了全面的焊接工艺评定，并根据工艺评定试验结果，编制了详细的焊接工艺规程，确保了工程施工焊接质量。试验程序如图 23。

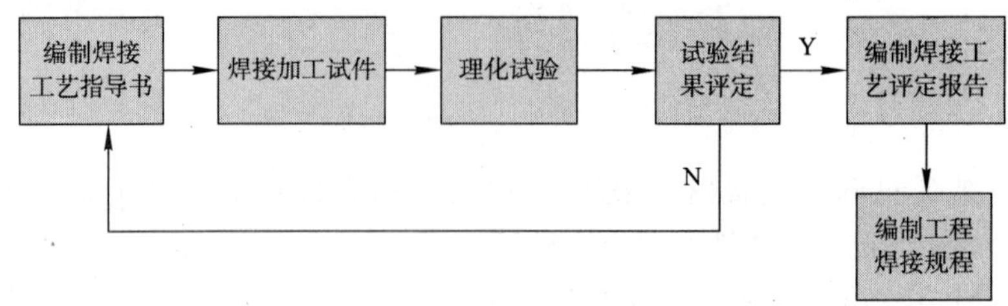

图 23　试验程序

8　结束语

目前类似的型钢已在若干电厂刚架钢结构工程应用，今后在超大跨度、超高层建筑钢结构中高强钢会应用得越来越多，比如 2008 年奥运工程国家体育场和国家游泳中心、中央电视台塔楼均部分采用大厚度 Q390、Q420、Q460 钢板制作构件，本试验程序和试验结果以及制定的钢结构焊接工艺具有很高的应用价值，对其他施工单位有广泛的借鉴作用。

对于碳当量低、抗裂性好的高强钢应用，焊材的抗裂性要求更显突出，国内的焊材生产厂家必须进一步开发强度等级相匹配、塑韧性好，同时抗裂性能良好的焊接材料，从而推动建筑钢结构工程技术的发展。

ASTM A913 Gr60 钢第一次大规模在国内使用，在新保利大厦各相关单位共同协作努力下获得了成功，这一成功应用为该种低碳当量、热机械轧制高强度型钢在建筑结构中的推广应用打下坚实的基础，对改变我国建筑钢结构用钢现状具有积极意义。

高性能耐候建筑用钢 BRA520C 焊接性应用研究

谢　琦　付彦清　刘景凤　段　斌　周新建

（中冶建筑研究总院有限公司）

摘　要：重点介绍了2010年第十六届广州亚洲运动会的电视转播塔—广州市新电视塔的天线桅杆用BRA520C耐候钢（厚度30mm、60mm）焊接性试验研究，内容包括母材力学、化学、耐腐蚀性能、疲劳性能试验研究；两种不同焊接方法（SMAW、FCAW-G）、四种焊接材料匹配下焊接性研究，试验包括焊接材料的复验、斜Y形坡口焊接裂纹试验、焊接热影响区最高硬度试验、焊接接头系列温度冲击试验、焊接接头裂纹张开位移CTOD试验、疲劳试验研究。试验结果表明BRA520C耐候钢具有良好的综合力学性能，低的冷裂纹敏感性，焊条的焊接接头综合性能优于焊丝，确定了最低焊接预热温度100℃。

关键词：耐候钢　焊接性　焊接材料

0　序言

目前高层建筑建设中普遍采用了大型钢制焊接结构框架，从高层建筑的安全性出发，人们对高层建筑结构用钢的性能提出了更高的性能指标，不仅要求有足够的强度、塑性、韧性，还应要求优良的耐火、耐候及焊接性能。

广州市新电视塔，作为2010年第十六届广州亚洲运动会的电视转播塔，主塔高454m，天线桅杆156m，其中天线桅杆采用宝钢专门开发的BRA520C耐候专用钢，该钢种具有优异的强韧性和耐候性能，但未提供焊接性试验研究数据，同时由于首次使用，国内钢结构制造安装单位没有焊接施工经验。为此，本文对BRA520C钢的焊接性进行了一系列的试验研究，包括母材的力学性能、化学成分、耐腐蚀性、系列温度冲击性能、疲劳性能研究；SMAW、FCAW-G两种焊接方法、四种焊接材料组合下焊接接头的焊接性研究，具体为压板对接（FISCO）焊接裂纹试验研究、斜Y形坡口焊接裂纹试验研究、焊接热影响区最高硬度试验研究、焊接接头系列温度冲击试验研究、焊接接头裂纹张开位移CTOD试验研究、焊接接头疲劳试验研究。

1　母材试验研究

1.1　力学性能和化学成分

试验材料选用宝钢生产的BRA520C建筑耐候钢，板厚30mm、60mm两个规格，对钢板进行了化学成分与力学性能检测，结果见表1、表2。

母材化学成分 **表 1**

	C	Si	Mn	S	P	Ni	Cu	Cr	Al
设计值	≤0.09	≤0.50	≤1.50	≤0.008	≤0.020	0.20～0.50	0.20～0.50	0.40～0.80	≥0.020
30mm 实际值	0.07	0.26	1.18	0.001	0.009	0.33	0.37	0.52	0.042
设计值	≤0.09	≤0.50	≤1.50	≤0.008	≤0.020	0.20～0.50	0.20～0.50	0.40～0.80	≥0.020
60mm 实际值	0.07	0.26	1.18	0.001	0.012	0.32	0.37	0.49	0.043

母材力学试验复验结果 **表 2**

母材	规格（mm）	屈服强度 σ_s（MPa）	抗拉强度 σ_b（MPa）	伸长率 δ（%）	屈强比	0℃冲击功 A_{KV}（J）	Z向性能 %
设计值	30	420～550	520～680	≥20	≤0.83	≥47	/
复验值	30	455	555	26.5	0.82	190，186，180	/
设计值	60	400～530	520～680	≥20	≤0.83	≥47	单件≥10 平均值≥15%
复验值	60	410	555	30.5	0.74	250，257，264	67.5/69/66.5

弯曲试验：两种板厚钢板弯曲均合格。试验要求：$d=3a$、$\alpha=180°$，d：弯心直径；a：试样厚度；α：弯曲角度。

从表 1 可以看出，两种板厚母材的力学性能良好符合设计的规定；根据表 1 的数据，按式（1）计算抗大气腐蚀指数。

$$I=26.01(\%Cu)+3.88(\%Ni)+1.20(\%Cr)+1.49(\%Si)+17.28(\%P)-7.29(\%Cu)(\%Ni)-9.10(\%Ni)(\%P)-33.39(\%Cu)^2 \quad (1)$$

厚度 30mm，60mm 的母材抗大气腐蚀指数分别为 6.883g/m²h、6.579g/m²h，两种厚度的母材抗大气腐蚀能力相当。

1.2 周期浸润腐蚀试验

为了考察母材的耐大气腐蚀性能，我们对厚度 30mm、60mm 的 BRA520C 进行周期浸润腐蚀试验。为了进行对比，对厚度 30mm 的 Q345B 也进行了周期浸润腐蚀试验，试验结果如下：

（1）BRA520C（60mm）腐蚀率：1.429g/m²h；

（2）BRA520C（30mm）腐蚀率：1.409g/m²h；

（3）Q345B（30mm）腐蚀率：3.170g/m²h。

从试验数据来看，BRA520C（60mm）和 BRA520C（30mm）的 72h 周期浸润腐蚀率是对比钢 Q345B 的 45.0.%和 44.4%，均达到了耐大气腐蚀钢的水平。

1.3 系列温度冲击试验

韧性是钢材的一个重要的性能指标，一般选取冲击试验来评价钢材的韧性优劣，另外温度是影响具有体心立方晶体结构钢材韧性的一个重要因素，为此我们选取常温、0℃、－20℃、－40℃、－60℃、－80℃、－100℃七种试验温度对上述两种规格的母材进行了夏比摆锤冲击试验，取样方向是横向，根据试验数据，作出冲击吸收能量与温度曲线，如图1所示：

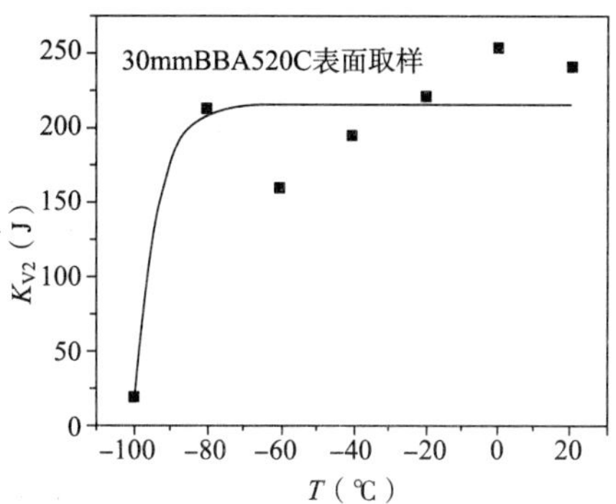

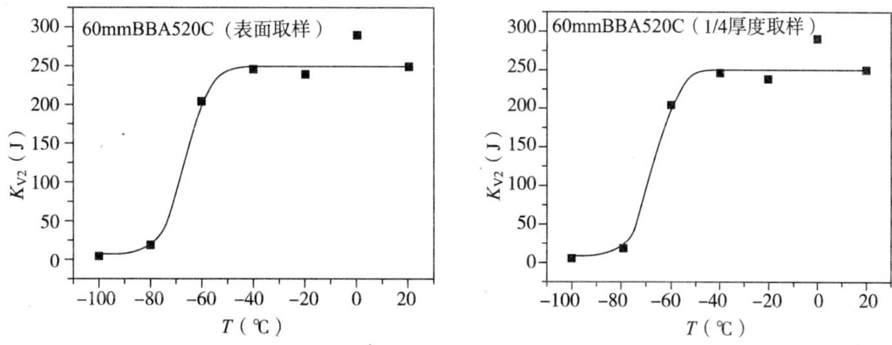

图1　30mm、60mm厚度钢板的系列温度冲击试验结果

由图1看出BRA520C钢板（厚30mm和60mm）具有优良的冲击韧性，在0℃试验温度下，横向取样的冲击功均大于47J。按照能量标准K_{V2}＝47J定义韧脆转变温度，得出韧脆转变温度如下：

BRA520C厚度30mm：　－98℃；

BRA520C厚度60mm（表面取样）：　－75℃；

BRA520C厚度60mm（1/4厚度取样）：　－87℃。

据此可知，两种厚度的母材均具有优异的冲击韧性、抗冷脆转变的性能。

1.4　疲劳性能试验研究

疲劳试验旨在研究构件在交变载荷作用下，材料的循环应力-应变行为，从而定量地描述其疲劳寿命，为此我们对厚度30mm、60mm BRA520C的疲劳性能进行了测试，应力比：0.1，试验波形：正弦波，试验频率：20Hz。试验数据表明在最大应力为400MPa的水平上，应力循环次数基本上大于200万次。鉴于母材的实测屈服极限在400～460MPa水平，可以说母材具有极佳的疲劳性能。

2 焊接接头性能试验研究

2.1 焊材性能复验

试验采用四种焊接材料，即A厂家生产焊条1、CO_2气体保护焊药芯焊丝1，B厂家生产的焊条2、CO_2气体保护焊药芯焊丝2，SMAW和FCAW-G两种焊接方法，分别测定熔敷金属的化学成分、力学性能、扩散氢含量、腐蚀率，结果如表3、表4。

焊材熔敷金属化学成分复验值 **表3**

元素 焊材	C	Si	Mn	S	P	Cr	Ni	Cu
焊条2	0.06	0.55	0.83	0.007	0.020	0.64	0.53	0.43
焊丝2	0.04	0.46	1.15	0.001	0.013	0.48	0.51	0.36
焊条1	0.05	0.37	1.00	0.003	0.014	0.44	0.50	0.27
焊丝1	0.04	0.52	1.46	0.003	0.014	0.44	0.44	0.44

焊材熔敷金属复验力学性能、腐蚀率、扩散氢复验值 **表4**

焊材	屈服强度 σ_s（MPa）	抗拉强度 σ_b（MPa）	伸长率 δ（%）	腐蚀率 (g/m²h)	扩散氢（mL/100g）气相色谱法	冲击功 A_{kv}（J）
焊条2	555	650	29.5	1.562	11.2	174/158/183/128/136（−30℃）
焊丝2	670	720	24.5	1.527	8.5	36/37/72/44/36（−40℃）
焊条1	520	590	28.0	1.749	5.9	228/212/214/204/232（−30℃）
焊丝1	620	675	24.5	1.646	7.9	46/62/76/90/72（−30℃）

根据表3、表4的数据及焊接冷裂纹敏感性指数P_{cm}公式（式2）、耐大气腐蚀指数I（式1），计算出四种焊接材料熔敷金属的冷裂纹敏感指数P_{cm}、耐大气腐蚀指数、熔敷金属屈强比，如表5所示。

$$P_{cm}=C+\frac{Si}{30}+\frac{Mn+Cu+Cr}{20}+\frac{Ni}{60}+\frac{Mo}{15}+\frac{V}{10}+5B\ (\%) \tag{2}$$

焊材熔敷金属屈强比、焊接冷裂纹敏感性指数、耐大气腐蚀指数 **表5**

焊材	屈强比	P_{cm}（%）	I（g/m²h）
焊条2	0.85	0.182	7.2378
焊丝2	0.93	0.163	7.0987
焊条1	0.88	0.156	6.7992
焊丝1	0.92	0.181	6.7602

根据上述的试验数据和计算结果，可以得出：四种熔敷金属的冷裂纹敏感系数P_{cm}均较低，四种焊接材料的耐大气腐蚀指数均大于6g/m²h，B厂家生产焊条、焊丝熔敷金属耐大气腐蚀性优于A厂家，但屈强比均大于母材。

2.2 焊接热影响区最高硬度试验

焊接热影响区的淬硬组织是诱发焊接冷裂纹的主要影响因素之一，而硬度可以反映出组织的状态，所以通过测定焊接热影响区最高硬度可以用来评价母材的冷裂纹敏感性，我们采用厚度 30mm 的 BRA520C 钢板在 30℃、50℃、80℃三个预热温度下进行焊接；厚度 60mm 的 BRA520 C 钢板在 30℃、70℃、100℃三个预热温度下焊接，焊材材料同 2.1 SMAW 和 FCAW-G 两种焊接方法，预热方式采用火焰加热，为保证试件温度的均匀性，选择试板上、下表面测温，温差小于 2℃，记录平均温度。

结果表明：采取预热后，焊接热影响区最高硬度均小于国际焊接学会提出的钢的焊接冷裂纹倾向的临界硬度值 HV350；且两种焊条在试板预热 80℃后，硬度值普遍小于 HV300；两种焊丝在试板预热 70℃后，硬度值普遍小于 HV300；从而可以判断该钢的抗冷裂纹性能是良好的。

2.3 斜 Y 形坡口焊接冷裂纹试验

为进一步研究 BRA520C 钢的焊接性、确定最佳的焊接预热温度，本文利用斜 Y 形坡口焊接裂纹试验方法对 BRA520C 钢对冷裂纹的敏感性进行了评定。试验采用 30mm、60mm 两种板厚，焊接材料同 2.1 SMAW 和 FCAW 两种焊接方法，同一个预热温度焊接 3 个试样，30mm 板厚的预热温度从 60℃开始，60mm 板厚的预热温度从 100℃开始。判定方法以根部裂纹率为 0 对应的预热温度为最低预热温度。试验结果表明：所选焊条的最低预热温度为 100℃，所选焊丝的最低预热温度为 120℃。综合考虑，BRA520C 焊接，从抗冷裂纹考虑，应该优先选用试验所用牌号的焊条焊接。

2.4 焊接接头的冲击试验

为了研究不同的焊接工艺条件下形成的焊接接头各区（焊缝、熔合区、HAZ）冲击韧性的规律，按照表 6 的试验方案，进行常温、0℃、−20℃、−40℃、−60℃、−80℃下，焊接接头各区的冲击试验。

焊接接头冲击韧性测定试验方案表 **表 6**

序号	母材/厚度（mm）	焊材	焊接方法	预热温度（℃）	焊接位置
1	BRA520C/30	焊条 2	SMAW	100	横
2	BRA520C/30	焊条 2	SMAW	100	立
3	BRA520C/60	焊条 2	SMAW	150	横
4	BRA520C/60	焊条 2	SMAW	150	立
5	BRA520C/30	焊丝 2	FCAW-G	100	横
6	BRA520C/30	焊丝 2	FCAW-G	100	立
7	BRA520C/60	焊丝 2	FCAW-G	150	横
8	BRA520C/60	焊丝 2	FCAW-G	150	立

根据试验数据计算出每组的冲击功平均值，使用 Boltzmann“S 曲线”函数拟合出焊接接头的三个区域的系列冲击吸收功-温度曲线，并利用回归函数计算出焊接接头的三个

区域，即焊缝（WM）、焊接热影响区（HAZ）、熔合区（FZ）在 $K_{V2}=34J$ 时的韧脆转变温度，见表 7。

焊接接头各区的韧脆转变温度 **表 7**

板厚（mm）	焊材	韧脆转变温度（℃）			焊接位置
		WM	HAZ	FL	
30	焊条 2	−54	−78	−76	横
30	焊条 2	−55	<−80	−40	立
60	焊条 2	−66	<−80	−77	横
60	焊条 2	−55	−66	−59	立
30	焊丝 2	−61	<80	−75	横
30	焊丝 2	−60	−78	−73	立
60	焊丝 2	−69	−68	−72	横
60	焊丝 2	−46	<−80	−53	立

试验结果表明：

（1）焊接接头各区在横焊、立焊两个位置−20℃以上的温度，冲击功都大于 47J，冲击功都能满足母材 0℃大于 47J 的要求。

（2）焊接接头各区在横焊在−40℃以上的温度，冲击韧性都大于 47J。

（3）立焊的 FL 的冲击功低于横焊 FL 的冲击功。这是立焊位置焊接线能量大，引起 FL 粗晶区粗晶脆化的结果。

2.5 焊接接头的 CTOD 试验

裂纹张开位移 CTOD 是指弹塑性体受Ⅰ型（张开型）荷载时，原始裂纹部位的张开位移简称，它是描述裂纹体状态的一个断裂力学参量。CTOD 值用于对焊接结构的抗断裂设计和安全评定，对焊接材料、焊接工艺质量的相对评定。本文选用 B 厂家的两种焊接材料（焊条 2、焊丝 2），SMAW 和 FCAW 两种焊接方法，横焊焊接位置，30mm 和 60mm 两种厚度的 BRA520C 试板，对接接头的焊缝、热影响区的 CTOD 进行了测试。试验结果如表 8：

焊接接头 CTOD 试验 **表 8**

序号	板厚（mm）	焊接方法	焊接位置	焊接材料	测量部位	CTOD（mm）
1	30	SMAW	横	焊条 2	焊缝	0.2233
2	30	SMAW	横	焊条 2	HAZ	0.2210
3	30	FCAW-G	横	焊丝 1	焊缝	0.0919
4	30	FCAW-G	横	焊丝 1	HAZ	0.1857
5	60	SMAW	横	焊条 2	焊缝	0.2599
6	60	SMAW	横	焊条 2	HAZ	0.2901
7	60	FCAW-G	横	焊丝 1	焊缝	0.1585
8	60	FCAW-G	横	焊丝 1	HAZ	0.1863

从表 8 可以得出结论：试验用焊条形成接头的焊缝、HAZ 的断裂韧性大于试验用焊

丝形成接头的焊缝、HAZ 的断裂韧性。

2.6 焊接接头的疲劳试验研究

为了对比分析母材、焊接接头疲劳性能的差异，我们选择 BRA520C 厚度 30mm、60mm 两种板厚，B 厂家生产的焊条 2、CO_2 气体保护焊药芯焊丝 2，横焊位置，进行焊接，然后按轴向疲劳试验，应力比：0.1，试验波形：正弦波，试验频率：20Hz。经过对比分析试验数据，我们发现试验选用焊条、焊丝形成的焊接接头的疲劳性能基本相同，且在没有焊接缺陷影响的前提下，焊接接头的疲劳性能与母材基本相当。

3 结论

（1）BRA520C 钢具有优良的 Z 向性能，其 Ψ_Z 全部高于 Z 向钢最高级别 Z35 的要求，即 $\Psi_Z \geqslant 35\%$，其他的力学性能满足设计要求，BRA520C 钢板具有优良的综合力学性能。

（2）根据 HAZ 最高硬度的试验结果，表明 BRA520C 钢 HAZ 的淬硬性倾向低，该钢具备低的冷裂纹敏感性，但根据斜 Y 形坡口焊接冷裂纹试验，建议采用试验用焊条及焊丝焊接 60mm 以上厚板时，钢材最低预热温度分别以 100℃及 120℃为宜。

（3）BRA520C 钢焊接时，其焊接热影响区具有优良的韧性，但大线能量焊接时（立焊位置），FL 的韧性会因粗晶而降低。

（4）使用焊条的焊缝、HAZ 的 CTOD 优于使用焊丝，使用焊条进行焊接可以提高焊接接头的韧性。

（5）与母材等强匹配焊接接头在没有内在和外在焊接缺陷的前提下，焊接接头的疲劳性能与母材相当。

（6）该钢已成功应用于 2010 年第十六届广州亚洲运动会的电视转播塔天线桅杆构成的建造，且实用效果良好。

参 考 文 献

[1] ASTM G101-01，Standard Guide for Estimating the Atmospheric Corrosion Resistance of Low-Alloy Steels，6.3.1.1.

[2] 焊接手册——第二卷．北京：机械工业出版社（第 2 版），2001.

T、K、Y管节点相贯焊缝超声波探伤工艺的研究

马德志　申献辉　段　斌
（中冶集团建筑研究总院）

摘　要： 本文对T、K、Y管节点相贯焊缝的超声波探伤工艺进行了研究，通过计算机辅助程序对焊缝进行分区、选择相应折射角的探头并对焊接缺陷进行定位。实践证明，该方法在提高管节点相贯焊缝缺陷的检出率、有效控制管节点相贯焊缝焊接质量等方面都收到了良好的效果。

关键词： 超声波探伤　管节点　焊缝

钢管结构由于具有截面性能优异、重量轻、杆件种类单一、制作安装方便等特点，被广泛应用于以网壳、网架为代表的空间网络结构中，如各种工业厂房、机库、候机楼、体育场馆、展览中心等建筑。根据与钢管焊接部件的种类，管结构焊接节点可分为管对接焊接节点、管—板焊接节点、球—管焊接节点和管分支焊接节点（又称T、K、Y管节点或相贯节点）。目前，对于管结构焊缝内部缺陷的检测主要为超声波探伤，对于前三种焊接节点的超声波检测，国内外都有相应的标准，探伤技术也相对比较成熟。而对于T、K、Y管节点相贯焊缝的超声波探伤，由于其焊缝形状复杂，利用现有的技术，很难获得满意的检测效果，因此，对T、K、Y管节点焊缝超声波探伤工艺进行试验研究，简化探伤程序，提高缺陷的检出率，对保证T、K、Y管节点焊缝质量、提高该焊缝探伤工作效率具有重要的现实意义和工程实际应用价值。

1　管分支节点接头形式及焊缝特点

1.1　管分支节点类型

管分支节点按主支管的相互位置主要有T形节点，K形节点和Y形节点如图1所示。

1.2　T、K、Y管节点焊缝特点

T、K、Y管节点焊缝如图2所示，不同位置焊接要求不同，在设计中常根据不同要求将焊缝分为A、B、C、D区，如表1所示。

在一般建筑结构中，往往要求A、B区焊缝全熔透，C区焊缝由全熔透向部分熔透直至贴角焊缝过渡，D区一般为贴角焊缝。为保证适当的焊接坡口形状，支管侧的坡口角度也随着在相贯线上的位置变化而变化。在实际工程中，坡口的加工和焊接都很困难，根部未焊透是T、K、Y管节点焊缝中出现几率最高的缺陷（A区和B区），而且由于焊缝形

状复杂，定位误差大，从而给缺陷的判断带来很大的困难。

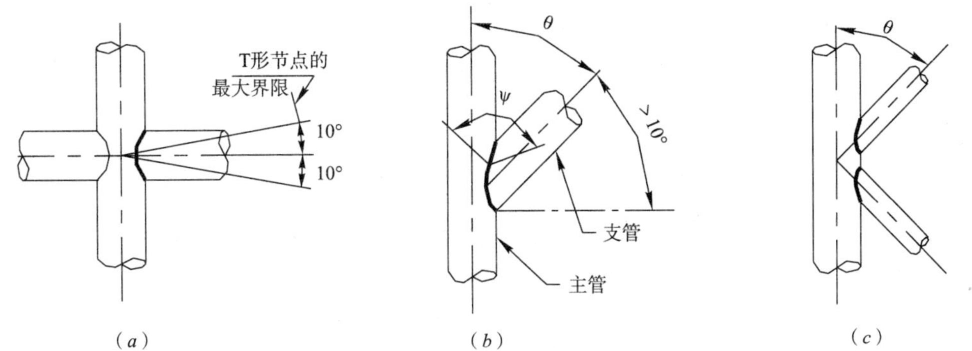

图 1　T、K、Y 管分支节点主要形式

(a) T、X 形节点；(b) Y 形节点；(c) K 形节点

管节点相贯焊缝分区　　**表 1**

区域	局部二面角 ψ 的范围
A	180°～135°
B	150°～50°
C	75°～30°
D	45°～15°

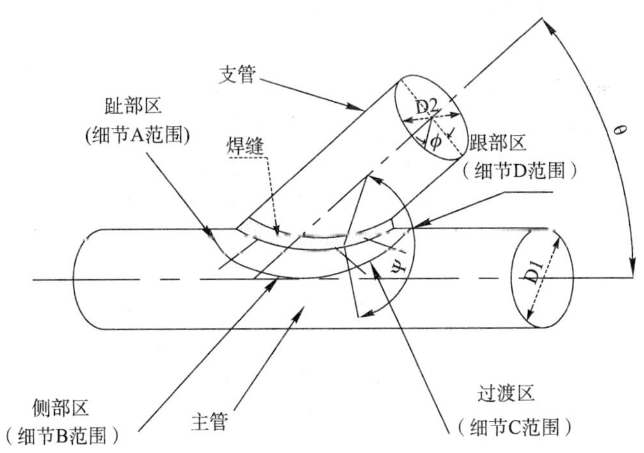

图 2　管节点相贯焊缝图

2　T、K、Y 管节点相贯焊缝探伤难点

(1) 焊缝形状复杂：建筑结构中，钢管 T、K、Y 接头主管不开孔，支管与主管直接相贯连接，一般不加垫板，且为封闭结构，只能单面施焊，其焊缝为一马鞍形空间曲线。由于焊缝超声波探伤主要扫查方式为以支管外壁为扫查面垂直于焊缝的前后扫查检测，因此超声波探头主声束与支管外壁的相交面为一椭圆，探头与钢管的接触面为一空间曲面。

(2) 管壁薄：在建筑结构中，很大一部分杆件管壁 6mm 以下，其中壁厚为 5mm 的钢管占很大比例。由于焊缝外形不规则，对缺陷波形的判别产生干扰，管壁太薄，采用一般的探头必须用多次波探伤，波束严重扩散使干扰更加严重。管壁越薄这种影响越大，对缺陷定位的难度也越大。

（3）探伤面曲率变化：由于焊缝为一马鞍形空间曲线，超声波探伤时，探伤面（探头移动时与支管外表面的接触面）的曲率随着焊缝位置不同也在不断变化，因此缺陷定位不能用简单的三角函数关系进行计算，需要引入曲率修正系数，且修正系数也随曲率的变化而变化。

（4）探头折射角的确定：曲面探伤时，每一个 t/D 值对应一个最大的探头折射角，即几何临界角 $\beta_{临}$，为保证探头声束能覆盖整个焊缝截面，要求选用探头的折射角要小于 $\beta_{临}$。而另一方面，为了尽可能使用一次波进行探伤，又必须尽量选择较大折射角的探头。在对T、K、Y管节点焊缝进行探伤时，由于探伤面曲率连续变化，几何临界角也随之变化，所以需要对不同区域选用不同折射角的探头，以保证缺陷的最大检出率。

（5）耦合补偿的确定：由于在对T、K、Y管节点焊缝进行探伤时，探伤面的横向与纵向都是曲面，探头与钢管表面为线接触甚至是点接触，耦合透声效果较差，且声束发散，很难把握耦合补偿量的确定。

3 T、K、Y管节点相贯焊缝超声波探伤声程修正

如图2是一“Y”形接头，主管与支管中心线相交，其相关参数如下：

D_1，D_2——主、支管外径；

t_1，t_2——主、支管壁厚；

θ——主、支管轴线的夹角；

ϕ——相贯角：主、支管轴线组成的平面与支管任一母线在圆周方面上的夹角；

θ_B——偏角：过焊缝上一点与焊缝垂直的平面与支管轴线的夹角；

ψ——局部二面角：过焊缝上一点与焊缝垂直的平面内，主支管切线的夹角。

3.1 修正系数

通过对图2所示T、K、Y管节点焊接接头建立数学模型并进行数学推导，可以得到在焊缝上任一点探伤面（探头主声束与焊缝垂直）的曲率半径 ρ 为：

$$\rho=\frac{D}{2\sin^2\theta_B}$$

知道该点的曲率半径，就可以求出该点焊缝的声程修正系数 k 和水平距离修正系数 m：

$$k=\left(\frac{\rho}{t}-1\right)\left[\frac{\sin\left(\beta+\sin^{-1}\left(\frac{\rho}{\rho-t}\sin\beta\right)\right)}{\tan\beta}\right]$$

$$m=\left[\pi-\beta-\sin^{-1}\left(\frac{\rho}{\rho-t}\sin\beta\right)\right]\frac{\rho}{t}\cot\beta$$

式中 β——探头折射角，t——支管壁厚。

3.2 几何临界角

对应于某一 t/D 值（$D=2\rho$），其几何临界角（可用的最大折射角）应按下述公式计算：

$$\beta_{\max}=\sin^{-1}\left(1-\frac{t}{\rho}\right)$$

根据以上数学推导，我们利用 Visual Basic 语言编写了计算机辅助程序。如图 3 为程序计算界面，通过计算机辅助程序，我们可以绘制 T、K、Y 管节点相贯焊缝各参数之间的关系曲线。

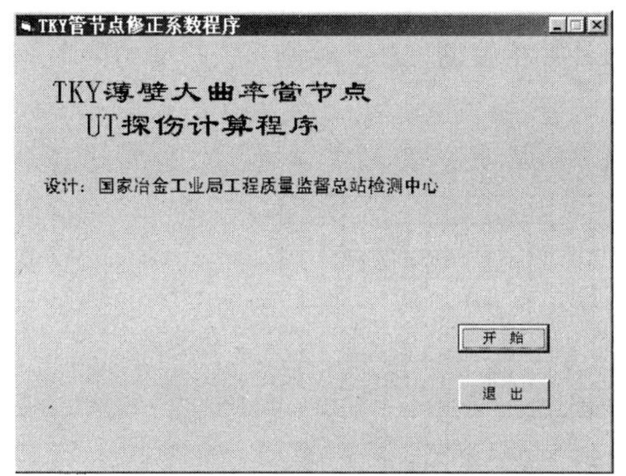

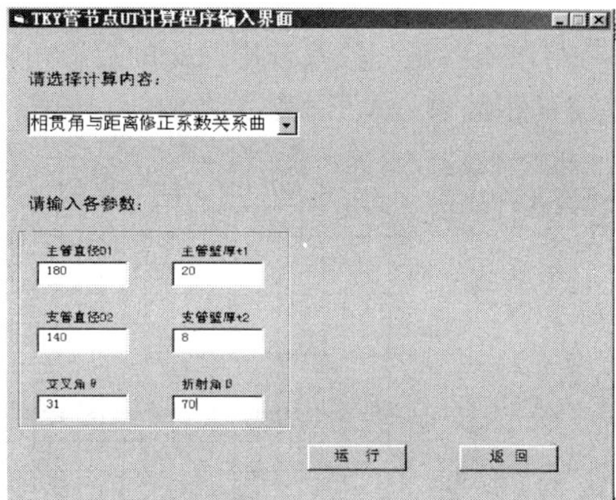

图 3　T、K、Y 管节点相贯焊缝计算机辅助程序界面

4　探伤步骤

对 T、K、Y 焊缝进行超声波探伤，首先应了解接头焊缝的几何参数，绘制管节点焊缝探伤各相关参数的关系曲线。现举例说明 T、K、Y 管节点焊缝超声波探伤步骤，设主管直径 D_1 为 180mm，壁厚 t_1 为 20，支管直径 D_2 为 140mm，壁厚 t_2 为 8，主支管交叉角 31°。

4.1　绘制相贯角与几何临界角关系曲线

将接头各项参数输入程序，绘制曲线如图 4 所示。

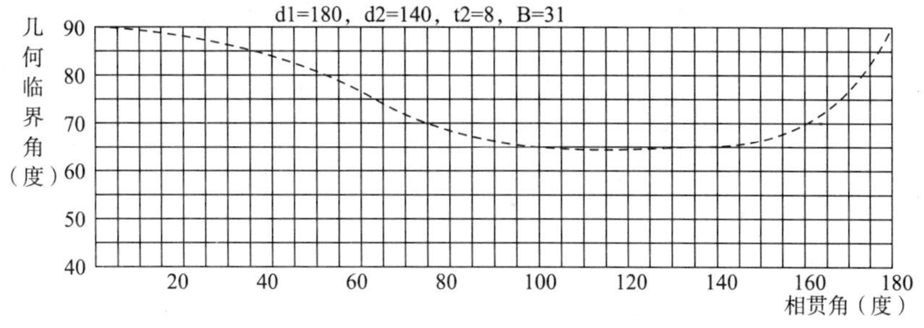

图 4　相贯角和几何临界角关系曲线

4.2　划分探伤区段

由图 4 可以看到整条焊缝最小几何临界角为 65°，可直接选用折射角为 60°的探头对焊

缝进行探伤。但对于薄壁管焊缝，在接头的跟部和趾部采用 60°探头一次波不能扫查到焊缝根部，应尽量选大折射角、短前沿探头。由图 4 可知相贯角在 0°～75°和 161°～180°之间时，几何临界角 $\beta_{临}$＞70°。因此将焊缝分为三个区域，分别对应于 0～80°、70°～165°、155°～180°，对此三个区域分别选用 70°、60°、70°探头进行探伤。

4.3 绘制相贯角与修正系数关系曲线

将以上各项参数及选用探头的折射角输入计算机辅助程序，绘制探头折射角为 70°和 60°时的相贯角与修正系数关系曲线，如图 5。

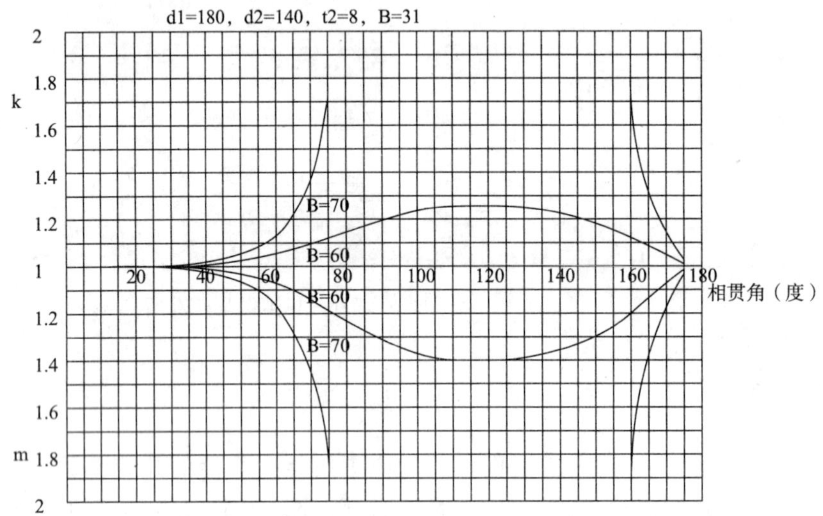

图 5 相贯角与修正系数关系曲线

4.4 确定灵敏度修正量

灵敏度修正量的确定应遵守图 6 的要求，用与探伤所用探头规格相同的两只探头在平面试板上作一跨距一收一发测试，读取增益（或衰减）值 G_1，然后在工件表面上（支管外壁）沿轴向和实际探伤最大偏角方向分别作一跨距一收一发测试，读取 G_2、G_3。$TG=(G_2+G_3)/2-G_1$：当 TG＜2dB 时，可不作修正；当 $|G_2-G_3|\leqslant 4$dB 时，应按 TG 进行耦合修正；当 $|G_2-G_3|>4$dB 时，应进一步分区测试，取合适的区间分别进行修正。

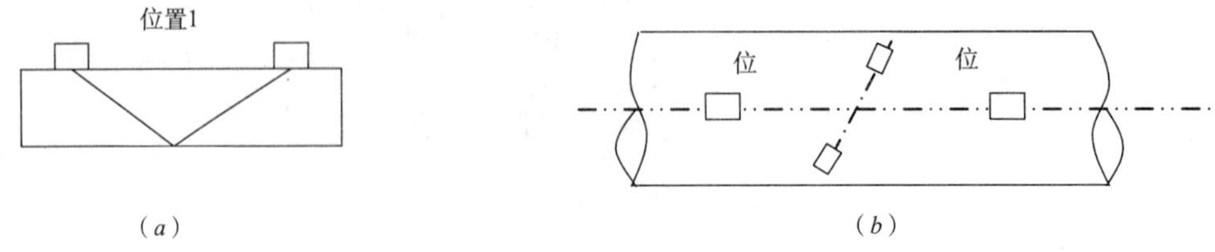

图 6 灵敏度修正量的确定

（a）试板与 RB 试块有相同的粗糙度；（b）工件探测面

4.5 探伤扫查方法

T、K、Y 焊缝探伤应以支管表面作为探伤面，扫查时探头应与焊缝垂直，扫查方法如图 7 所示。

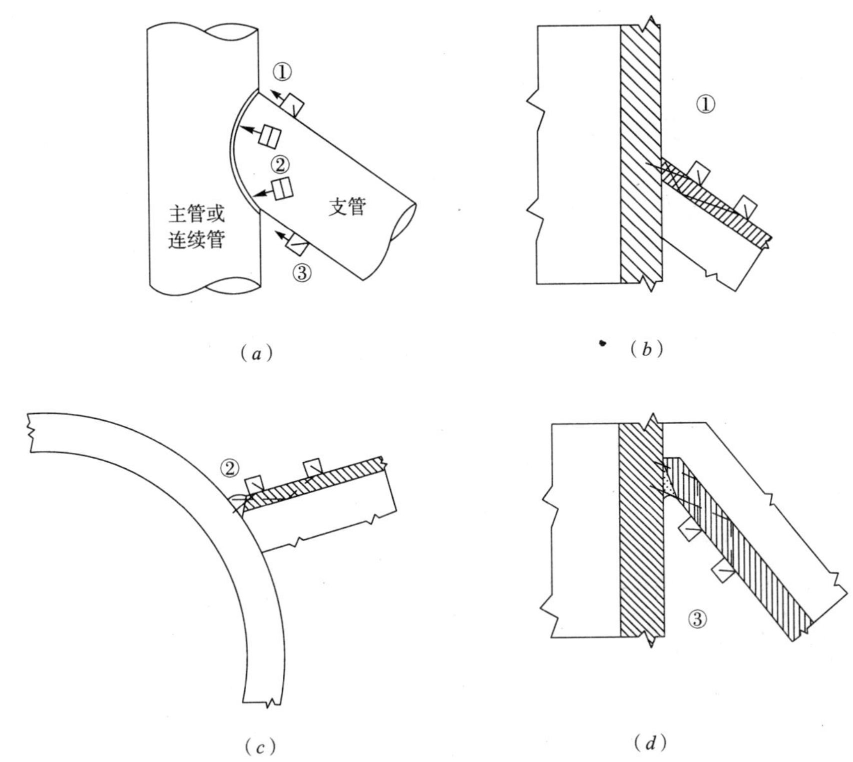

图 7 T、K、Y 管节点超声波探伤扫查技术

(a) 波束方向：保持波束垂直于焊缝；(b)(c)(d) 探伤方法：采用直射波法或一次波法且配合各种角度以覆盖包括根部区域在内的整个焊缝

4.6 缺陷的定位

由于探伤面的曲率随探头在焊缝的位置而变化，因此修正系数也是不断变化的，对缺陷的定位方法如下：

假如在 $\phi=\phi_0$ 处发现一回波信号，按所选用的探头折射角（70°或 60°）查图 5，求取声程修正系数 k，水平修正系数 m：

(1) 内外表面对应声程的修正：

$W_{\mathrm{I}}=\mathrm{t}/\cos\beta\times k$——对应内表面声程（一次波声程）

$W_{\mathrm{II}}=2W_{\mathrm{I}}$——对应外表面声程（二次波声程）

(2) 内外表面探头——焊缝距离的修正：

$Y_{\mathrm{I}}=\mathrm{t}\times\mathrm{tg}\beta\times m$ ——一次波水平距离

$Y_{\mathrm{II}}=Y_{\mathrm{I}}\times 2$ ——二次波水平距离

(3) 缺陷位置的判定方法：

探头-缺陷距离 Y 及缺陷深度 d 从读取的 W 按比例近似求出，当 $W<W_{\mathrm{I}}$ 时

$$Y=Y_{\mathrm{I}}\times W/W_{\mathrm{I}}$$
$$d=t\times W/W_{\mathrm{I}}$$

当 $W_{\mathrm{I}}<W<W_{\mathrm{II}}$ 时

$$Y=Y_{\mathrm{I}}\times W/W_{\mathrm{I}}$$
$$d=2\times t-t\times W/W_{\mathrm{I}}$$

5 T、K、Y管节点相贯焊缝超声波探伤技术的应用

近年来，T、K、Y管节点相贯焊缝的超声波探伤技术，已经在许多大型钢结构工程中应用，如首都机场四机位库、深圳机场扩建航站楼钢屋盖、河南省艺术中心、首都机场T3航站楼等工程，目前，该技术已被行业标准《钢结构超声波探伤及质量分级法》JG/T 203－2007采用，对控制管节点相贯焊缝的质量起到了积极的作用。

6 结论

利用计算机辅助程序，对T、K、Y管节点相贯焊缝进行分段检测、缺陷定位，该方法简便实用，直接根据相贯角与几何临界角的关系对焊缝进行分段，直接根据相贯角求取修正系数，从而降低了缺陷定位的难度，提高了焊缝缺陷的检出率，对有效控制管节点相贯焊缝的焊接质量起到了良好的作用。

参 考 文 献

[1] JGJ 81－2002，钢结构焊接技术规程，中华人民共和国行业标准.

[2] 刘兴亚. 建筑钢结构圆管T、K、Y管节点焊缝超声波探伤技术. 中国钢协钢结构焊接协会2000年学术年会论文集，2000，9：221～228.

[3] AWS D1.1－2000，钢结构焊接规范，美国焊接学会.

钢结构T形贴角焊缝超声波探伤方法的研究

宋晓峰　朱爱希　徐敬岗　李业绩　段　斌

（中冶建筑研究总院有限公司）

摘　要：为了有效地监控T形贴角焊缝的内部质量，通过理论分析和可靠性试验，验证了T形贴角焊缝进行超声波探伤的可行性，确定了T形贴角焊缝超声波探伤的探头角度，设计制作了探头移动范围曲线（A-R）和闸门宽度范围曲线（A-S），使缺陷的判断简单化，并制定了该类焊缝的探伤工艺和缺陷的评定标准。

关键词：T形贴角焊缝　超声波检测　探伤工艺　验收级别　钢结构

目前国内对于T形贴角焊缝一般仅进行外观检查或表面磁粉探伤，而对其内部质量缺乏有效的检测手段。因此，开展对T形贴角焊缝超声检测方法的研究，探索出一套适合T形贴角焊缝超声检测的探伤工艺及评价体系具有重大的现实意义。

1　探头及探伤面选择

T形贴角焊缝中常见的缺陷分布模式如图1所示。

长期以来，T形贴角焊缝一直被视为超声检测技术中的难点。究其原因，主要是形状复杂、声束宽而检测区域小、影响因素多、近场干涉严重、波形不易识辨及缺陷定量困难。针对上述问题，笔者对T形贴角焊缝探伤所选用的探头和探伤面的选择进行了探讨分析。

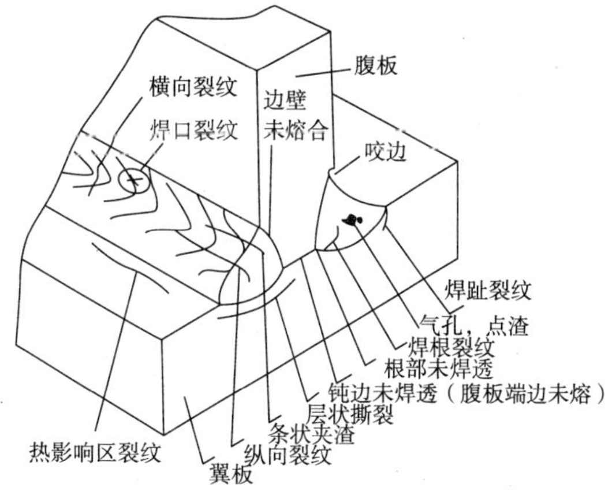

图1　T形接头角焊缝常见缺陷的分布模式

1.1　探头

1.1.1　直探头的选择

由于双晶聚焦探头具有灵敏度高，杂波少，盲区小，近场长度小的特点，所以应用在T形贴角焊缝的探伤中有普通直探头无法比拟的优点。探头聚焦深度应与T形贴角焊缝处的板厚相适应，这样既能检测角焊缝中的缺陷，也能检测翼板母材中的层状撕裂。

1.1.2 斜探头的选择

图 2 是 3 种不同角度斜探头对 T 形接头的探伤示意图。可以看出，折射角为 70°和 60°的探头存在很大的盲区，而折射角为 45°的探头则没有盲区，故探头角度的选择应为 45°。不同焊角尺寸分别采用探头折射角为 70°和 60°进行检测时，盲区最大深度和面积见表 1 和表 2。

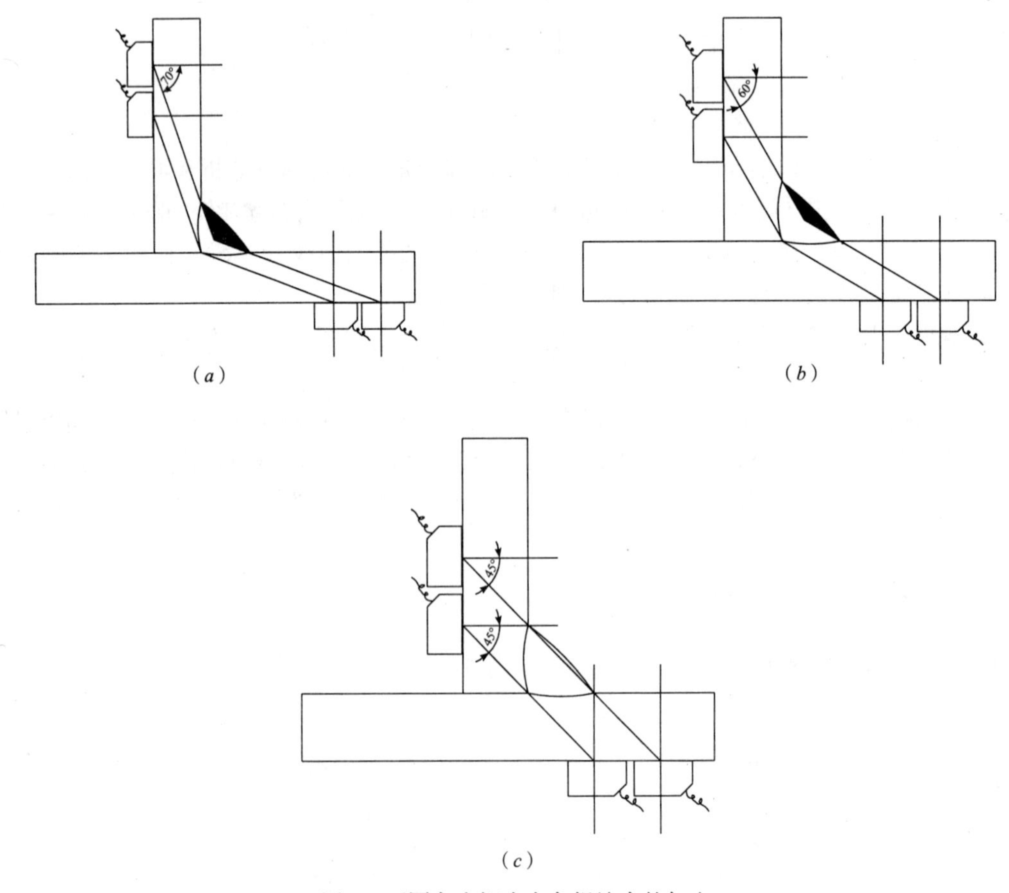

图 2 不同角度探头在角焊缝中的扫查

(a) 探头角度为 70°；(b) 探头角度为 60°；(c) 探头角度为 45°

探头折射角为 70°的盲区最大深度和面积 **表 1**

焊角尺寸 H_f（mm）	有效焊喉 H_e（mm）	焊缝截面面积 S_0（mm^2）	盲区最大深度 D（mm）	盲区面积 S_M（mm^2）	盲区比例
6	4.2	18	1.98	8.4	46.6%
8	5.6	32	2.64	14.9	46.6%
10	7	50	3.3	23.3	46.6%
12	8.4	72	3.96	33.6	46.6%
14	9.8	98	4.61	45.6	46.6%
16	11.2	128	5.28	59.7	46.6%
20	14	200	6.60	93.34	46.6%

探头折射角为60°的盲区最大深度和面积 **表 2**

焊角尺寸 H_f（mm）	有效焊喉 H_e（mm）	焊缝截面面积 S_0（mm^2）	盲区最大深度 D（mm）	盲区面积 S_M（mm^2）	盲区比例
6	4.2	18	1.14	4.84	26.8%
8	5.6	32	1.52	8.60	26.8%
10	7	50	1.89	13.36	26.8%
12	8.4	72	2.27	19.26	26.8%
14	9.8	98	2.65	26.23	26.8%
16	11.2	128	3.03	34.28	26.8%
20	14	200	3.79	53.60	26.8%

1.1.3 探头前沿长度的选择

直射法探伤时探头最小前沿尺寸的计算公式如下：

$$H_f+L\leqslant T\times \text{tg}45°$$
$$L\leqslant T\times \text{tg}45°-H_f$$
$$L\leqslant T-H_f \qquad (1)$$

一次反射法探伤时探头最小前沿尺寸的计算公式如下：

$$H_f+L\leqslant 2T\times \text{tg}45°$$
$$L\leqslant 2T\times \text{tg}45°-H_f$$
$$L\leqslant 2T-H_f \qquad (2)$$

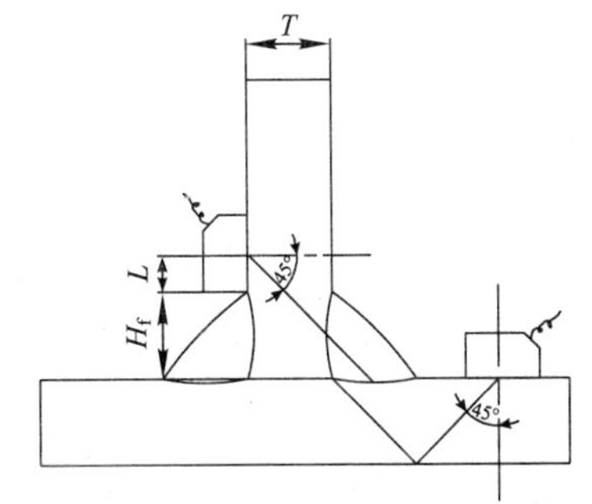

图 3 直射法和一次反射法的探头前沿长度的选择
L—探头前沿长度；H_f—焊角尺寸

由以上两式不难看出，探头的最小前沿尺寸均与板厚和焊角尺寸 H_f 有关。式（1）中的 T 指腹板厚度，式（2）中的 T 指翼缘板厚度。探伤时，应根据上述公式选择合适的探头，避免造成缺陷的漏检。

1.2 探伤面的选择

从图 3 可以看出，无论在翼缘板外侧还是在腹板侧进行直射法探伤，对探伤过程中发现的缺陷进行准确定位都是比较困难的，故应尽可能采用一次反射法进行探伤。另外在腹板侧进行一次反射法探伤，由于扫查面的对立面还有焊缝，超声波的反射点很可能会出现在扫查面的对立面的焊缝内，这样会出现干扰回波或检测到对立面焊缝的缺陷，给扫查面所在焊缝的缺陷判断带来困难。鉴于上述分析，笔者认为在翼缘板内侧采用一次反射法进行探伤应作为 T 形贴角焊缝超声波探伤的首选，而其他探伤面只作为辅助探伤之用。

综上所述，只要采用正确的探头角度、前沿尺寸及探伤面，对 T 形贴角焊缝进行超声波探伤在理论上是可行的。

2　T形贴角焊缝的超声波探伤方法

2.1　探头移动范围和声程范围的确定

由于T形贴角焊缝的自身特点导致腹板与翼板连接处存在未焊透，相当于焊缝中天然存在一个大“缺陷”。若探伤前不确定探头的移动范围[2-3]，避开这个天然“缺陷”，就容易在仪器上产生干扰回波，使探伤人员对真实缺陷的判断造成影响。所以在探伤之前，探伤人员必须根据板材不同的厚度和焊角尺寸计算出探头的移动范围和检测焊缝全截面的声程范围。

探伤前，根据构件的板厚和焊角尺寸按照图4（A～R曲线）确定探头的移动区域，必要时在构件上画出标线，同时根据图5（A～S曲线）确定闸门的起点和终点。探伤过程中，若在闸门范围内出现一个波，就可根据仪器显示的水平位置，测量是否在焊缝中。若在焊缝中，则可判定肯定是缺陷波，然后对缺陷进行准确定位并测量长度。

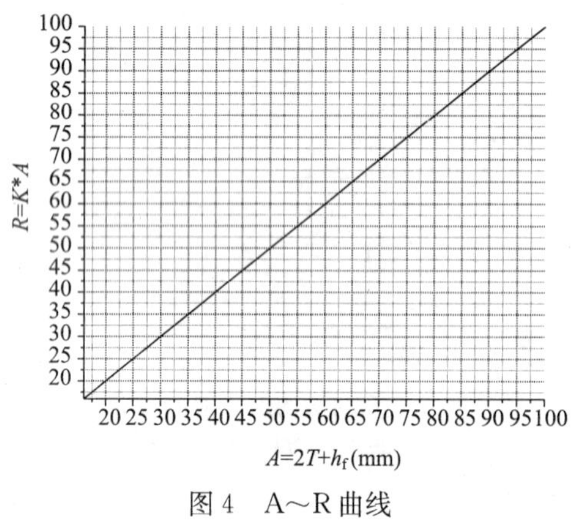

图4　A～R曲线

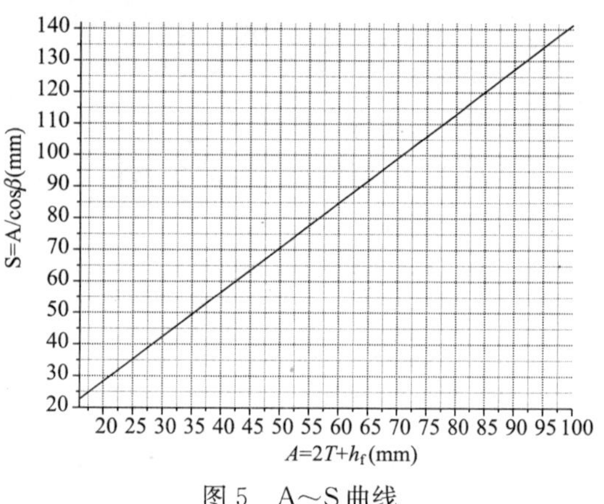

图5　A～S曲线

2.2　距离波幅曲线的制作

（1）扫描范围的调节。根据探伤时采用的声程定位法，使荧光屏全范围代表的声程略大于实际检测距离，二次波探伤的实际检测距离 $S=(2T+H_f)/\cos\beta$。

（2）绘制距离波幅曲线。用RB系列试块制作距离波幅曲线。用探伤使用的仪器和探头在试块上选择至少3个适当深度的 $\phi3$ 通孔制作距离波幅曲线，记录参考基准灵敏度DAC。距离波幅曲线各条线的灵敏度如表3所示。

内部缺陷检测距离波幅曲线各条线的灵敏度　　表3

曲线名称	灵敏度
判废线	DAC－4dB
定量线	DAC－10dB
评定线	DAC－16dB

2.3 检验等级和扫查部位

2.3.1 检验等级的分级

根据质量要求检验等级分为A、B、C三级，检验的完善程度A级最低，B级一般，C级最高，检验工作的难度系数按A、B、C顺序逐级增高。应按照工件的材质、结构、焊接方法、使用条件及承受荷载的不同，合理的选用检验级别[4-5]。

2.3.2 扫查部位

A级检验从翼缘板外侧用双晶聚焦直探头扫查焊缝及其热影响区。

B级检验从翼缘板外侧用双晶聚焦直探头，翼缘板内侧用斜探头扫查焊缝及其热影响区。

C级检验应从翼缘板外侧用双晶聚焦直探头，翼缘板内侧用斜探头扫查焊缝及其热影响区，同时还必须用斜探头从翼缘板外侧扫查焊缝。

3 T形贴角焊缝缺陷的评定

3.1 缺陷的定量

（1）对于焊角根部区域的缺陷一般按照根部未熔合处理，对于靠近翼板或腹板侧的缺陷一般按照焊角未熔合处理，其余部分的缺陷一般不定性分析，只对缺陷进行定量，除非有明显的危害性缺陷特征。

（2）缺陷指示长度的测定。当缺陷反射波只有一个波峰时，用6dB法测长，若有多个峰值时，则按端点峰值法测长。指示长度<10mm时，按5mm计，作为点状缺陷处理；两缺陷间距<8mm时，以两缺陷及间距之和作为缺陷长度。

（3）以单个缺陷中最大波高所在距离波幅曲线的区域记录缺陷的波高。

3.2 缺陷的评定

T形贴角焊缝缺陷的评定分为4个级别：

（1）最大反射波位于Ⅰ区及其以下的缺陷为Ⅰ级；

（2）如判定为裂纹、未熔合的无论波高多小均评定为Ⅳ级；

（3）最大反射波幅位于Ⅱ区的缺陷，根据缺陷指示长度按表4的规定予以评级。

缺陷的等级评定 **表4**

级别	缺陷的评定长度
Ⅰ	$1/3H_e$，最小为10
Ⅱ	$2/3H_e$，最小为12
Ⅲ	$3/4H_e$，最小为16
Ⅳ	超过Ⅲ级者

注：H_e为角焊缝的有效焊喉尺寸，当间隙$b\leqslant1.5$时，$H_e=0.7H_f$；当间隙$1.5<b\leqslant5$时，$H_e=0.7(H_f-b)$。

4 结束语

上述研究旨在探索出一套专门针对T形贴角焊缝超声波探伤方法所需的最佳探头与仪器的组合，以及对于该类角焊缝主要危害性缺陷的超声波探伤工艺和检测结果评定的一套完整体系。其对于T形贴角焊缝内部质量的控制将具有积极意义。

参考文献

[1] 张明升．水利电力机械．1992年2月，第1期．

[2] 陈育文，季步．T形角焊缝的超声波探伤．无损检测，1981，3（4）：8.

[3] 唐锦荣，马礼广，邓景燊．T形焊缝的手动超声波探伤．无损检测，1990，Vol. 12 No. 5.

[4] JG/T 203—2007 钢结构超声波探伤及质量分级方法．

[5] GB 11345—89 钢焊缝手工超声波探伤方法和探伤结果分级．

焊接施工技术

奥运场馆特大跨度钢结构工程焊接施工技术综述

周文瑛

（国家钢结构工程技术研究中心）

摘　要：奥运场馆大跨度钢结构，其主要承载构件大量采用圆管或箱形截面杆件并组成节点，在杆件及节点制作和安装连接上必须大量应用甚至于全部采用焊接技术，焊接工程技术难点有结构形式极其复杂、高强度高韧性钢材的焊接性研究、焊材合理匹配、特大跨度复杂钢结构焊接变形控制技术等，通过一般规律阐述和重点钢结构工程施工方案分析，说明其解决措施。种种难题逐一得到了圆满解决，确保了奥运场馆工程的质量与进度。

关键词：大跨度钢结构　Q460E 钢材　焊材选配　安装焊接顺序

1　焊接技术在奥运场馆重点钢结构工程中应用概况

举世瞩目的 2008 年奥林匹克运动会不仅为全世界的体育健儿们提供同场竞技、展示风采和共叙友谊的极好机遇，同时也是北京作为世界悠久历史文化名城，展示自身现代甚至超现代城市建筑艺术的炫丽舞台。在三年多的时间里，十几座体育场馆以其绰姿多彩与宏伟气势梦幻般地从蓝图变为现实，这些大跨度乃至特大跨度的建筑结构的共同特点是采用钢结构，其主要承载构件大量采用截面特性优良，而且结构造型易变、外形美观的圆管或箱形截面杆件并组成节点，在杆件及节点制作和安装连接上必须大量应用甚至于全部采用焊接技术，而很少采用栓接技术。与 20 世纪相比，被称为钢铁裁缝的焊接技术此时在建筑钢结构工程中的重要性更为突现，成为奥运工程建设中举足轻重的关键技术而备受各方关注，从而促进了焊接技术在建筑钢结构领域的跳跃式发展，并对随后施工的国内众多大型钢结构工程起了很好的借鉴作用。在此列举主要采用焊接钢结构的奥运场馆并说明如下：

1.1　国家体育场（鸟巢）钢结构

由 24 榀特大跨度辐射状门式桁架构成并形成双曲面马鞍形屋面（平面上呈椭圆形，长轴 332.3m、短轴 297.3m，见图 1、图 2），屋盖中间开口椭圆形内环长轴为 185.3m，短轴为 127.5m。全部采用焊接箱形截面直杆件及扭曲杆件和焊接节点。屋盖支撑在 24 根由 2 个焊接箱形外柱和 1 个菱形截面内柱组成的桁架柱上，并设置 24 个由特厚板焊接组成的超重型 T 形柱脚，柱脚与菱形柱连接处采用壁厚达 140mm 的大型铸钢件实现截面转换。交叉布置的主结构与屋面、立面次结构共同编织成“鸟巢”的造型（图 3～图 10）。部分柱底和柱顶处使用的钢材强度等级为 Q460E，最大板厚为 110mm。钢结构用钢量达 4 万余吨，焊接工作量很大，焊缝总长度达 30 万 m（折算总长约 280 万 m）。

(*a*)

(*b*)

图 1　国家体育场钢结构外貌

（*a*）西向立面；（*b*）南向立面

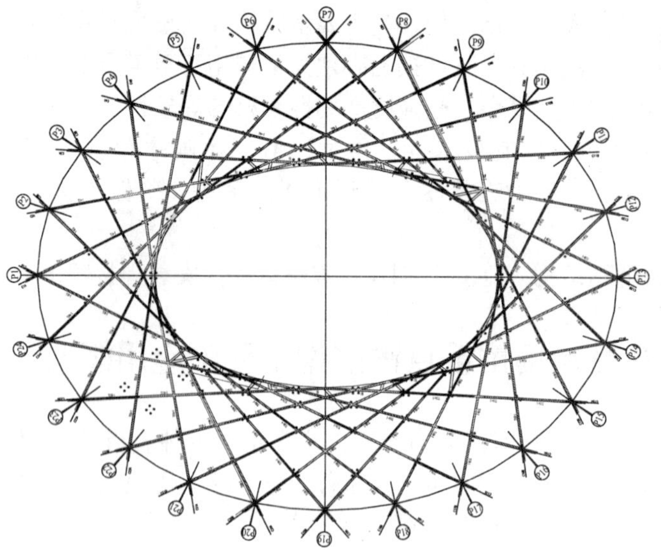

图 2　主结构平面图

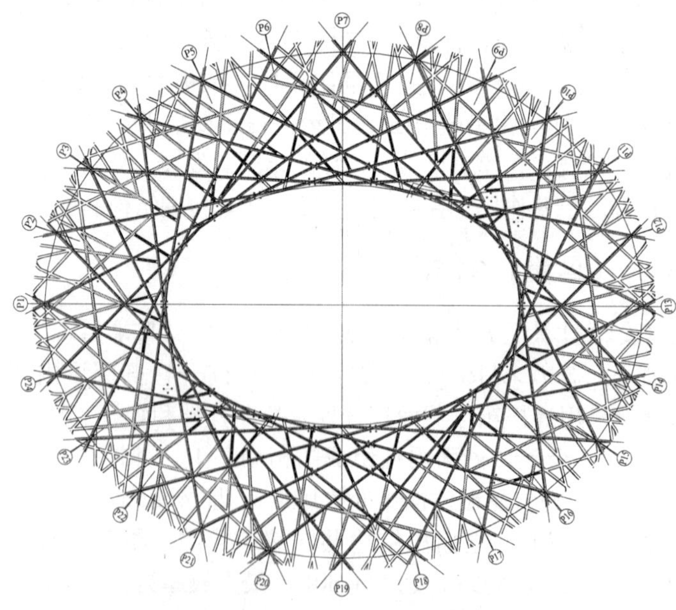

图 3　顶面次结构布置平面图

图 4　组合钢柱图

图 5　立面次结构图

图 6　典型组合柱脚图

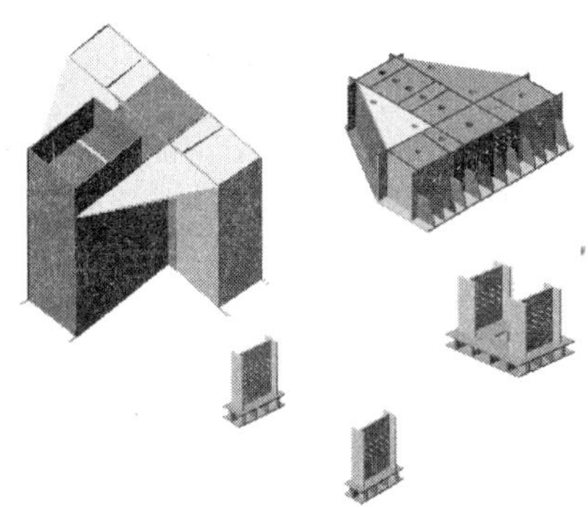

图 7　一般组合钢柱脚分块

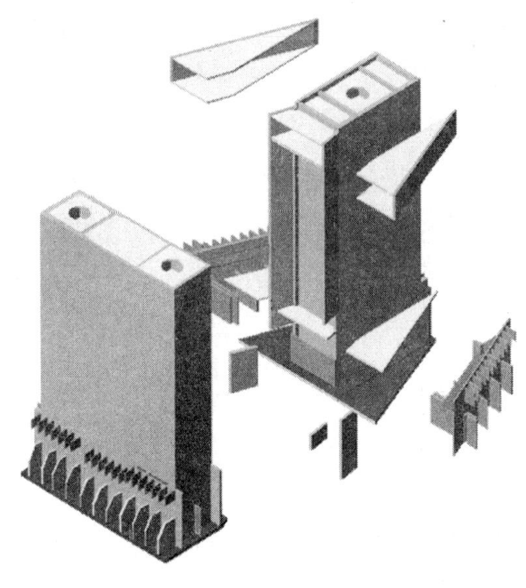

图 8　C10、C12、C22、C24 柱脚分块图（在基坑外拼装成整体）

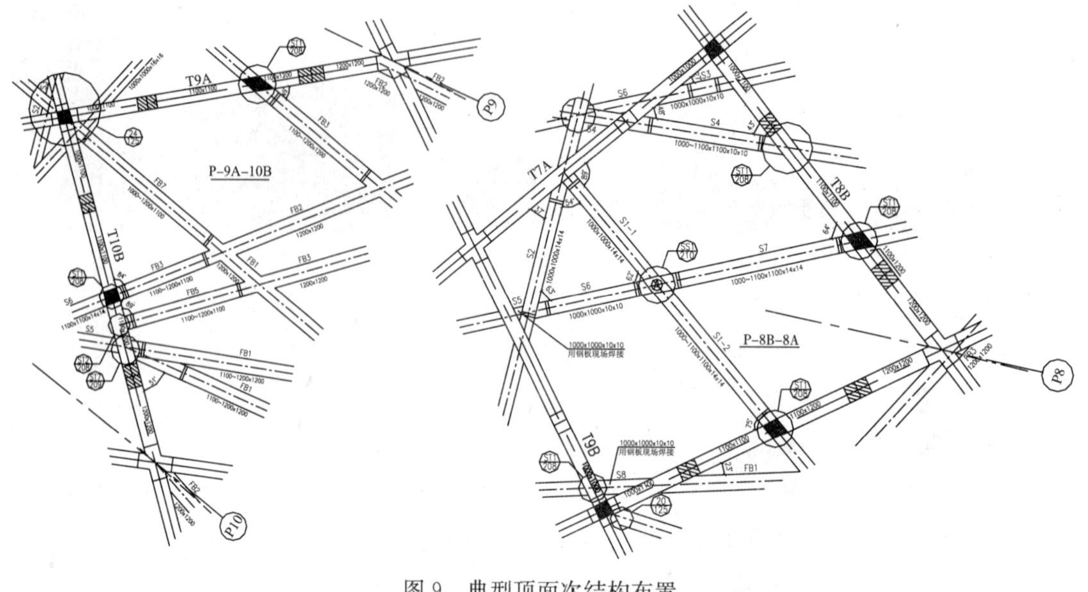

图 9 典型顶面次结构布置

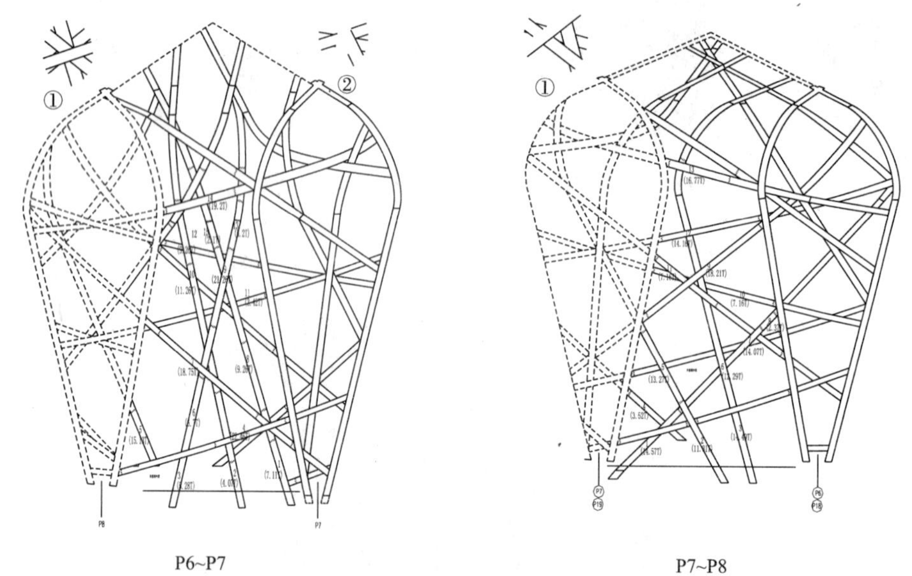

P6~P7　　P7~P8

图 10 立面（含弯扭区）次结构布置图

1.2 国家游泳中心（水立方）

国家游泳中心为跨度 176.5m×176.5m，高度 30.6m 的延性多面体刚框架结构（见图 11～图 13），屋盖厚度为 7.2m，墙体厚度为 3.5m 及 5.9m。采用焊接箱形截面、圆管杆件及空心焊接钢球，钢材强度最高等级为 Q420D，最大板厚为 60mm。焊缝总长度达 10 万多延米。

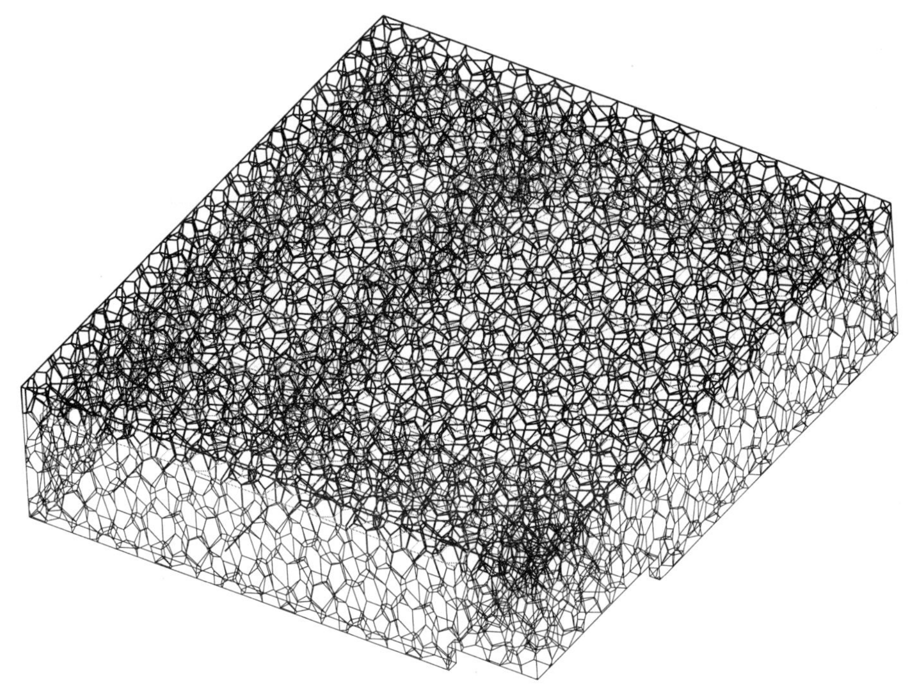

图 11　国家游泳中心多面体刚框架结构

图 12　国家游泳中心屋面网格

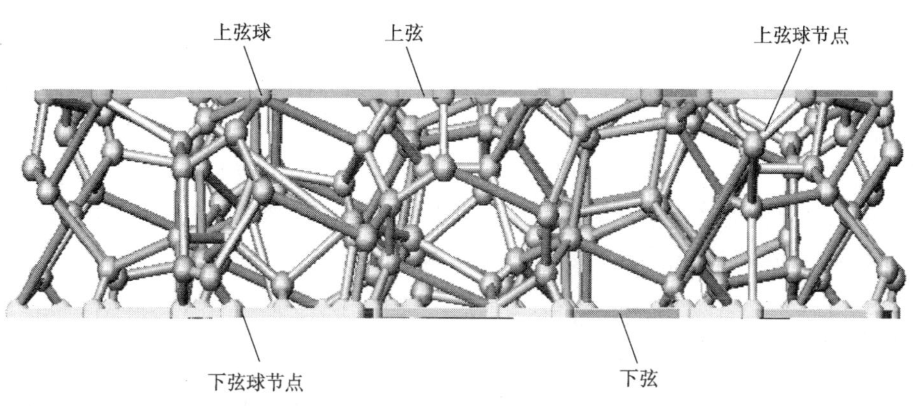

图 13　国家游泳中心刚框架结构屋盖

1.3 国家体育馆（多功能）

比赛馆钢屋盖结构为单曲面、双向张弦桁架（平面投影 144.5m×114m），比赛区和热身区的屋顶钢结构连成为一个整体，屋面为南高北低的单向柱面曲线（见图 14～图 16）。上弦为正交正放的平面桁架，下弦预应力张拉索穿过钢撑杆下端的双向索夹节点，形成双向空间张拉索网。桁架两端通过周边较均匀分布的角部 8 个三向固定球铰支座、6 个两向可动球铰支座和 70 个单向滑动球铰支座支承在钢筋混凝土劲性柱顶。上弦腹杆采用无缝圆钢管，节点为焊接空心球，下弦采用矩形管及复杂铸钢节点。主桁架重 1800t，空心球约 400 个，焊接节点约 7500 个，焊缝总长约 21000m，铸钢件共 700t，约 300 个。

图 14　国家体育馆效果图

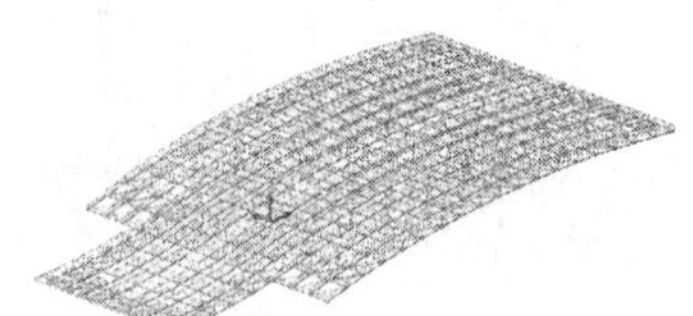

图 15　国家体育馆屋顶轴测图

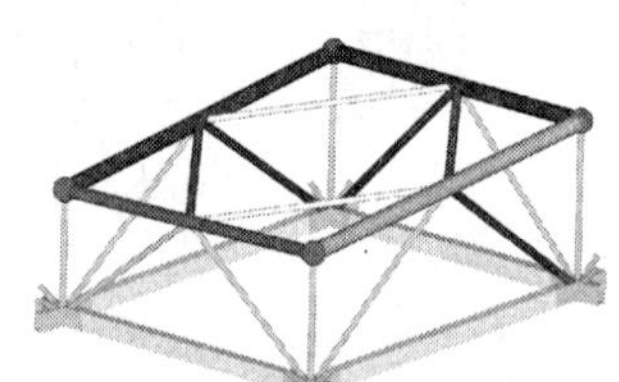

图 16　国家体育馆屋盖标准网格单元

1.4 北京工业大学体育馆（羽毛球及艺术体操）

屋盖为直径 93m 的空间弦支穹顶结构，网壳形式为单层球面网壳。标准节点大部分采用焊接球与钢管相贯节点，少量节点采用钢管直接相贯节点，索与撑杆连接节点采用铸钢节点；热身馆屋盖为单层网壳结构，跨度为长向 60m，短向 46.5m，采用铸钢节点（图 17～图 19）。

1.5 北京大学体育馆（乒乓球）

其屋盖由旋转的屋脊与中央透明的球体组成，而整个屋面由于两条屋脊旋转和高低起伏形成了异形扁壳曲面，屋面结构体系采用预应力空间桁架壳体，平面尺寸为 92.4m×71.2m，由 32 榀辐射桁架、中央刚性环、中央球壳和下撑杆、下刚性环、辐射拉索及支撑体系六部分组成（图 20～图 24）。辐射桁架高端支承在中央刚性环上，低端通过支座支承于下部混凝土框架结构上；中央球壳支撑在中央刚性环上；拉索外端连接于辐射桁架外端，内端连接于水平下刚性环上。另外，由五道环向支撑和上弦联方形交叉支撑组成的屋面支撑体系用来保证辐射桁架平面外的稳定。在整体屋盖的四周有四榀由钢管组合成的边桁架，边桁架与辐射桁架相连。主要杆件为圆钢管。

图 17　北京工业大学体育馆效果图

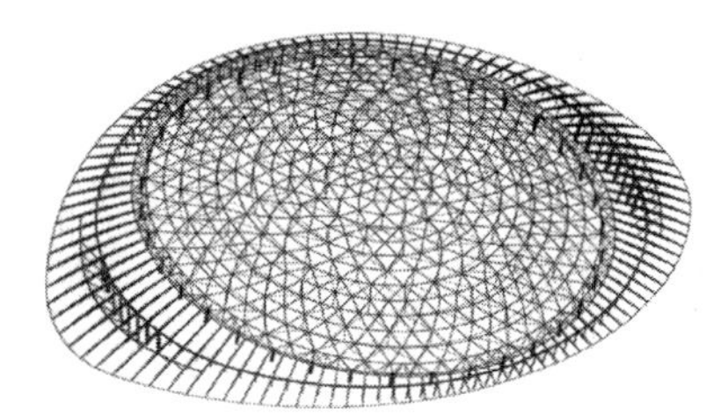

图 18　北京工业大学比赛馆屋盖三维视图

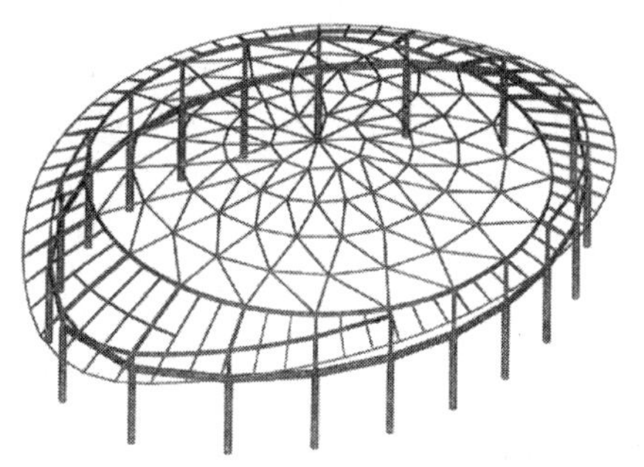

图 19　北京工业大学热身馆屋盖三维视图

图 20　北京大学体育馆效果图

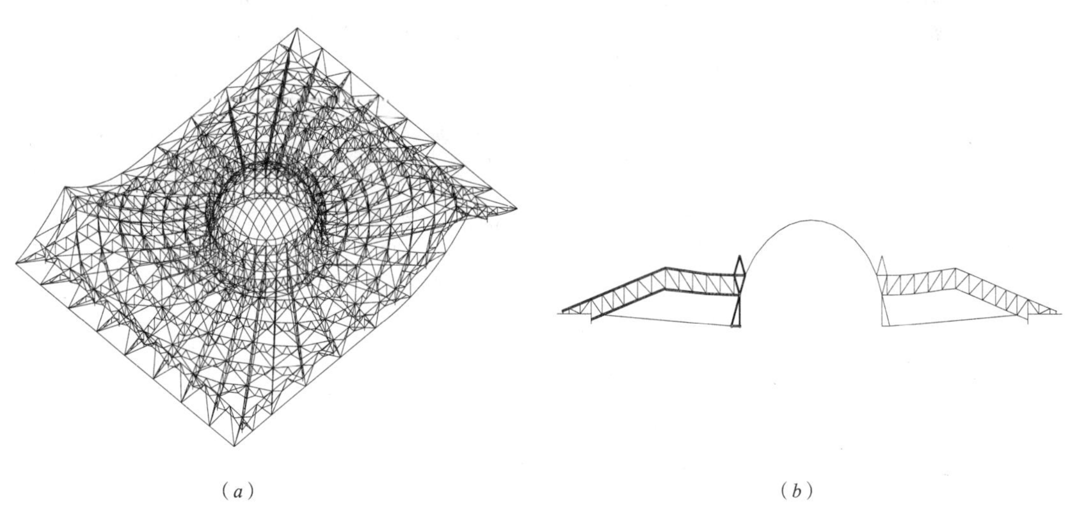

（*a*）　　　　（*b*）

图 21　北京大学体育馆

（*a*）屋盖整体图；（*b*）屋盖剖面图

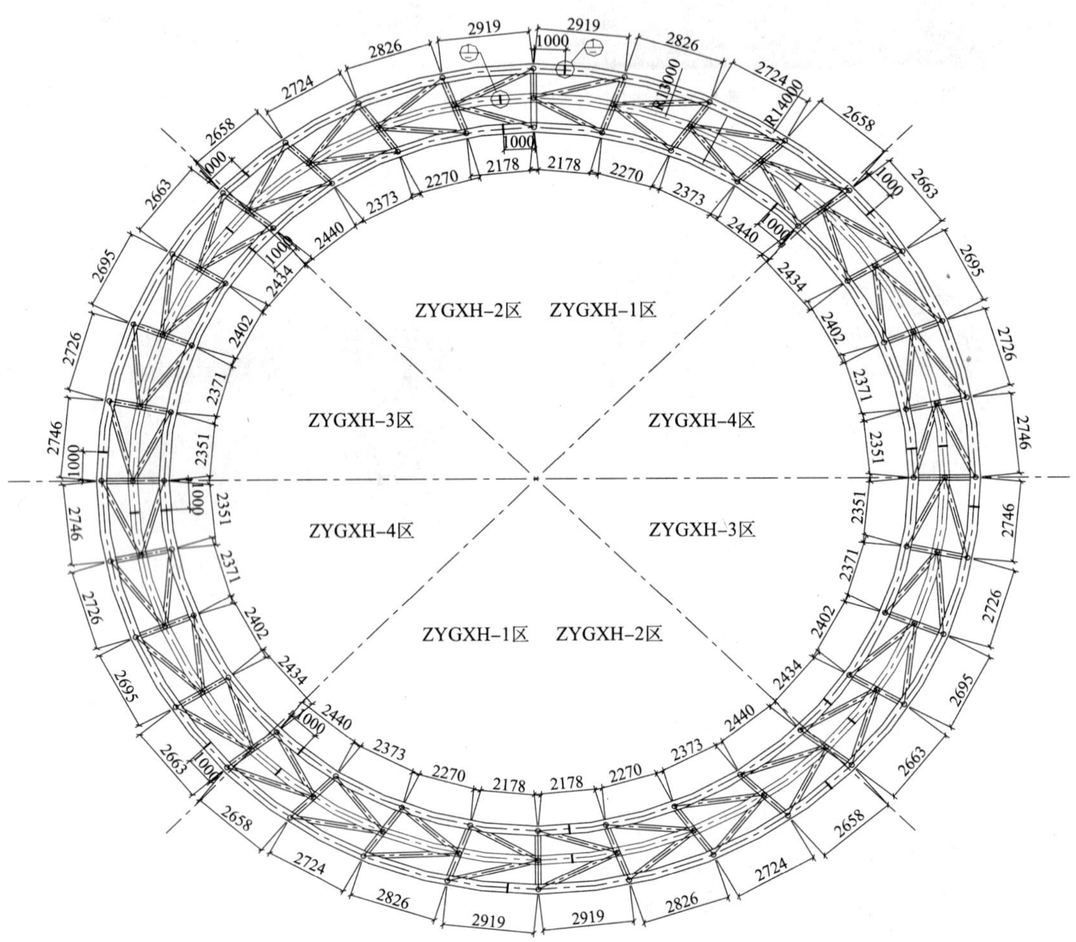

图 22　中央刚性环平面图

3104
3104
2964
2964
2812
2812
2713
2713
2721
2721
2768
2768
2814
2814
2845
2845
4.5°
1000
2548
φ26000
φ29000
XGXH-4区
XGXH-1区
XGXH-3区
XGXH-2区
XGXH-2区
XGXH-3区
XGXH-1区
XGXH-4区

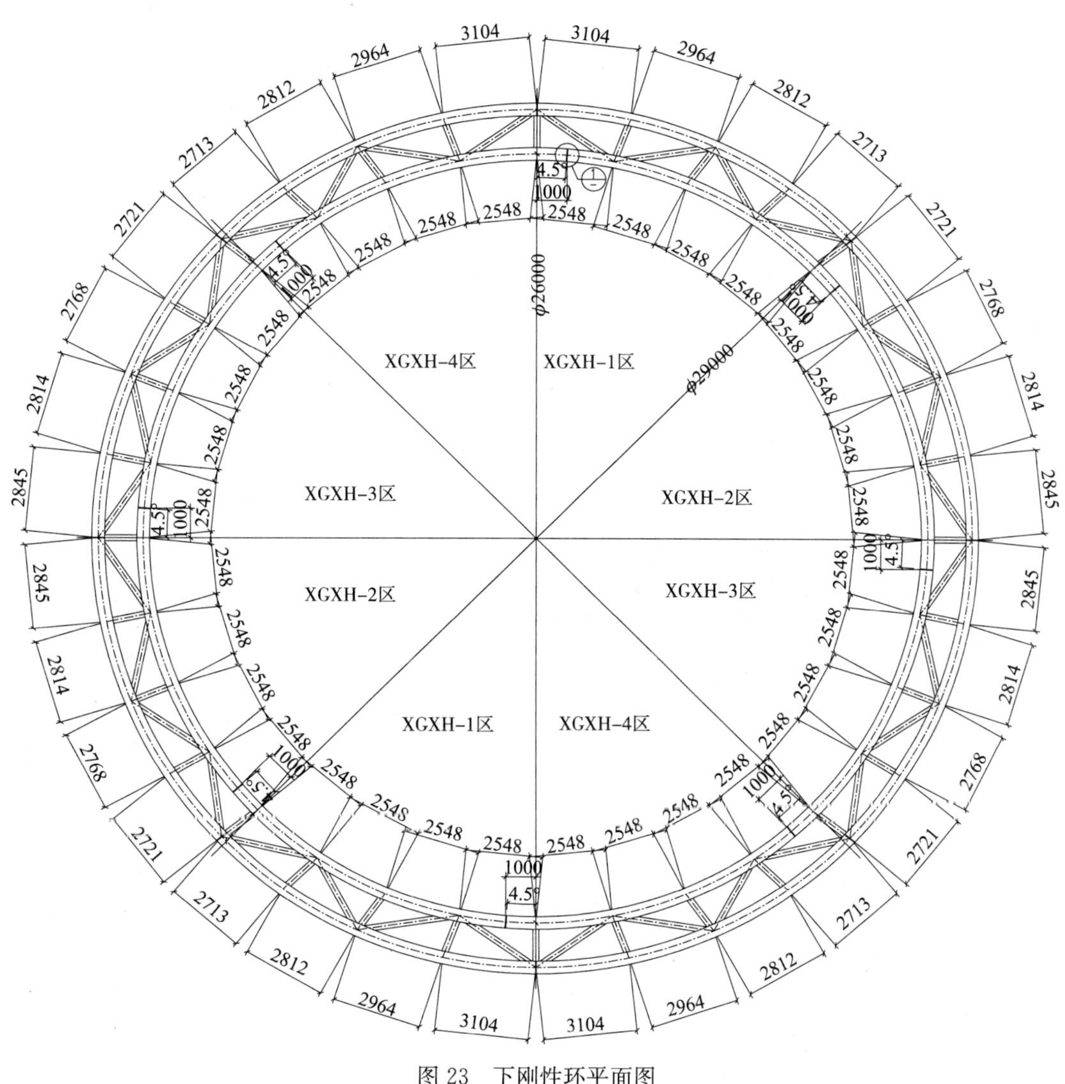

图 23　下刚性环平面图

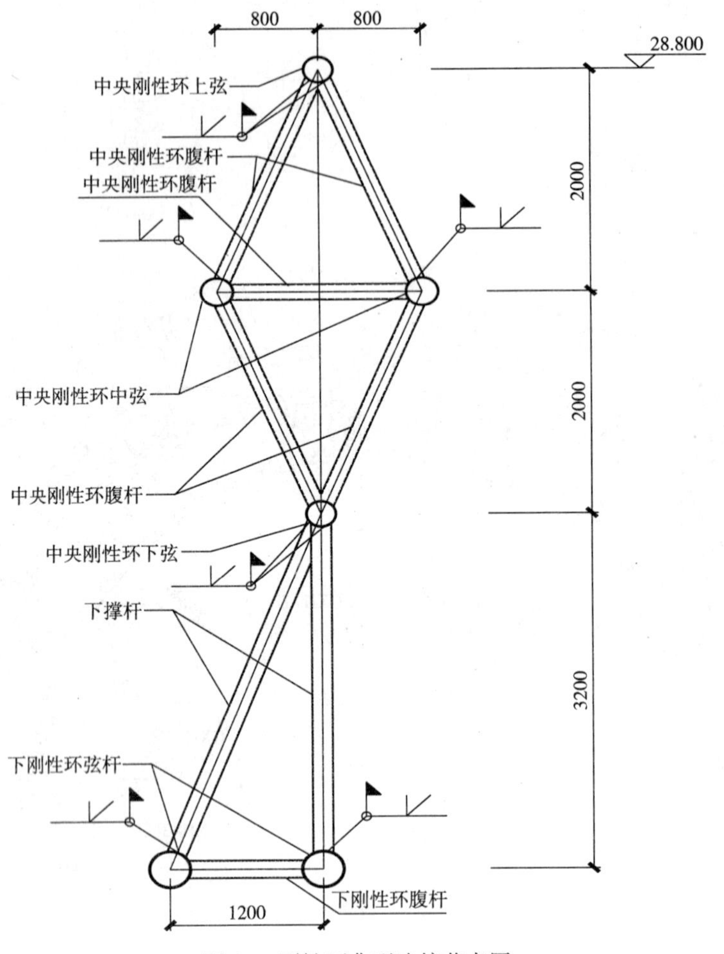

图 24 刚性环典型连接节点图

1.6 国家会议中心

其中宴会厅为跨度 60m 的单片双层单向平面桁架，会议厅为跨度 81m 的单片双层双向平面桁架，杆件截面为焊接 H 型钢，与以往常用的连接形式相同即刚接节点翼缘焊接（最厚 50mm），腹板栓接。铰接节点腹板栓接。

1.7 五棵松体育馆（篮球）

屋架为 120m 双向正交鱼腹式空间钢桁架体系，桁架上下弦和腹杆截面为焊接箱形和 H 型截面，最大板厚为 50mm。

1.8 沈阳奥体中心体育场（足球场）

设置了一对平行投影为梭形的空间钢网壳罩棚结构，几何外形近似取自于直径约 433m 的球体，南北罩棚内侧悬挑处各设置一空间加劲三角桁架。材料采用大直径钢管，最大管径 1524mm，最大壁厚 33mm，全部用焊接连接。

其他尚有自行车馆等结构采用了焊接钢结构。

2 奥运场馆钢结构焊接工程特点及技术难点

（1）结构形式极其复杂，有大量异形截面焊接构件及多向交叉复杂焊接节点（图 25～图 32），工厂制作焊接方法及参数选择、焊接顺序优化及焊接质量的保证难度非常大。

图 25 国家体育场主桁架

图 26 国家体育场组合柱地面拼装

图 27 国家体育场立面次结构构件安装

图 28　国家游泳中心钢结构典型节点

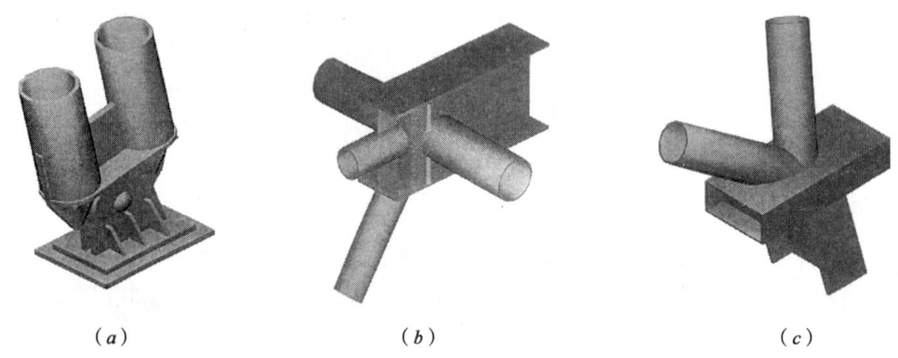

（*a*）　　（*b*）　　（*c*）

图 29　北京工业大学体育馆钢结构典型节点

（*a*）比赛馆典型柱脚节点；（*b*）比赛馆环梁与外挑钢梁节点；（*c*）热身馆环梁节点

图 30　北京大学体育馆钢结构构件及节点

图 31　国家体育馆钢结构典型焊接节点

图 32　国家会议中心钢结构典型节点

（2）钢材强度级别高，碳当量高，焊接性较差。各工程普遍应用的 Q345 厚板，采用了屈服强度板厚效应较小的 GJ 钢，对焊接工艺参数需严格控制。国家游泳中心工程大量采用了 Q420 钢板，国家体育场钢结构工程部分采用了碳当量很高的 Q460E 正火状态钢板（$CE_{IIW}\leqslant 0.5\%$）。这两种钢材在建筑钢结构中属首次使用，施工单位配合钢厂的试生产，从钢材焊接性基础性试验、焊接工艺试验到接头性能质量检验，试验研究工作量大且时间紧迫。

（3）钢材厚度大，焊接拘束度大，易于产生焊接裂纹。各工程普遍应用的 Q345 钢最大板厚达 50mm。国家游泳中心工程大量采用了厚达 60mm 的 Q420 钢板，国家体育场钢结构工程大量采用了厚达 110mm 的 Q345GJ 钢，还部分采用了 110mm 厚的 Q460E 钢板。

（4）Q460E 钢材强度高且冲击韧性等级高。要求焊接接头强度、塑性、韧性同时达到母材标准保证值，使得焊接材料的选配困难。

（5）部分大型、复杂多向交叉节点采用了铸钢节点，见图 33、图 34。由于一般铸钢材料致密性差，组织偏析较严重，微观缺陷多，冲击韧性较低，对施工安装焊接质量的保证带来困难，需通过试验解决。

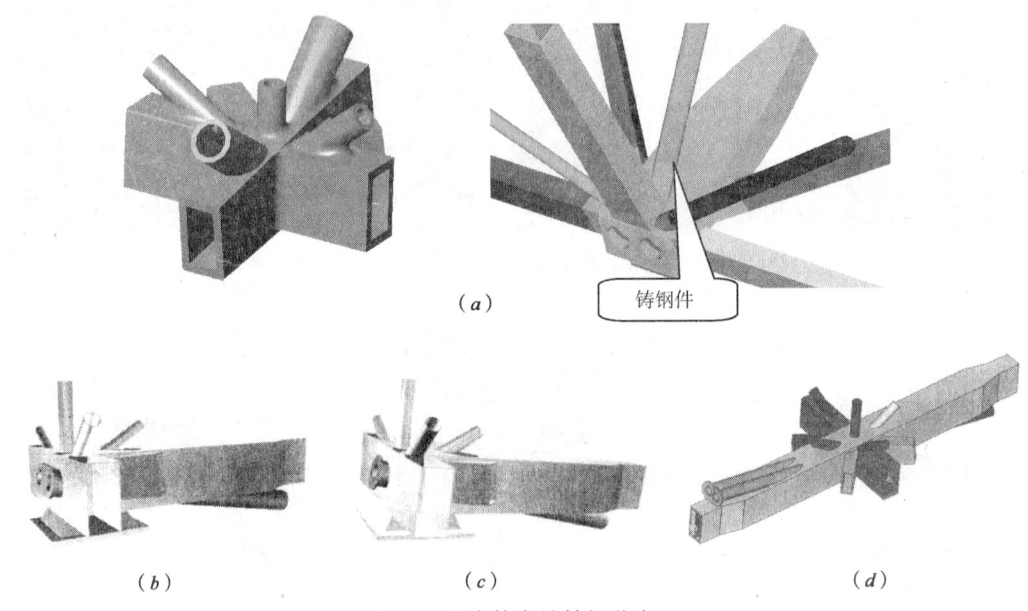

(*a*)

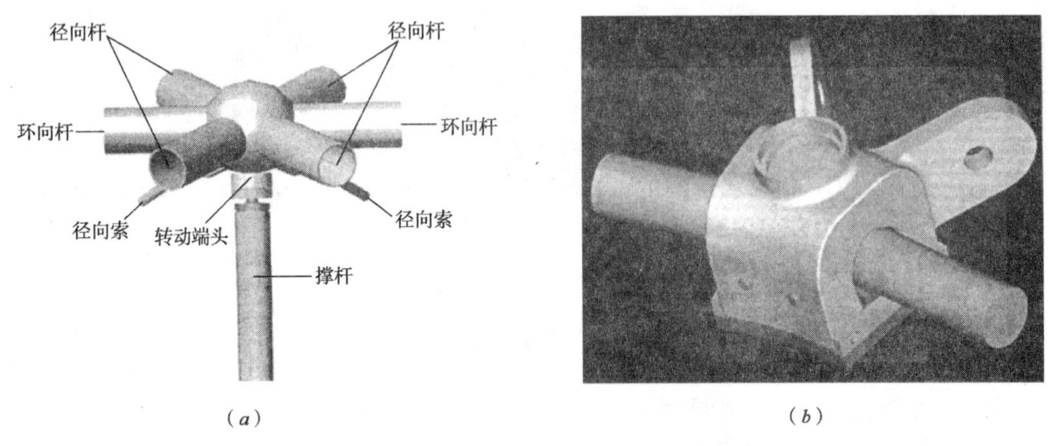

(*b*)　(*c*)　(*d*)

图 33　国家体育馆铸钢节点

(*a*) 桁架连接节点；(*b*) 双索边节点；(*c*) 单索边节点；(*d*) 双索内节点

(*a*)　(*b*)

图 34　北京工业大学体育馆（比赛馆）铸钢节点

(*a*) 撑杆上端万向节点；(*b*) 撑杆下端节点

(6) 结构投影平面为大跨度或大直径、封闭的几何形状。由于需要在同一轴线（直线或圆弧）方向上连续进行多个节点焊接，使焊接变形累积，最终结构几何尺寸验收难以满足设计及规范要求。例如北京工业大学、北京大学体育馆、国家体育场、国家游泳中心钢结构在这方面的矛盾比较突出。

(7) 由于采用封闭式构件截面形式及大量多向交叉节点，使全位置连续焊接和立焊、仰焊、斜向焊接位置不可避免，而高级焊工资源紧缺，技能培训压力陡增。

(8) 工期紧导致无法避开严冬焊接施工，焊接质量较难保证。部分工程如鸟巢柱脚和内加劲扭曲构件内部焊接操作空间狭窄，高温操作环境条件恶劣。

3 建筑钢结构焊接技术应用与奥运工程技术难点解决措施

3.1 高强度高韧性钢材在焊接钢结构中的应用

我国建筑钢结构钢材的应用在2000年前基本上停滞于Q345等级，连Q390级都极少应用，奥运工程中使用的Q420D、Q460E-Z35在国内更是首次应用。

在国外，美国的老钢种ASTM A572 Gr 50\55\60\65已应用多年，热轧钢板厚度达100mm时仍能保持各级别屈服强度名义值而无板厚效应，已在国外广泛应用的Gr 50，其屈服强度最低值比国内同厚度的Q390还高15MPa，但其最高含碳量达0.23%，焊接性较差，若提高强度等级则焊接性更差。2003年在新保利大厦和兰溪电厂已应用了ASTM A913 Gr 60热轧H型钢W14×730，其翼缘厚达125mm而无板厚效应，其屈服强度最低值为415MPa，比国内100mm厚度的Q460还高15MPa。该钢种供货状态为淬火+自回火，含碳量仅0.12%以下，碳当量CE_{IIW}≤0.4%，焊接性优异，在拘束度不大的情况下，一般不需要预热，大大简化了焊接工艺，节约工时和施工成本，但该钢材标准不包含板材，无法应用于奥运工程。

欧标高强钢种EN 10113-2的S460N为正火钢，板厚达100mm时屈服强度保证值和碳当量与国标Q460相当，但该钢材标准不能满足我国抗震设计规范规定强屈比≥1.2，伸长率≥20%的要求。EN 10113-3的S460M为控轧控冷工艺（TMCP）生产的钢板，碳当量较低焊接性较好，但标准中板厚只规定到63mm，而且相应的碳当量及强屈比均没有规定。德国迪林格钢铁公司生产符合EN10113标准的产品DILLIMAX460，其最大厚度80mm，屈强比≤0.88，伸长率≤17%。日本新日铁生产的高抗震性能钢板BT-HT440，其100mm厚板的屈服强度、屈强比及伸长率均达到Q460 E的水平，但其Z向性能只保证Z25。

由于以上所述国外钢材的各项性能指标不能全面符合我国抗震设计规范规定，因此鸟巢工程要求使用的110mm厚度Q460 E-Z35钢板，按该规范要求向国外订购未能得到响应。由于国内钢厂尚不具备用控轧控冷工艺生产厚度110mm、低碳当量、高强度钢的设备能力，只能按正火状态订货试生产。舞阳钢厂在机械用厚钢板及Q345生产经验的基础上试制了Q460E-Z35正火钢厚板，虽然其力学性能指标符合设计要求但其碳当量预计将高达0.48%～0.50%，在建筑钢结构中从未应用过，对该钢材焊接性特别是焊接冷裂纹敏感性的评价，将直接决定这种国产钢材能否批量生产应用于国家体育场工程，因此需要施工单位进行系统全面的试验研究。此外更因工期紧迫，批量生产的钢材在施工应用中不允许出现焊接技术和质量上的波折。因此要求试验结果与评价准确可靠，这对施工单位而言无疑是极大的风险，更是一场严峻的挑战。

3.2 钢材的焊接性研究

通常理论计算方法有日本学者建立的通过裂纹敏感度指数、扩散氢含量、拘束度确定最低预热温度的计算公式，但该裂纹敏感度指数计算公式适用于板厚50mm以下。

德国学者通过热输入量 $\Delta t_{8/5}$，建立了特定钢种最低预热温度的曲线图表法与计算公式，但曲线图表的试验量较大，公式计算结果与施工经验则有较大差距。

美国焊接规范应用硬度及氢控制法。硬度控制法根据 T 形接头角焊缝热影响区硬度达到 350HV 对应的冷却速度（540℃时）查图确定焊接线能量。氢控制法根据裂纹敏感度指数、板厚、拘束度范围及熔敷金属扩散氢含量等级查表确定最低预热温度。

试验方法上国外也有一整套评价钢材焊接性的试验方法并已在国内形成了等效国家标准，如热模拟试验绘制连续冷却组织状态曲线图、焊接热影响区最高硬度试验、插销法冷裂纹试验、斜 Y 坡口裂纹试验等

由于各种焊接性试验方法各有特点，评定结果也有较大差异。在应用时实验方法的选择是很重要的，也是个难点。

鸟巢工程施工单位（北京城建集团公司）与中冶集团建筑研究院合作，测试了 Q460E-Z35 钢模拟焊接条件下连续冷却组织状态曲线图，可根据其最佳 $t_{8/5}$，计算最低预热温度，或以一定预热温度推算线能量，但其仅能作为参考。主要是采用热影响区最高硬度试验、焊接冷裂纹插销试验和斜 Y 坡口焊接裂纹试验三种国家标准试验方法，对 Q460E-Z35 钢的焊接冷裂纹敏感性进行试验研究，总共进行了 33 组试验，在较短时间内完成了对 Q460E-Z35 钢的焊接性评定和各种焊接方法的焊接工艺试验，得以指导生产和施工。理论公式计算方法仅供比较而未作为指导生产的主要依据。鸟巢工程通过以上试验确定了 Q460E 钢材的最低预热温度为 150℃。水立方工程施工单位（中建一局建设发展公司）在以上试验与分析基础上，仅用斜 Y 坡口焊接裂纹试验一种方法，确定了 Q420C 钢材的最低预热温度为 120℃，在实际施工中应用保证了焊接接头质量。

3.3 高强度、高韧性钢材焊接材料的选配及接头性能

焊接材料在钢结构焊接工程中的甄选主要从其操作工艺性能和熔敷金属的性能两方面考量，一般低强度低质量等级钢材的焊接材料选择较多考虑操作性能，要求熔敷效率高、成本低且易于操作。高强度高韧性钢材焊接则更多考虑熔敷金属性能与母材匹配，同时尽可能兼顾操作工艺性能。对于高强度钢种，由于其焊接裂纹倾向性与氢脆敏感性较严重，则应特别重视控制由焊材带入熔敷金属的扩散氢含量。采用 CO_2 气体保护焊时，气体的含水量对熔敷金属的扩散氢含量有很大影响，必须选择焊接专用的优等品（$H_2O \leqslant$ 50ppm）。

国内焊接材料产品由于机械、船舶、压力容器、军工等行业多年研发应用，以及多家台资、合资企业的投产，绝大部分品种质量水平已与国外相当，仅有自保护药芯焊丝的质量水平不如国外产品。近年来在建筑钢结构焊接工程中大量应用的 Q235 钢中广泛采用了 E4303（钛钙型酸性焊条）、E4315/16（低氢型碱性焊条）、ER50－2/6（镀铜实心焊丝）。Q345、Q390 钢焊接广泛采用了 E5015/16（碱性焊条）、ER59－2/6（镀铜实心焊丝）、E501T（钛钙型药芯焊丝），其焊缝的性能、质量均可满足设计及施工操作要求，尤其钛钙型药芯焊丝因具有气渣联合保护功能，与实心焊丝相比不仅焊缝表面成形好、效率更高，而且适用于仰焊位置，近年来在建筑钢结构领域已成功应用并开始受到重视。但在 Q420 及 Q460 钢特别是 Q460E-Z35 钢的焊材选用上，在国内建筑钢结构领域尚属首次，缺乏相关的焊接工艺评定资料，需要做大量的试验。

鸟巢工程在 Q460E-Z35 钢选择焊材时，首先以抗裂性和熔敷金属扩散氢含量作为入围门槛，要求斜 Y 坡口裂纹试验不得在焊缝出现裂纹，水银法扩散氢含量则通过各产品测定对比选优，最终选定的焊材其熔敷金属扩散氢含量实例值为 1.7～4.6mL/100g（见表 1），低于焊材国家标准规定值。几种国外和国内生产的自保护药芯焊丝因扩散氢含量较高且成本和操作性能等综合因素而未能入选。

熔敷金属扩散氢试验结果（水银法） **表 1**

焊材标准型号	焊材牌号	焊材规格 mm	熔敷金属扩散氢含量 mL/100g	备　注
E5515-G	CHE557	ϕ4.0	3.32	/
ER55-G	TM60	ϕ1.2	1.67	TM60＋普莱克斯气体（CO_2≥99.9%、H_2O≤50ppm）
E551T1-G	TWE-81K2	ϕ1.2	4.61	TWE-81K2＋普莱克斯气体（CO_2≥99.9%、H_2O≤50ppm）

焊接材料与钢材有共同的特点，当提高强度时塑性与韧性必然下降，采取加入细化晶粒元素可以形成针状铁素体提高熔敷金属韧性，但有些合金元素的加入使焊缝对焊接热输入敏感，要求严格控制施焊时的热输入量。以往国内建筑钢结构中焊接接头一般采取与母材等强、等韧的原则，焊接接头拉伸试验如断在焊缝时，只要断裂强度不低于母材的最低强度保证值则为合格。国外建筑钢结构界在调查、总结、分析日本阪神地震和美国洛杉矶地震后钢框架结构震害现象，并进行了大量节点试验的基础上，近年来建筑钢结构抗震设计均采用强节点、弱杆件原则，希望地震时能在节点外产生塑性铰，以做到大震不倒。据此焊接材料的选配显然应遵循强匹配的原则，即焊接材料熔敷金属的屈服强度及抗拉强度保证值均应高于母材，焊接接头拉伸试样的断裂部位只允许在母材上。强匹配原则给焊材的塑性和韧性匹配带来了相当的困难，在奥运工程相关试验中考虑并适应我国钢材产品厚度效应较大的现实，选择焊材时根据板厚对应的屈服强度及抗拉强度标准最低值选配，而不以钢材的名义强度等级选配焊材，使焊缝熔敷金属具有较高塑性和韧性，减小了焊材选配难度。对于 E 级钢的应用，在满足－40℃低温冲击韧性要求的焊接材料选配也有相当难度且工作量大。项目课题组调查了国内一流焊材生产厂产品，在满足低氢要求的基础上，以强韧性兼顾匹配原则，先后选择了 2 种焊条，5 种气保焊实心焊丝，4 种药芯焊丝，2 种自保护焊丝，4 种埋弧焊丝与 4 种碱度（1.7、2.0、2.2、3.1）的焊剂进行熔敷金属冲击韧性初选，最后共选了 1 种焊条，2 种气保焊实心焊丝，2 种药芯焊丝（含 Ni），2 种埋弧焊丝（含 Ni、含 Ti、B），2 种焊剂（碱度 1.7、3.1）进行了对接接头焊接工艺试验。对韧性不稳定的立焊接头，则借鉴压力管线施工经验在操作手法上进行改进。

Q460E-Z35 钢焊材选配实例见表 2，Q420C 钢焊材选配实例见表 3。

从表 2 中钢材与焊材性能的比较可以看出 Q460GJE 钢板厚度 50mm 及以下时，E55 级焊条屈服、抗拉强度标准保证值已不能满足强匹配的要求，且其各厚度 E55 级焊条抗拉强度标准保证值均不能满足强匹配的要求，必须提高焊材强度等级至 E60，但 E60 级伸长率标准保证值低于钢材水平，需选择伸长率实际值较高的产品。或者选择虽属 E55 级但屈服、抗拉强度保证值或实际值较高的产品。所列其他焊材均能满足 Q460E 及 Q460GJE 各厚度钢板强韧性匹配的要求。

Q460E 钢材及选定的焊材标准性能、实例值 **表 2**

钢材、焊材型号、规格 \ 性能			屈服强度 σ_s（MPa）	抗拉强度 σ_b（MPa）	伸长率 δ（%）	冲击吸收功 A_{kv}	
						（℃）	（J）
Q460E（钢板厚度>50～100mm）			≥400	550～720	≥17	－40	≥27
Q460E（钢板厚度>35～50mm）			≥420				
Q460E（钢板厚度>16～35mm）			≥440				
Q460GJE（钢板厚度>50～100mm）			440～580	550～720	≥17	－40	≥34
Q460GJE（钢板厚度>35～50mm）			450～590				
Q460GJE（钢板厚度>16～35mm）			460～600				
CJ.GNH-1+SJ101（中船重工武汉铁锚实例）			455	560	30	－40	AVE147
F5A2+H10Mn2	JW-9+JF-B（锦泰）	标准	≥500	610～770	≥22	－20	≥150
		实例	540	635	24	－40	AVE56
E550T1-K2	TWE-81K2 CO_2（天泰）	标准	≥470	550～690	≥19	－30	≥27
		实例	530	605	24	－60	AVE59
ER55-G	JM-68（锦泰）	实例	520	600	26.5	－40	AVE131
E5515-G	CHE557	标准	≥440	≥540	≥17	－40	27
		实例	575	675	24	－40	76
E6015-G	CHE607Ni	标准	≥490	≥590	≥15	协议	协议
		实例	665	750	22	－30	AVE101

Q420C 钢及选定的焊材标准性能、实例值 **表 3**

钢材、焊材型号、规格 \ 性能			屈服强度 σ_s（MPa）	抗拉强度 σ_b（MPa）	伸长率 δ（%）	冲击吸收功 A_{kv}	
						（℃）	（J）
Q420C（钢板厚度>50～100mm）			≥360	520～680	≥17	－20	≥34
Q420C（钢板厚度>35～50mm）			≥380				
Q420C（钢板厚度>16～35mm）			≥400				
Q420GJC（钢板厚度>50～100mm）			400～530	520～680	≥19	－20	≥34
Q420GJC（钢板厚度>35～50mm）			410～540				
Q420GJC（钢板厚度>16～35mm）			420～550				
E5515	CHE557	标准	≥440	≥540	≥17	－40	27
		实例	575	675	24	－40	76
ER50－G	CHW－50C8	标准	≥440	≥560	≥30	－29	80

从表 3 中钢材与焊材性能的比较可以看出，所列焊材均能满足 Q420C 及 Q420GJC 各厚度钢板强匹配的要求。

3.4 防止高强度钢材焊接裂纹，确保焊接接头韧性的焊接工艺参数和技术措施

3.4.1 焊接坡口尺寸控制

在满足设计对焊透深度要求的前提下，采用最小坡口尺寸是减小焊接收缩应力，既能避免焊接裂纹，也不产生过热脆化的根本措施。

鸟巢屋盖桁架弦杆的板厚大部分在 20～36mm 之间，其中，P1～P6，P21～P24 靠近钢柱处的桁架下弦一端板厚较厚，为 42mm 或 70（80）mm。采用 CO_2 气体保护焊或手工电弧焊。焊接位置为平焊、立焊、仰焊。包括腹杆在内采用的基本坡口形式及尺寸见图 35。

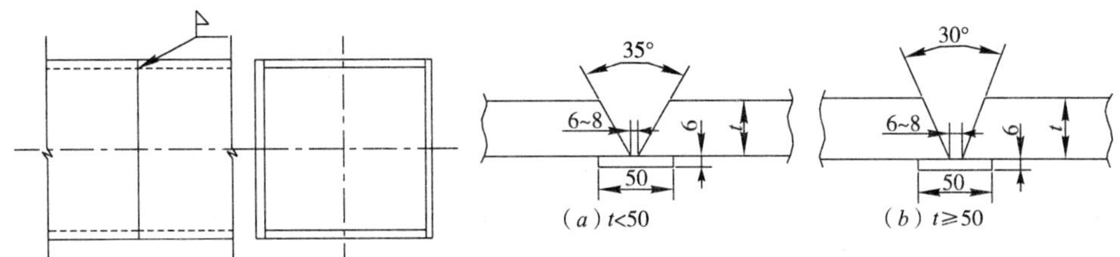

图 35　国家体育场钢结构主桁架弦杆采用的对接焊缝坡口形式

桁架柱拼装横焊采用单边 V 坡口形式，其角度、间隙与图 35 所示相同。

国家体育馆钢结构采用的管-管连接坡口形式及尺寸见图 36。

北京大学体育馆屋盖钢管焊接接头坡口形式见图 37。

直径大于 ϕ203 的杆件相贯焊均加内衬环熔透焊，如图 37（*b*）。腹杆（ϕ203 及以下支管）与主管的连接焊缝，焊缝根部 2mm 不焊透，如图 37（*c*）。在支管管壁与主管夹角大于 120°的趾部以及侧部区域采用带剖口的角焊缝，杆件根部区域采用角焊缝，角焊缝的焊脚尺寸不小于 1.5 倍的支管壁厚，不大于 2 倍支管壁厚。焊缝区域划分如图 37（*d*）所示。

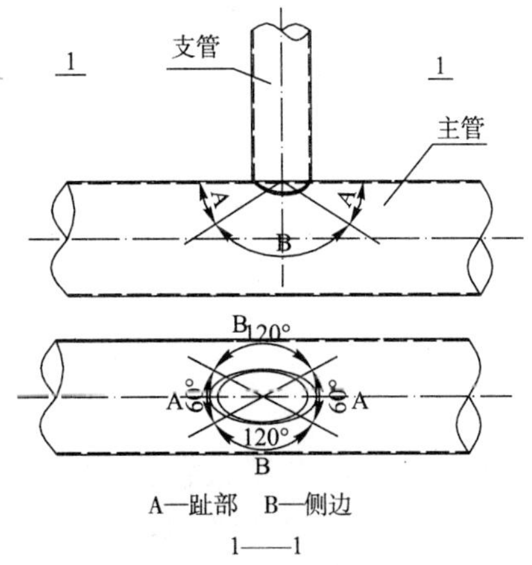

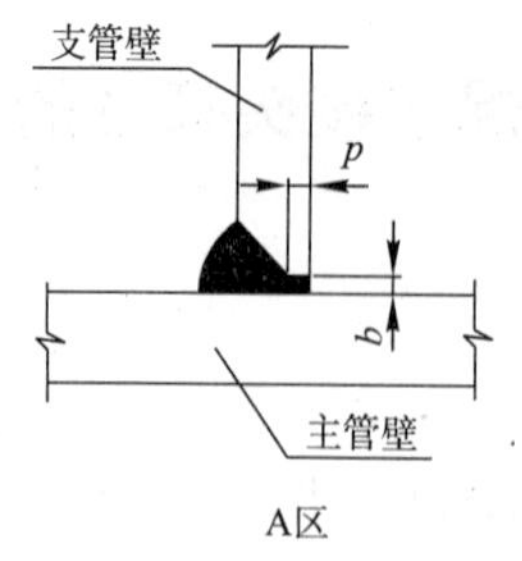

A区

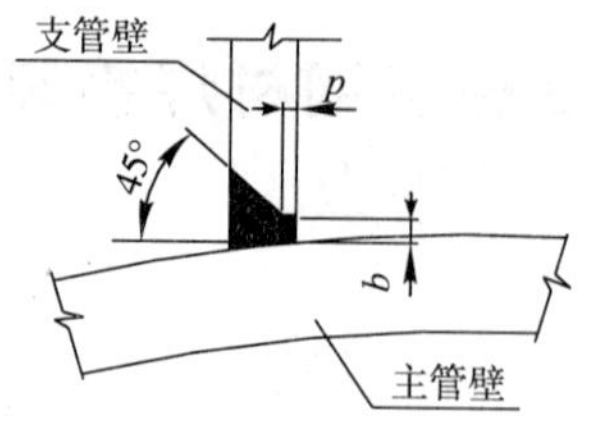

B区

支持壁厚	$t \leqslant 10$mm	$t > 10$mm
b（mm）	1	2
p（mm）	1	2

图 36　国家体育馆钢结构采用的管-管连接坡口形式

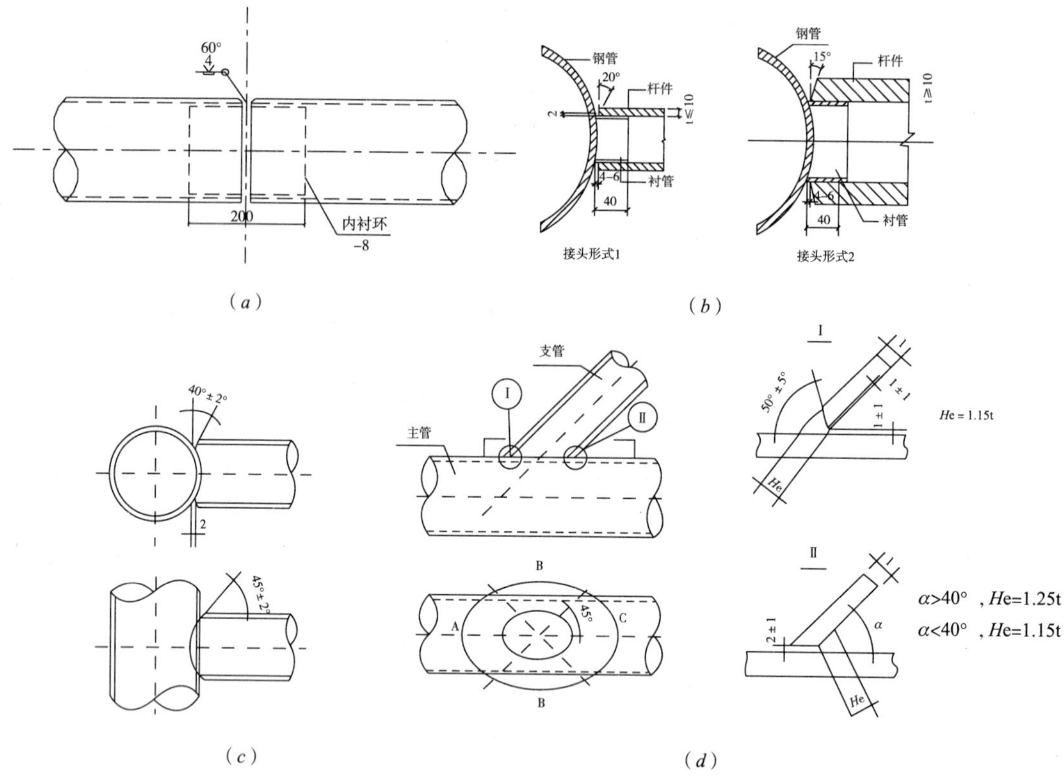

图 37　北京大学体育馆钢管桁架焊接接头坡口形式

（a）钢管对接焊坡口；（b）腹杆加内衬管全熔透焊坡口；（c）腹杆与主杆部分焊透的坡口；（d）支管管壁与主管斜交时焊缝区域的划分

3.4.2　热输入量控制

以鸟巢工程为例，Q460E 钢在预热 150℃的基础上，手工焊和气保焊选用 15～25kJ/cm 热输入量，埋弧焊选用单丝约 30kJ/cm 热输入量。确保焊缝熔合线处不产生淬硬组织，避免热影响区粗晶区生成板条状铁素体，以获得韧性焊接接头。板厚大于 40mm 时采用焊后立即加热至 250～300℃，并按板厚变化适时保温再缓冷的技术措施，促使氢的加速逸出，有助于避免氢致裂纹的产生。鸟巢钢结构工程应用了微机控制远红外电加热装置进行预热和后热，使特厚板大断面构件的加热温度准确而且均匀。

对于板厚大于 25mm、材质为 Q345GJD 钢板的焊接也要进行预热，其中，板厚小于等于 50mm 的钢板焊接时采用火焰预热，预热温度为 120℃，预热范围为坡口两侧三倍板厚范围，且不小于 100mm，层间温度 120～200℃。板厚大于 50mm 的钢板焊接时采用电加热片伴随预热，预热温度为 150℃，层间温度 100～250℃。焊后利用预热设备立即升温至 250℃，保温 1h，缓冷。

水立方工程 Q420C 钢预热 120℃，其他焊接参数与鸟巢相似，由于构件截面相对较小而未采用电加热设备。

鸟巢和水立方钢结构的焊接工艺参数见表 4 和表 5。

焊接工艺参数 **表 4**

焊接方法	焊接位置	焊接材料		焊接工艺参数				备注
		型号	规格（mm）	电流（A）	电压（V）	焊速（cm/min）	气流量（L/min）	
GMAW	平角焊横焊	ER50-G	ϕ1.2	180～220	25～28	20～30	20～25	打底层
				200～250	28～32	20～30	20～25	填充层
				200～250	28～32	20～30	20～25	盖面层
SMAW + GMAW	横焊	E5015	ϕ3.2	90～120	22～26	9～14	/	打底层
		ER50-G	ϕ1.2	240～320	28～32	20～30	25	填充层
				240～320	28～32	25～35	25	盖面层
FCAW	横焊	TWE-81K2	ϕ1.2	170～200	30～36	20～30	20～25	打底层
				230～250	30～36	20～30	20～25	填充层
				230～250	30～36	20～30	20～25	盖面层
SMAW	平角焊横焊	E5015	ϕ3.2	90～120	22～26	9～14	/	打底层
			ϕ4	160～180	24～26	9～18	/	填充层
			ϕ5	200～240	26～28	9～18	/	盖面层

焊接工艺参数（手工电弧焊） **表 5**

母材钢号	规格（mm）	焊接位置	道次	焊条直径（mm）	电流（A）	电压（V）	层间温度（℃）
Q345C	8	立焊	1	3.2	120	20	120
			2～3	4.0	150	22	
			4	4.0	150	22	
Q345C	16	平焊	1	3.2	120	20	120
			2～3	4.0	170	22	
			4	4.0	160	22	
Q345C	8	立焊	1	3.2	120	20	120
			2	4.0	150	22	
			3	4.0	150	22	

续表

母材钢号	规格(mm)	焊接位置	道次	焊条直径(mm)	电流(A)	电压(V)	层间温度(℃)
Q345C	8	平焊	1 2 3	3.2 4.0 4.0	120 170 160	20 22 22	120
Q345C	8，12	仰焊	1 2～3 4	3.2 4.0 4.0	120 150 150	23 24 24	118
Q345C	8，12	立焊	1 2～3 4	3.2 4.0 4.0	120 150 150	23 24 24	118
Q345C	8，12	平焊	1 2～3 4	3.2 4.0 4.0	120 170 150	23 24 24	118
Q420C	20，24	平焊	1 2～8 9	3.2 4.0 4.0	110 120 120	22 24 24	120
Q420C	20，24	立焊	1 2～5 6	3.2 4.0 4.0	110 120 120	22 24 24	140

3.4.3 操作手法控制

在通常采用的多层多道焊接的基础上要求焊道厚度控制在5～6mm，并且平、横、仰焊位置时限制摆动运条，以减小焊接收缩量。立焊操作时摆动不可避免，为使焊接熔池处于保护气体的严密笼罩之下，确保焊缝的韧性达到母材标准，施工规程中规定立焊位置手工焊横向摆动幅度不得超过三倍焊条直径，气体保护焊不得超过15～20mm。焊条/丝与工件间夹角不小于30°。

3.4.4 低温环境焊接参数控制

国外、国内各行业施工规范均规定了焊接最低施工温度，以保证施工质量和结构安全性。

如AWS D1.1（美）规定为－18℃，在常温以下施焊应预热至常温。JASS6（日）规定为－5℃，但在－5～5℃施焊应对接头100mm范围内加热。BS 5135（英）规定为0℃，低于此规定温度施焊应采取特殊的施工措施。

如《建筑工程冬期施工规程》JGJ 104－97规定低温焊接低合金钢最低施工温度为－26℃，低碳钢为－30℃，并按钢种规定一定板厚以下预热36℃，超过该板厚预热100～150℃。但同时规定Q235钢材应具有－20℃冲击保证值，其他强度更高的钢材应具有－40℃冲击保证值。

如《钢制压力容器焊接规程》JB/T 4709－2000规定焊接环境温度不应低于－20℃，

低于该温度应在始焊处100mm范围内预热到15℃以上。

如《铁路钢桥制造规范》TB 10212－98、《公路桥涵施工技术规程》JTJ 041－2000及《北京市城市桥梁工程施工技术规程》DBJ01－46－2001规定焊接低合金钢的环境温度不应低于5℃，焊接普通碳素钢不应低于0℃。

如《建筑钢结构焊接技术规程》JGJ 81－2002原则规定焊接环境温度低于0℃时，应将构件焊接区各方向两倍钢板厚度且不小于100mm范围内的母材，加热到20℃以上方可施焊。考虑到国内大型、重要的建筑钢结构工程在负温下施工缺乏经验，要求工程项目根据所使用的钢材、焊材、工艺方法，制定适当的预热、后热、保温措施，通过低温试验确认焊接接头的安全性，并为施工企业获取技术信息和施工经验。

尽管各规程规定的极限温度不尽相同，但一致的规定是低于极限温度施焊时应适当加热。各奥运工程按比较保守的《建筑钢结构焊接技术规程》JGJ 81－2002规定执行，即环境温度低于0℃时加热到20℃以上方可施焊。

焊材本身的韧性对焊接裂纹的防止也是很重要的，一般必须采用低氢焊接材料，如手工电弧焊需用冲击韧性高于母材韧性值的碱性焊条（EXX15G、E5XX16G）。二氧化碳气保焊也需用冲击韧性高于母材的焊丝（ERXX－6/G）并选用高纯度气体（纯度达到99.9％，含水量不高于0.005％）。负温时气瓶必须置于0℃以上的棚内，保证液态二氧化碳的气化。气体纯度达不到要求时必须提高预热温度和后热，必要时进行消氢热处理，才能保证接头的质量和结构安全。焊条烘干后在露天放置时间不宜超过2h，烘烤次数不宜超过两次（常温时为三次）。

低温焊接还应采取缓冷措施，在焊后立即用防火岩棉覆盖或包裹，长焊缝不能及时连续施焊下一道焊缝时要随时覆盖已焊而未完成的焊道，防止内在和表面裂纹的产生。厚板低温焊接比常温焊接时要求更为严格的焊前预热，如提高预热温度和扩大加热范围至2～3倍板厚（常温时为1.5倍板厚），意在抵消环境温度低使冷却速度加快的不利影响。在特厚板和节点拘束应力较大的情况下，采取焊后立即加热（250～300℃）并根据板厚确定保温时间的处理措施，可以达到去氢和减缓冷却速度的效果。

必须强调的是，低温焊接所述的环境温度是指实际焊接操作时工位处的环境气温，并非指气象报告的地区温度，更不是指某一时段的平均温度。在早晨，由于夜间气温低，受钢构件升温滞后影响，其实际温度有可能低于当时工位处的环境温度，尚应注意采取补偿加热。

近年来北京地区的工程项目按照《建筑钢结构焊接技术规程》JGJ 81－2002规程要求，进行过大量－20～－5℃低温焊接试验并按照母材的质量等级评定合格，综合大量试验结果及工程施工实践证明在－20～0℃环境温度时，所试验钢材Q345A、B、C，厚度达125mm，如采取一定预热、保温或后热措施，其焊接接头性能符合规程要求。奥运工程结构钢材的质量等级一般达到C级钢即具有0℃冲击韧性的要求，具备低温焊接的条件。按德国标准生产的铸钢件也具有相应的负温冲击韧性保证值。相关的试验结果应该可以在奥运工程中参考应用。

鉴于奥运工程要求严格，鸟巢工程对常用钢材进行了14项包含Q345D（厚度20mm）、Q345GJD（厚度60mm），各种焊接位置及工地常用的焊接工艺方法的低温试验，施焊环境温度为－10℃±5℃。前者不预热（仅烤去板面水分），焊后保温缓冷；后者预热温度为 80℃（比常温焊接提高 20℃），焊后保温缓冷，焊接参数见表 6。接头性能试验结果全部符合规程要求。虽然低温焊接接头的抗拉强度测试值比常温焊接约低 15MPa，但尚属材料本身变化的范围内，不应视为受低温环境的影响，但按《建筑钢结构焊接技术规程》JGJ81－2002 要求适当提高预热温度是必要的。

对于 Q420 以上高强度各质量等级钢材国内均未进行过低温试验及工程低温施焊实践，而且节点连接复杂而难以搭设局部保温棚或整体保温棚，由于工期安排确实必须在负温下施焊，更应根据钢材成分及性能、节点形式和板厚、焊接方法和焊接材料以及施焊环境温度，通过试验确定预热和后热具体参数。有关定位焊和禁止随意击弧的规定更应严格执行。为此鸟巢和水立方工程分别进行了相应的低温焊接试验。

水立方工程对 Q420C 钢进行了 16 项低温焊接工艺评定试验，试验结果证明 Q420C 接头性能合格，板厚及预热温度、后热条件见表 6。而鸟巢工程 Q460E 钢低温焊接工艺评定试验结果为：接头熔合线冲击韧性大幅下降不符合要求，因而确定如不采取特殊措施，Q460GJE 钢材不允许在低温环境下施焊。

奥运钢结构工程项目低温焊接试验参数 **表 6**

工程名称	试验钢材牌号	厚度（mm）	施焊环境温度（℃）	焊接位置	预热温度（℃）	焊材牌号	后热条件
国家游泳中心	Q420C（热轧）	24	−13	F\H\V\O	120	E5515	250℃
		24		F\V	120	ER55D2	
	Q420C（TMCP）	40		F\V\O	150	E5515	
		40		F\V	150	ER55D2	
	Q420C（TMCP）	52.5		F\V\O	170	E5515	
		52.5		F\V	170	ER55D2	
国家体育场	Q 345GJ D	60	−10±5	H\V\O	80	CHE507	仅保温缓冷
				H\V		JM58\56	
				H\V		THE711	
	Q 345D	20		H\V\O	/	CHE507	
				H\V		JM58\56	
				H\V		THE711	
	Q460GJE－Z35	110	−13	H	170	CHE557	250℃

奥运工程一般要求 Q235 及 Q345 钢在规程规定的一定板厚范围内，0℃以上焊接时不需预热，但在低温焊接时至少需烘烤钢材至 20～30℃，以补偿冷却速度的加快，同时去除钢材表面的凝结的水分。为防止夜间钢材蓄冷后未充分与白天气温平衡而使构件实际温度低于环境温度，必要时扩大预热的板厚范围。低温定位焊的预热温度比常温时约高 20℃，当定位焊焊缝出现气孔或裂纹时，应清除后重焊，不能企图在随后焊道施焊时将其熔化，以免裂纹扩展。不论何种钢材，低温下随意在钢构件上击弧都是禁止的。焊接层间温度不低于预热温度，并特别指派专人及时频繁检测加强控制。雪天焊接时应设防护棚遮蔽，严格避免雪花飘落在热的焊缝上使其骤冷。

一般还规定常温焊接按比例抽检的焊缝，低温焊接时增加抽检比例。

《建筑工程冬期施工规程》JGJ 104－97 规定参加负温焊接施工的焊工应经过负温焊接

工艺培训，考试合格，取得相应的合格证，方能参加负温焊接施工。由于低温环境对焊工的生理、心理、操作技术发挥都会产生负面影响，在进入负温环境的初期必须对已持证焊工集中进行适应性培训。以往的试验结果已经发现，低温焊接质量有所下降，UT 检查合格率较低，加强培训才能减少焊接缺陷提高焊缝 UT 检查合格率。由于焊接接头性能主要由钢材、焊材、热输入参数决定，鸟巢和水立方工程焊工培训考试的检验方法免去了弯曲试验，只用 UT 检查焊缝致密性。

低温焊接对施工安全设施要求更高。焊接操作平台、马道、吊篮等要注意清除雪、水，并有防止人员滑倒的措施。焊工和其他辅助人员配备防寒服装。低温焊接施工在安全保障方面的难度是很大的，必须有充分的措施保证。

虽然试验结果已经证明－15℃作业环境温度时，Q345D、Q420C 在适当预热和后热条件下，焊接接头可以获得合格的力学性能，但在实际施工中焊工在负温下长时间连续作业焊接厚板，要获得致密焊缝通过超声波检测的难度是很大的，这里面既有焊缝冷却速度快熔池金属流动性较差的影响因素，也有气候条件对人影响的因素。因此对于重大钢结构工程比较现实的低温施工温度可以低至－5～－10℃，环境温度更低时宜搭设保温棚提高局部环境温度，以利于保证焊缝探伤一次合格率，更是避免焊接裂纹产生保证接头性能的有效措施。

3.5 大体量复杂多向铸钢节点应用技术

若干奥运工程设计采用了大型复杂铸钢节点，如鸟巢钢结构工程的菱形柱与箱形柱脚连接处采用了壁厚达 110mm 的高强度铸钢件，以实现不同截面的转换。国家体育馆双向张弦桁架的下弦采用了多向矩形管与球体相贯的铸钢节点（见图 33），与球相贯的交叉管数量多达 14 个。北京工业大学体育馆屋盖的空间弦支穹顶结构，由焊接球与钢管相贯组成单层球面网壳，其中预应力拉索穿过的球采用了高强度铸钢件（见图 34）。这些铸钢件都需要与 Q345 钢或与 Q460 钢杆件焊接，根据以往工程经验全采用了德国标准的高韧性、低硫磷、易焊铸钢材料 DIN17182－92 G20Mn5（QT）。该铸钢材料碳含量为 0.17%～0.23%，硫≤0.015%，磷≤0.020%，克服了由于结晶偏析引起的热裂纹敏感性，因而焊接性良好。但还需要焊前充分预热，采用低氢焊接材料多层多道焊接，板厚 40mm 以上时尚需后热保温缓冷。各奥运工程经试验检测证明预热 150℃，并严格执行工艺规程的相关规定，该铸钢与 Q460E、Q345D 钢焊接的接头性能符合设计要求，铸钢节点的几何尺寸精度也达到了相应验收标准要求。

3.6 特大跨度复杂钢结构焊接变形控制技术

建筑钢结构制作与安装焊接中比较突出的技术难点在于构件焊接变形以及结构整体形位精度的控制，以往二十余年建筑行业在 H、十字、箱形等标准截面构件和规则性桁架、框架、网架结构的建造方面取得了丰富的经验，掌握了一定的规律，但对于特大跨度复杂钢结构中采用的异型截面构件制作和复杂体形结构安装焊接的变形控制，还缺乏实践尚需深入研究解决，可以认为是奥运钢结构焊接工程的一大难点。

3.6.1 通常应用于构件制作控制焊接收缩变形的措施

（1）垂直于焊缝方向的收缩：根据板厚大小在下料时每条焊缝按不同板厚预留 0.5～

3mm 作为收缩裕量；

(2) 角接接头的角变形：翼板预反变形或用刚性撑杆或夹具约束；

(3) 长构件弯曲变形：使焊缝布置对称于构件中和轴，并且按对称施焊，多道焊时必须顺序翻身轮流施焊，如焊接 H 型钢和箱形构件；

(4) 长杆件扭曲变形（如箱形构件）：同一板面上两侧纵缝同时、对称施焊，并且坡口角度和间隙应准确一致，焊接热输入量应全长一致；

(5) 长焊缝纵向收缩（板薄时产生翘曲变形，板厚时则残余应力很大）：手工焊接时用多名焊工同时施焊并采用分段退焊和跳焊法避免输入热量集中，可使残余应力沿纵向分布较为均匀；

(6) 牛腿与柱、节点焊接必须严格按照对称施焊原则进行；

(7) 复杂异形截面组合构件不可逐板组焊，而应先组焊成单个口形、工形、T 形截面构件后，再进行构件之间的组焊，并应尽量做到对称拼焊。

3.6.2 通常应用于现场安装时控制焊接变形和结构形位精度的措施

(1) 桁架拼装焊接时长度收缩的控制——杆件截面形状简单时，一部分后装杆件长度可留出裕量现场切割配装。杆件截面形状复杂时，现场切割裕量难以实行，应提高杆件制作精度严格控制长度的负公差以控制减小现场焊接坡口的间隙，或依照壁厚增长 1～3mm 留作收缩裕量；

(2) 节点轴线相交点位移的控制——球-杆节点、柱-梁节点两对称侧的对称杆件必须同时对称施焊，如两对称侧杆件截面板厚不对称，则板厚的杆件不能连续施焊，而应分步循环施焊；

(3) 长焊缝焊接——采取分段倒退施焊，1.5m 以上长焊缝还要多人同时操作并分段倒退施焊；

(4) 杆件对接如现场安装时柱-柱、梁-梁的对接——应对称焊接杆件截面，如不能多人在整个截面上同时焊接，则应对翼板、腹板分步轮流施焊；

(5) 同一轴线（直线或圆弧）方向上连续进行许多个节点焊接——分段焊接成大的拼装段最后合拢焊接以避免累积变形和集中变位。由于已拼装段的刚性较大，因此合拢焊接应特别重视加强预热及其他参数控制，防止合拢焊缝因拘束度较大而产生焊接裂纹；

(6) 大体型多节点结构整体焊接变形的控制——大片、大块的构件组装采取节点间跳焊以及各节点循环轮流焊接顺序。

3.6.3 奥运场馆复杂钢结构焊接变形控制

奥运场馆钢结构投影平面多为大跨度或大直径、封闭的几何形状。现场安装时，由于需要在同一轴线（直线或圆弧）方向上连续进行许多个节点焊接，使焊接收缩变形累积，结构整体几何尺寸精度控制非常困难，必须采用合理的焊接顺序，最大程度的控制焊接变形和焊接应力。必须指出的是，熔焊工艺方法是以填充和基材金属加热达到熔化温度为前提的，而热胀冷缩是不可改变的物理现象，唯一从根本上减少焊接收缩量与焊接应力的途径是减小坡口角度和接口间隙（即焊缝横断面的面积），以减小熔敷金属量，同时采用相对集中的加热热源以减小非熔化高温加热区的宽度。除此以外其他控制焊接变形的措施，

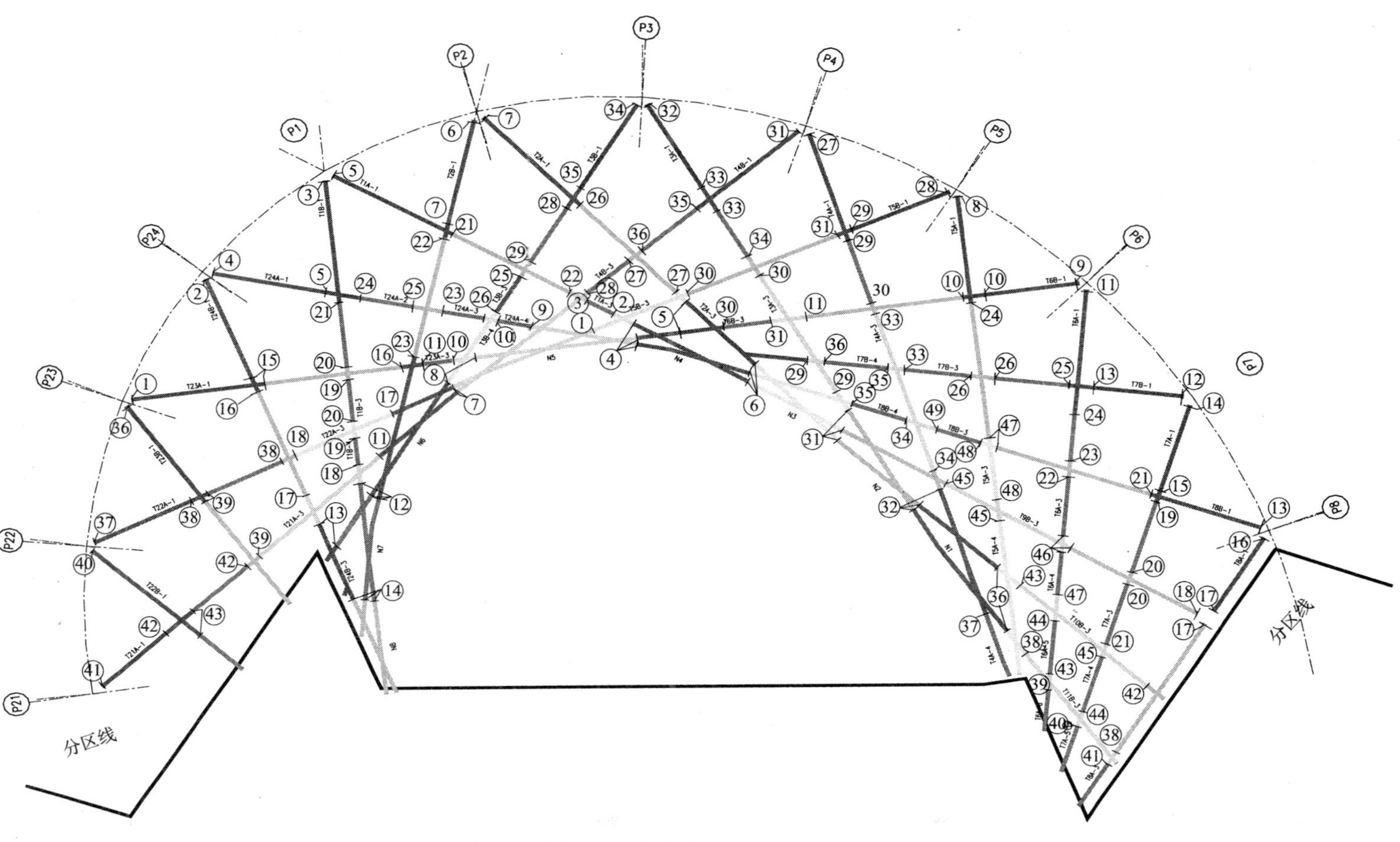

图 38　主桁架总体焊接顺序图

注：图中数字编号为接口的先后焊接顺序。数字编号相同的接口可同时进行焊接。

如以上所述的反变形和对称焊接等措施只能均衡变形和分散残余应力，构件刚性固定或分区合拢焊接则是以加大焊接拘束度，增加焊接应力为代价，此时焊接裂纹倾向性增大，残余应力也增大，必须在焊接参数的优化上加大力度，如提高预热温度采取后热、缓冷等措施。下面以几个典型场馆钢结构焊接工程为例简要说明：

（1）国家体育场钢结构焊接顺序

1）主桁架总体焊接顺序

按总体安装顺序，整个屋盖分南区和北区同时进行桁架地面拼装和高空安装，因吊车能力的限制，两区主桁架分段按内、外、中圈分区由两台履带吊同时安装。对于外圈主桁架，吊装就位后先进行桁架柱与主桁架之间连接焊缝的焊接，以确保主桁架的高空稳定。对于内圈主桁架，吊装就位后尽早与相邻桁架段相焊。对于两端同时与已安装好的结构相连的主桁架，如中圈和内圈补档主桁架，应先焊一端，再焊另一端，且后焊端的焊接要采用小线能量，焊后保温缓冷，减少焊接收缩变形，避免过大的焊接应力。对于整个钢屋盖来说，要避免某一区域集中焊接，采用跳焊，减少应力集中。北区的具体焊接顺序参见图38、图39。

从图39中可以看到，桁架内环杆件交叉角度小，一个桁架分段两端的杆件接口可以视为在同一方向上，故此种情况下2个或3个接口安排同时施焊，以使相邻接口保持正常的坡口间隙，见图中序号（4）、（6）、（7）、（12）、（14）。中圈桁架构件交叉角度较大或几乎成直角，故按常规焊接顺序施焊。

2）主桁架分段高空对接的焊接顺序

主桁架焊接时，尽量上下弦同时进行焊接，先焊完一端后再焊另一端。每个接口由2～4名焊工同时对称施焊，先焊腹板的对接焊缝，再焊翼板的对接焊缝，并对称施焊。采用多层多道焊，并避免同时集中焊接一个区域，以减少主桁架的焊接变形。主桁架腹杆的高空对接同主桁架箱形弦杆的对接。

桁架柱的焊接顺序：

桁架柱分段的安装焊接必须用多名焊工在三根单柱同时、对称施焊，以保持组合柱的垂直度要求。

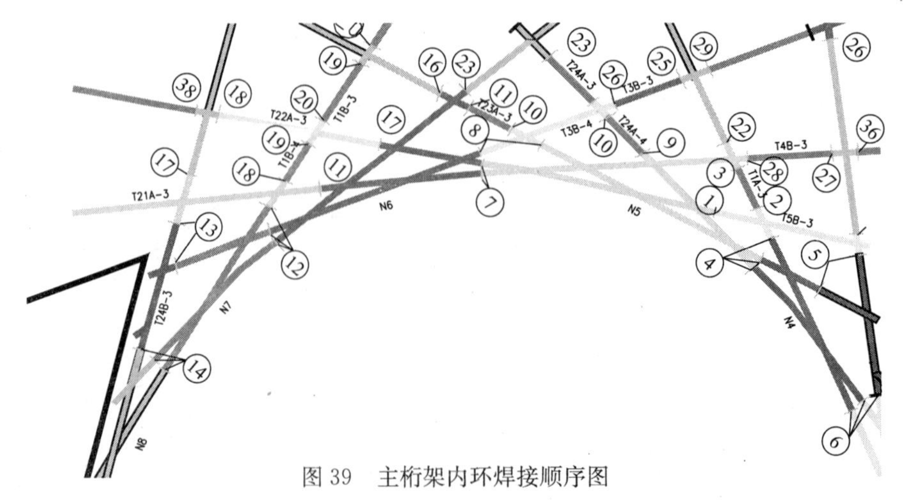

图39　主桁架内环焊接顺序图

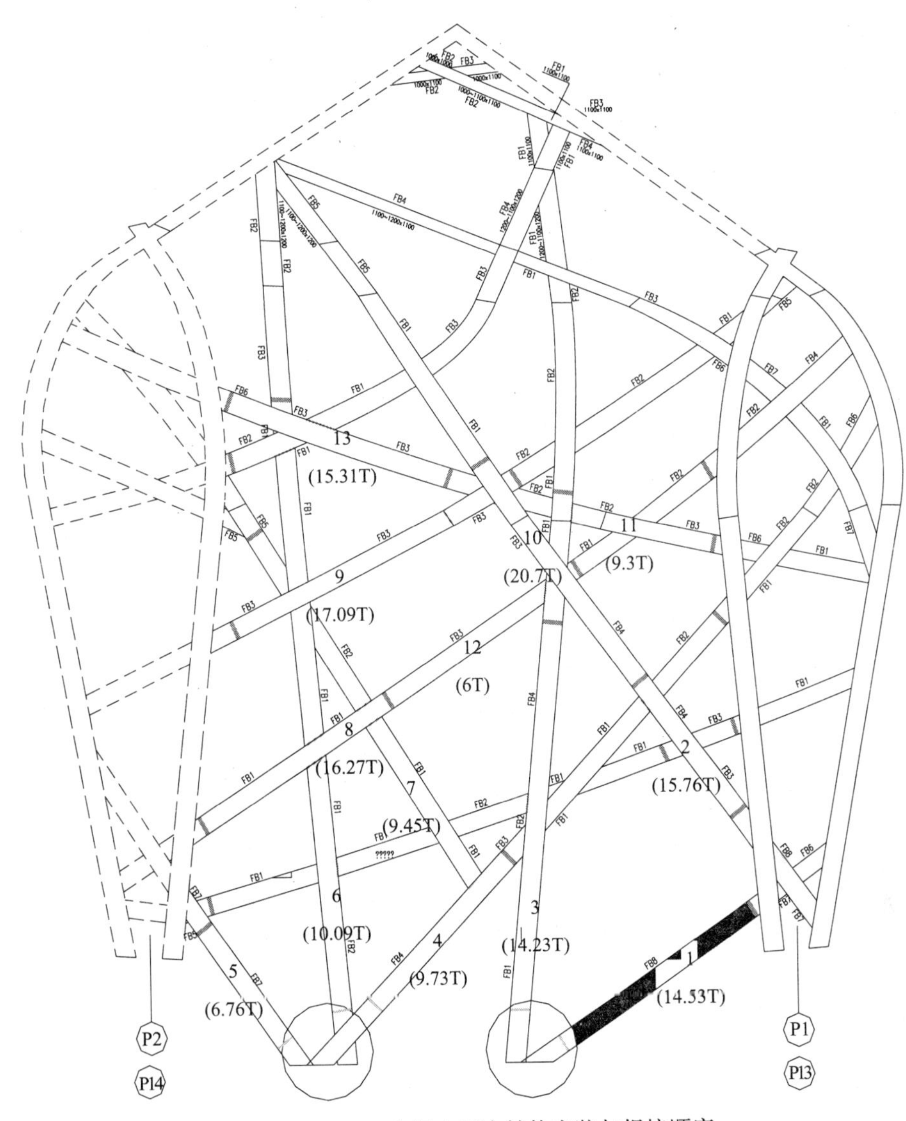

图 40　P1～P2 之间立面次结构安装与焊接顺序

3）立面次结构的焊接顺序

主要考虑与由下而上吊装构件的顺序一致，以便逐步形成局部稳固的空间结构确保施工安全，同时兼顾满足次结构形位的控制，见图 40。一般后面序号（上部）的杆件安装完成后即可焊接前面序号（下部）的杆件。一个节点两侧的接口同时焊接。

4）顶面次结构焊接顺序

总体焊接顺序是分区同时从内圈向外和从外圈向内。由于顶面次结构不规则地布置在主桁架交叉所形成的多边形中，根据安装分段形成了多类不同杆件连接形式的次结构板块（见图 40），如两端均只有一个接口与主结构焊接；一端与主结构有 1～2 个接口焊接另一端与次结构 1～2 个杆件焊接；两端均与次结构有一个接口焊接，见图 41。尽管形式各不相同，但一致的规律是次结构杆件或交于主桁架节点，或与主桁架弦杆相交且呈直线延伸与相邻多边形板块对称，见图 42。这一规律决定了各次结构板块的焊接顺序原则，即首先考虑相邻多边形板块上与主桁架对称两个次结构接口同时对称焊接，以利于焊后主桁架保持直线度。其次从杆件刚性比较考虑，安排刚性较大的主结构与次结构端口的焊接先与次结构杆件之间的焊接，使主结构的焊接变形控制至最小。

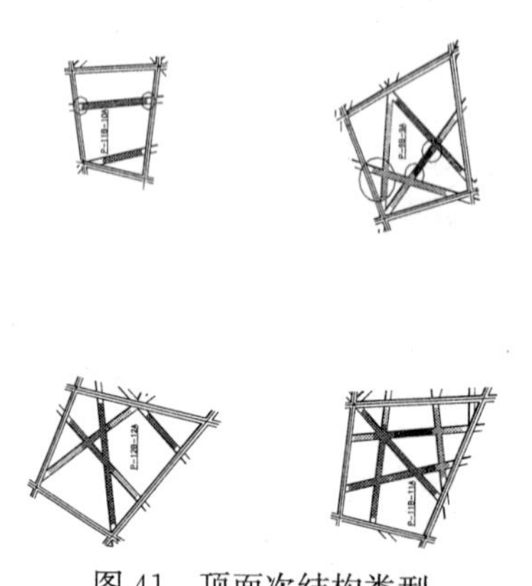

图 41　顶面次结构类型

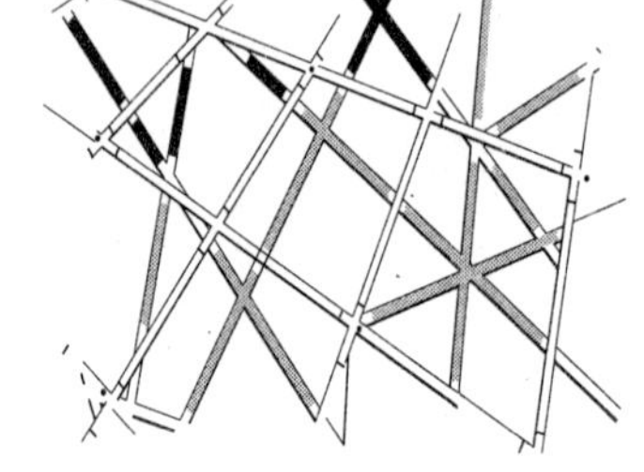

图 42　顶面次结构相邻板块

5）重型柱脚的焊接顺序

T形组合钢柱形状复杂，零部件多，板壁厚达100mm，焊缝交错且全部要求焊透，在焊缝无法清根的条件下，特厚板采用单面焊其应力和变形的控制极度困难。由于内部空间狭窄，为保证焊工能正常操作，拼装顺序必须服从于焊接顺序。以C12柱脚为例，其拼装焊接顺序为：步骤1、2采取横拼两侧长焊缝对称施焊并预留焊接收缩裕量；步骤3中两大块先在胎架上预拼，各自焊接时四周对称施焊并预留焊接收缩裕量，焊接过程中四周焊接线能量必须一致，并实时测量监控保证上下口尺寸一致；步骤4、5为T形柱脚合拢焊接；步骤6完成周围筋板等散件的焊接，见图43所示。以上各措施保证了柱脚尺寸精度，使其上口能与组合柱中各单柱准确接合。

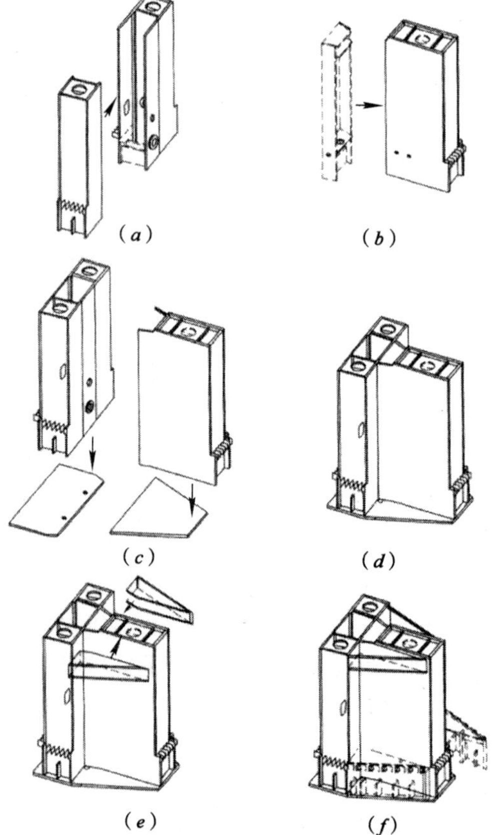

图 43　C12柱脚拼装焊接顺序

（*a*）步骤1；（*b*）步骤2；（*c*）步骤3；（*d*）步骤4；（*e*）步骤5；（*f*）步骤6

国家体育场钢结构验收主要项目包括组合柱中内柱的垂直度、外环椭圆轴长度、节点位移、主桁架直线度以及平面垂直度，而内环的椭圆轴长度因为受支撑卸载后下挠的影响，在支撑卸载前不作为验收项目。由于采取了以上各种充分的技术措施，该结构的形位精度控制达到了验收规程的要求。

（2）国家游泳中心钢结构焊接工程

该工程为跨度176.5m×176.5m的多面体刚框架结构，墙体为两层，屋盖为三层不规则网格结构。节点空间位置无规则，杆件与球相贯角度复杂、多变、非标准化（见图28）。节点定位已有很大困难，更由于屋盖是与墙体构件刚性连接，结构整体尺寸精度与焊接变形直接相关，控制难度非常大。施工中采用了分区拼装后合拢焊接的方案。分区方案见图44。

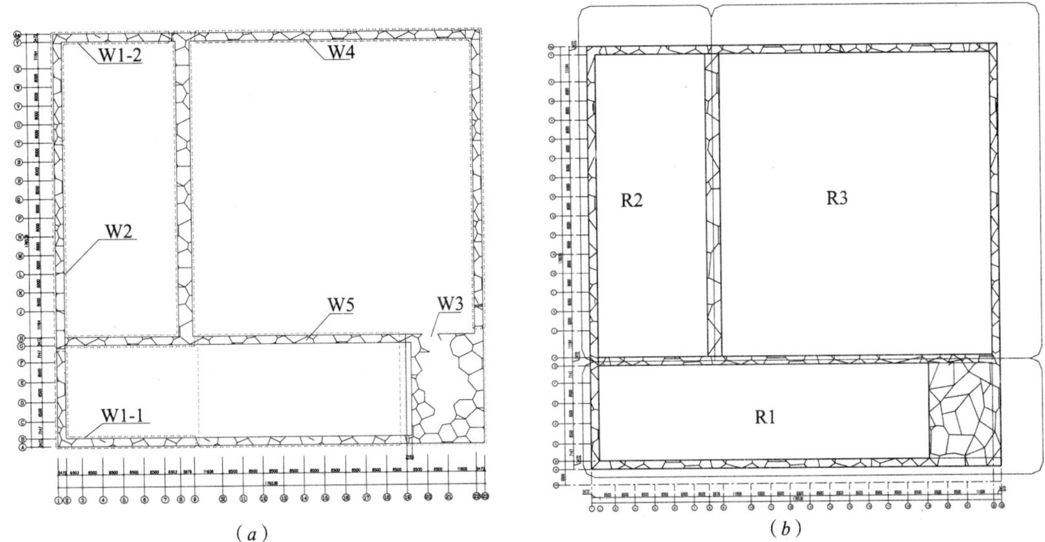

图44　国家游泳中心钢结构外墙与屋盖安装分区方案

（a）外墙分区图；（b）屋盖分区图

外墙与屋盖安装顺序分别为：W1－1→W1－2→W2→W5→W4→W3，R1→R2→R3。总体焊接顺序紧随其后。

1）屋盖平面内焊接顺序

与安装顺序相同，即以下表面为控制基准向上表面延伸，焊接顺序从屋盖下表面→屋盖上表面→屋盖中间层。

2）墙体焊接顺序

外墙体以四个角为控制基准向两侧安装延伸，分别至外墙体与内墙体T字形交叉处汇合。内墙体以两内墙T字形交叉处为起点向两侧延伸安装焊接。墙体高度方向安装焊接顺序以保持阶梯状使局部稳定安全。

3）墙体厚度方向焊接顺序

墙体外表面→墙体内表面→墙体中间层。

4）小单元体焊接顺序

由多名焊工在各不相邻的节点分区、分段隔球跳焊，见图45。

5）局部节点焊接顺序

一个球节点上对称杆件同时施焊。焊接两杆件对角腹板→焊接另外两侧对角腹板→焊接下翼缘板→焊接上翼缘板，见图46。

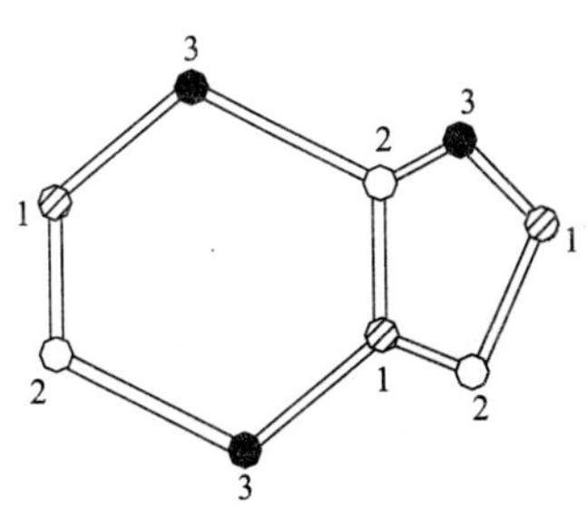

图45　隔球跳焊顺序示意

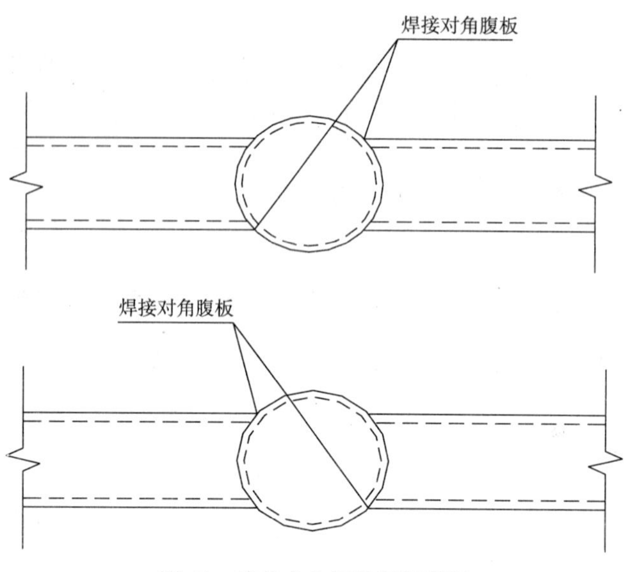

图 46　球节点上杆件焊接顺序

同时采用各节点循环施焊，部分合拢杆件量体裁衣的技术措施。

焊后检测屋面长度尺寸收缩值为 53～62mm。按 JGJ 7－91 规范规定一般跨度（20m 以下）网架结构，纵、横向边长允许偏差为 $L/2000$ 且不大于 30mm。而该工程平均 57mm 的收缩值相对于 176.5m 的跨度，仅为 $L/3096$。可以认为较大程度上控制了焊接变形。

（3）北京工业大学体育馆钢结构焊接工程

屋盖为空间弦支穹顶结构，直径 93m 的单层球面网壳在环向共有 13 圈。第一至第五圈共 56 个球节点，第六至第九圈共 28 个球节点，第十至第十二圈共 14 个球节点，第十三圈共 7 个球节点。每个环的球之间由径向杆件焊接连接（图 3－14）。最后结构的合拢部位在中间压力环节点区域。安装是从外向内逐圈进行，如果随即逐圈焊接球-杆节点，必然产生较大的累积变形。以最外（1～5）圈为例，其环向杆件壁厚为 12mm，如节点不加强制拘束，以一个节点两个管口焊接收缩 1 毫米计算，最外圈 56 个节点环向收缩约 56mm，直径收缩约 18mm，即节点向内的径向位移约为 9mm，大于规范允许的 3 毫米偏移量，而且张弦预应力索结构对节点位置精度控制的要求极高，因而施工难度很大。施工中采取了圆周方向分四段，由八对焊工逐个节点焊接，然后合拢焊接的措施（图 48～图 49）。同时采取使球与基座相对固定，径向杆件则隔圈、逐个对称于球两侧焊接，以分散焊接变形的方法，取得了较好的效果。热身馆平面为椭圆形，因此从中间向两边安装，焊接顺序与比赛馆类似。

（4）北京大学体育馆钢结构焊接顺序

下刚性环焊接顺序：内外环由两名焊工同时焊接并采取焊口跳焊顺序（见图 51）。

中央刚性环焊接顺序：中央刚性环下半部全部安装就位后进行焊接，先焊接中弦内环再焊接中弦外环，最后焊接下弦，下半部平面及上弦采取跳焊，同下刚性环焊接顺序，见图 52。

中央刚性环与下刚性环之间的撑杆焊接采取间隔跳焊方法焊接。

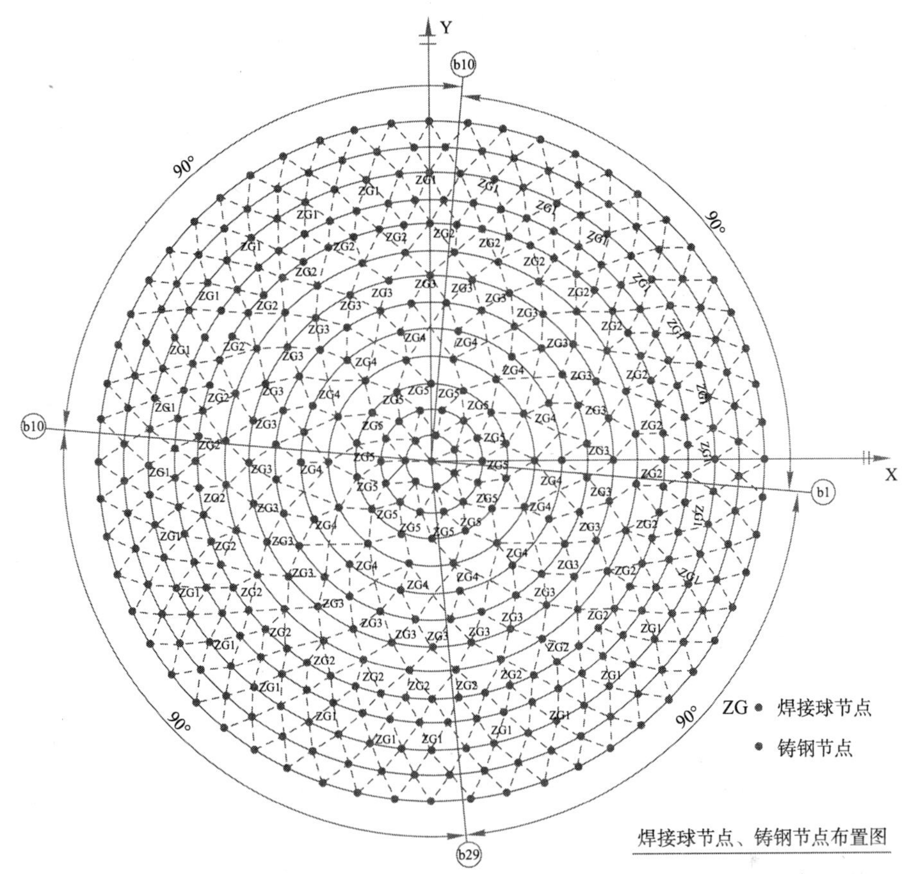

图 47　北京工业大学体育馆比赛馆屋盖网格平面图

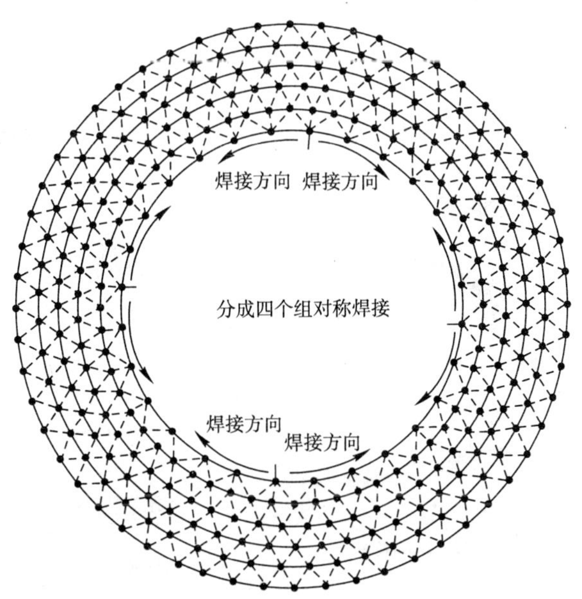

图 48　北京工业大学体育馆比赛馆钢结构屋盖总体焊接顺序

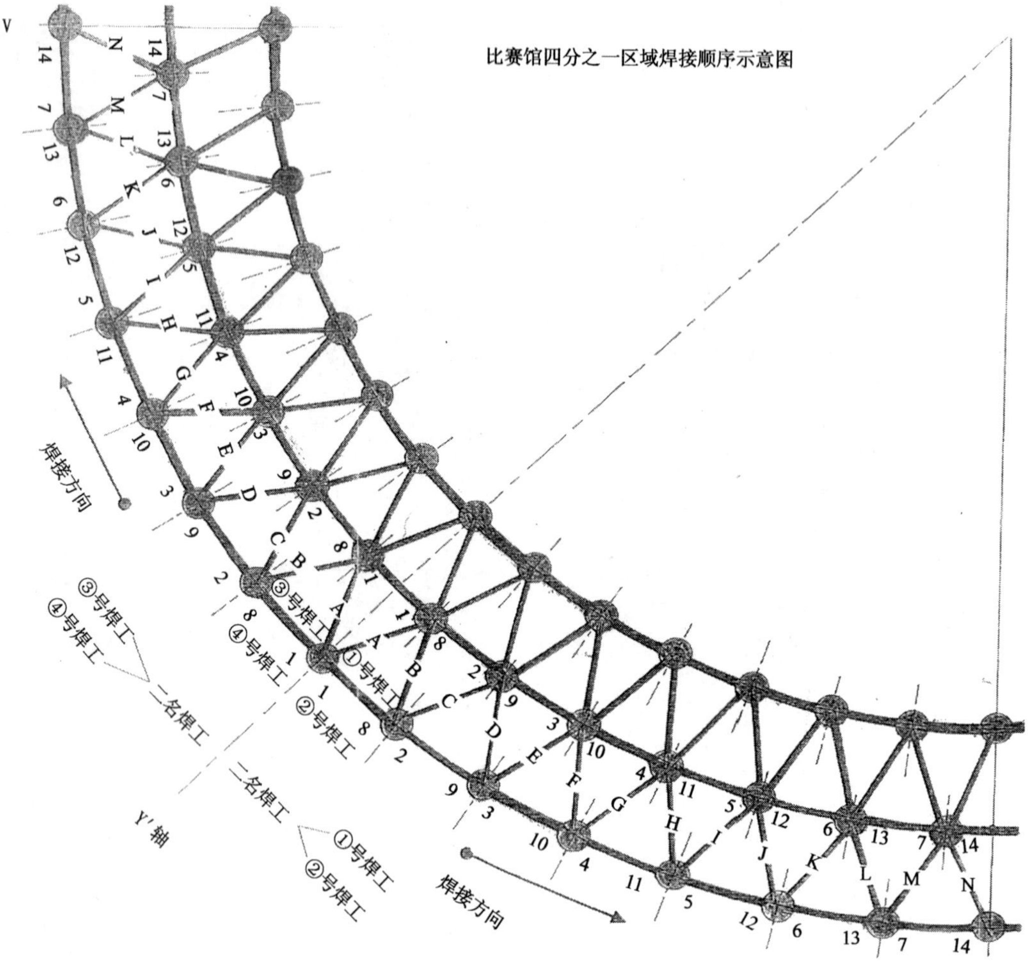

比赛馆四分之一区域焊接顺序示意图

焊接方向

③号焊工
④号焊工
二名焊工

Y′轴

二名焊工
①号焊工
②号焊工

焊接方向

图 49　北京工业大学体育馆比赛馆钢结构四分之一屋盖焊接顺序

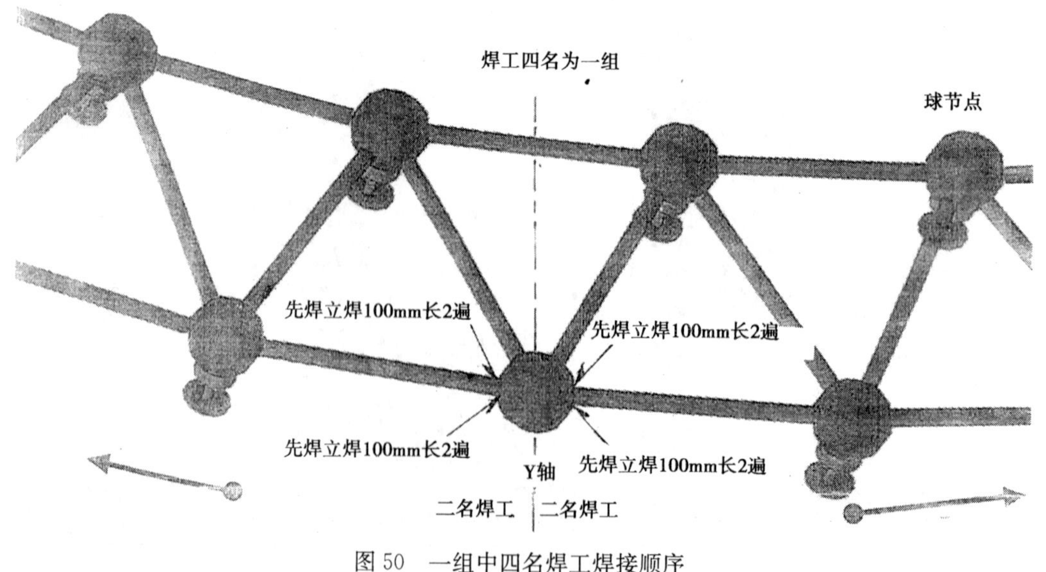

图 50　一组中四名焊工焊接顺序

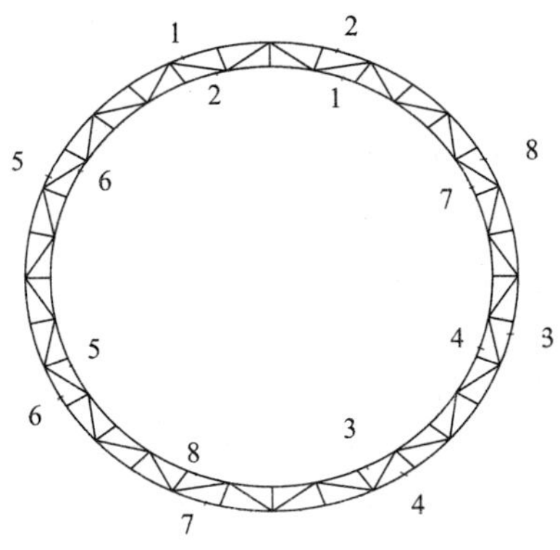

图 51　北京大学体育馆钢结构下刚性环焊接顺序图

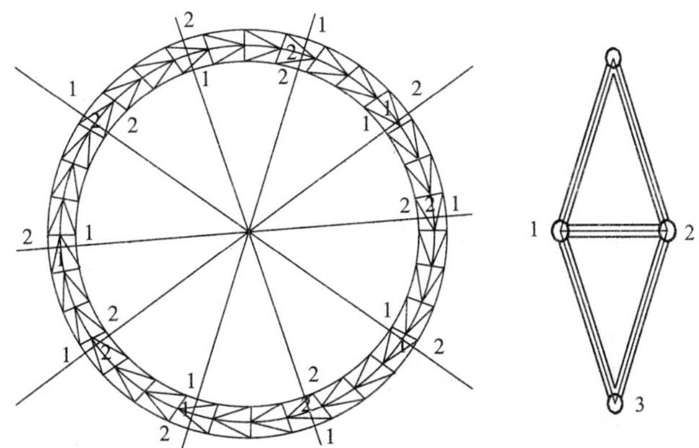

图 52　北京大学体育馆钢结构中央刚性环焊接顺序

局部节点焊接顺序：杆端焊缝对称施焊；一个节点上对称杆件由两名焊工同时施焊，见图 53。

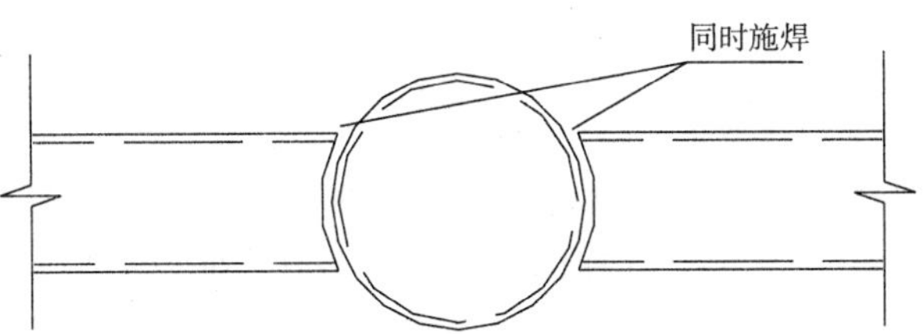

图 53　北京大学体育馆钢结构球-管节点焊接顺序

(5) 国家体育馆桁架拼装焊接顺序（图 54）

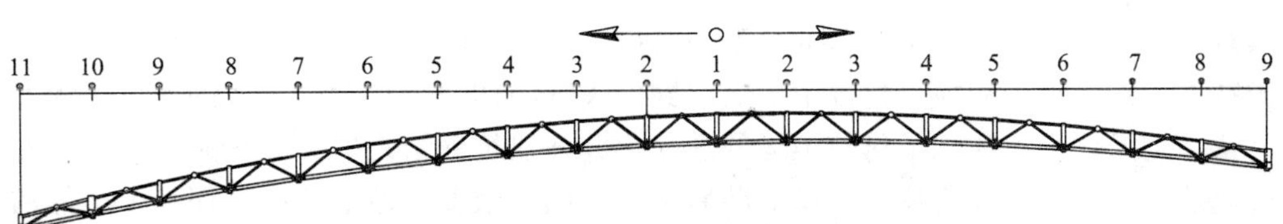

图 54　国家体育馆桁架拼装焊接顺序方向

3.7 焊接工艺评定

各奥运工程均严格按照相关规程要求进行常温及低温焊接工艺评定。以鸟巢工程为例，进行了Q460E等四种钢材、四种焊接方法平、横、立、仰各种焊接位置的评定，板厚包括从12mm到110mm共七种。焊接工艺评定共184项，涵盖了整个鸟巢钢结构制作、拼装、安装工序的全部焊接工艺条件。此外在环境温度－10±5℃条件下，进行了Q345D及Q345GJD钢各种焊接位置手工焊和气体保护焊，共14项低温焊接工艺评定，对现场冬季焊接施工起到指导作用。水立方工程进行了Q420C、Q345C二种钢材、各种焊接位置的评定，板厚包括从8mm到50mm共12种。仅安装施工单位进行常温焊接工艺评定共25项，低温焊接工艺评定共13项。

3.8 焊工培训和考试

奥运工程钢结构施工普遍集中于2005～2006年，且焊接工作量大质量要求高，能胜任厚板焊接的优质焊工数量严重不足。而且以往建筑钢结构工程安装节点详图设计均以避免仰焊为原则之一，具备厚板仰焊技能的焊工数量几近于零。如箱形构件一般在上翼缘开口以避免下翼缘仰焊，使得焊接工作量横向增加25%，纵向增加四条预留后焊焊缝，并且因上下翼缘热输入不对称而使变形难以控制。鸟巢和水立方钢结构为了减少焊接工作量和焊接变形，均大量采用仰焊位置施焊，焊工的培训增加了很大压力。

各奥运工程均严格按照相关规程要求进行焊工培训和考试。以鸟巢工程为例，制作厂共验证考试911名焊工，通过了832名。安装施工现场针对特厚板立、仰焊接位置和施工实际障碍情况，强化培训165名焊工，确保了焊工的数量和质量，高技能的焊工提高了焊缝的一次合格率，也保证了工程的焊接质量和工期。

跨越冬季施工的奥运钢结构工程也按照相关规程要求进行焊工低温焊接适应性培训，确保了低温焊接施工质量，也为今后钢结构冬季施工积累了经验。

4 结语

奥运场馆工程钢结构具有建筑造型独特美观，跨度大且结构复杂，杆件及节点形式多变不规则的特点，其新颖性和复杂性在国内为前所未有或前所罕见。钢结构焊接技术难度之大，焊接质量要求之高，施工跨季节与工期之紧迫，对施工单位是极大的挑战。然而有关焊接技术人员以严谨的科学态度，通过系统的科学试验，取得了大量技术数据并成功应用于施工中，在国产高强度钢材的焊接应用上有所创新，焊接施工技术方面也达到了更新、更高的水平，在数以千计焊工们艰苦卓绝的坚持努力下，种种难题逐一得到了圆满解决，确保了奥运场馆工程的质量与进度。事实证明焊接技术作为钢结构施工中的关键技术，在奥运工程项目建设中确实起到了关键的作用，其工艺之精湛令世人为之惊叹，从一定的侧面上体现了科技奥运的理念，并在建筑钢结构焊接技术的发展史上写下了辉煌的一页。所总结的技术经验对随后施工的国内众多大型钢结构工程起了很好的借鉴作用。

参考文献

[1] 李九林，高树栋，邱德隆等．国家体育场钢结构施工关键技术．《施工技术》2006，12.

[2] 北京城建集团有限责任公司，中冶集团建筑研究总院等．国家体育场钢结构工程 Q460E-Z35 厚板焊接技术及应用研究．《鉴定材料》.

[3] 陈桥生，许立新．国家体育场钢结构施工技术及研究．《施工技术》2006，1.

[4] 周观根，方敏勇．大跨度空间钢结构施工技术研究．《施工技术》2006，1.

[5] 陈蕾，彭金辉，侯本才等．国家游泳中心钢结构施工技术．《施工技术》2006 增刊．

[6] 中建一局建设发展公司，中建一局钢结构工程有限公司，中建一局（集团）有限公司．国家游泳中心延性多面体空间钢框架结构施工技术研究．《科技成果鉴定资料》2007，5.

[7] 北京城建集团有限责任公司，浙江精工钢结构有限公司，北京市建筑工程研究院．国家体育馆双向张弦钢屋架施工技术研究．《鉴定会文件》2007，5.

[8] 杨郡，成会斌等．国家体育馆双向钢屋盖施工技术研究．《施工技术》2006 增刊．

[9] 中建一局建设发展公司．北京大学体育馆工程钢结构施工方案．2006，8.

[10] 浙江东南网架股份有限公司．北京工业大学体育馆施工组织设计．

[11] 戴为志，孔建平，芦广平等．国家体育场钢结构安装工程焊接质量控制的有效途径．《2006 钢结构焊接国际论坛论文集》.

天津津塔超高层钢板剪力墙、钢管混凝土柱复杂节点优化设计

任常保　周文瑛　葛冬云　马平阳　何云昌
（中建一局集团建设发展有限公司）

摘　要：天津津塔工程为钢管混凝土柱框架＋核心钢板剪力墙体系＋外伸钢臂抗侧力结构体系，其独特的结构形式要求钢板剪力墙与钢管柱、钢管柱与外伸臂桁架等连接节点必须做到构造合理、安全可靠、易于焊接、减少制作安装难度。因此，我们在节点深化设计阶段对各类因素进行了综合分析，在实际施工中取得了良好的效果。

关键词：钢管柱　钢板剪力墙　伸臂桁架　带状桁架　立面支撑　节点

天津津塔工程主塔楼高达336.9m，地下4层，地上75层。基础采用桩筏基础，结构形式为钢管混凝土柱框架＋核心钢板剪力墙体系＋外伸钢臂抗侧力体系，整个建筑外立面为多个“V”形连续分隔连接而成的椭圆形筒状结构；外框筒立面B4～L1层钢柱垂直于地面，L1～Roof层呈椭圆形，自标高－0.250m起，外筒柱呈不规则状向外侧倾斜，至L26层处，结构开始转向内侧倾斜收缩。核心筒钢板剪力墙高达53层，与核心筒柱连接方式为安装螺栓＋焊接。

本工程钢结构总用钢量达6.8万t，钢构件数量达27000余件，主要采用Q235C、Q345C、Q345GJC、Q345GJD、Q390GJD级钢材，其中Q345GJ及Q390GJ钢材采用正火或控轧状态交货；除腰桁架和伸臂桁架外（腰桁架和伸臂桁架的钢材需满足－20℃时的冲击功不小于34J），所有钢材均满足0℃时的冲击功不小于34J，板厚达到40mm时均有Z向性能要求，本工程最大钢板厚度达100mm。

针对本工程的结构特点，结合现场施工需要、工厂制作工艺和运输等条件，主要对结构外立面斜率和拐点位置、埋入式柱脚节点和安装方案、钢板剪力墙与钢管混凝土柱、立面斜撑、伸臂桁架连接节点等进行了深化和优化，具体如下。

1　建筑立面、平面斜率控制优化

本工程建筑造型独特，平面为椭圆形结构，立面为上下小、中部大的圆弧立面，线条流畅，如图1。

建筑师为追求建筑效果，使结构外筒柱斜率尽量逼近其立面的圆弧效果，每层外筒柱设置一个斜率，即每层均有一个斜率转化的拐点，给外筒柱的制作、安装带来极大困难。为了便于施工，降低制作、安装难度，深化设计时对其结构形式进行了详细的剖析。根据外筒柱斜率的变化情况及柱的吊装分段重新调整柱斜率，将斜率相近的外筒柱改为同一斜率，作法是将相近斜率的柱上下两端拐点连接成直线（建筑完成面以上50mm处为拐点），

中间楼层柱外边控制半径及框架梁位置随之调整。具体如图 2～图 5 所示。

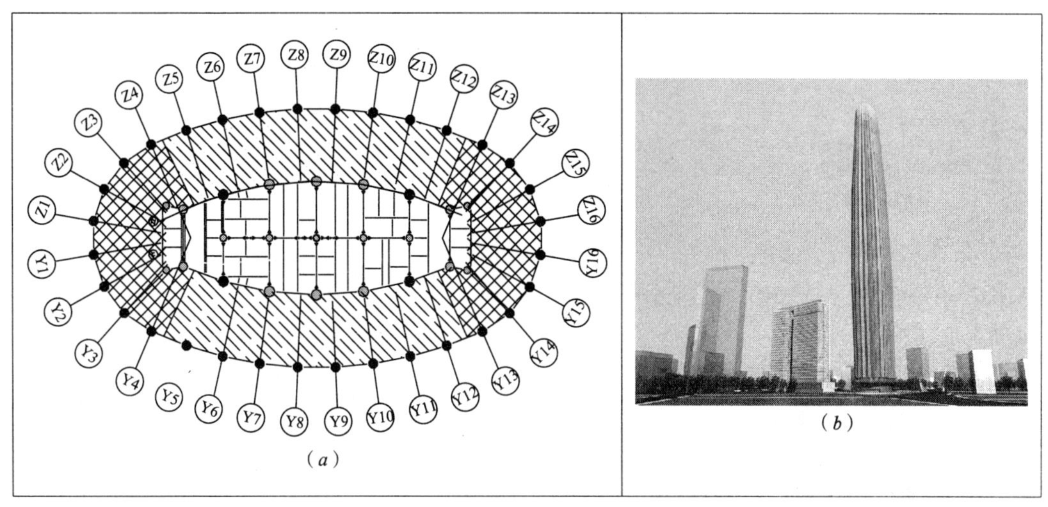

图 1　天津津塔

(*a*) 平面布置图；(*b*) 立面效果图

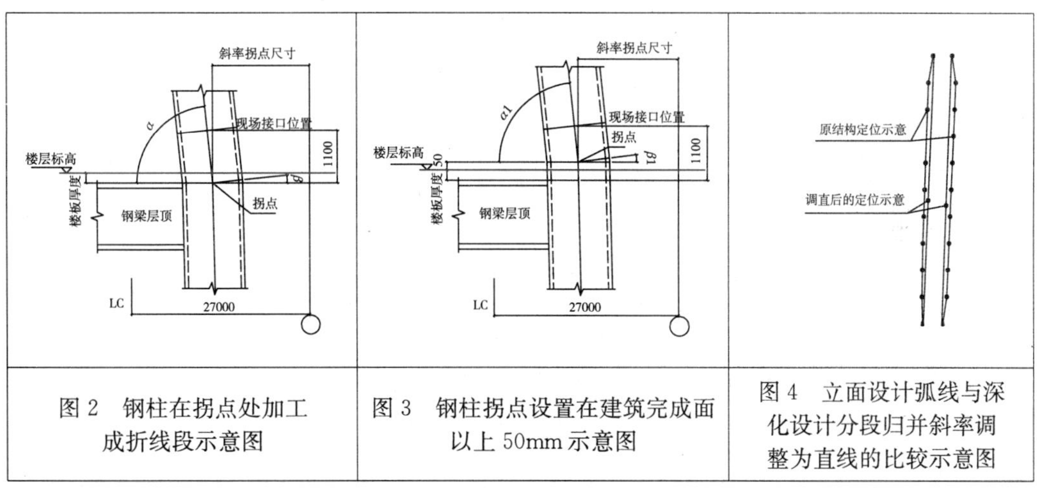

图 2　钢柱在拐点处加工成折线段示意图	图 3　钢柱拐点设置在建筑完成面以上 50mm 示意图	图 4　立面设计弧线与深化设计分段归并斜率调整为直线的比较示意图

2　柱脚支架

津塔工程基础底板较厚，且大部分内筒钢管柱为埋入式柱脚（外筒 32 支钢管柱中有 4 支为埋入式柱脚），如采用传统的预埋地脚螺栓方式施工，地脚螺栓无法座于底板顶部，且会造成钢结构专业与土建专业交叉施工，工期损失较大。为避免现场交叉施工，钢管柱底设置临时支架用于支撑首节钢管柱和首层钢梁，并将地脚螺栓先行与柱底板和临时支架固定，待首节钢管柱和首层钢梁全部安装完毕后，统一进行基础底板混凝土浇筑，大大缩短了施工周期。柱脚支架结构为临时结构，考虑到结构的整体稳定性，将支架结构设计成框支撑体系，具体见下列各图：

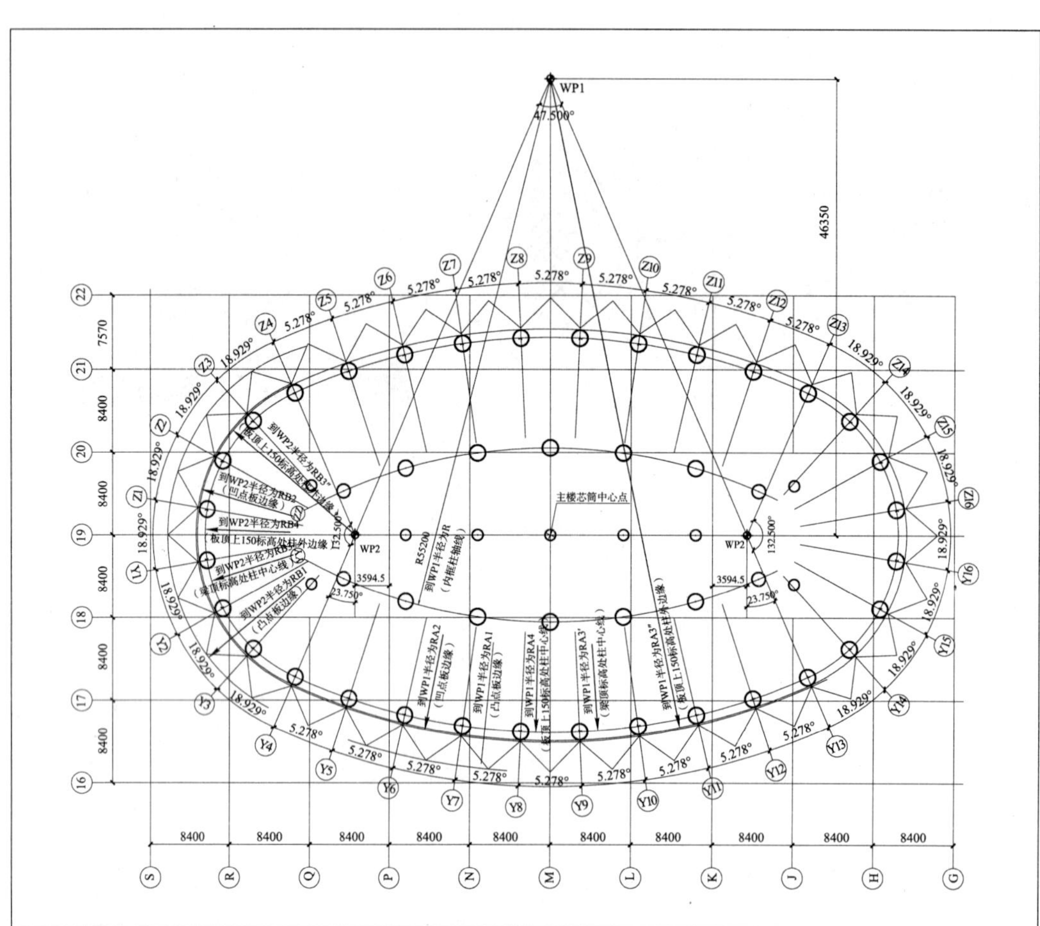

	楼层	RA1（m）	RA2（m）	RB1（m）	RB2（m）	RA4（m）	RB4（m）	板顶标高	梁顶标高	外框梁半径 A3'	外框梁半径 RB3'
优化前	L13	70.7233	68.9272	20.0724	18.2978	67.8798	17.2413	55.9000	55.7800	67.8743	17.2358
	L14	70.7901	68.9997	20.1395	18.3704	67.9659	17.3274	60.1000	59.9800	67.9604	17.3219
	L15	70.8545	69.0695	20.2041	18.4403	68.0275	17.3890	64.5000	64.2500	68.0219	17.3834
优化后	L13	70.7233	68.9272	20.0724	18.2978	67.8798	17.2413	55.9000	55.7800	67.8743	17.2358
	L14	70.7901	68.9997	20.1395	18.3704	67.9659	17.3274	60.1000	59.9800	67.9604	17.3219
	L15	70.8518	69.0716	20.2041	18.4374	68.0244	17.3859	64.5000	64.2500	68.0190	17.3805

图 5　外框结构平面定位图比较（以 L13～L15 为例）

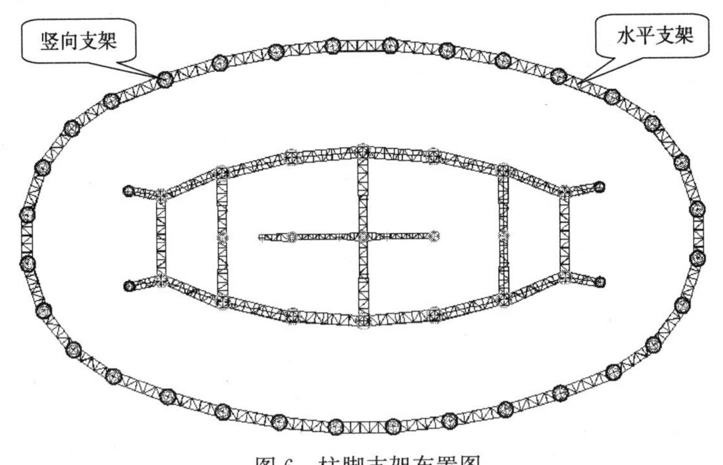

图 6　柱脚支架布置图

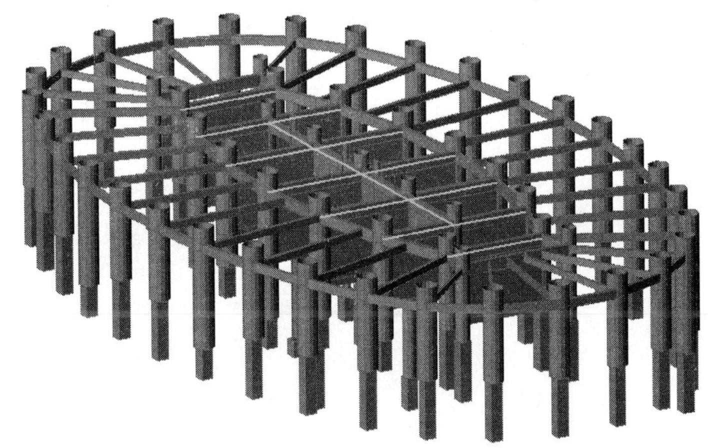
图 7　柱脚支架上部结构模型

将结构恒荷载、活荷载和风荷载进行组合计算出对支架的作用力，进而选择支架截面（图 8～图 11）。

3　钢板剪力墙、钢管混凝土柱复杂节点优化

3.1　钢管柱柱脚节点设计

由于津塔工程底板厚度较大，内筒 26 支钢骨柱中有 18 支为埋入式柱脚，外筒 32 支钢骨柱中有 4 支为埋入式柱脚，最大埋入深度达 8.8m（图 12、图 13）。

由于钢骨截面较大（最大为 ϕ1700×65mm），埋入混凝土底板较深，柱脚设计时除要保证受力安全外，还需考虑柱脚节点对底板钢筋的影响，尽量保证底板钢筋能贯通。

外露式柱脚节点（图 14）：

埋入式柱脚节点（图 15）：

埋入式柱脚与底板钢筋节点（图 16）：

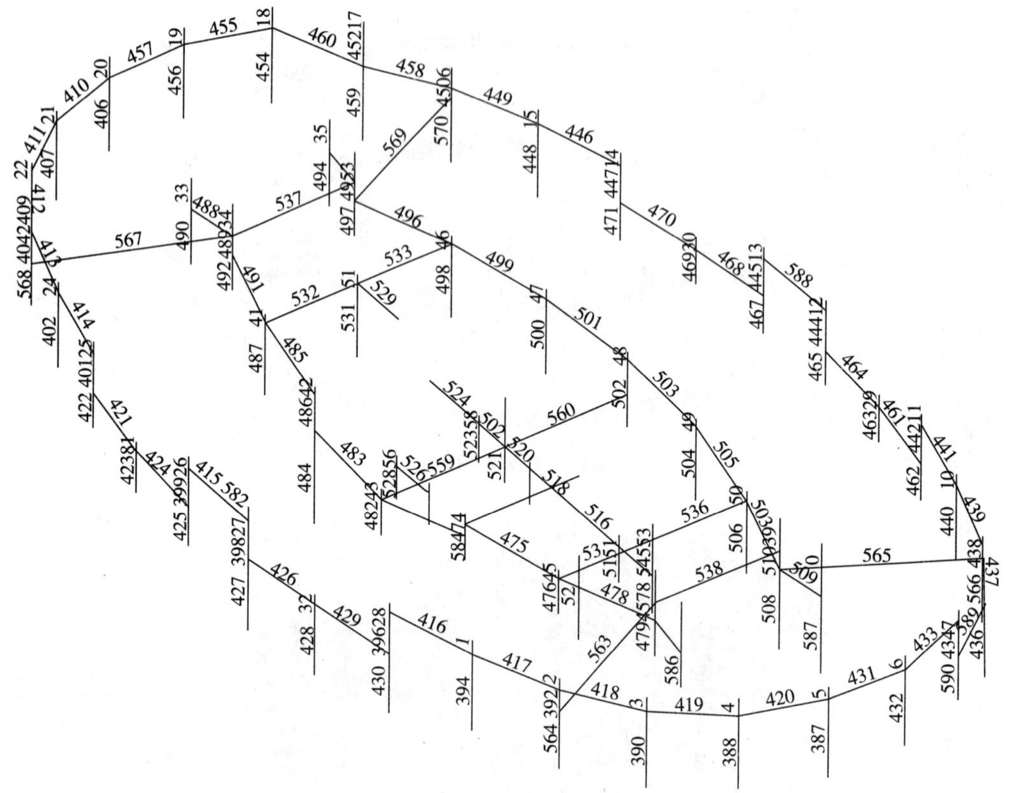

图 8　支架空间模型示意图

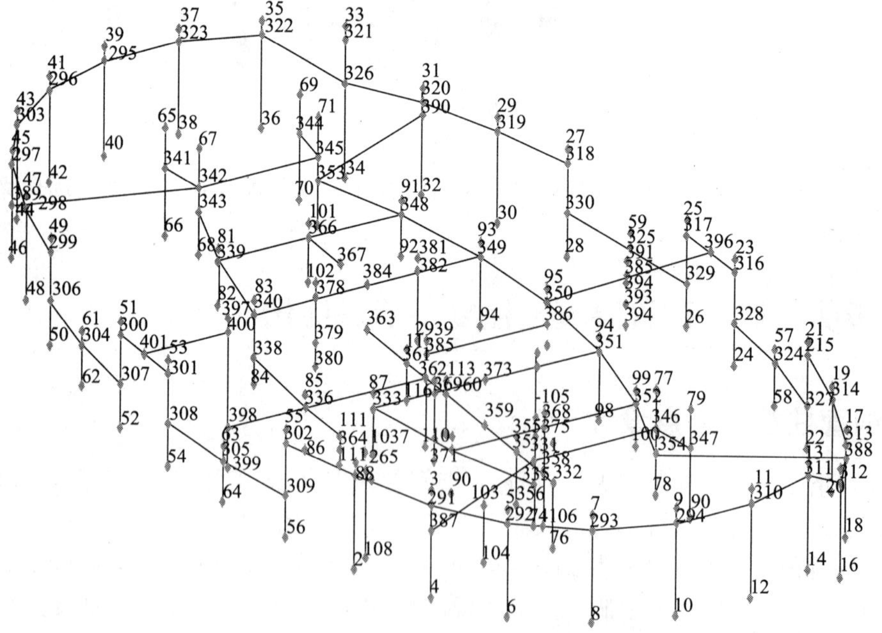

图 9　支架各节点示意图

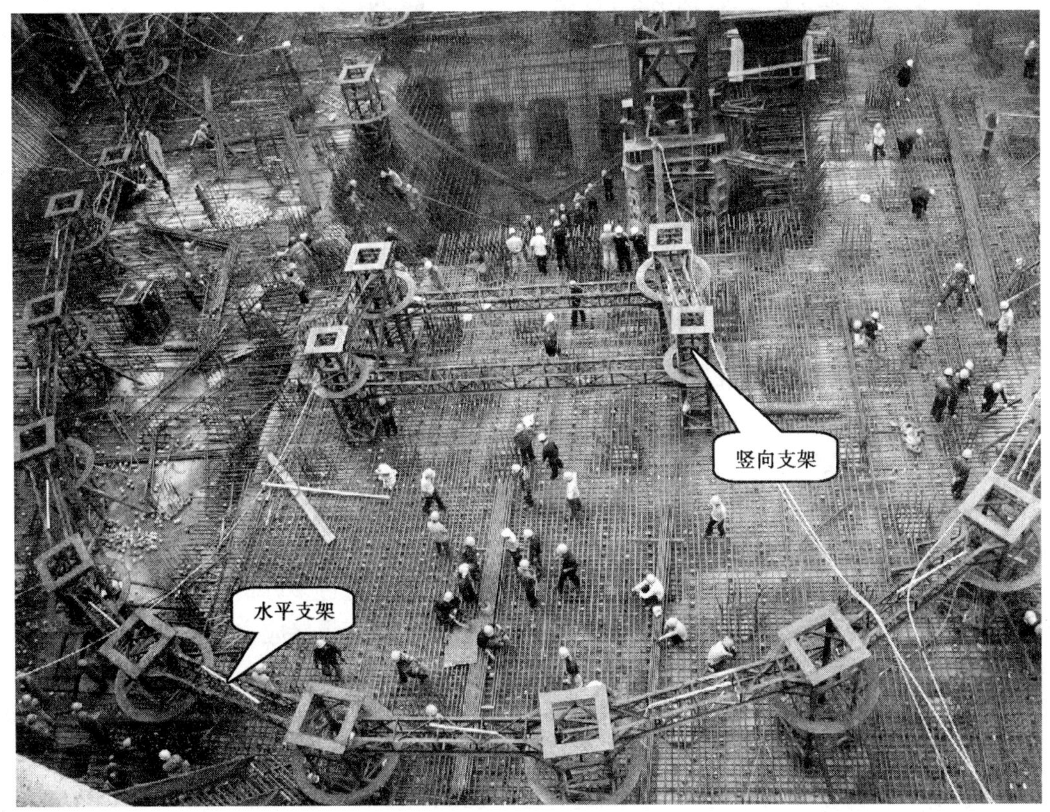

图 10　现场施工支架照片

图 11　现场施工支架支撑钢管柱照片

(b)

图 16 埋入式柱脚与底板钢筋节点（二）

(a) 节点深化图；(b) 现场照片

3.2 钢管柱与钢板剪力墙连接节点设计

钢板剪力墙与钢管柱、框架横梁连接处受竖向剪力和水平拉压力的作用，连接方式通常采用高强螺栓连接、剖口对接、角焊缝连接。按照结构受力要求，钢板墙不承担结构重力作用，要求主体结构安装基本完成后再连接固定钢板剪力墙。钢板剪力墙较厚（32mm）、强度高（Q345）、连接强度不低于钢板的极限抗拉强度（大震设计要求），采用高强螺栓连接，螺栓数量太多，孔位不易对准，施工难度大。钢板墙较多，钢板墙与柱边框约束刚度大，采用剖口对接连接，焊接应力集中，易焊接撕裂。工程实施时，通过多方案比选，钢板剪力墙与柱连接采用双夹板双面角焊缝的连接形式，这种连接方式具有焊接应力小、容易调整施工偏差、焊接要求相对较低、施工容易等优点。根据结构构造要求和钢板剪力墙受力特征，按常规设计，管内加纵肋焊于管壁上起剪力墙传力作用，钢管柱纵向不剖开。但因受十字纵肋分割后管内操作空间太小，只能优化设计为钢管纵向剖开，纵肋贯通管壁的节点形式。

钢板剪力墙与纵肋的连接，设计院通过结构加载试验选定了全焊连接，接头形式可以是上下梁与钢板剪力墙角焊缝连接或在梁翼缘增设连接板后与钢板剪力墙对接或加盖板搭接。优化设计的原则是避免工地仰焊，减少焊接量并易于保证焊接质量。为此钢板剪力墙与纵肋选择加盖板搭接立焊，钢板墙与上梁、搭接盖板在工厂用角对接焊后一体运输。工地安装钢板墙可利用搭接盖板和临时螺栓与纵肋定位，与下梁工地焊接则为易于施工的平横焊。施工实践取得了良好的效果。深化钢管柱与其连接节点深化设计如图 17 和图 18。

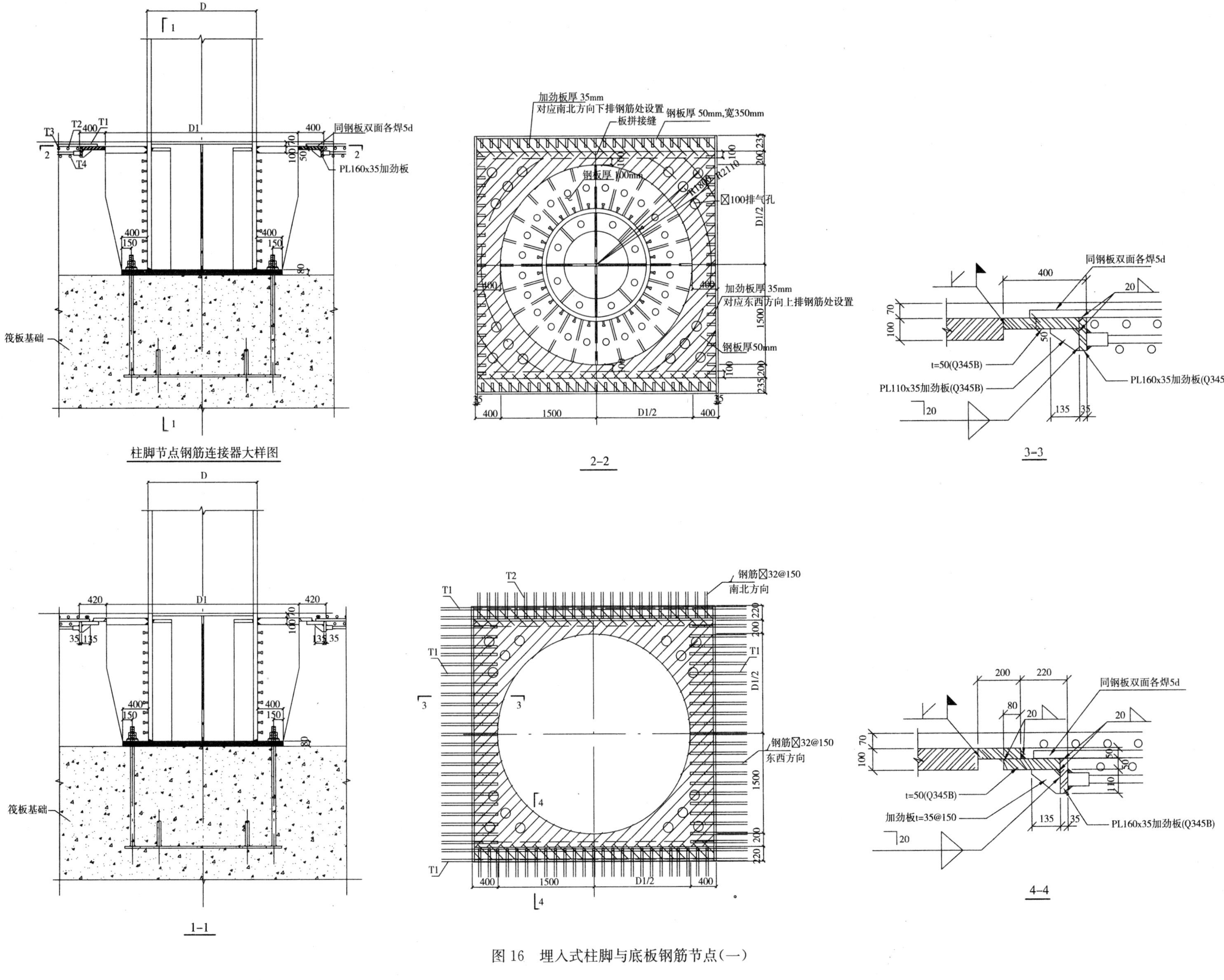

图16 埋入式柱脚与底板钢筋节点(一)

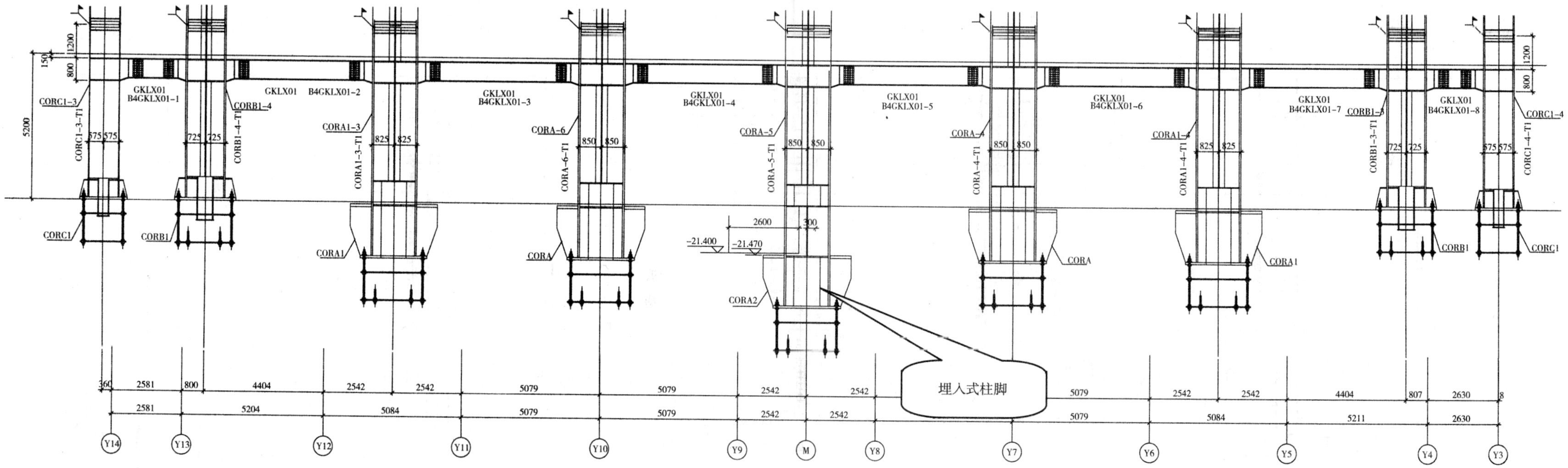

核心筒立面布置图

Y-Y

图 12　内筒柱脚立面展开图(二)

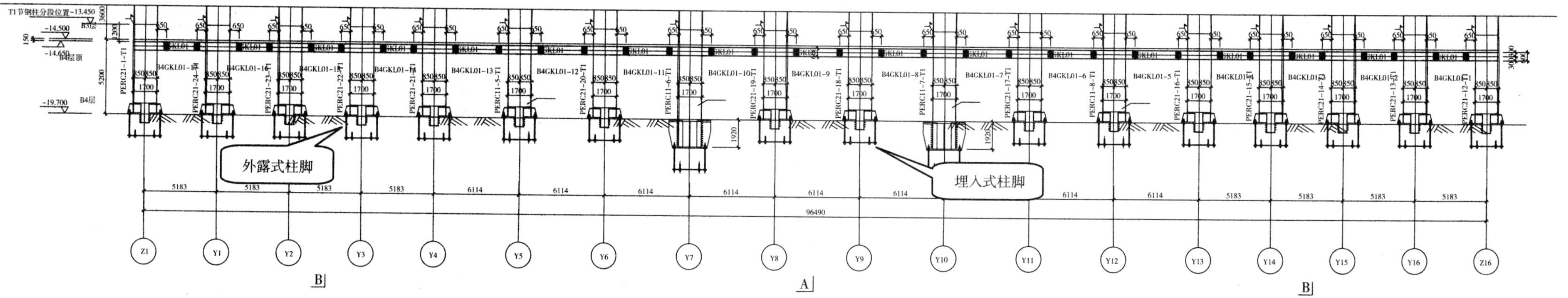

Y1-Y16立面布置图-B4~L1层

图 13　外筒柱脚立面展开图

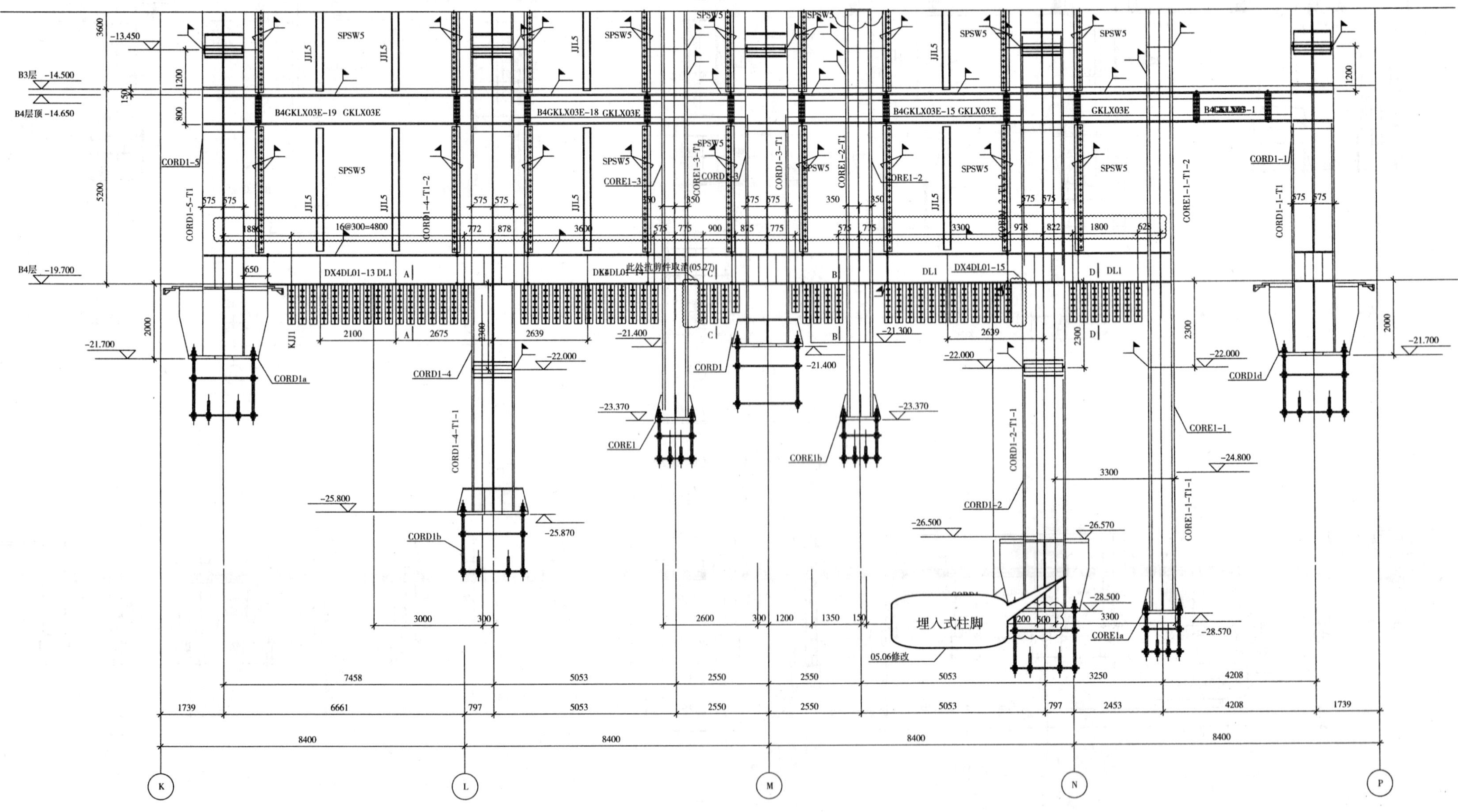

核心筒立面布置图

N1-N1

图 12　内筒柱脚立面展开图(一)

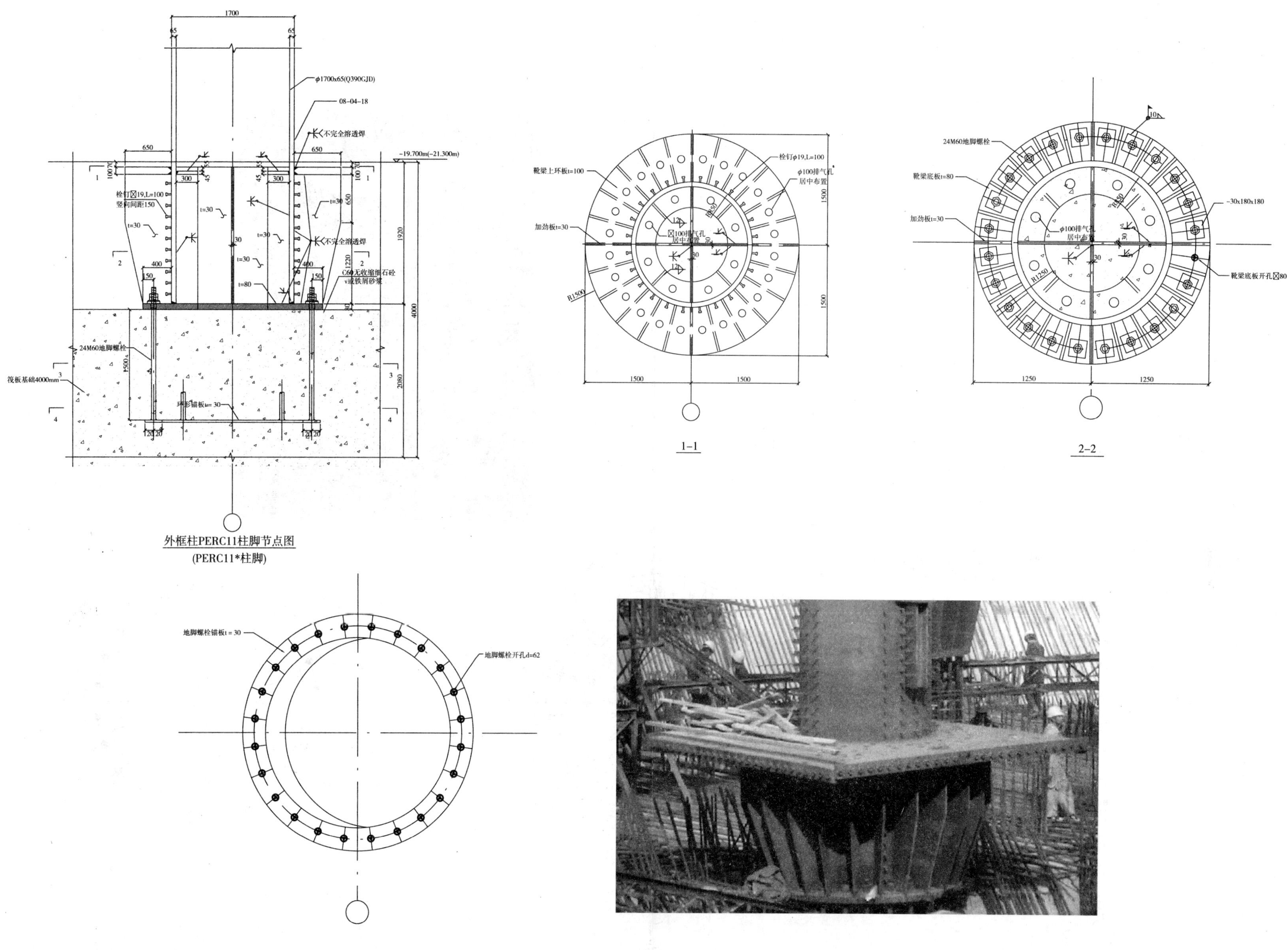

图 15　埋入式柱脚节点

(*a*)节点深化图;(*b*)现场照片

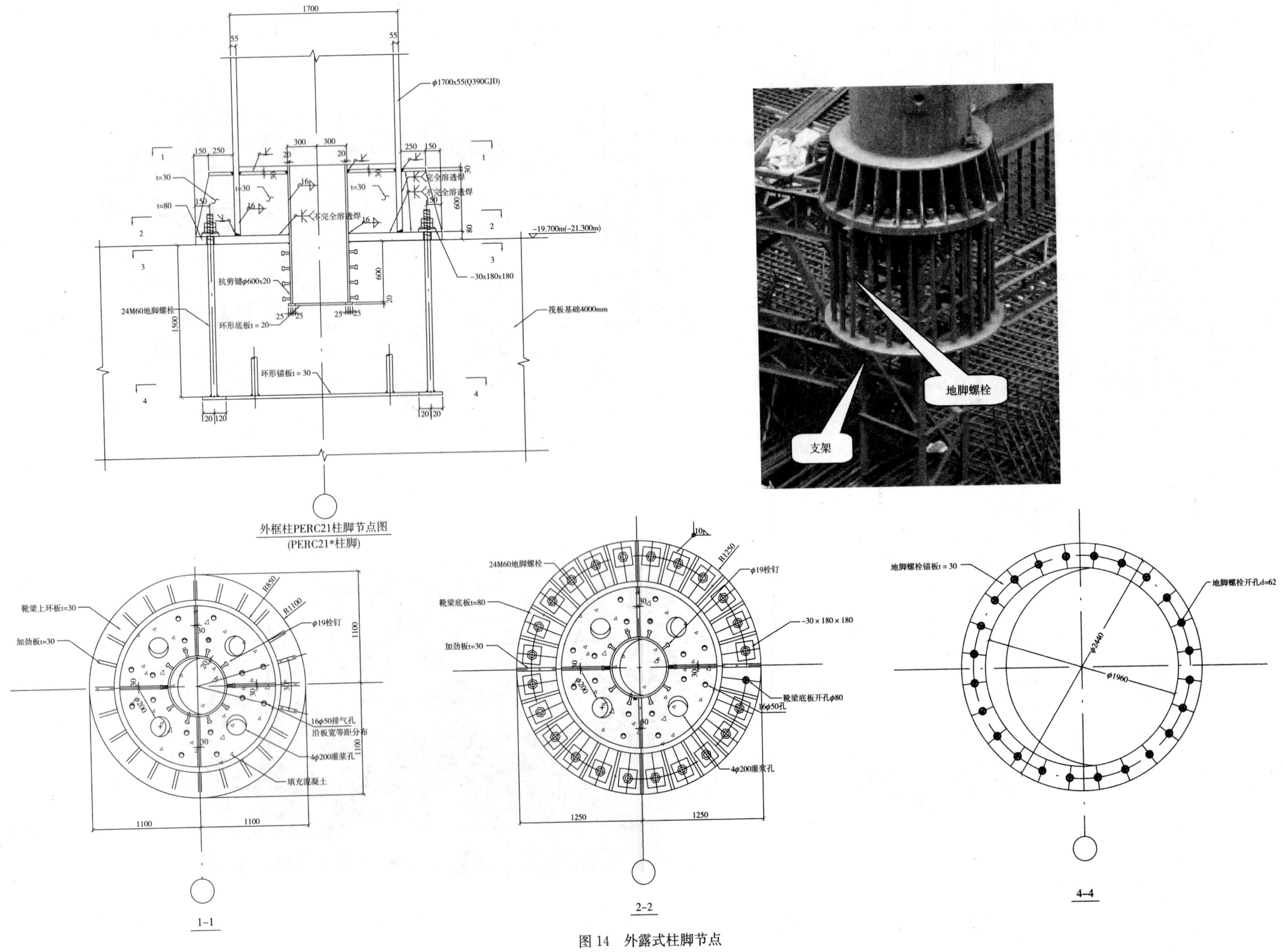

图 14　外露式柱脚节点

(*a*)节点深化图;(*b*)现场照片

图 17　钢板墙与钢管柱节点类型

侧向现场连接					
编号	形式	尺寸列表			
		$t2$	$t4$(Q345C)	$hf1$	$hf2$
XPJ1	工厂焊接贴角采用E50焊条 贴角采用E43焊条 安装螺栓M20@150 钢柱端孔d=30 连接板孔d=30	32	28	21	26
		28	25	18	23
		25	22	16	20
		22	20	14	18
		20	18	13	16

侧向现场连接				
编号	形式	尺寸列表		
		$t2$	$t4$(Q235C)	$hf2$
XPJ4	变量 贴角采用E43焊条	32	28	26
		28	25	23
		25	22	20
		22	20	18
		20	18	16

下端连接						
编号	形式	尺寸列表				
		$t2$	a	b	β°	备注
XJ1	贴角采用E43焊条	≥30	2	9	35	
		<30	2	9	30	

上端连接					
编号	形式	尺寸列表			
		$t2$	$hf3$（仅在牛腿范围）	$hf4$	备注
SJ1	贴角采用E43焊条	32	26	32	
		28	23	28	
		25	20	25	
		22	18	22	
		20	16	20	

侧边连接							
编号	形式	尺寸列表					
		$t1$	$t2$(Q235C)	$t3$(材质同$t1$)	$t4$(Q345C)	$hf1$	$hf2$
CJ1	侧板墙安装方向 工厂焊接贴角采用E50焊条 贴角采用E43焊条	≤45	32	32	28	21	26
			28	28	25	18	23
			25	25	22	16	21
			22	22	20	14	18
			20	20	18	13	16

工厂拼接		
编号	形式	尺寸列表
GPJ1	埋弧焊 SC-BK-2 F 清根 工厂拼接	$t \geq 21$ $\alpha 1 = 55^{\circ}$ $\alpha 2 = 60^{\circ}$ $b=1 \quad p=5$ $H1 = 2/3(t-p)$ $H2 = 1/3(t-p)$

编号	形式	尺寸列表						编号	形式	尺寸列表
CJ2		$t1$	$t2$ (Q235C)	$t3$(材质同 $t1$)	$t4$ (Q345C)	$hf1$	$hf2$			
		>45	32	0.7t1	28	21	26			
			28	0.7t1	25	18	23			
			25	0.7t1	22	16	20			
			22	0.7t1	20	14	18			
			20	0.7t1	18	13	16			
CJ3		$t1$	$t2$ (Q235C)	$t3$ (Q345C)	$t4$ (Q345C)	$hf1$	$hf2$			
		>45	32	32	28	21	26			
			28	28	25	18	23			
			25	25	22	16	20			
			22	22	20	14	18			
			20	20	18	13	16			

图 18 钢板剪力墙深化节点

3.3 钢管柱与钢板剪力墙、立面斜撑、伸臂桁架连接节点设计

(1) 钢管柱与钢板剪力墙、立面斜撑连接典型节点

根据立面支撑和钢板剪力墙受力特征，并结合现场安装方案合理设置其分段、分片(图 19、图 20)。

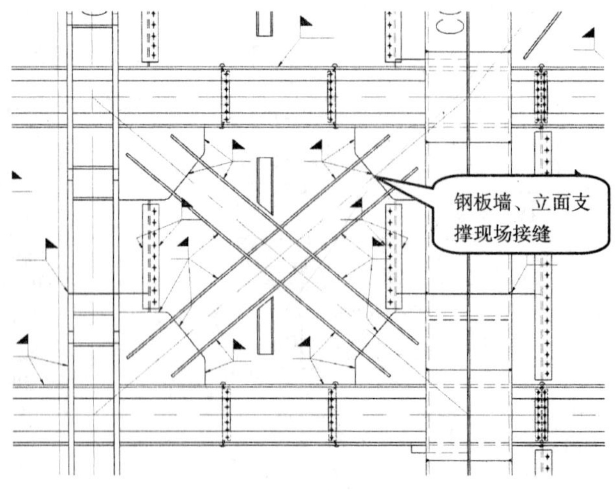

图 19 钢板墙立面分片节点图

图 20　钢板墙分片安装

(2) 钢管柱与钢板剪力墙、立面斜撑、伸臂桁架连接典型节点（图 21）

1）典型节点 1（图 22 和图 23）

①节点设计计算

节点的设计与细部构造应按照“强节点-弱构件”的原则进行。在各个水准的地震作用下，所有节点最好保持在弹性或接近弹性范围内工作。节点的受力应考虑构件的超强度，即构件实际工作时可能施加在节点上的力要大于构件的设计强度值。同时，在节点焊缝附近要避免过高的应力集中以防止脆性断裂破坏。

由于该处节点受力复杂，在 4 种工况中进行对比，分析最不利荷载组合，对节点进行有限元计算，取其中最不利荷载组合转换到节点上的荷载如图 23 所示。

建立加载模型（图 24）。

各加载模型计算结果（图 25）。

分析节点在各种工况下的工作状况，取用最不利工况下受力为节点处的荷载值对节点进行受力分析，分析对象是否处于弹性工作阶段，进而来判断节点的承载力是否富裕。对节点中不满足受力要求之处，可进行加强，并重新分析计算，直到符合设计要求为止。

②节点制作工艺方案编制

根据计算分析结果确定最终深化节点，并针对深化节点编制加工制作工艺方案（如节点不满足制作工艺要求，需要重新对节点进行深化，直到该深化节点既符合设计要求又满足制作工艺为止）：

节点制作步骤（图 26）：

步骤一：节点圆管的卷制及相贯线切割；

步骤二：贯穿板的折弯加工；

步骤三：节点圆管与节点贯穿板、内隔板、纵向劲板的装配焊接及外部附件（牛腿、连接板）的装配；

步骤四：焊接外部附件与圆管主体间的焊缝。

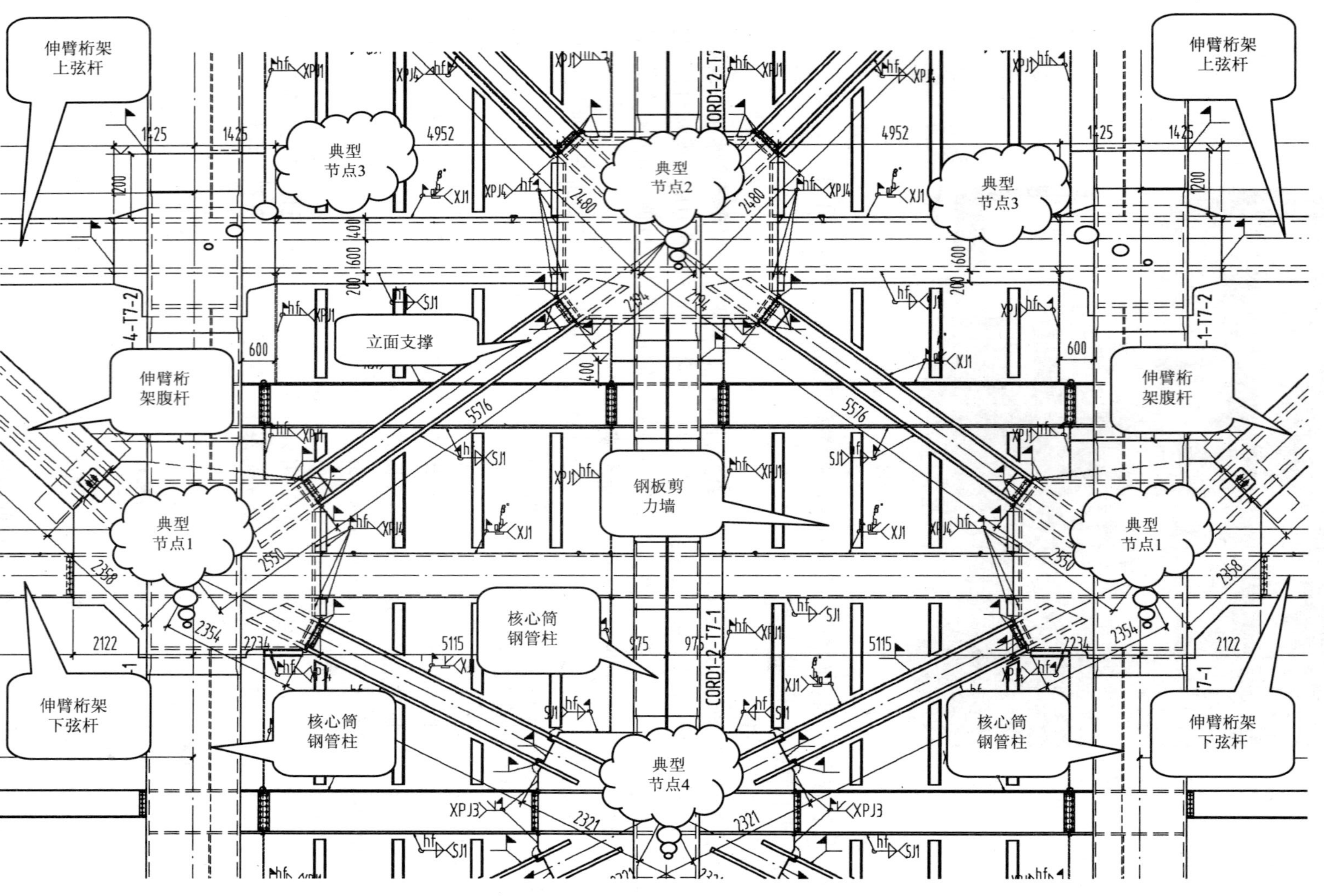

图 21 钢管柱与钢板剪力墙、立面斜撑、伸臂桁架立面布置图

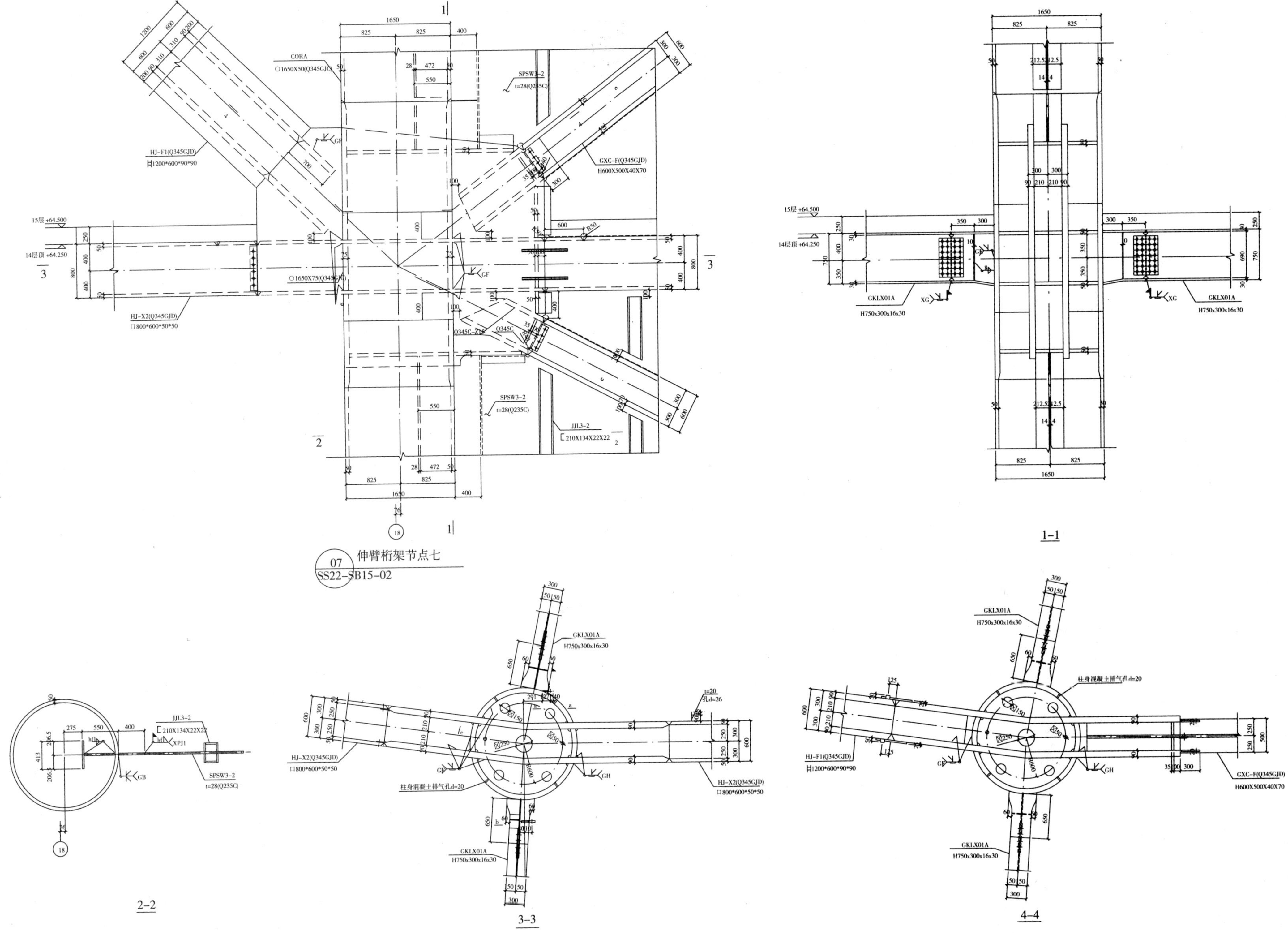

图 22 典型节点 1 深化设计图

图 20　钢板墙分片安装

(2) 钢管柱与钢板剪力墙、立面斜撑、伸臂桁架连接典型节点（图 21）

1）典型节点 1（图 22 和图 23）

①节点设计计算

节点的设计与细部构造应按照“强节点-弱构件”的原则进行。在各个水准的地震作用下，所有节点最好保持在弹性或接近弹性范围内工作。节点的受力应考虑构件的超强度，即构件实际工作时可能施加在节点上的力要大于构件的设计强度值。同时，在节点焊缝附近要避免过高的应力集中以防止脆性断裂破坏。

由于该处节点受力复杂，在 4 种工况中进行对比，分析最不利荷载组合，对节点进行有限元计算，取其中最不利荷载组合转换到节点上的荷载如图 23 所示。

建立加载模型（图 24）。

各加载模型计算结果（图 25）。

分析节点在各种工况下的工作状况，取用最不利工况下受力为节点处的荷载值对节点进行受力分析，分析对象是否处于弹性工作阶段，进而来判断节点的承载力是否富裕。对节点中不满足受力要求之处，可进行加强，并重新分析计算，直到符合设计要求为止。

②节点制作工艺方案编制

根据计算分析结果确定最终深化节点，并针对深化节点编制加工制作工艺方案（如节点不满足制作工艺要求，需要重新对节点进行深化，直到该深化节点既符合设计要求又满足制作工艺为止）：

节点制作步骤（图 26）：

步骤一：节点圆管的卷制及相贯线切割；

步骤二：贯穿板的折弯加工；

步骤三：节点圆管与节点贯穿板、内隔板、纵向劲板的装配焊接及外部附件（牛腿、连接板）的装配；

步骤四：焊接外部附件与圆管主体间的焊缝。

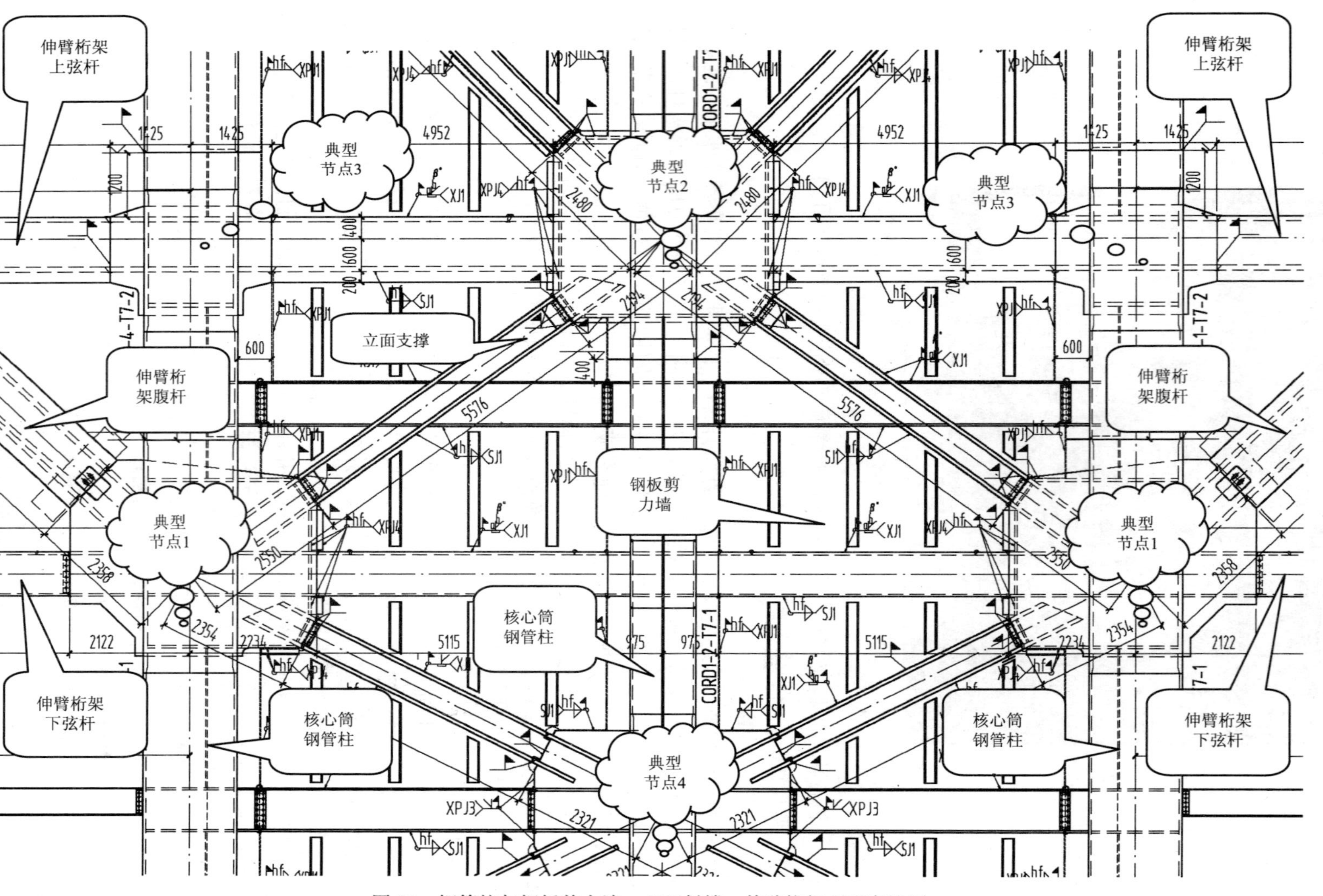

图 21　钢管柱与钢板剪力墙、立面斜撑、伸臂桁架立面布置图

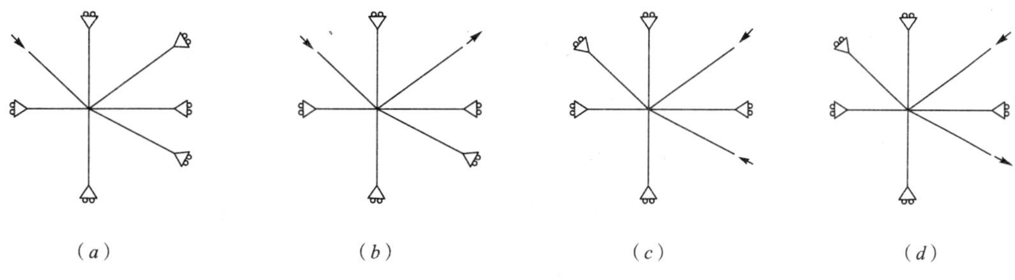

图 23　4 种工况下的荷载图

(*a*) 加载一；(*b*) 加载二；(*c*) 加载三；(*d*) 加载四

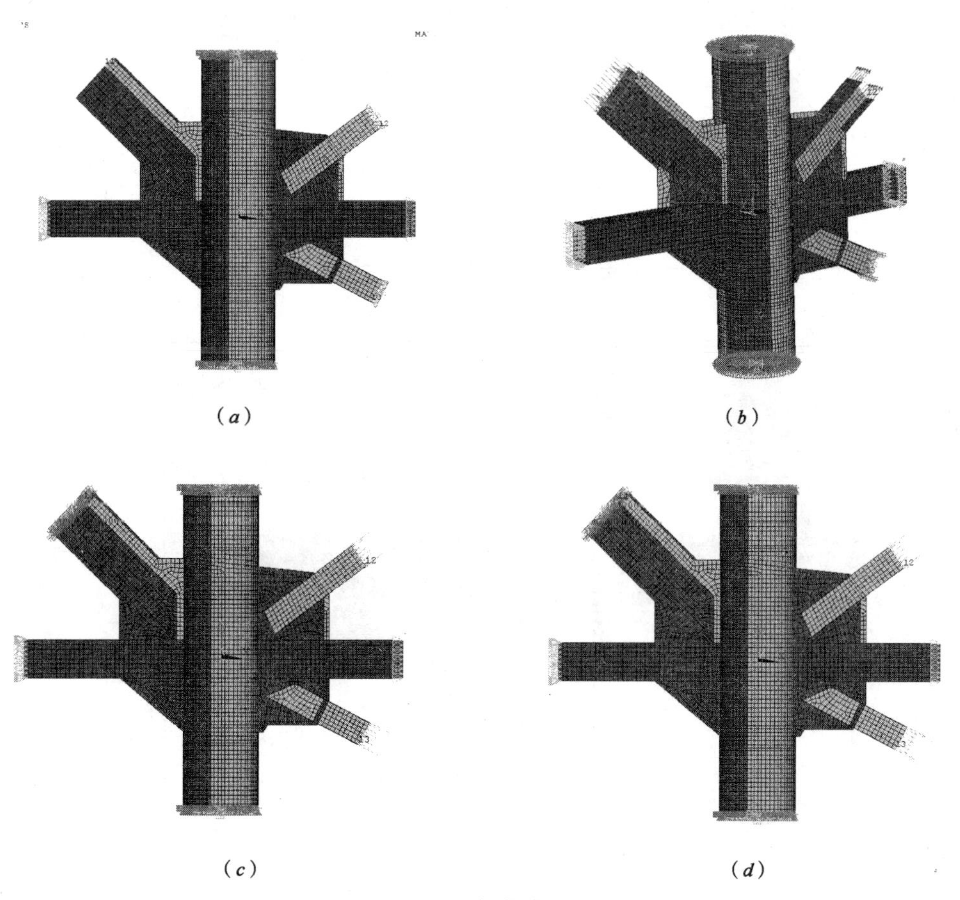

图 24　加载模型

(*a*) 加载模型一；(*b*) 加载模型二；(*c*) 加载模型二，(*d*) 加载模型四

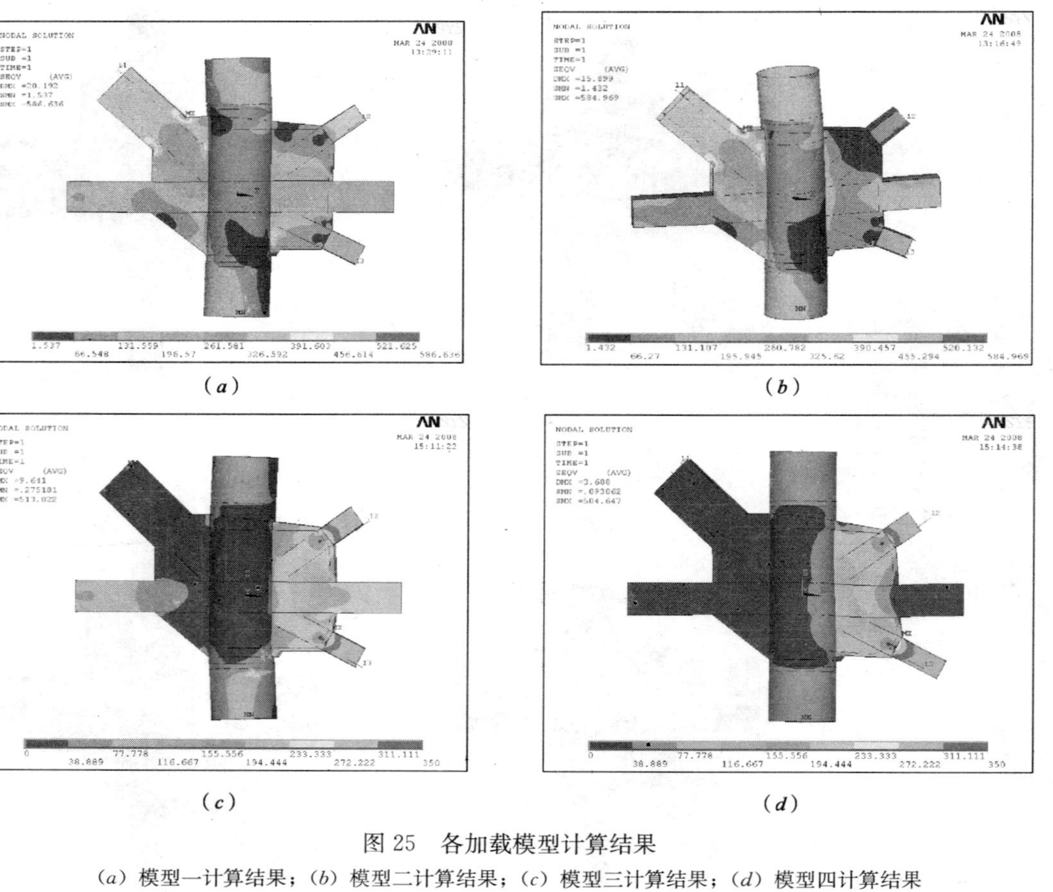

(*a*) (*b*) (*c*) (*d*)

图 25 各加载模型计算结果

(*a*) 模型一计算结果；(*b*) 模型二计算结果；(*c*) 模型三计算结果；(*d*) 模型四计算结果

制作工序：

A. 节点圆管的卷制及相贯线切割

由于节点构造复杂，为了使外侧横向劲板能有更好的焊接操作空间，根据节点的构造形式，将该节点圆管分割为上、中、下三段（共 6 小片），如图 27 和图 28 所示。

B. H 形牛腿的制作

由于节点内侧空间较小，为了便于焊接，先进行贯穿板内的 H 形牛腿拼装焊接，如图 29 所示。

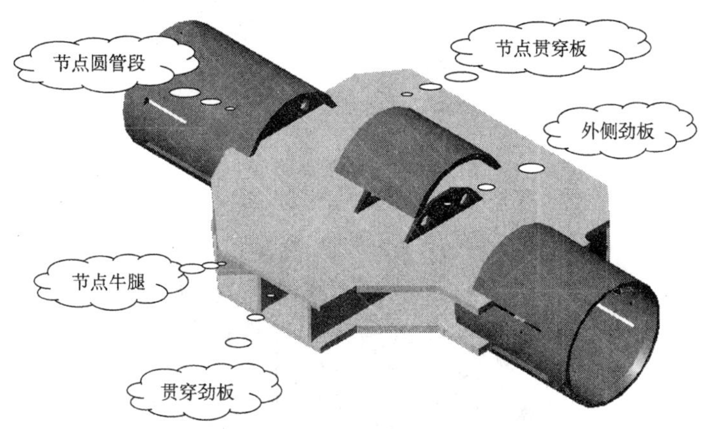

图 26　节点制作步骤

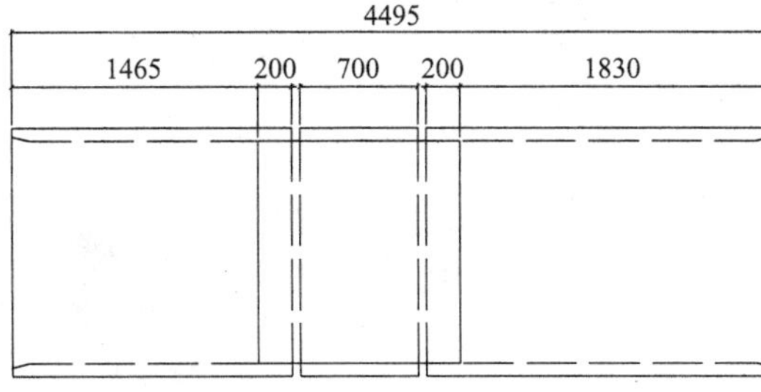

图 27　圆管分段平面图

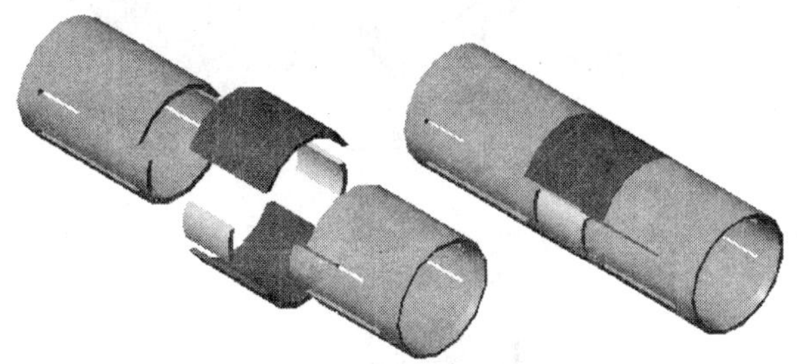
图 28　圆管分段轴测图

图 29　H 形牛腿的制作

C. 节点装配焊接

a. 贯穿板下料完毕后，在其上标示出圆管、横向隔板、贯穿隔板、牛腿翼板、封板等的装配位置线，如图 30 所示。

b. 装配位置线标示后，将贯穿隔板、中间分片圆管按装配位置线进行装配，检查合格后，焊接贯穿隔板、中间分片圆管及下贯穿隔板间的焊缝，焊接完毕后按要求进行 UT 检测，如图 31 所示。

c. 完成上道工序后，装配上贯穿板，检查合格后焊接贯穿隔板、中间分片圆管段与上贯穿板间的焊缝，焊接完毕后按图纸要求进行 UT 检测，如图 32 所示。

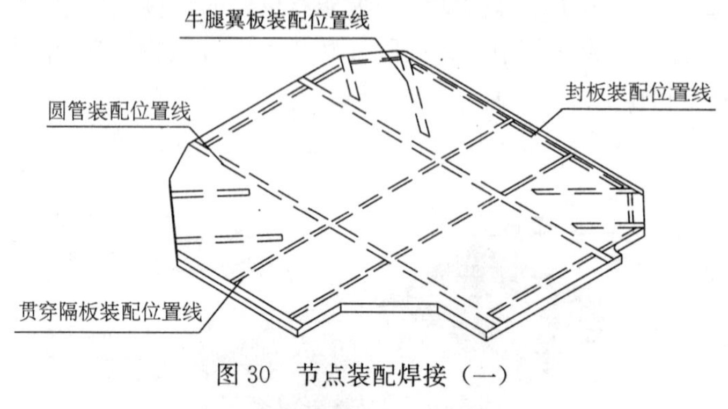

图 30　节点装配焊接（一）

分片圆管段
下贯穿板
贯穿隔板

图 31　节点装配焊接（二）

d. 完成上道工序后，装配外侧横向隔板、内侧横向加劲板及中间圆管片，并焊接外侧横向隔板与贯穿板及圆管片的焊缝，同时焊接内侧横向加劲板与上下贯穿板的焊缝，焊接完毕后按图纸要求进行 UT 检测，如图 33 所示。

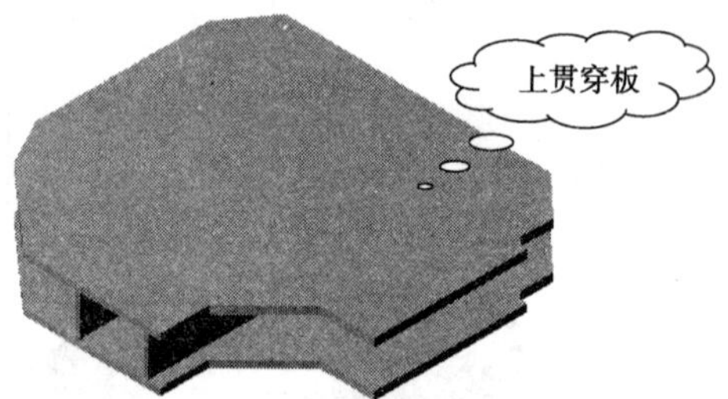

图 32　节点装配焊接（三）

e. 完成上道工序后，装配节点上下两段圆管片，检查合格后焊接圆管段间的对接焊缝及上下圆管段与内、外侧横向劲板的焊缝，同时焊接圆管与贯穿板的焊缝，焊接完毕后按图纸要求进行 UT 检测，如图 34 所示。

图 33　节点装配焊接（四）

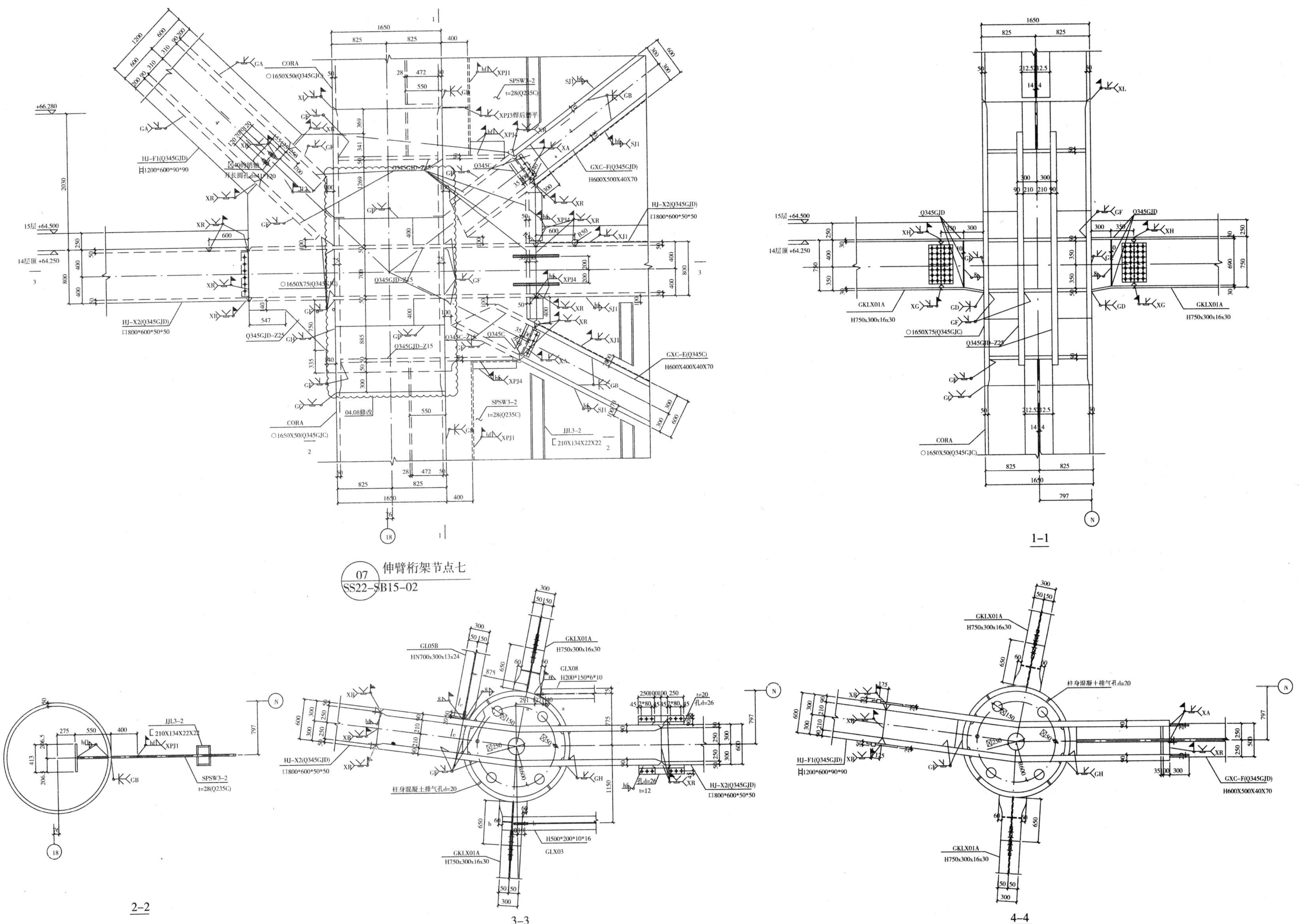

图 39　典型节点 4

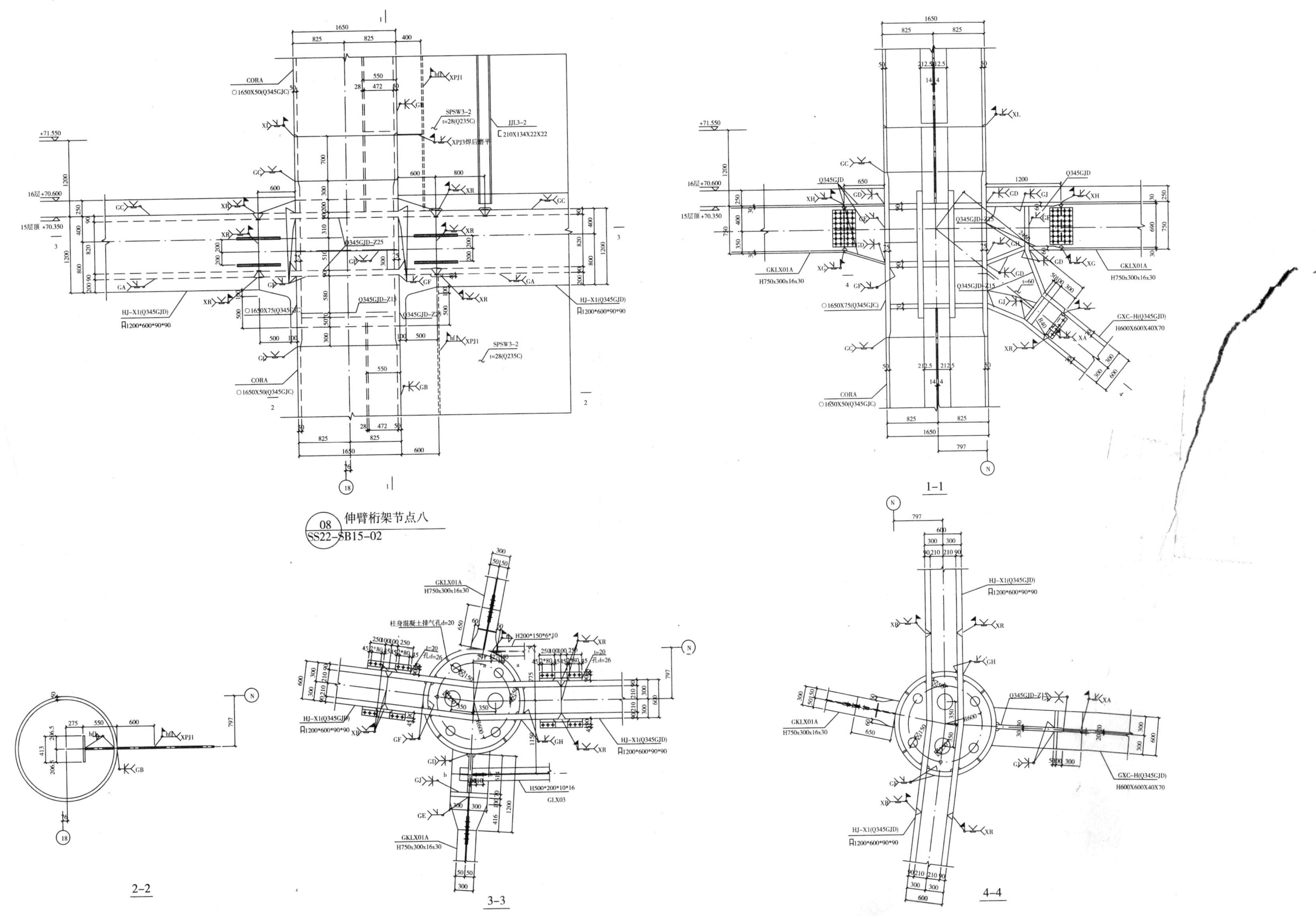

图 38 典型节点 3

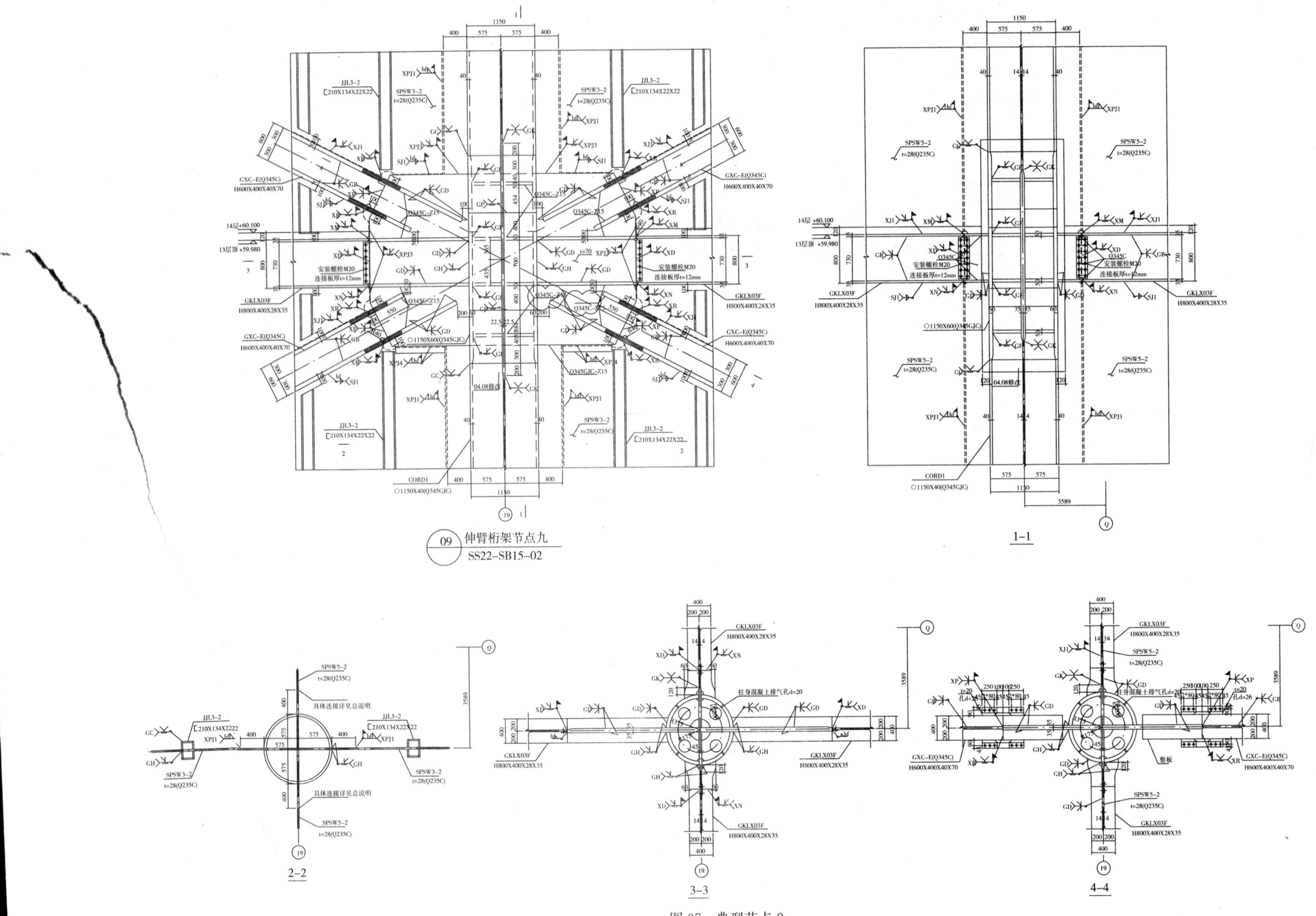

图 37　典型节点 2

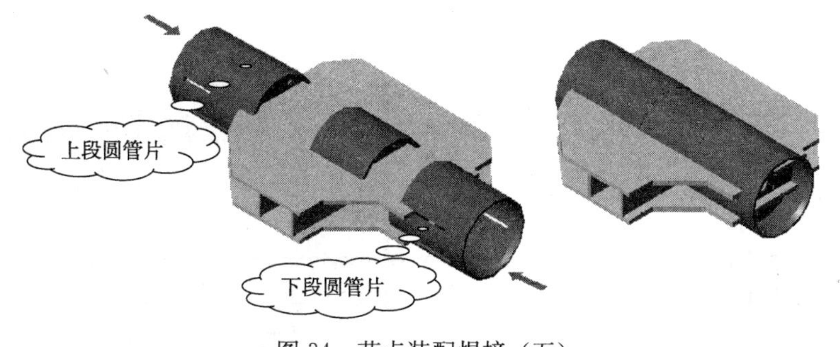

图 34　节点装配焊接（五）

f. 完成上道工序后，将装配焊接完毕的 H 钢牛腿装配到节点箱体内，同时焊接 H 钢牛腿翼板与贯穿板的焊缝，焊接完毕后按图纸要求进行 UT 检测（然后装配节点封板），如图 35 所示。

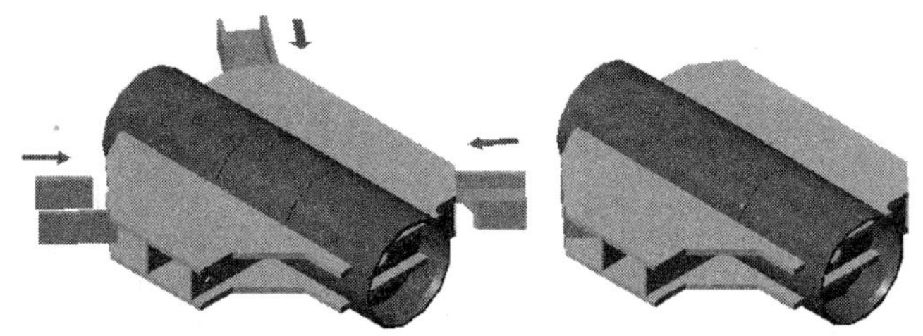

图 35　节点装配焊接（六）

2）典型节点 2

节点制作步骤和工序与节点 1 类同，典型节点 2 如图 37。

3）典型节点 3

节点制作步骤和工序与节点 1 类同，典型节点 3 如图 38。

4）典型节点 4

节点制作步骤和工序与节点 1 类同，典型节点 4 如图 39。

图 36　节点外观

3.4　钢管柱与带状桁架、伸臂桁架连接节点设计

钢管柱与伸臂桁架立面布置见图 40。典型节点深化设计见图 41～图 43。桁架连接安装顺序见图 44。现场照片见图 45。

（1）典型节点 1（图 41）

（2）典型节点 2（图 42）

（3）典型节点 3（图 43）

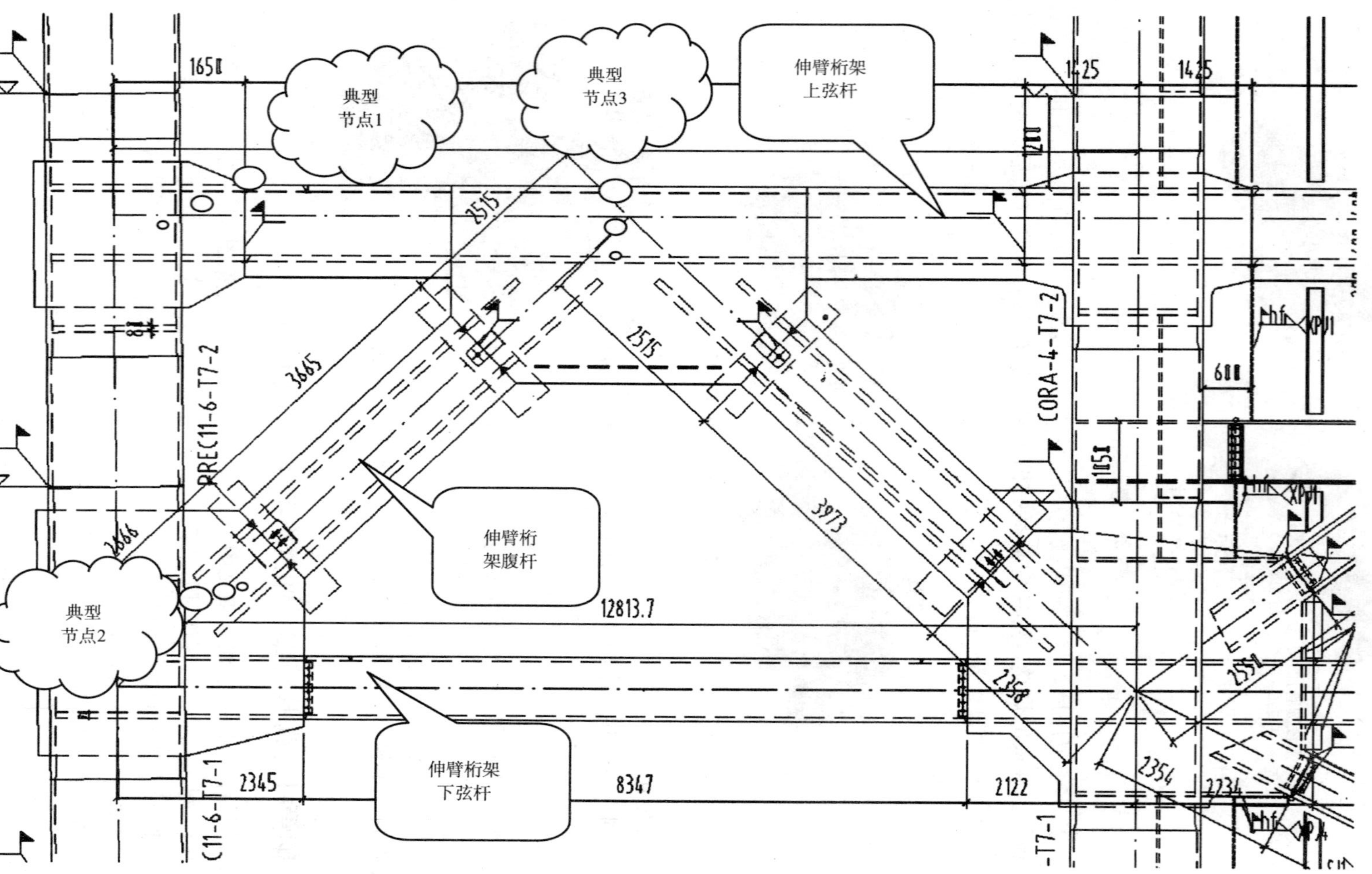

图 40 钢管柱与伸臂桁架立面布置图

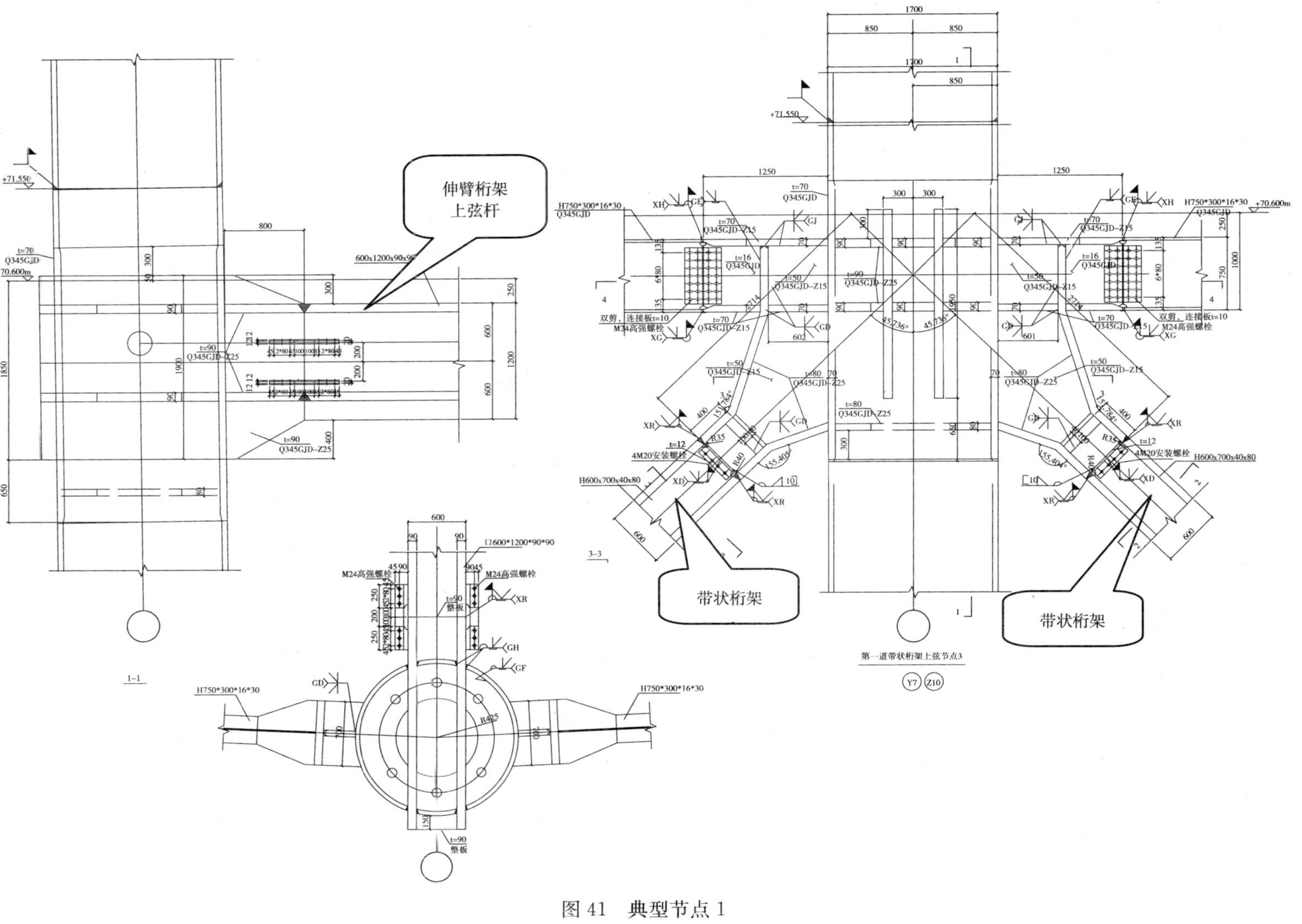

图 41　典型节点 1

伸臂桁架腹杆
伸臂桁架下弦杆
600x1200x90x90
Q345GJD-Z25
对应支撑腹板处设置
+66.420
+64.500m
+61.180
□600*800*50*50
Q345GJD-Z15
1-1
M24高强螺栓
□600*1200*90*90
H750*300*16*30
2-2
2008-08-28修改
节点板开槽
双剪，连接板t=10
第一道带状桁架伸臂桁架下弦节点3
□40的销轴
GD焊后磨平
5-5

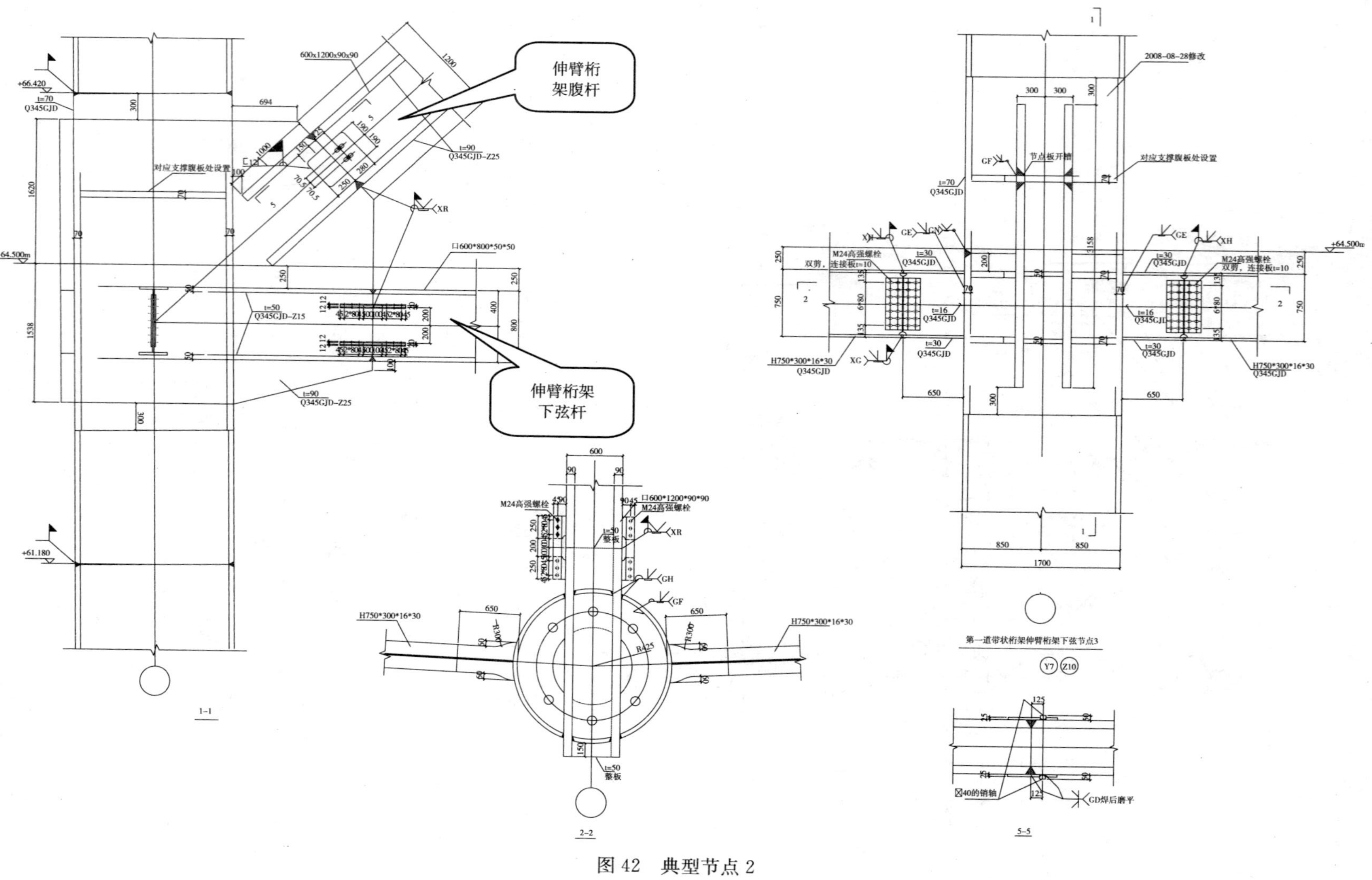

图 42　典型节点 2

伸臂桁架上弦杆
伸臂桁架腹杆
伸臂桁架腹杆
伸臂桁架节点14
Y7 Y10 轴线处
1-1
3-3
5-5
☒60的销轴
开孔d=62
Q345GJD-Z25
Q345C
XR焊后磨平
焊后磨平
+70.600m

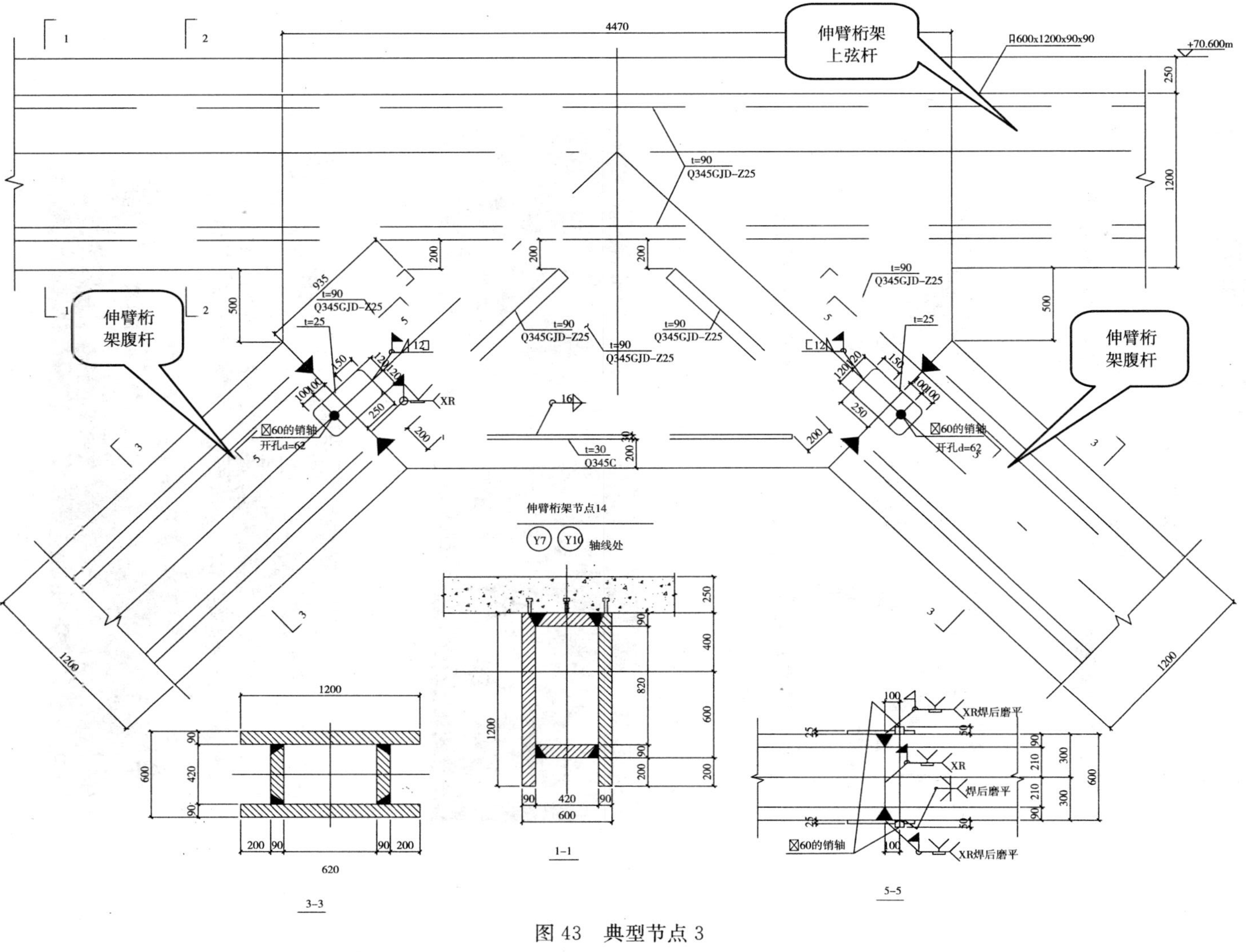

图 43 典型节点 3

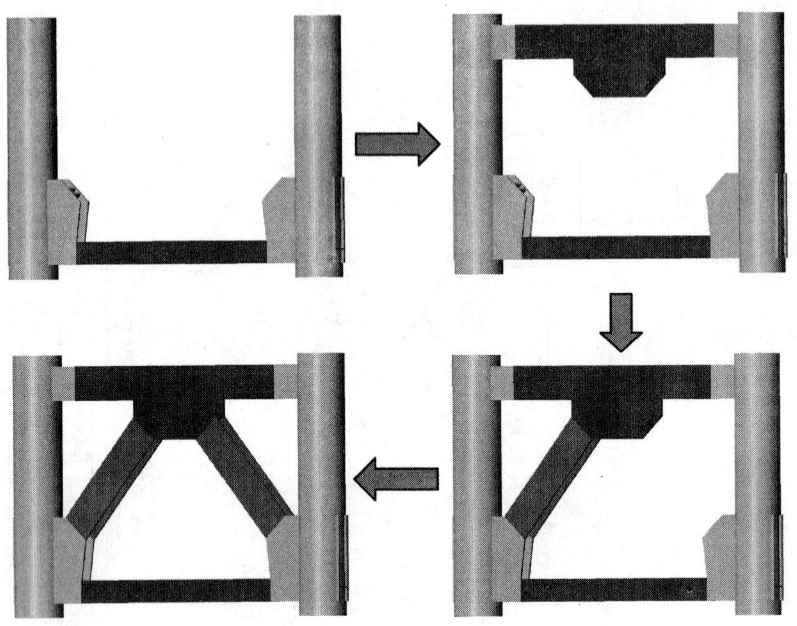

图 44　桁架连接安装顺序示意图

(*a*)

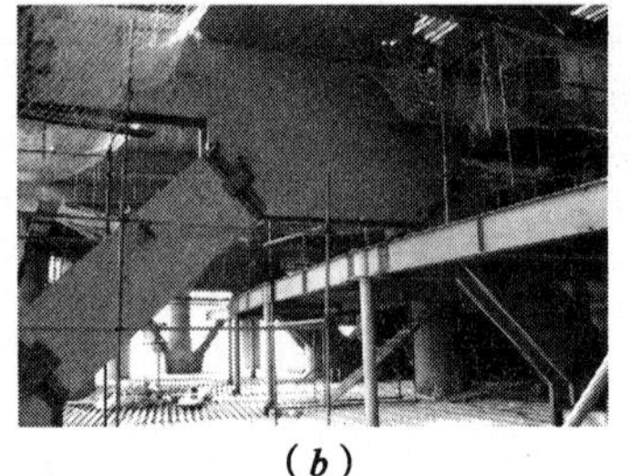

(*b*)

(*c*)

(*d*)

图 45　现场照片

(*a*)、(*b*) 伸臂桁架斜撑延迟焊缝的临时连接；(*c*) 钢管柱、桁架与钢板墙工厂预拼装；(*d*) 带状桁架工厂预拼装

天津津塔工程的钢结构节点优化设计工作，充分考虑了制作和安装过程中焊接工艺需要，在强节点弱杆件的指导思想下，有效降低了制作加工难度，缩短了现场安装工期，取得了良好的效果，得到了业主和专家的一致好评。

天津津塔钢结构压缩变形计算及监测

葛冬云　高元仕　韦疆宇　李　鹏　王　忠
（中建一局集团建设发展有限公司）

摘　要：天津津塔施工过程中结构自重的递增引起基底沉降及结构压缩变形，过程中钢柱焊接收缩引起结构压缩变形，钢柱内灌混凝土收缩徐变引起钢结构的收缩变形。需要在施工阶段对构件加工尺寸以及结构的安装位置进行调整，即称为结构施工过程中的预变形，文中提供的结构施工各阶段压缩变形监测数据说明，本工程依据压缩变形计算结果得出的预调值指导施工，在结构位形控制中取得不错的成果。

关键词：压缩变形　施工过程模拟　预变形　计算预调值　安装标高调整

1　工程概况

天津津塔工程办公楼主体结构高 336.9m，目前是华北区域最高的超高层建筑，津塔在结构形式上采用独特的结构形式：核心钢板剪力墙＋钢管混凝土柱框架＋外伸钢臂及带状桁架抗侧力体系结构形式，钢管柱内混凝土采用顶升工艺灌注。特殊的结构形式与特殊混凝土灌注工艺，为施工中首次遇到。有必要对施工过程中钢结构与混凝土间的变化关系进行研究观察。

2　压缩变形计算的目的

天津津塔办公楼主体结构用钢量达 6.8 万 t，施工过程中各施工环节插入后自重的递增引起的基底沉降及结构压缩变形，过程中钢柱焊接收缩引起的结构压缩变形，钢柱内灌混凝土收缩徐变引起的钢结构的收缩变形。多种因素的影响，致使结构的压缩变形情况十分复杂，为了使结构施工完成后，结构位形在重力荷载作用下控制在建筑和结构设计要求范围内，需要在施工阶段对构件加工尺寸以及结构的安装位置进行调整，即称为结构施工过程中的预变形，此阶段是一个动态的过程。在结构施工开始前，根据施工进度计划进行钢柱收缩变形等的施工模拟，依据施工模拟结果得出柱顶预调分析值。

3　压缩变形计算依据

3.1　计算分析依据

（1）津塔结构施工图。

(2) 津塔岩土工程勘察报告。

(3) 津塔试桩报告。

(4) 设计单位提供的津塔 ETABS 电算模型。

(5) 施工单位的《施工进度计划表》。

(6) 甲方、设计及施工方提供的其他相关资料。

3.2 结构荷载

(1) 依据文件：天津津塔工程计算文件（Jinta Structural Engineering Calculations 100%DD-Volumn I)；《建筑结构荷载规范》GB 50009－2001；结构设计图纸（S0.01)。

(2) 用于结构施工模型及预变形分析的荷载取值如下：

1) 一般楼层

恒载：　压型钢板楼板 ………… 2.9kN/m²

12mm 抄平 ………… 0.2kN/m²

合计 ………… 3.1kN/m²

附加恒载：100mm 找平 ………… 2.4kN/m²

隔墙 ………… 1.0kN/m²

CMEP ………… 0.35kN/m²

合计 ………… 3.75kN/m²

2) 首层楼面

恒载：　300mm 楼板 ………… 7.2kN/m²

12mm 抄平 ………… 0.2kN/m²

合计 ………… 7.4kN/m²

附加恒载：250mm 找平 ………… 6.0kN/m²

CMEP ………… 0.35kN/m²

合计 ………… 6.35kN/m²

3) B1 楼面

恒载：　200mm 楼板 ………… 4.8kN/m²

12mm 抄平 ………… 0.2kN/m²

合计 ………… 5.0kN/m²

附加恒载：150mm 找平 ………… 3.6kN/m²

隔墙 ………… 1.0kN/m²

CMEP ………… 0.35kN/m²

合计 ………… 4.95kN/m²

4) B2 和 B3 楼面

恒载：　150mm 楼板 ………… 3.6kN/m²

12mm 抄平 ………… 0.2kN/m²

合计 ………… 3.8kN/m²

附加恒载：150mm 找平 ………… 3.6kN/m²

隔墙 ………… 1.0kN/m²

CMEP ················ 0.35kN/m^2

合计················ 4.95kN/m^2

5）设备层

恒载： 250mm 楼板 ················ 6.0kN/m^2

12mm 抄平 ················ 0.2kN/m^2

合计················ 6.2kN/m^2

附加恒载：100mm 找平 ················ 1.8kN/m^2

隔墙 ················ 1.0kN/m^2

CMEP ················ 0.35kN/m^2

设备 ················ 1.8kN/m^2

合计················ 4.95kN/m^2

6）楼顶

恒载： 压型钢板＋120 楼板················ 2.9kN/m^2

12mm 抄平 ················ 0.2kN/m^2

合计················ 3.1kN/m^2

附加恒载：150mm 找平 ················ 3.6kN/m^2

CMEP ················ 0.35kN/m^2

合计················ 3.95kN/m^2

7）幕墙

恒载： 单位长度线荷载值················ 1.0kN/m^2

活荷载： 施工活荷载 ················ 0.4kN/m^2

4 压缩变形分析过程

津塔结构采用全新的钢结构体系，以钢板剪力墙为抗剪构件。根据本工程结构特点，结构施工预变形分析采用模拟施工依次建造，迭代计算找形（施工阶段结构预变形形态）分析的两阶段综合迭代方法进行。

上述方法的基本思路及计算流程描述如下：

(1) 结构施工过程模拟

根据建筑施工图纸的几何坐标信息（称之为结构设计位形），建立整体结构分析模型，并在该位形的基础上，按照结构施工方案，依次生成计算模型中的结构构件单元，逐步进行计算分析。需要指出的是，在上述施工模拟过程中，除结构构件的生成顺序与施工过程一致外，施加到结构构件上的各种荷载（如结构构件自重、施工模架荷载、施工活荷载等）也与施工过程保持一致，结构的施工过程模拟如图 1。

(2) 迭代计算找形分析

第一步：采用结构设计位形（假定为 $\{V\}^0$）建立计算模型，以及确定的施工方案，按 (1) 中方法进行整体结构施工建造的第一次模拟分析，得到结构的一个变形状态（假定该变形位形为 $\{V\}^0+\Delta\{V\}^1$），显然该变形状态与结构设计位形之间存在差距 $\Delta\{V\}^1$。

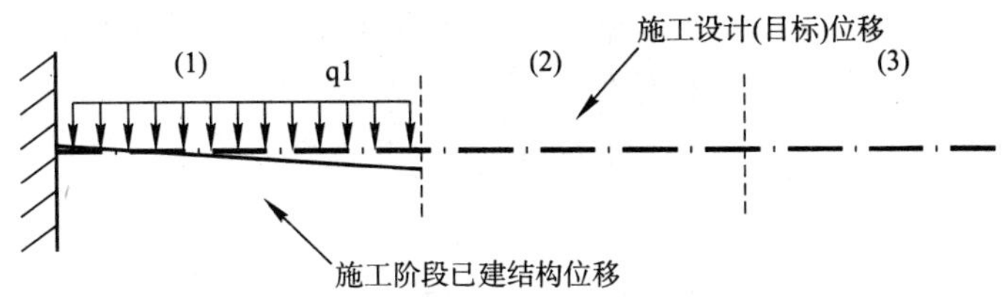

施工步1：构件1安装，施加荷载1

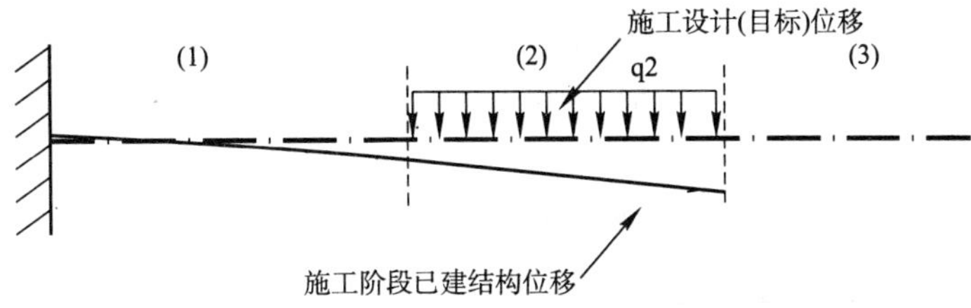

施工步2：构件2安装，删除荷载1，施加荷载2

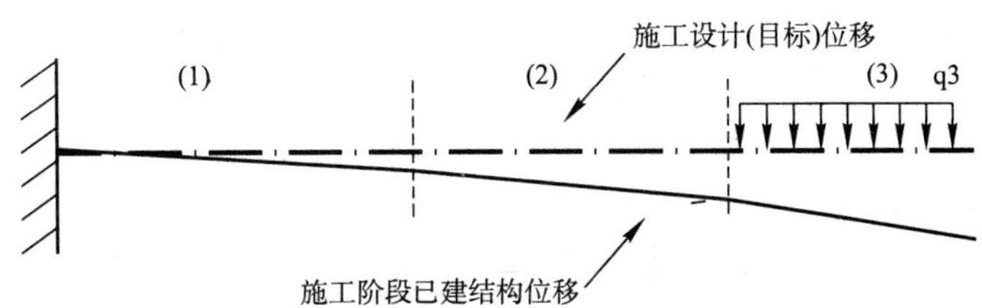

施工步3：构件3安装，删除荷载2，施加荷载3

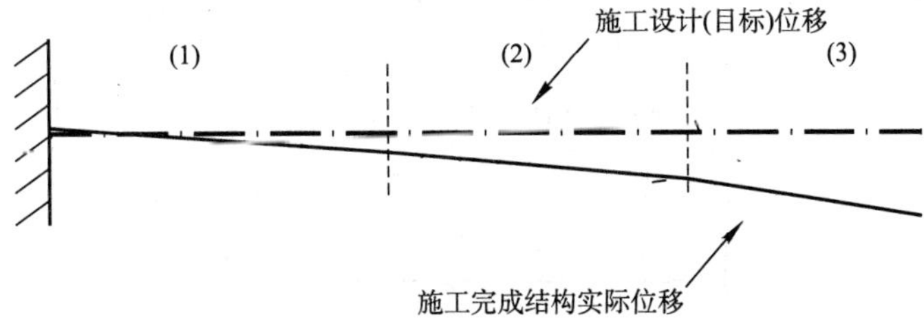

施工步4：删除荷载3，结构建造完成

图 1　结构施工过程模拟

第二步：以$\varDelta\{V\}^1$作为结构施工预调值，反向施加到结构初始位形$\{V\}^0$上，进而得到结构第一次迭代后结构的初始位形$\{V\}^1$（此时$\{V\}^1=\{V\}^0-\varDelta\{V\}^1$）。

第三步：在第一次迭代后结构初始位形$\{V\}^1$基础上，采用相同的施工方案，按（1）中方法进行整体结构施工建造的第二次模拟分析。此时，若结构的非线性程度弱，则在此位形上施加荷载q，结构在荷载作用的位形将十分逼近结构设计位形$\{V\}^0$，即此时位形与设计位形的误差$\varDelta\{V\}^2\approx 0$。

若结构的非线性程度较强，则再次加载后的结构位形与结构设计位形仍会有较大差距（记为$\varDelta\{V\}^2$），说明此时需要进行多次迭代计算。

第四步：将作为结构施工预调值，反向施加到上一次迭代时结构的初始位形$\{V\}^1$并得到本次迭代结构的初始位形 $\{V\}^2$，并再次进行整体结构施工建造模拟分析。如此反复，直至 n 次迭代加载后计算得到的结构位形与设计位形 $\Delta\{V\}^n$ 的误差满足要求时，此时本迭代步加载之前的结构初始位形 $\{V\}^n$ 即为结构施工的初始位形（见图 2～图 5）。

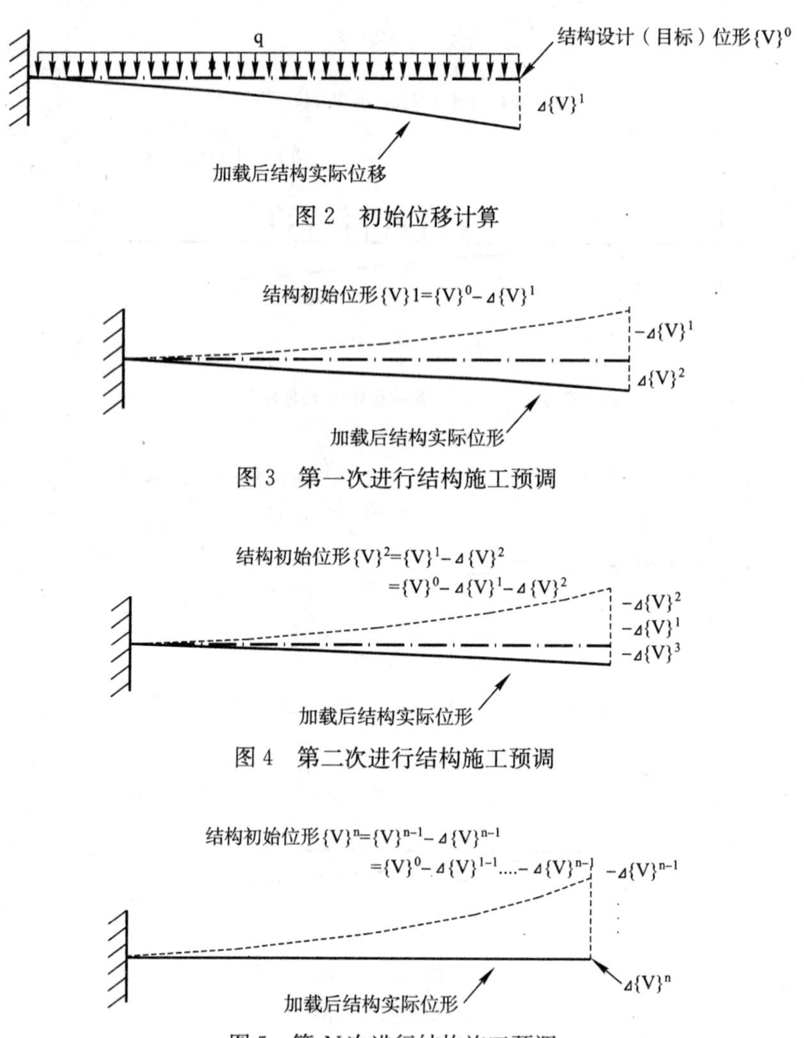

图 2　初始位移计算

图 3　第一次进行结构施工预调

图 4　第二次进行结构施工预调

图 5　第 N 次进行结构施工预调

5　压缩变形分析结果

表 1 为 2008 年 8 月 30 日计算分析的压缩变形结果亦即柱顶预调值。

计算得出的钢柱柱顶的预调值用于结构沉降的标高补偿，提供给构件加工厂，在钢柱加工阶段，依据预调值调整钢柱长度，现场根据计算预调值进行安装标高调整。

施工阶段各伸臂桁架两端内外筒钢柱的柱顶预调分析值（mm）（部分）　　表 1

施工阶段标高预调值		第 1 道伸臂桁架			第 2 道伸臂桁架			第 3 道伸臂桁架			第 4 道伸臂桁架			屋顶结构		
		内筒	外筒	内外差值	内筒	外筒	内外差值	内筒	外筒	内外差值	内筒	外筒	内外差值	内筒	外筒	内外差值
T07 节（L15 层）安装时	安装标高	43.2	32.2	11.0												
	构件加长	48.1	35.0	13.1												
T12 节（L30 层）安装时	安装标高	34.5	26.2	8.3	62.4	47.2	15.2									
	构件加长	—	—	—	32.5	23.0	9.5									
T17 节（L45 层）安装时	安装标高	23.2	18.7	4.5	43.4	34.2	9.2	67.5	50.4	17.1						
	构件加长	—	—	—	—	—	—	29.2	18.2	11.0						
T22 节（L60 层）安装时	安装标高	14.3	12.0	2.3	26.1	22.1	4.0	42.9	33.4	9.5	63.6	44.7	18.9			
	构件加长	—	—	—	—	—	—	—	—	—	25.3	13.1	12.2			
T27 节（L74 层）安装时	安装标高	6.6	5.9	0.7	12.0	10.7	1.3	19.4	16.3	3.1	31.1	22.7	8.4	43.4	26.8	16.6
	构件加长	—	—	—	—	—	—	—	—	—	—	—	—	15.9	6.4	9.5

6 现场测量数据与预调值比对分析

施工过程中，结构向上累加，土建主结构、二次结构、装修、机电、幕墙等工序的插入，钢结构的荷载是动态的一个过程，加之结构焊接，尤其是后期插入的钢板剪力墙焊接，对结构压缩的影响是没有规律可遵循的。施工计划在调整过程中也会对模拟计算所得预调值构成影响。因而预调值的模拟计算应参照现场施工测量所得实际测量数据，实际测量数据与设计数据比对后不断修正计算模型，使之更能贴合实际施工进度及现场施工精度状态，以达到计算结果更精确（表 2～表 5）。

第一道伸臂桁架各监测阶段标高变化记录表（mm）　　表 2

监测时间	桁架标高状态	内筒标高	外筒标高
当第一道伸臂桁架安装就位时	第一道伸臂桁架现场安装实测标高	实测值＋42	实测值＋27.2
	第一道伸臂桁架压缩计算预估标高	计算预调值＋43.2	计算预调值＋32.2
当第二道伸臂桁架安装就位时	第一道伸臂桁架标高实测值	实测值＋35.1	实测值＋19.2
	第一道伸臂桁架压缩计算预估标高	计算预调值＋34.5	计算预调值＋26.2
当第三道伸臂桁架安装就位时	第一道伸臂桁架标高实测值	实测值＋23.5	实测值＋14.9
	第一道伸臂桁架压缩计算预估标高	计算预调值＋23.2	计算预调值＋18.7
当第四道伸臂桁架安装就位时	第一道伸臂桁架标高实测值	实测值＋19.2	实测值＋11.8
	第一道伸臂桁架压缩计算预估标高	计算预调值＋14.3	计算预调值＋12.0
L74 层结构封顶时	第一道伸臂桁架标高实测值	实测值＋	实测值＋
	第一道伸臂桁架压缩计算预估标高	计算预调值＋	计算预调值＋

第二道伸臂桁架各监测阶段标高变化记录表（mm） 表3

监测时间	桁架标高状态	内筒标高	外筒标高
当第二道伸臂桁架安装就位时	第二道伸臂桁架安装就位标高	实测值+60.3	实测值+43.8
	第二道伸臂桁架压缩计算预估标高	计算预调值+62.4	计算预调值+47.2
当第三道伸臂桁架安装就位时	第二道伸臂桁架标高实测值	实测值+44.0	实测值+24.8
	第二道伸臂桁架压缩计算预估标高	计算预调值+43.4	计算预调值+34.2
当第四道伸臂桁架安装就位时	第二道伸臂桁架标高实测值	实测值+27.6	实测值+16.5
	第二道伸臂桁架压缩计算预估标高	计算预调值+26.1	计算预调值+22.1
L74层结构封顶时	第二道伸臂桁架标高实测值	实测值+	实测值+
	第二道伸臂桁架压缩计算预估标高	计算预调值+	计算预调值+

第三道伸臂桁架各监测阶段标高变化记录表（mm） 表4

监测时间	桁架标高状态	内筒标高	外筒标高
当第三道伸臂桁架安装就位时	第三道伸臂桁架安装就位标高	实测值+71.2	实测值+53.5
	第三道伸臂桁架压缩计算预估标高	计算预调值+67.5	计算预调值+50.4
当第四道伸臂桁架安装就位时	第三道伸臂桁架标高实测值	实测值+40.4	实测值+29.9
	第三道伸臂桁架压缩计算预估标高	计算预调值+42.9	计算预调值+33.4
L74层结构封顶时	第三道伸臂桁架标高实测值	实测值+	实测值+
	第三道伸臂桁架压缩计算预估标高	计算预调值+	计算预调值+

第四道伸臂桁架各监测阶段标高变化记录表（mm） 表5

监测时间	桁架标高状态	内筒标高	外筒标高
当第四道伸臂桁架安装就位时	第四道伸臂桁架安装就位标高	实测值+69.5	实测值+52.5
	第四道伸臂桁架压缩计算预估标高	计算预调值+63.6	计算预调值+44.7
L74层结构封顶时	第四道伸臂桁架标高实测值	实测值+	实测值+
	第四道伸臂桁架压缩计算预估标高	计算预调值+	计算预调值+

7 结论

（1）计算模型数值显示，在综合考虑结构自重、附加荷载的作用下，结构的竖向压缩变形十分明显，2008年8月30日计算分析的压缩变形最大竖向位移达67.5mm（内柱），如果在施工过程中不进行标高预调，将对结构成形后线性控制产生不利影响。

（2）在不考虑地基不均匀沉降等的影响时，计算模型数值显示结构内筒与外筒之间最大存在18.9mm不均匀沉降，内柱变形较大，外柱变形较小。

（3）计算模型预调值显示，结构从地下到第二道伸臂桁架之间的内外柱压缩较大，第四道伸臂桁架以上自身压缩较小。

（4）施工预调值沿结构标高分布，遵循“小变大、大又变小”的规律。标高低的地方施工预调值较小，随着标高增加，在结构中部施工预调值最大，当标高进一步增加时，结构施工预调值又变小。

（5）现场钢柱结构安装时以表1计算预调值进行的安装调整，计算模型的预调值与现场施工过程中的测量值比对结果很直观地反映出：安装就位时的实际测量值与模拟计算预调值较为接近，最大误差为＋7.8mm 及－9.4mm 相应为第四道及第二道伸臂桁架数据。

（6）当第四道伸臂桁架完成后，下面的各道桁架实际测量值与计算模型预调值最大误差为－9.4mm，内外筒标高差最大为 10.5mm。

由此反映出本工程依据压缩变形计算结果得出的预调值在对工程安装时进行合理控制取得不错的成果，为超高层钢结构如何控制压缩变形提供了可借鉴经验（参考图 6）。

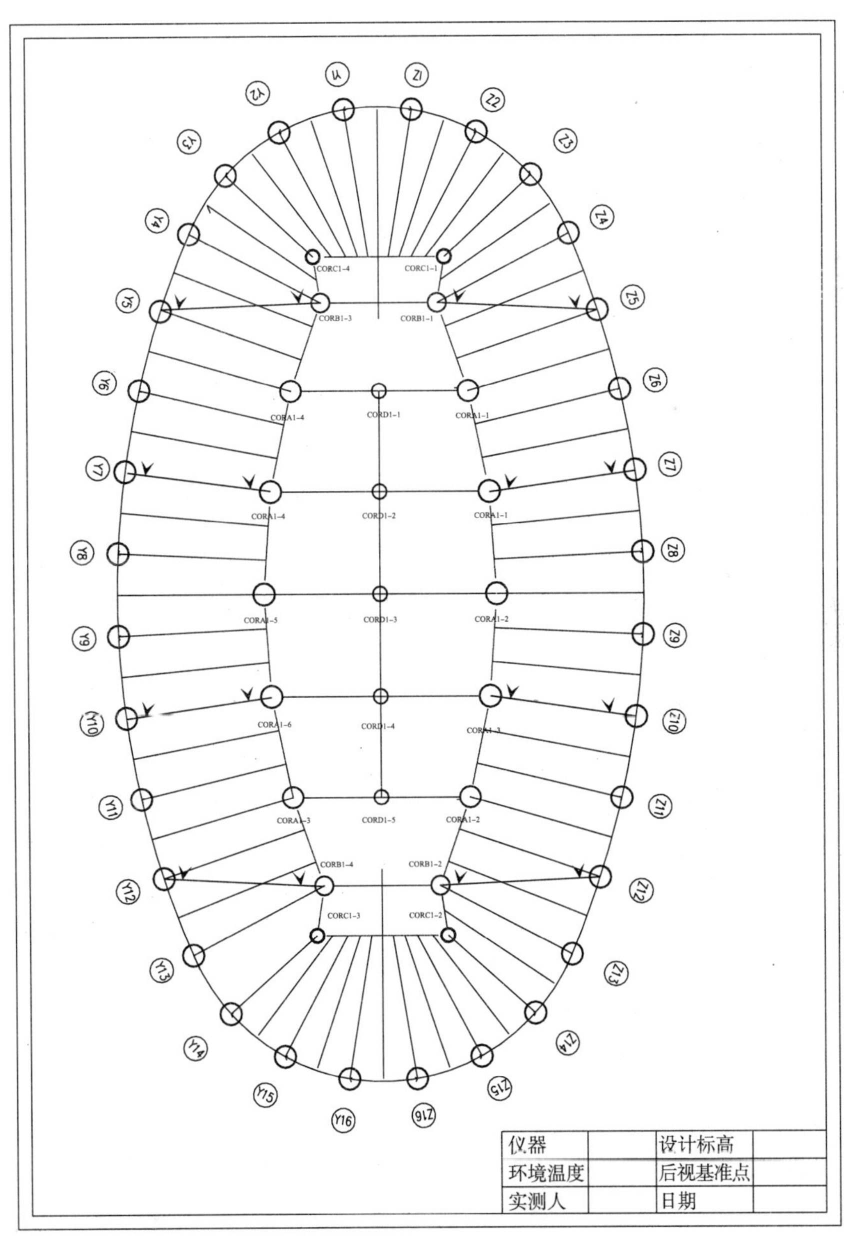

图 6　伸臂桁架压缩监测点位置示意图

超高层钢结构复杂异形构件安装焊接工法

葛冬云　张　斌　韦疆宇　王维迎　周文瑛
（中建一局集团建设发展有限公司）

1　前言

随着钢结构在建筑结构中逐渐占据主体地位，为了实现建筑物的使用功能、结构安全性能、外观造型等多方面的需求，钢结构的形式也在向多样化发展，传统的H形、箱形标准截面钢梁钢柱已经不能满足要求，一些复杂异形截面钢构件、复杂的桁架类构件逐渐用于一些大型的超高层钢结构工程中，而其焊接技术就成为建筑形式及使用功能得以实现、结构安全性得以保证的关键技术。

北京国贸三期主塔楼结构为超高层钢结构工程，其用钢量约5.5万t，地下3层，地上74层。整体结构由复杂截面巨形柱、钢板剪力墙、异形钢构件以及腰桁架、伸臂桁架组合而成，截面类型复杂，斜撑、腰桁架焊接位置种类繁多，焊接难度及焊接量相当大。中建一局集团建设发展有限公司通过对焊接工艺研究，解决了复杂截面巨形柱焊接、钢板墙超长焊缝焊接、腰桁架斜向位置焊接、伸臂桁架厚板箱形杆件焊接以及超厚板低温焊接等难题，获得了较高的焊接质量，并首次总结形成本工法。

2　特点

（1）复杂截面巨形柱的焊接作业点多而复杂，焊接位置狭窄，焊接过程长。在没有现成的经验可以借鉴的情况下，经深入分析研究，本工法采用对称同时焊接、对称轮换焊接以及焊接补偿加热等方法，最终对钢柱以及柱-柱间连接板焊接变形起到有效的控制作用；在采用上述焊接方法及补偿加热方法的同时，通过有效的测量检验证实，本工法对复杂截面巨形柱的焊接变形引起的柱垂偏起到有效的控制作用。

（2）本工法合理确定超高层钢结构的延迟焊接构件，如伸臂桁架斜腹杆的延迟焊接时间，以减小内、外筒压缩沉降差异对伸臂桁架内应力的影响，从而有效实现复杂异形构件的焊接质量控制。

（3）焊接施工跨越整个冬季，能较好地对冬季特厚板焊接裂纹等缺陷进行有效控制也是本工法的特点。

3　适用范围

本工法适用于超高层及其他钢结构安装工程中厚板、异形、复杂钢结构构件的焊接施工。

4 工艺原理

针对超高层钢结构及复杂异形构件的特点，在焊接工艺技术中依据有效控制焊接过程应力，同时控制焊接变形的原理，通过减小坡口尺寸以减少焊接熔敷金属量和合理的焊接顺序，均匀控制钢构件整个截面各点的焊接收缩量，减小巨形柱截面收缩差异引起的垂直度偏差与焊接应力，以防止焊接裂纹、提高焊接效率、控制焊接质量及结构整体形位。

针对焊接工程量较大的复杂异型钢结构焊接作业以及低温焊接作业等情况，通过对焊接工艺的研究，依据现场实际情况，选择合理的焊接工艺方法，优化焊接节点的坡口形式及焊接顺序，配置合理、足够的焊工数量，保证焊接的高效率和最大限度地避免因截面不对称而产生的焊接变形；采用微机控制电加热设备保证预、后热温度控制的实时、准确性，有效的控制焊接过程应力及氢致裂纹的产生，为确保复杂异形钢结构整体的焊接质量，提供了实际有效的保障。

在实际焊接操作中，针对桁架柱-柱间的斜撑连接特点，以及特殊焊接操作位置，通过选用全位置药芯焊丝、调整焊枪角度、严格控制焊接工艺，解决了腰桁架及斜向位置的焊接质量控制难题。

5 工艺流程及操作要点

5.1 超高层钢结构焊接工艺流程（图 1）

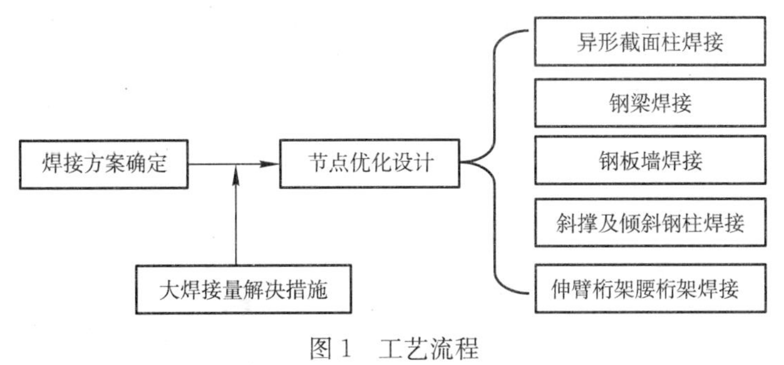

图 1　工艺流程

5.2 施工操作要点

5.2.1 选用高效节能的焊接方法

采用 CO_2 气体保护焊接，焊接效率高、焊接变形小。

焊前预热和焊后后热保温采用电加热方法代替氧乙炔火焰加热，可对复杂截面多点多面同时进行加热，且加热效率高、低碳减排。采用计算机远程电加热控制，温度控制准确且在焊接过程中自动控制道间温度。

5.2.2 优化节点设计

节点设计采用窄间隙小坡口形式，尽可能地减小焊接热输入量；对于图 2 所示的复杂异形截面钢柱除了周边翼缘板及箱形截面四边以外，其余截面均开双面坡口（坡口形式及尺寸见图 3）；改进节点设计在提高焊接效率的同时对焊接变形也起到有效的控制作用。

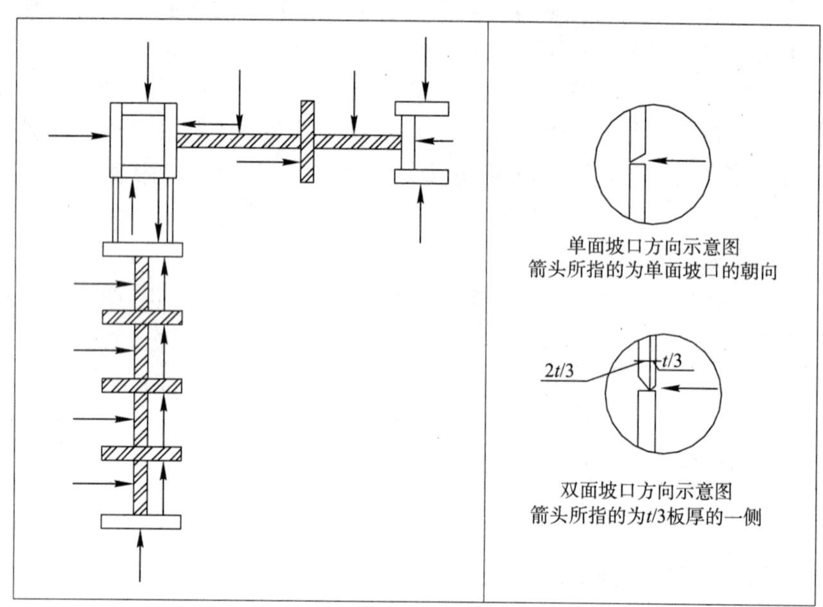

图 2　坡口位置示意图

注：

1. 图中阴影部分所示为开双面坡口的位置，其余位置为单面坡口；
2. 箭头所指的单面坡口为其朝向；
3. 箭头所指的双面坡口为 $t/3$ 板厚的一侧。

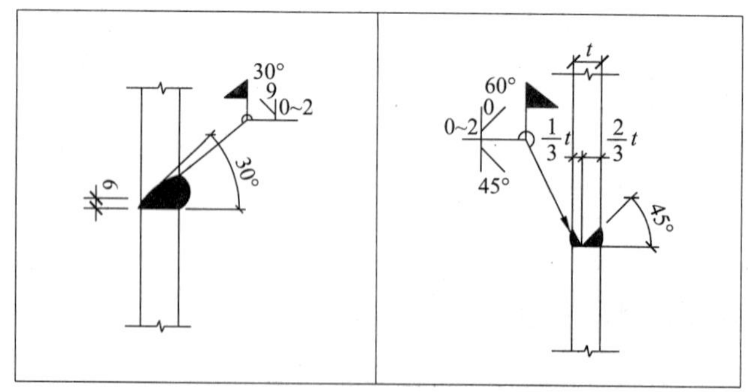

图 3　单双面坡口形式示意图

5.2.3 确定合理的焊接顺序

（1）复杂截面巨形柱焊接

超高层钢结构的复杂异形截面柱焊接工程量大，且截面复杂巨大，焊接变形不易控制。在焊接过程中，采用对称同时焊接、对称轮换焊接以及补偿加热等方法，并通过有效的测量检验方法进行实时监测，以实现钢柱拼接以及柱间连接板焊接后钢柱垂直度偏差的控制及焊接裂纹的防止。

1）多人同时对称轮换焊接：对钢柱整个截面安排多名焊工同时焊接作业，在焊接工艺卡中严格规定焊接步骤和焊接方向，保证焊工的同步协调作业，具体的焊接顺序见图 4。

开始焊接时首先焊接各部分最外侧翼缘板单面坡口，当翼缘板焊接 1/3 板厚以后每名焊工根据焊接顺序号的规定转至另一位置进行焊接，同样，当每名焊工第 2 步焊接至 1/3 板厚以后转至第 3 步（下一位置）焊接，如此反复每名焊工完成自己的焊接任务。当双面坡口的一侧焊接至 $t/3$（t 为翼缘板厚）之后进行反面清根打磨，之后再开始进行双面坡口另一面焊接。反面清根打磨后需要进行仔细检查，确认没有可见缺陷后才能继续焊接。为了保证钢柱各个面焊接的同步，焊接量少的焊工应注意适当保持与焊接量多的焊工同步，以确保各个焊接面焊接速度基本相同。

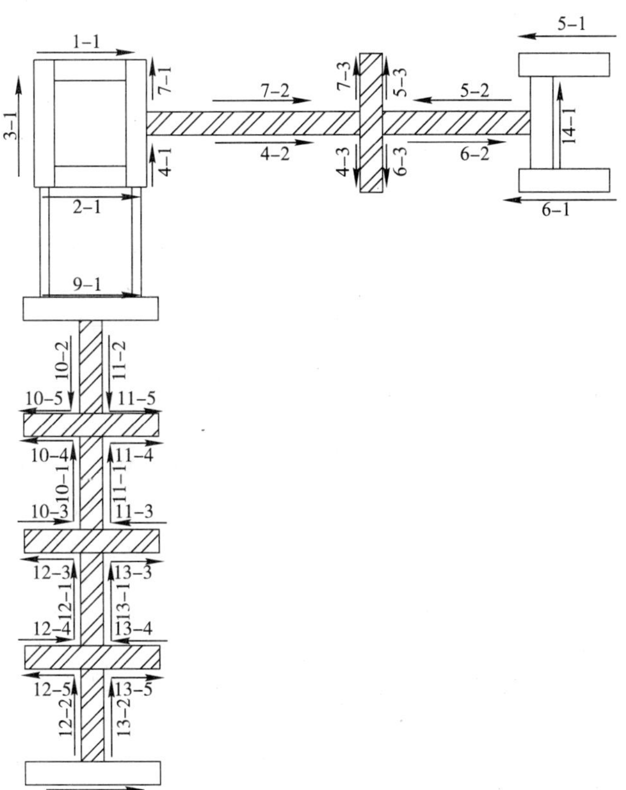

说明：

1. 图中“1 - 1”第一个数字表示焊工编号，第二个数字表示焊接顺序编号；

2. 焊接顺序编号相同的位置表示同时进行焊接；

3. 图中阴影部分表示开双面坡口的位置；

4. 根据焊接顺序的需要，由焊接量少的焊工负责清根工作，要求 14 名焊工的焊接速度基本保持同步；

5. 图中的箭头表示焊工的焊接方向。

图 4　复杂异形截面柱焊接顺序图

2）对称焊接：如图 4 所示，为了防止多名焊工在钢柱一侧焊接引起柱身发生偏斜，要求焊工对称焊接，即焊工不能同时在钢柱的一侧焊接，而需在钢柱的两侧对称焊接。该焊接方法能有效地控制焊接道间温度，又能控制焊接变形。为防止焊接弧光影响其他焊工正常作业，在钢柱每个隔间内只安排一名焊工。

3）反向预留收缩偏移量及补偿加热：受到运输条件及塔吊起重量等因素的限制，在核心筒钢柱中，某些钢柱的两根单柱之间采用钢板进行连接，如图5所示，其中连接板一侧在加工厂焊接完成，另一侧在现场安装位置焊接。

安装时为了防止柱-柱连接板单侧焊因收缩变形造成柱子向内侧倾斜，将钢柱在安装校正时向外侧（焊接收缩相反方向）偏移一定距离。通过焊接过程的监控和焊后测量，钢柱焊后的垂直度可满足规范及设计要求。

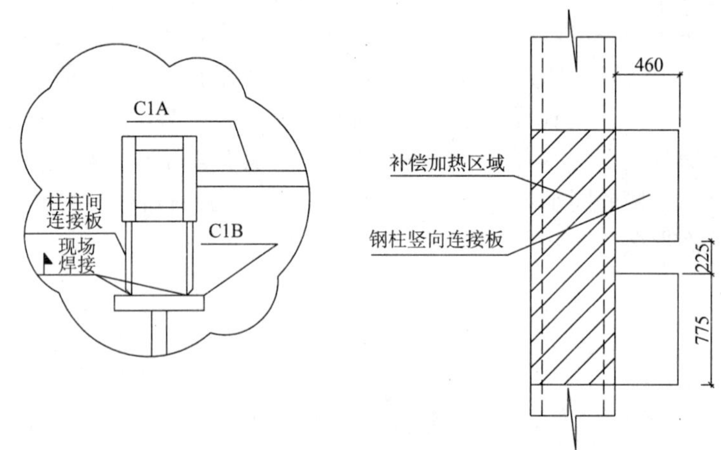

图5　柱-柱间连接板示意及补偿加热区域图

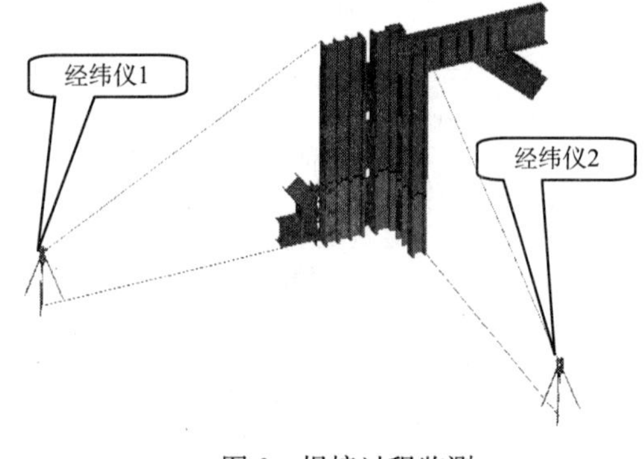

图6　焊接过程监测

此外，因竖向连接板一侧已在工厂焊接完成，另一侧在现场焊接时拘束度很大，厚板超长焊缝焊接易造成另一侧工厂焊缝出现撕裂。因此在现场焊接的过程中采用补偿加热的方法进行施工。补偿加热即除了焊接过程中对连接板安装焊缝两侧板材本身加热以外，还需要对连接板另一侧的柱身对应位置进行加热，且补偿加热的区域不小于300mm。具体加热示意如图5所示。

4）焊接过程监测：为了更有效地监控钢柱焊接变形，在焊接钢柱过程中用经纬仪对钢柱进行双向垂直度的实时跟踪测量，如果发现钢柱出现过度偏斜，应随时调整焊接顺序予以纠正变形，具体测量方法如图6所示。

（2）钢梁焊接

在现场焊接时首先焊接顶层钢梁，在保证其形成稳定的立体框架体系之后再进行钢柱对接焊接，具体的焊接步骤如图7所示。

（3）钢板墙焊接

在超高层钢结构建筑中，为增加结构稳定性，在底层核心筒内柱-柱之间设置大量钢板墙连接。国贸三期钢结构钢板墙分为单钢板墙和双钢板墙，单钢板墙连接采用高强度螺栓连接，双钢板墙连接采用焊接连接。

双钢板墙的钢板厚度与核心筒钢柱板厚相差较大，焊接收缩量差异大，为保证焊接质量，现场焊接时采用加大预热和后热面积的方法进行施工（见图8）。

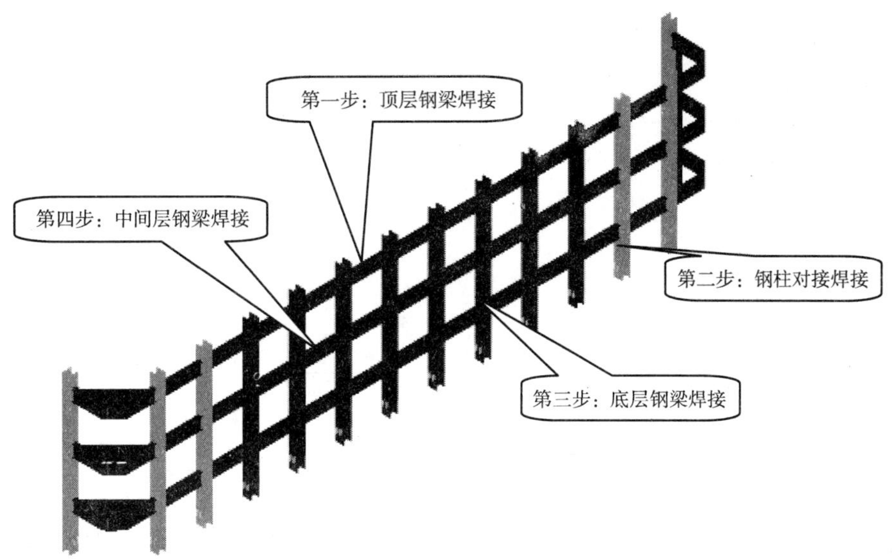

图 7　柱-梁对接焊接示意图

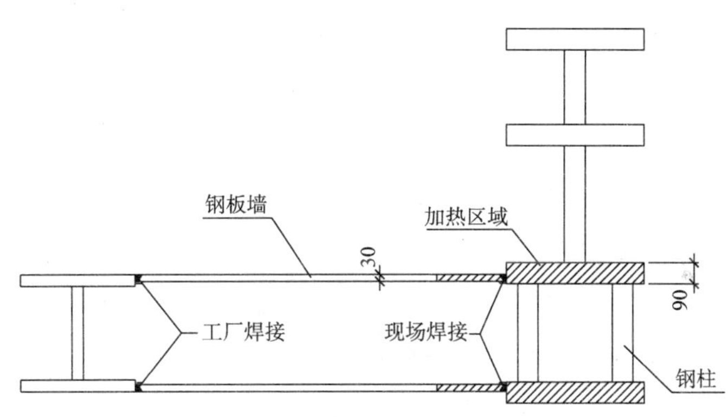

图 8　钢板墙与钢柱焊接加热区域

超长厚钢板墙焊接由于焊缝内应力较大易产生焊接裂纹或造成钢板墙翘曲，现场采用多人同时分段倒退的焊接方法（见图 9），不仅可以提高焊接速度，均化焊接应力，而且可以有效控制焊接变形，该项技术在实际施工中取得了较好的效果，有效地控制了超长厚钢板墙的焊接应力。

分段倒退法焊接即对超长焊缝分为 1.0～1.5m 的若干段，对于所有焊缝用多名焊工同时焊接，在每名焊工焊接的区域内采用分段倒退的焊接方法，且双钢板墙同一侧的两条单面焊缝同时进行焊接。

（4）斜撑及倾斜钢柱焊接

针对柱-柱之间的斜撑连接，详图设计时将该位置坡口朝向斜撑外侧，该位置的焊接则为斜立焊和仰横焊。每道腰桁架柱-柱对接的位置多为斜横焊（表 1）。

针对这些特殊位置的焊接，在总结了焊工考试经验及工艺评定的基础上，根据焊工大多自左向右焊接的操作习惯，要求将焊枪与焊接面沿焊道方向及垂直于焊道方向的夹角均控制在 85°～90°，以增加焊接熔池在焊道内的附着能力，减少焊道内未熔合及夹渣等缺陷，获得较高的焊接质量。且对于斜向位置的焊接采用焊缝成形更好的二氧化碳气体保护全位置药芯焊丝（E501T－1）。在焊接过程中制定更为严格的焊接工艺，保持中速焊接，并通过焊后无损检测。

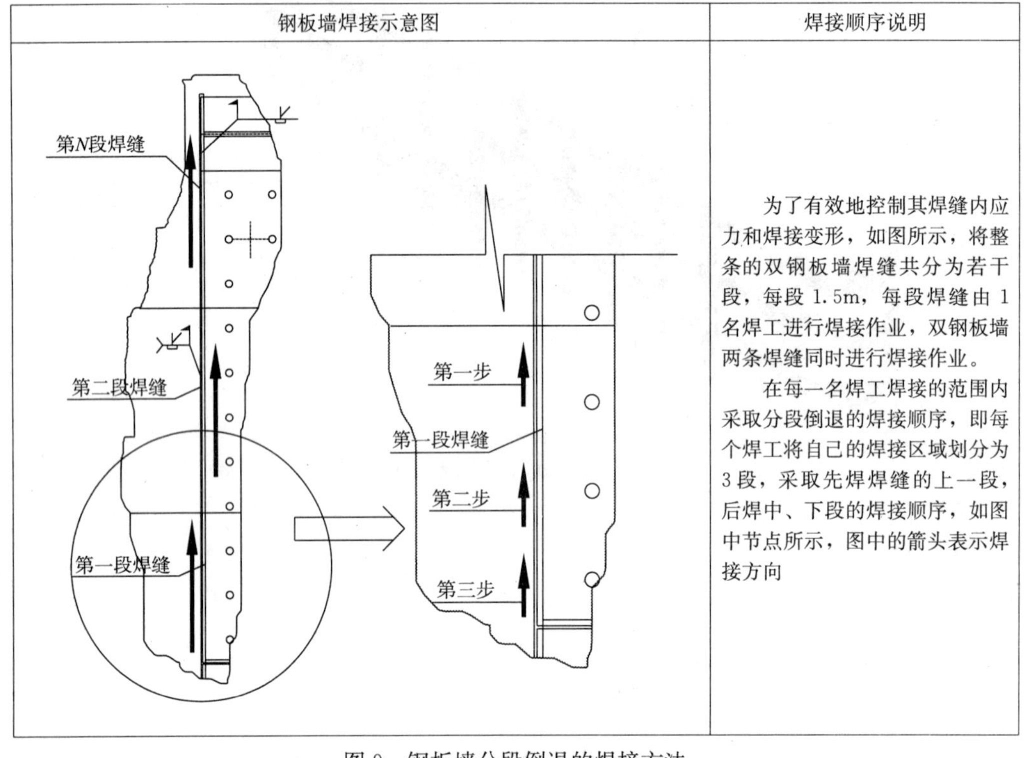

图9　钢板墙分段倒退的焊接方法

特殊位置焊接　　**表1**

典型构件	特殊焊接位置	
柱间斜支撑、伸臂桁架斜腹杆	腹板	斜立焊
	箱形截面下翼缘板	仰横焊
伸臂桁架弦杆	箱形截面下翼缘板（不开人孔时）	仰焊
腰桁架斜腹杆	翼缘板	斜横焊

（5）伸臂桁架焊接

伸臂桁架箱形截面接头焊缝数量多，钢板厚，在节点设计中将箱形杆件的下翼缘设置为平焊，在上翼缘设置人孔增加了盖板。因腹板厚度较厚，为了防止腹板对接焊时由于焊接拘束应力太大造成翼缘与腹板T形焊缝撕裂，在箱形杆件的腹板与翼缘板纵向连接位置预留600mm焊缝在现场焊接。

图10所示的焊缝数字表示焊接顺序，而图中1和1′、3和3′、6和6′需要同时进行焊接，其中箱形杆件上翼缘人孔盖板4和5两焊缝由一名焊工进行轮换焊接可有效的防止出现翘曲变形。图示中的6号零件为临时销轴连接结构，在结构封顶之后开始焊接伸臂桁架斜腹杆，在焊接之前需要先去掉6号零件，之后再进行焊接。

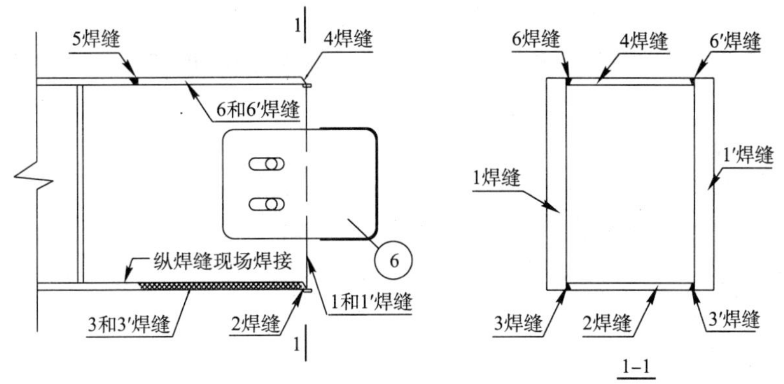

图 10　伸臂桁架连接节点焊接顺序图

作为钢结构焊接流程重要的一步，伸臂桁架斜腹杆安装时采用销轴铰接临时节点（见图 10），延迟焊接，很好的消减了外框筒和核心筒压缩沉降不同对杆件内应力的影响；对称同时的焊接方法有效地保证了箱形节点的焊接质量。

5.3　焊接工艺

5.3.1　焊接参数的选择

根据焊接工艺评定，制定以下施工焊接工艺参数（表 2）。

工艺参数　　　　表 2

序号	焊接位置	焊接方法	焊丝牌号	焊丝直径（mm）	焊丝伸出长度（mm）	电流（A）	电压（V）	保护气体流量（L/min）	焊接速度（mm/min）
1	横焊	GMAW	ER50-6	⌀1.2	20	280～320	34～40	40～50	350～380
2	立焊	FCAW-G	E501T-1	⌀1.2	20	160～180	26～28	25～35	100～200
3	仰焊	FCAW-G	E501T-1	⌀1.2	20	180～230	24～30	40～50	150～200

5.3.2　焊前准备

（1）焊接开始前，将焊缝处的水分、赃物、铁锈、油污、涂料等清除干净，垫板应靠紧，无间隙。

（2）风速大于 3m/s（二级风），均应采取防风措施方能施焊。

（3）复查组装质量、定位焊质量和焊接部位的清理状况是否满足要求。

（4）检查坡口质量是否达到要求。

（5）正式焊接前检查各焊接设备是否处于正常运行状态。

5.3.3　预热、层间温度和后热温度控制

（1）预热、层间温度和后热温度

根据要求，预热温度为 150℃，并在焊接过程中控制焊接层间温度为 150～160℃，后热温度为 250℃，后热时间 2h。后热完成后覆盖保温棉缓冷至环境温度。

（2）加热方法

采用电加热方法，加热板设置在焊缝正反两面以提高加热效率和板厚方向温度均匀性。

（3）测温方法

测温采用红外式测温仪和热电偶式测温仪两种。预热温度测温点设置在焊缝坡口边缘两侧 75mm 处。使用红外测温仪时，需注意测温仪垂直于测温表面，距离不大于 200mm。道间温度测温点应在焊道起点，距离焊道熄弧端 300mm 以上。后热温度测温点应在焊道背面。

5.3.4 焊接技术要求

焊接过程严格执行多层多道、窄焊道薄焊层的焊接方法，在平、横、仰焊位禁止焊枪摆动，立焊位焊枪摆动幅度不得大于 20mm，每层厚度不得大于 5mm，层间清理需彻底。

6 材料与设备

6.1 材料（表 3）

材料表 **表 3**

序号	材料名称	材质	规格/厚度（mm）	备注
1	钢板	Q345GJC	90	核心筒柱
2	钢板	Q345GJD	75	外框腰桁架
3	钢板	Q345GJD	65	外框腰桁架
4	钢板	Q345GJD	50	外框腰桁架
5	焊丝	ER50-6	₵1.2	平、横焊缝焊接
6	焊丝	E501T-1	₵1.2	仰焊、斜焊、立焊缝焊接

6.2 机械设备（表 4）

机械设备 **表 4**

序号	设备名称	规格型号
1	CO_2 气体保护半自动焊机	CPXS-500
2	远程计算机加热控制系统	LWK-9B
3	经纬仪	精度指标：2″
4	测温计	600℃
5	钢尺	50m 一级钢尺
6	探伤仪	CTS—2000

7 质量控制

7.1 依据的主要标准规范规程

《建筑钢结构焊接技术规程》JGJ 81－2002；《钢结构工程施工质量验收规范》GB 50205－2001；《高层民用建筑钢结构技术规程》JGJ 99－98；《钢焊缝手工超声波探伤方法和探伤结果的分级》GB 11345－89。

7.2 有针对性的焊工附加考试

针对结构形式及节点形式复杂、焊接量大、焊接要求高的特点，选拔技术过硬的焊工，在钢结构正式施工之前，对工程中的十字接头狭小空间焊接、厚钢板双面坡口清根、斜立斜仰等特殊节点的焊接进行专项培训，并进行相应的附加考试，以保证工程斜向位置及特殊节点的焊接质量。

7.3 焊接过程测量

7.3.1 钢柱垂直度监测

为了更有效地监控钢柱焊接变形，在焊接钢柱过程中用经纬仪对钢柱进行双向垂直度的实时跟踪测量，如果发现钢柱出现过度偏斜，应随时调整焊接顺序以纠正变形。在实际工程中，焊后钢柱的垂直度控制在5mm之内，满足设计及国家规范不大于10mm的要求。

7.3.2 钢柱焊接收缩量的测量

超高层建筑因钢柱板厚、钢柱分节多的特点，其钢柱焊接收缩量对结构标高控制有一定影响，因此根据工程的实际情况，结合《高层民用建筑钢结构技术规程》中关于钢柱焊接收缩的参考数值，在结构焊接的过程中调整钢柱标高以满足结构总体标高要求。

7.4 焊接质量保证措施（表5）

焊接质量保证措施 表5

序号	质量控制项目	质量控制要点及保证措施
1	焊接准备	a. 进行焊接工艺评定和焊工附加考试。 b. 焊工必须持证上岗，检查焊工合格证及其认可范围、有效期。 c. 检查接头坡口角度、钝边、间隙及错口量，均应符合要求。 d. 装焊垫板或引、熄弧板，其表面应清洁，要求与坡口相同，垫板与母材应贴紧，引、熄弧板与母材焊接应牢固
2	焊接材料	a. 检查焊接材料的质量合格证明、中文标志及检验报告等是否符合现行国家产品标准和设计要求。 b. 检查复验报告是否符合现行国家产品标准。 c. 检查焊条是否按规定进行烘干、保温，焊条的外观是否完好，焊丝有没有包装破损、污染、弯折或紊乱，如果有，应适当废弃

续表

序号	质量控制项目	质量控制要点及保证措施
3	焊前预热	检查预热温度及范围达到规程要求
4	焊缝后热	检查后热时间、温度及范围达到规程要求
5	焊后保温	检查保温被的厚度，保温被是否绑扎紧，应符合焊后保温的要求
6	焊缝检查	按《建筑钢结构焊接技术规程》JGJ 81－2002的规定进行外观及超声波探伤，要求达到设计及《钢结构工程施工质量验收规范》GB 50205－2001规定
7	焊接顺序	a. 为了防止焊接引起的形位偏移，采用多人同时对称焊接。 b. 对于腰桁架焊接，不但采用对称焊接，而且采用由中间向两侧焊接的顺序
8	焊缝检测时间	a. 焊缝外观检查：应按JGJ 81－2002及GB 50205－2001的要求，所有焊缝冷却到环境温度后进行外观检查。 b. 超声波探伤须在外观检查后并焊接完成24 h后进行。一级焊缝应进行100%无损检测；二级焊缝应进行抽检，抽检比例不小于20%；全焊透的三级焊缝可不进行无损检测
9	层状撕裂的无损检测	为了严格控制钢板焊接过程中的层状撕裂的出现，对于T形全熔透焊缝增加钢板反面的超声波检测。现场施工如果因位置限制无法进行反面检测的部位应该采用单面双侧的检查方法。层状撕裂检测在焊接完成48h之后进行
10	磁粉检测	对于外观检查发现有可疑缺陷的部位采用磁粉检测。 a. 检测之前必须完全清除检测区域表面上所有粘附的锈、污垢、油质、涂料飞溅物及焊渣等。 b. 当使用荧光磁粉时，不能在明亮场所进行作业，检测部位可见光的照度应低于50lx

7.5 冬季焊接质量控制措施

冬季焊接需重点加强焊前预热和焊后后热保温措施。环境温度达到－5℃时施焊须搭设双层保温棚并带棚顶，以保证其棚内的焊接环境温度高于5℃，同时将焊后后热的温度提高50℃，并严格控制焊后保温时间。焊前预热和焊后后热保温采用远程红外计算机控制，保证温度控制准确，后热后的焊缝缓冷至环境温度。

8 安全措施

（1）电焊机外壳必须接地良好，其电源的装拆应由电工进行；

（2）焊钳与把线必须绝缘良好，连接牢固，在潮湿地点工作应站在绝缘胶板或木板上；

（3）焊接预热工作时，应有湿棉布或挡板等隔热措施；

（4）把线、地线禁止与钢丝绳接触，更不得用钢丝绳或机电设备代替零线，所有地线接头，必须连接牢固；

（5）更换场地移动把线时，应切断电源，并不得手持把线爬梯登高；

（6）清除焊渣，电弧气刨清根后打磨时，必须戴手套、口罩；

（7）雷雨时，应停止露天焊接作业；

(8) 施焊场地周围应清除易燃易爆物品，或进行覆盖、隔离；

(9) 必须在易燃易爆气体或液体扩散区施焊时，应经有关部门验收许可后，方可施焊；

(10) 严禁在起吊部件的过程中，边吊边焊；

(11) 焊接时需确保个人安全防护到位；

(12) 作业完毕必须及时切断电源锁好开关箱。

9 环保措施

(1) 零星建筑垃圾袋装化，及时清运出现场；用密封式圈筒稳妥下卸；建筑物内垃圾，严禁向外抛掷。

(2) 焊接场地无焊条或焊条头。焊接设备尽量集中布置，统一布线，完工后焊接线、氧气、乙炔气带全部收回。

(3) 施工用电源要集中布置统一接线，标志清楚，明确责任人，定期检查维护。

(4) 施工机械要进行定期检查与保养，安全制动装置必须完善，由主管部门进行定期检验和试验合格后，发放合格证。及时消除故障，严禁带病运行。

(5) 不准随意在结构、墙板、楼板上开孔或焊接临时结构，必要时要取得主管技术人员的认可，办理有关手续并出具书面通知后方可实施。

10 效益分析

采用本工法所述的超高层钢结构复杂异形构件焊接工艺技术以及应力、变形控制技术，可以确保施工质量，提升钢结构安装精度，实现建筑结构的安全性、使用性、稳定性，对加快钢结构施工焊接进度，控制工程整体工期有着很大的意义。本工法通过对焊接工艺的优化，焊接顺序的改进，以及准确控制焊接前预热焊接后保温温度，可有效节省人工，有效降低整体工程施工成本，同时解决了冬季厚板低温焊接难题，可大大节省工期。采用本工法进行钢结构焊接施工，大大增加了钢结构焊接的一次合格率，减少了由焊接应力变形控制不当而可能产生返工，更杜绝了由于焊接方法不当而产生浪费原材或额外增加材料的可能。在节省人工的同时也减少了施工成本，为施工各方及业主节约工期成本，能够为工程提供不菲的经济效益。

11 应用实例

北京国贸三期（2005 年 12 月～2010 年 3 月）主塔楼钢结构工程，用钢量约 5.5 万 t，地下 3 层，地上 74 层。主塔楼核心筒为型钢混凝土钢板墙支撑结构，型钢巨形柱与实腹式工字型钢梁及支撑形成支撑框架，核心筒钢柱为由多个工字形、箱形、T 形及其他截面形状组成的复杂截面巨形柱，所用钢材均为 Q345C 和 Q345GJC，钢板厚度达 90mm。外框筒形状为平面削角正方形，共设四道腰桁架，在 28～29 层以及 54～55 层腰桁架顶和底分别与核心筒有 8 道和 16 道伸臂桁架相连，伸臂桁架为箱形截面，腰桁架的斜杆及所有的框架梁均为 H 型钢及箱形截面，钢材材质为 Q345C 和 Q345GJC；伸臂桁架和腰桁架所用材质为 Q345GJD。40mm 以上钢板有 Z 向性能要求。腰桁架钢柱斜撑多为斜向连接，倾斜钢柱板最厚为 75mm。

该工程的焊缝总长度达 23762m，共计 59405 条焊缝，药芯焊丝、实芯焊丝共用了 410 多吨。在工程焊接过程中，在总结了以往焊接经验的基础上，对于新的节点形式在施工之前进行焊接工艺评定、焊接试验及焊工附加考试，使得焊接工程在实验基础上进行并总结形成了本工法，保证了现场焊接质量，焊缝一次自检合格达 97%以上，荣获了北京市金质长城杯、中国建筑工程钢结构金奖。在本工程中采用此钢结构焊接工法所带来的成本控制，人工节省及工期成本的节约，为本项目所带来的经济效益约为 200 万元。

在国贸三期 A 阶段主塔楼焊接工程中，首次解决了巨形截面柱焊接变形控制、超长钢板墙焊接变形控制、斜立斜仰焊接工艺、厚板的斜横焊接工艺等技术难点，获得了较高的焊接质量，为国内同类型的超高层钢结构焊接积累了经验和部分实验数据，为提高国内同类型超高层钢结构焊接水平提供了帮助。本工法的基本工艺技术和操作要点已在天津嘉里中心及津塔钢结构工程中应用并获得了优良的质量及明显的经济效益。

天津津塔超高层钢结构钢板剪力墙荷载下焊接技术

韦疆宇　葛冬云　周文瑛　王维迎　路　兰
（中建一局集团建设发展有限公司）

摘　要：本文从焊接方案分析，焊接工艺措施，焊接应力监测，焊接质量分析等各方面总结阐述津塔钢板剪力墙在结构荷载下的焊接技术，结合焊接应力监测结果进行的措施改进，以及对过程中发生的焊接裂纹的分析处理。

关键词：津塔　钢板剪力墙　焊接　焊接工艺　应力监测　荷载　裂纹

1　津塔钢板墙结构体系介绍

天津津塔办公写字楼 75 层，高度 336.9m，采用了钢板剪力墙的结构。钢板剪力墙是由钢管混凝土柱、钢梁再加上填充梁柱之间的空间的钢板所形成的一种结构体系。是多高层钢结构体系中的一种新型抗侧力结构形式。

天津津塔写字楼钢板墙总高度 256.08m，共 63 层，地上高度 236.38m，至地上 54 层，是目前世界上最高的钢板墙体系。钢板墙采用 18～32mm 厚 Q235C 钢板，用钢量 4000t。

2　钢板墙焊接方案前期分析

本工程钢板墙在设计上原先考虑是不承受结构竖向荷载，目的是使钢板墙在遭遇强震时发挥作用。因而钢板墙与结构框架体系的连接形式是至关重要的。设计方华东院在与清华大学联合进行长达一年多的模拟试验研究后，认为钢板剪力墙与钢管混凝土柱、钢梁采用焊缝连接形式比螺栓连接受力更为可靠，可以保证连接强度。出于工期考虑，设计方放弃了钢板墙在主体结构封顶后实施全部刚接的理想方案，改为钢板墙落后混凝土结构施工 15 层的延迟焊接施工方案。且在钢板墙上增加竖向加劲肋，以强化钢板承载力。

该设计方案对现场施工焊接提出了极高的要求。首先，在主体框架结构已完成，钢板墙增加竖向加劲肋提高刚性后强大拘束状态下，需最大限度地减小焊接残余应力，满足钢板墙在焊接完成后不承受结构竖向荷载的设计要求。其二，在框架结构和钢板墙开始焊接承受竖向荷载后，必须保证钢板墙搭接及对接焊缝不出现裂纹。

2.1　焊接节点确定

整个钢板墙焊接方案在确定初期，在深化设计阶段即将焊接连接形式纳入方案考虑范围。经由结构设计方批准后，将钢板墙与上层钢梁设计为一体在工厂焊接，以便于安装，钢板墙与钢柱纵肋采用双面连接盖板角焊缝连接，钢板墙与下层钢梁采用单面坡口 T 形对接焊（见图 1）。

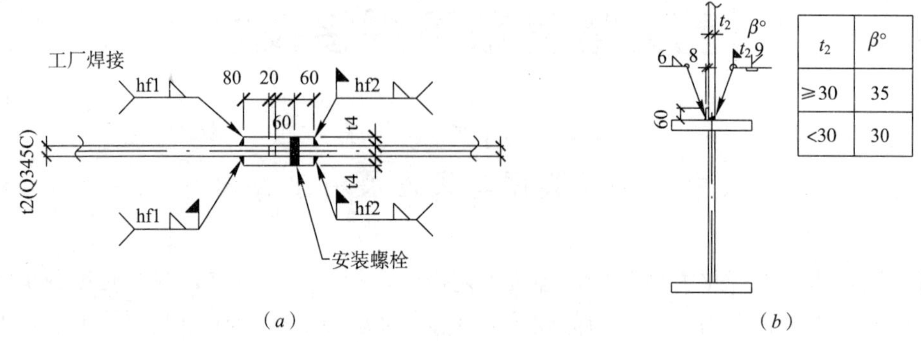

图 1 焊接节点图

(a) 与柱连接节点俯视图；(b) 与梁连接节点剖面图

2.2 焊缝长度

标准层钢板墙与钢柱连接板竖向立焊缝长度均为 3.4m，水平方向横焊长度为 3.3～6.6m。桁架层钢板墙与钢柱连接板竖向立焊缝长度均为 1～2.4m，钢板墙与斜撑杆斜向焊缝长度为 2.3～4.4m，水平方向横角焊长度为 2～5m。

2.3 焊接顺序

(1) 伸臂桁架区立面方向焊接顺序

伸臂桁架区立面方向焊接顺序为逐层向上，见图 2。

(2) 同层内焊接顺序

从中心向四向扩展的焊接原则，依图 3 中编号顺序焊接，相同编号钢板墙同时焊接。

(3) 单片钢板墙焊接顺序

钢板墙在焊接时，焊接作业层上部主体混凝土结构 15 层，钢结构 30 层已完成。钢板墙可有两种焊接顺序，一种是先焊钢板墙与钢柱连接板搭接立向角焊缝，后焊钢板墙与梁对接熔透横角焊焊缝（图 4）；另一种是先焊钢板墙与梁对接熔透横角焊焊缝，后焊钢板墙与钢柱连接板搭接立向角焊缝（图 5）。针对结构刚性大，结构已部分加载的状况，为防止产生焊接裂纹，宜先焊接拘束应力较大的焊缝，最终采用了第一种焊接顺序。

(4) 单条焊缝焊接顺序

由于焊缝长度较长，横角焊采取多人分段同时焊接，立焊双人分段倒退焊接。

钢板墙与钢梁上翼缘焊接为坡口焊，焊缝长度 3.3～7m，焊接位置为横焊；与钢柱连接立焊长度近 4m。在焊接前，将焊缝分成若干个 500mm 分段。如图 6 所示。

横焊缝采用从中心向两边对称同时的焊接方法。具体焊接顺序为 1、3、5 和 7、9、11 同时对称焊接，焊接完 1/3 后，2、4、6 和 8、10、12 同时对称焊接，焊接完 1/3 后，1、3、5、7、9、11 焊接到焊缝高度的 2/3，依次顺序，直至将横焊缝焊完。

伸臂桁架位置索引
18E+79.00
17E+78.880
17E+74.800
16E+74.680
16E+70.600
15E+70.350
15E+67.450
+67.330
15E+64.500
14E+64.250
14E+60.100
13E+59.980
13E+55.900
12E+55.780
+71.550
+66.280
+57.280
CORB1-3-T8
CORB1-1-T8
CORB1-3-T7-2
CORB1-1-T7-2
CORB1-3-T7-1
CORB1-1-T7-1
CORB1-3-T6
F17GKLX03
F16GKLX03F
F15MGKLX03F
F13GKLX03F
F12GKLX03F
N2TR1501HJ-X1
N2TR1501HJ-X2
12SPSW1-2
725 725
3956 4444 4444 3956
8400 8400
18
19
20
（*a*）

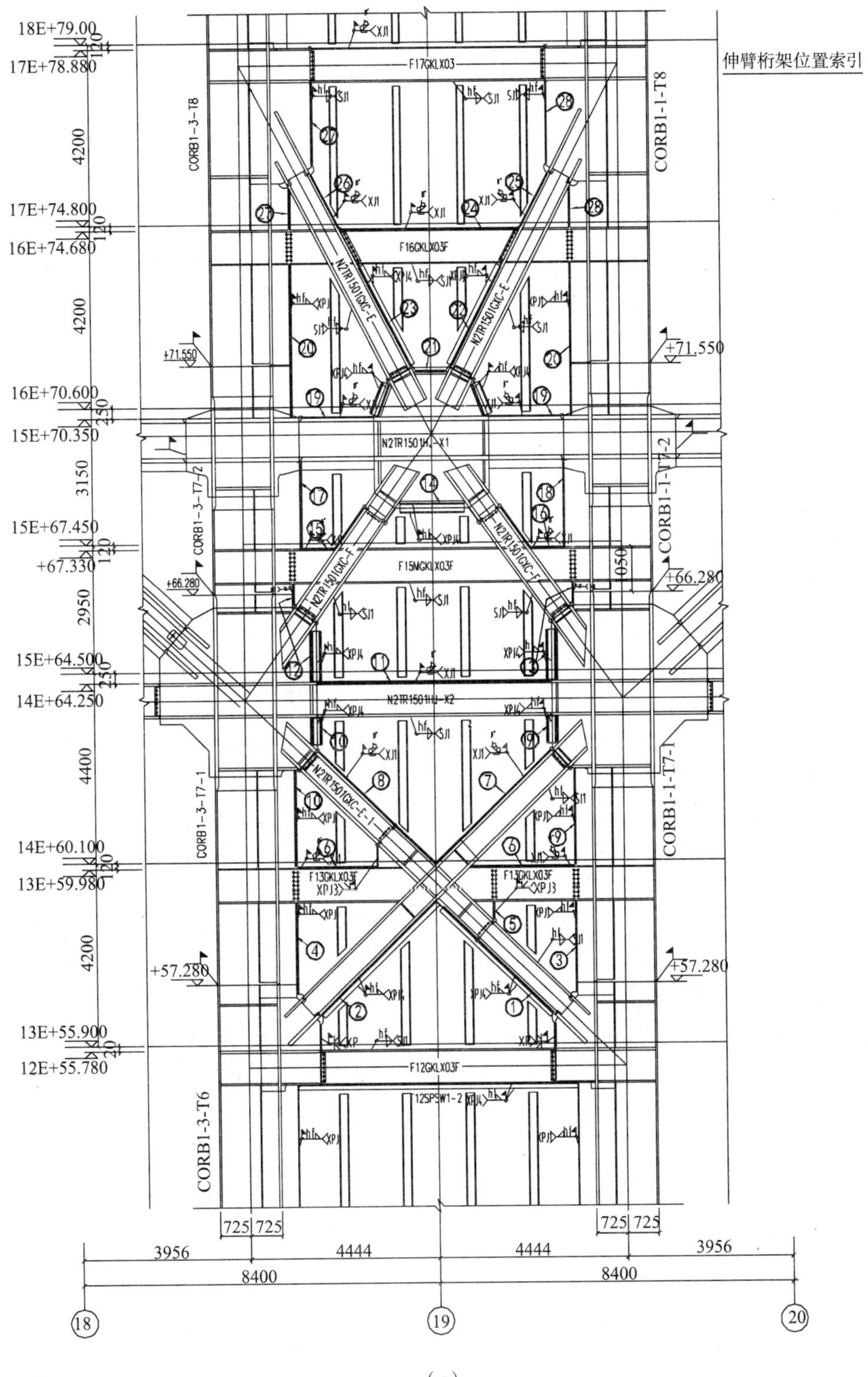

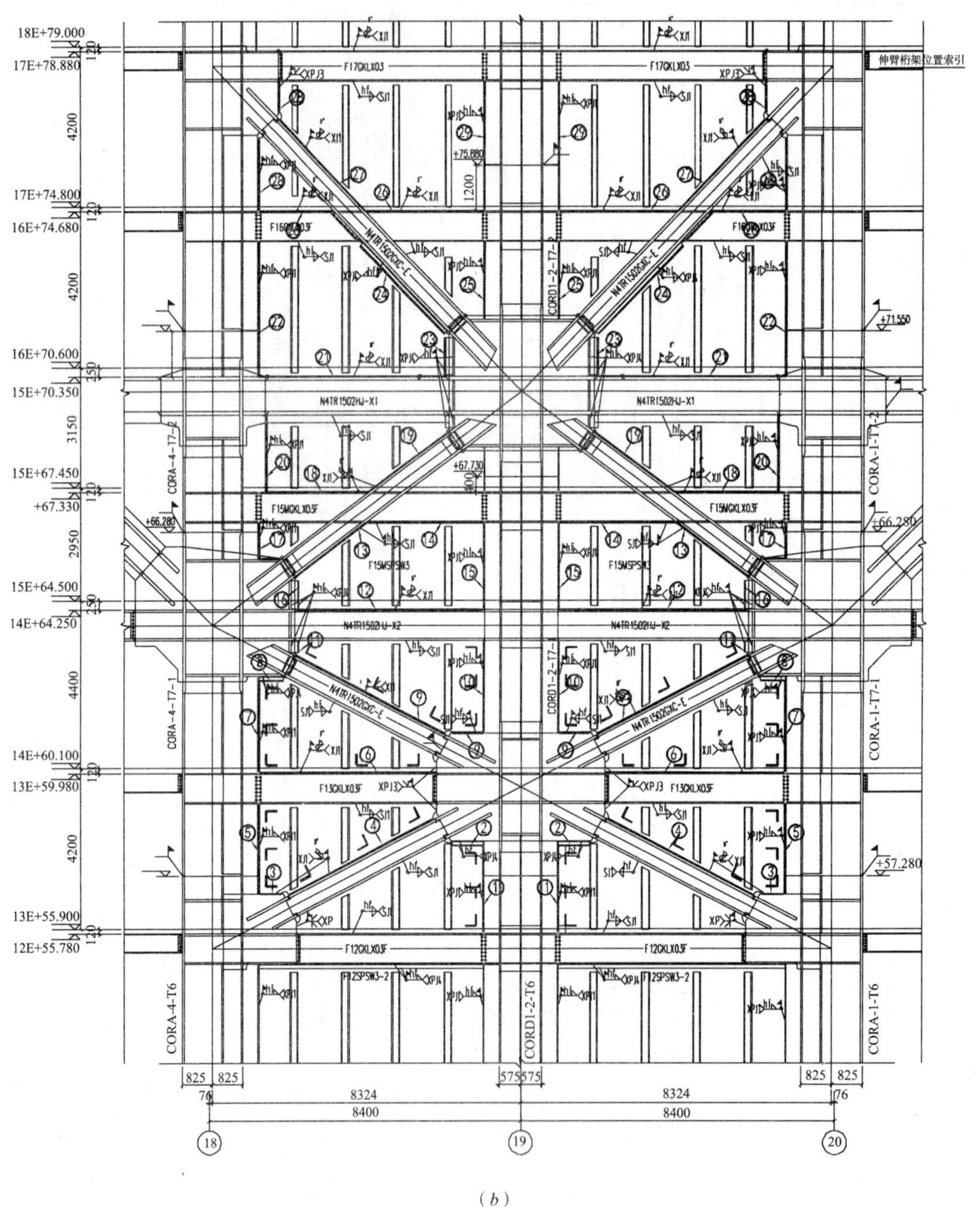

(*b*)

图 2 伸臂桁架区立面焊接顺序

(*a*) TR-1501 (1504) 桁架区立面方向焊接顺序图；(*b*) TR-1502 (1503) 桁架区立面方向焊接顺序图

对超长立焊缝宜采用分段倒退的焊接方法，分段倒退的焊接方法是依分好的若干个500mm分段，每500mm的立焊缝范围内自下向上焊接，具体的焊接顺序为1段焊缝焊接1/3后，焊接3段焊缝1/3，然后是5段、2段、4段，依次顺序焊完一侧的立焊缝，再以同样的顺序焊接另一侧的立焊缝。

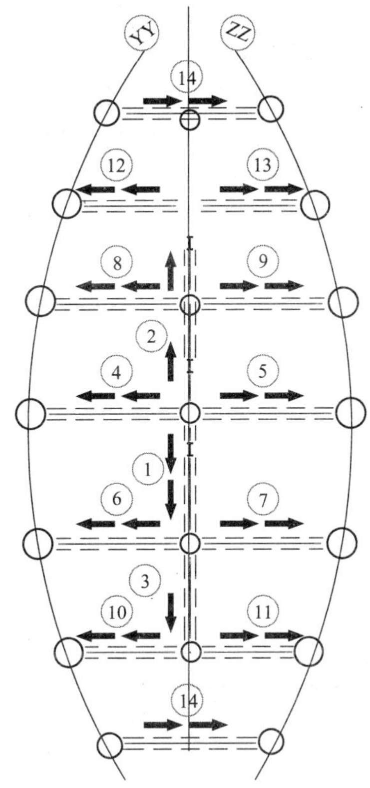

图3　单层钢板墙焊接顺序图

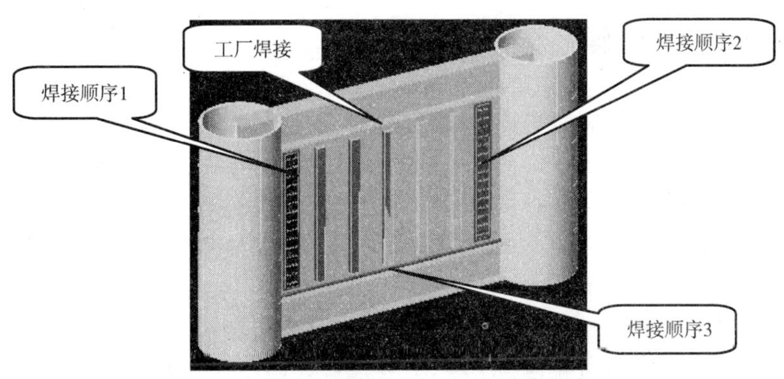

图4　单片钢板墙焊接顺序一（先立焊，后横焊）

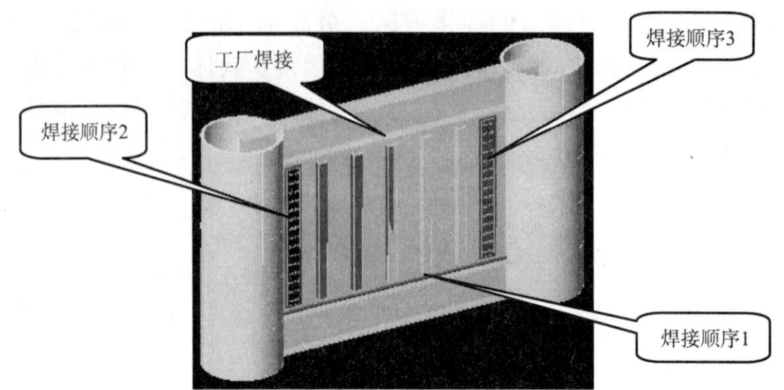

图 5　单片钢板墙焊接顺序二（先横焊，后立焊）

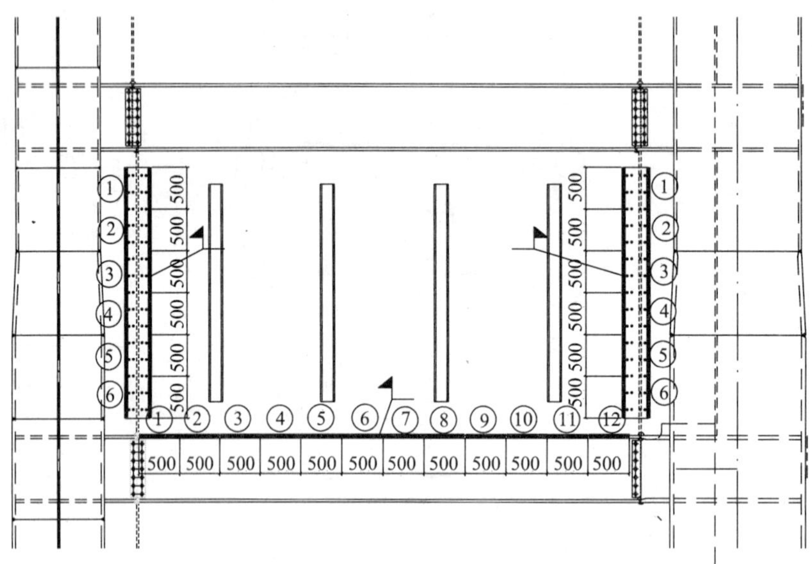

图 6　钢板墙超长焊缝分段焊接

3　应力监测试验方案

焊接应力包括焊接瞬时应力与焊后残余应力，此次试验主要目的是了解在荷载状态下钢板剪力墙的焊接应力分布状态，依据监测的结果优化焊接工艺参数及顺序。

应力监测分两部分，其一针对标准层；其二针对结构相对更为复杂的伸臂桁架层，目的为了解异型钢板墙焊接应力状态与标准层的差别，依据检测数据调整局部焊接工艺，为标准层试验的补充。

标准层监测试验选取首层位置对称，状态相同的两块钢板墙，每块钢板墙四角、各边中心、正中心设置 9 个应力监测点，安装 19 套振弦式应力传感器（图 7）。

伸臂桁架区选取 F13 层带斜撑的 4 组钢板墙，共计 72 套传感器（图 8）。

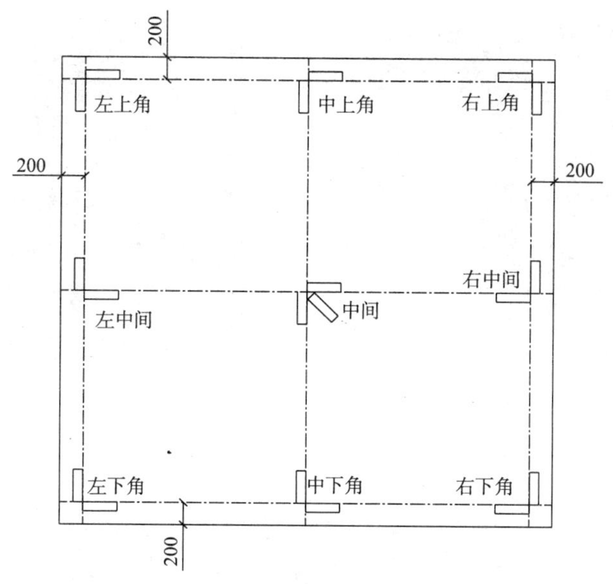

图 7　标准层立面布点图

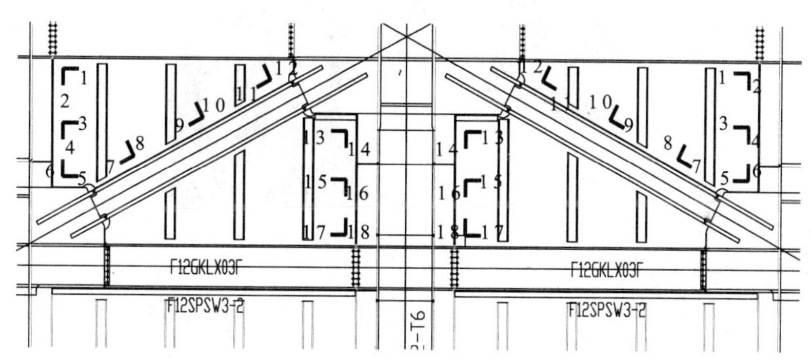

图 8　第 13 层伸臂桁架区钢板墙立面传感器布置

监测焊接前后及焊接过程中焊缝横向、纵向收缩的应力变化。传感器在保证不被焊接高温破坏的前提下，尽可能靠近焊缝，此处应力传感器装设在距焊缝 200mm 处。

4　应力监测组织实施

本次监测使用基康 GBK－4000 振弦式应力传感器，数据采集使用 WDAS 系列数据采集仪。

将钢板墙安装传感器部位打磨干净，以点焊固定方式将传感器安装在钢板墙表面（见图 9 和图 10）。

图 9　固定（一）

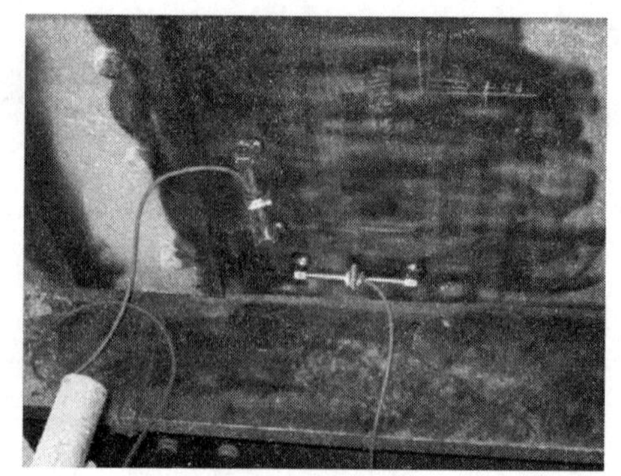

图 10　固定（二）

焊接过程采用更严格的过程控制措施，焊前预热采用程控电加热设备（图 11）。

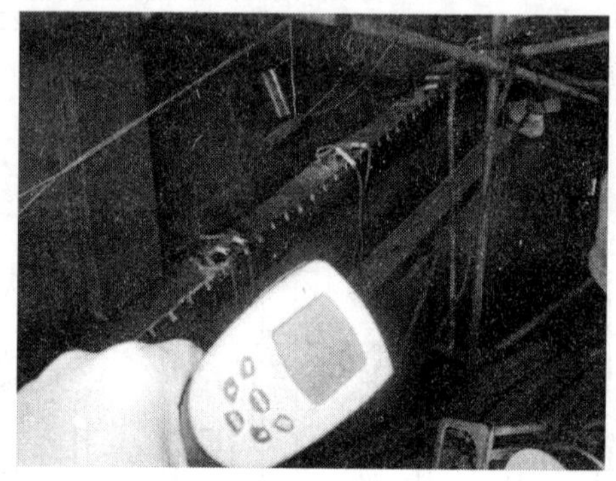

图 11　电加热及测温

由于传感器的工作温度在 80℃以下，温度过高可直接导致数据失效。焊接过程的焊接层间温度必须控制在 100～120℃以内。焊接过程全程采用红外测温仪进行温度监控（图 12 和图 13）。

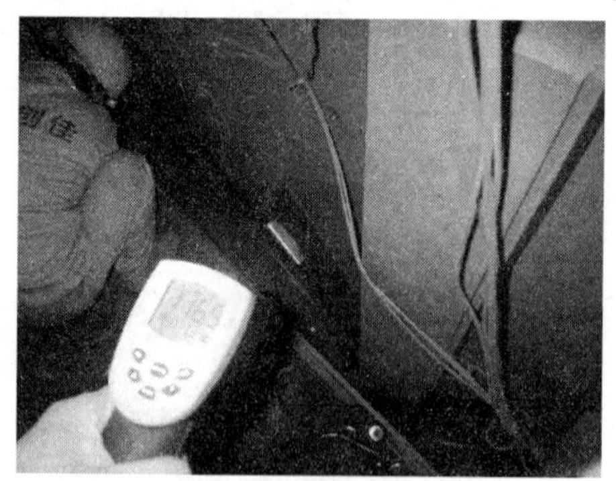

图 12　道间温度

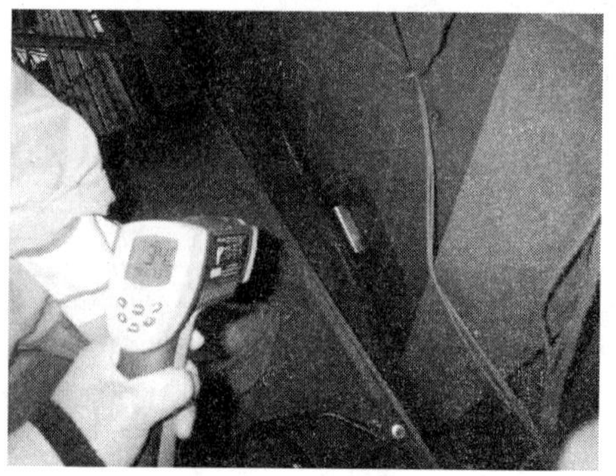

图 13　传感器温度

T 形对接单面坡口横角焊采用多人同时分段跳跃焊接顺序，搭接立向角焊采用双人分段自上而下倒退焊接的顺序（图 14 和图 15）。

图 14　多人分段同时等速焊接

图 15　双人分段倒退立焊

焊接参数：

（1）角对接焊缝形式：横角焊，单 V 形坡口 35°，间隙 9mm。焊接参数见表 1。

横角焊焊接参数表　　**表 1**

<table>
<tr><td colspan="3">焊丝</td><td colspan="3">ER50－6</td><td colspan="2">规格</td><td colspan="4">20mm，22mm，25mm，28mm</td></tr>
<tr><td colspan="3">焊剂或气体</td><td colspan="3">CO_2</td><td colspan="2"></td><td colspan="4"></td></tr>
<tr><td colspan="3">焊接方法</td><td colspan="3">CO_2 保护半自动焊</td><td colspan="2">焊接位置</td><td colspan="4">横焊</td></tr>
<tr><td colspan="3">焊接设备型号</td><td colspan="3">NBC－500A</td><td colspan="2">电源及极性</td><td colspan="4">直流反接</td></tr>
<tr><td colspan="3">预热温度（℃）</td><td colspan="2">60℃</td><td>层间温度</td><td colspan="2">120～150℃</td><td colspan="2">后热温度及时间</td><td colspan="2">200～250℃ 1h</td></tr>
<tr><td colspan="3">焊后热处理</td><td colspan="9">/</td></tr>
<tr><td rowspan="5">焊接工艺参数</td><td rowspan="2">层次</td><td rowspan="2">焊接方法</td><td colspan="2">焊条或焊丝</td><td rowspan="2">焊剂或保护气</td><td rowspan="2">保护气体流量（L/min）</td><td rowspan="2">电流（A）</td><td rowspan="2">电压（V）</td><td rowspan="2">焊接速度（cm/min）</td><td rowspan="2">热输入（kJ/cm）</td><td rowspan="2">备注</td></tr>
<tr><td>牌号</td><td>直径（mm）</td></tr>
<tr><td>1～2</td><td>CO_2 焊</td><td>ER50－6</td><td>ϕ1.2</td><td>CO_2</td><td>40～50</td><td>290～310</td><td>36～38</td><td>35～45</td><td>/</td><td></td></tr>
<tr><td>3～9</td><td>CO_2 焊</td><td>ER50－6</td><td>ϕ1.2</td><td>CO_2</td><td>40～50</td><td>310～320</td><td>36～40</td><td>35～45</td><td>/</td><td></td></tr>
<tr><td>盖面</td><td>CO_2 焊</td><td>ER50－6</td><td>ϕ1.2</td><td>CO_2</td><td>40～50</td><td>270～290</td><td>36～38</td><td>35～45</td><td>/</td><td></td></tr>
<tr><td rowspan="3">技术措施</td><td colspan="2">焊前清理</td><td colspan="4">用钢丝刷及砂轮清理坡口</td><td colspan="2">层间清理</td><td colspan="3">清渣及飞溅</td></tr>
<tr><td colspan="2">背面清根</td><td colspan="9">/</td></tr>
<tr><td colspan="11">其他：</td></tr>
</table>

（2）搭接焊缝形式：立焊、斜立焊、斜仰焊焊接参数见表 2～表 4。

立焊焊接参数表　　**表 2**

<table>
<tr><td>焊丝</td><td colspan="2">ER50－6</td><td>规格</td><td colspan="2">18mm，20mm，22mm，25mm</td></tr>
<tr><td>焊剂或气体</td><td colspan="2">CO_2</td><td></td><td colspan="2"></td></tr>
<tr><td>焊接方法</td><td colspan="2">CO_2 保护半自动焊</td><td>焊接位置</td><td colspan="2">立焊</td></tr>
<tr><td>焊接设备型号</td><td colspan="2">NBC－500A</td><td>电源及极性</td><td colspan="2">直流反接</td></tr>
<tr><td>预热温度（℃）</td><td>60℃</td><td>层间温度</td><td>120～150℃</td><td>焊后热处理</td><td>/</td></tr>
<tr><td>后热温度及时间</td><td colspan="5">/</td></tr>
</table>

续表

焊接工艺参数	层次	焊接方法	焊条或焊丝		焊剂或保护气	保护气体流量 (L/min)	电流 (A)	电压 (V)	焊接速度 (cm/min)	热输入 (kJ/cm)	备注
			牌号	(mm)							
	1～2	CO_2 焊	ER50-6	ϕ1.2	CO_2	40～50	180～220	26～30	35～40	/	
	3～9	CO_2 焊	ER50-6	ϕ1.2	CO_2	40～50	200～240	28～32	35～40	/	
	盖面	CO_2 焊	ER50-6	ϕ1.2	CO_2	40～50	200～240	28～32	35～40	/	
技术措施	焊前清理		用钢丝刷及砂轮清理坡口				层间清理		清渣及飞溅		
	背面清根		/								
	其他：										

斜立焊参数表 **表 3**

焊丝	ER50-6		规格	18mm，20mm，22mm，25mm	
焊剂或气体	CO_2				
焊接方法	CO_2 保护半自动焊		焊接位置	立焊	
焊接设备型号	NBC-500A		电源及极性	直流反接	
预热温度（℃）	60℃	层间温度	120～150℃	焊后热处理	/
后热温度及时间	/				

焊接工艺参数	层次	焊接方法	焊条或焊丝		焊剂或保护气	保护气体流量 (L/min)	电流 (A)	电压 (V)	焊接速度 (cm/min)	热输入 (kJ/cm)	备注
			牌号	(mm)							
	1～2	CO_2 焊	ER50-6	ϕ1.2	CO_2	40～50	180～220	26～30	35～40	/	
	3～9	CO_2 焊	ER50-6	ϕ1.2	CO_2	40～50	200～240	28～32	35～40	/	
	盖面	CO_2 焊	ER50-6	ϕ1.2	CO_2	40～50	200～240	28～32	35～40	/	
技术措施	焊前清理		用钢丝刷及砂轮清理坡口				层间清理		清渣及飞溅		
	背面清根		/								
	其他：										

斜仰焊参数表 **表 4**

焊丝	ER50-6		规格	18mm，20mm，22mm，25mm	
焊剂或气体	CO_2				
焊接方法	CO_2 保护半自动焊		焊接位置	仰焊	
焊接设备型号	NBC-500A		电源及极性	直流反接	
预热温度（℃）	120℃	层间温度	120～150℃	焊后热处理	/
后热温度及时间	200～250℃ 1.5～2h				

焊接工艺参数	层次	焊接方法	焊条或焊丝		焊剂或保护气	保护气体流量 (L/min)	电流 (A)	电压 (V)	焊接速度 (cm/min)	热输入 (kJ/cm)	备注
			牌号	(mm)							
	打底	CO_2 焊	TWE-711	ϕ1.2	CO_2	40～50	180～200	24～30	15～20	/	
	填充	CO_2 焊	TWE-711	ϕ1.2	CO_2	40～50	200～230	24～30	15～20	/	
	盖面	CO_2 焊	TWE-711	ϕ1.2	CO_2	40～50	180～200	24～30	15～20	/	
技术措施	焊前清理		用钢丝刷及砂轮清理坡口				层间清理		清渣及飞溅		
	背面清根		/								
	其他：										

1. 数据采集

焊接过程中数据采集采用局域网无线采集方式，全程实时现场跟踪，数据采集间隔时间为 5min。由于传感器本身具备温度感应能力，全程实时的数据采集对焊接过程中层间温度的控制也起到了辅助控制作用（见图 16 和图 17）。

图 16　现场数据采集

图 17　传感器温度读取

2. 伸臂桁架区应力监测结果

（1）经过对采集数据分析，以伸臂桁架区钢板墙 11、12 测点数据对比曲线为例（图 18 和图 19）：

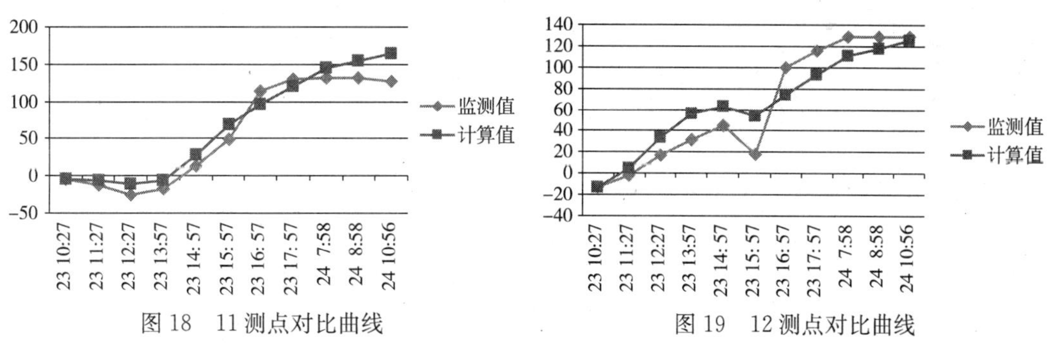

图 18　11 测点对比曲线

图 19　12 测点对比曲线

与数值模拟结果（图 20）比较显示，焊接应力主要集中在钢板墙的各个角，焊缝的首尾处，距离焊缝较近区域及刚性较大的加劲肋对应焊缝部位。计算值与试验数值接近。

（2）两类钢板墙检测数据比较：

桁架层钢板墙三角形右侧角部 11、12 测点残余应力分别为 127.1（横向）、128.4MPa（竖向），过程应力最大值分别为 140.1（横向）、130.4MPa（竖向），比标准层钢板墙 4 中间下部竖向残余应力 118.94MPa（图 21）的数值大，但与标准层钢板墙 4 右上角竖向过程最大应力 138.57MPa（图 22）的数值相近。说明桁架层钢板墙焊接难度更大，应充分优化焊接工艺参数。

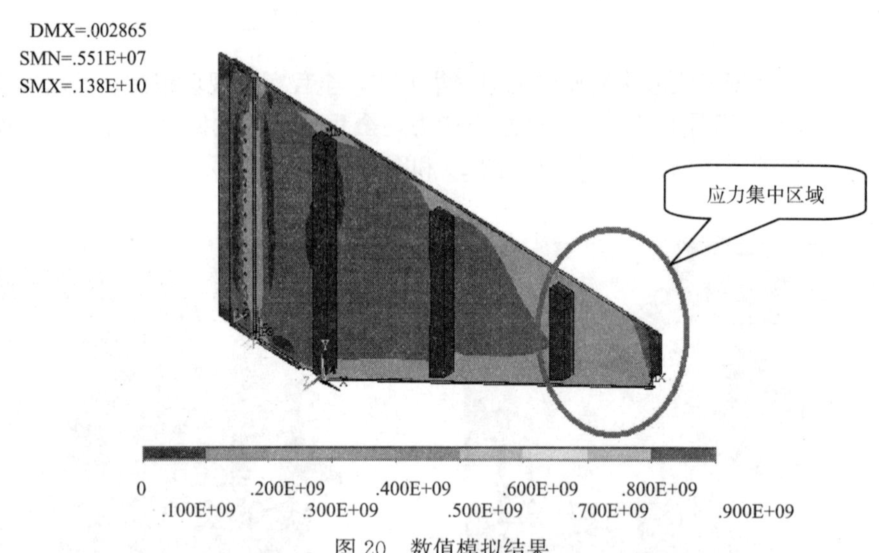

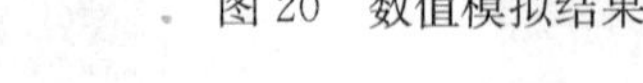

图 20　数值模拟结果

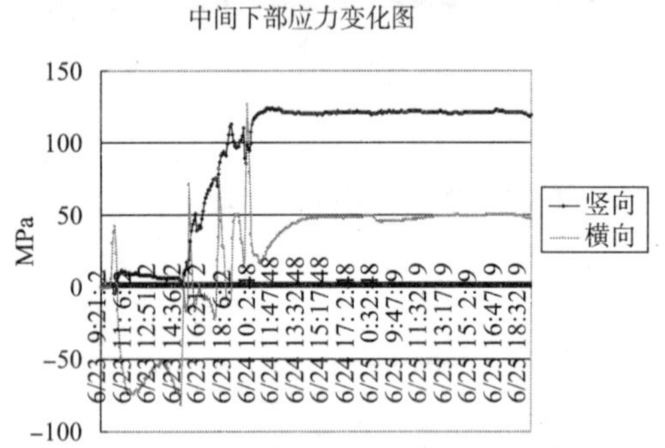

图 21　标准层钢板墙 4 中间下部竖向残余应力

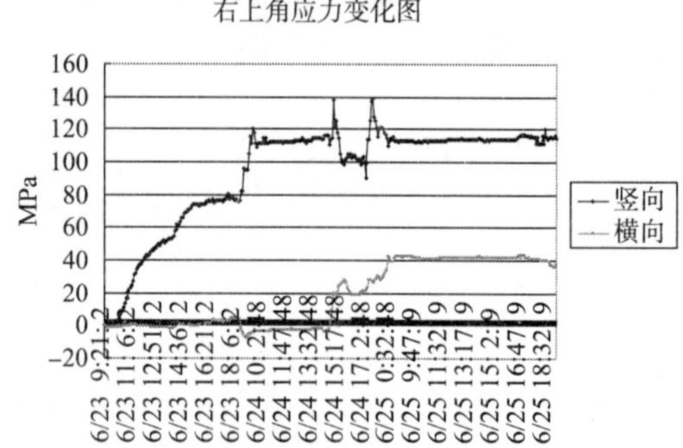

图 22　标准层钢板墙 4 右上角竖向过程最大应力

5　焊接质量统计与分析

钢板墙焊缝总数 3760 条，总长度达 16000m，执行了焊前母材探伤、焊后 24h 超声波、磁粉探伤且 48h 后二次探伤，共四道严格检验程序，焊缝的一次探伤合格率达到了 99.9%，最终全部焊缝达到 100%合格。

焊接过程中，虽采取多种严控措施，但仍发现五处裂纹，合计长度不足钢板墙焊缝总长 0.1%，足以引起高度重视。

(1) 经过对各条裂纹分析后，发现发生裂纹焊缝有以下特点：

1) 1 条裂纹出现在全熔透横角焊焊缝，其余 4 条出现在搭接角焊缝；

2) 裂纹发生在钢板墙有加劲肋刚性较大的部位及钢板墙锐角处拘束度大、应力复杂且集中的部位；

3) 1 条发生裂纹横角焊缝的焊材为实芯焊丝，其余 4 条发生裂纹搭接角焊缝的焊材为药芯焊丝；

4) 1 条熔透横角焊焊缝裂纹在刨除返修时发现，裂纹发生在母材热影响区，为钢梁翼板层状撕裂，其余 4 条搭接角焊缝裂纹为焊缝中心位置纵向裂纹。

（2）对上述焊接裂纹起因分析后认为：

1）1条熔透横角焊焊缝层状撕裂裂纹的产生，与钢板墙竖向加劲肋部位刚性较大，钢梁翼板被撕裂部位材质偶存局部缺陷有关；

2）2条搭接角焊焊缝中心纵向裂纹与TWE-711药芯焊丝本身抗裂性能较差有关，其中1条裂纹还和搭接盖板上与贴角焊缝垂直交叉的拼接焊缝坡口间隙过大，因而产生复杂应力的综合因素有关；

3）其余两条与贴角焊焊缝厚度不足有关。

（3）针对以上分析，对出现裂纹的焊缝修复分别采取优化措施：

1）搭接角焊缝采用低氢型焊条取代TWE-711药芯焊丝，并加强预、后热工艺控制；

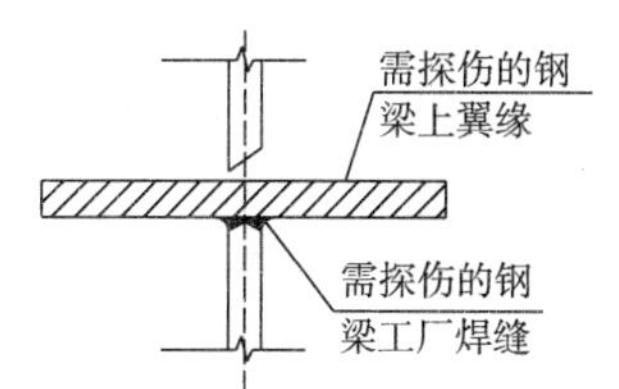

图23　焊前超声波探伤

说明：钢梁上翼缘钢板使用直探头扫查；钢梁上翼缘与钢板墙对应位置无法使用直探头扫查区域使用60°或70°斜探头扫查。

2）为最大程度降低焊接残余应力引发层状撕裂及焊接裂纹发生的可能，应对T形对接坡口横焊相关的框架梁上翼缘母材和处于焊接拉应力方向上的工厂焊缝进行焊前超声波探伤。如图23。

6　结论

（1）本次在钢板墙焊接施工中，第一次尝试使用振弦式应力传感器对焊接应力进行观测，由于受监测环境限制，试验的过程及数据的采集都遭遇过极大困难，通过采集到的数据显示，焊接过程和焊接完成后的应力变化符合焊接规律。

（2）由于受传感器不耐高温的限制，成功测得数据的钢板墙测点布置与焊缝距离较远（200mm），所测得焊接过程及残余应力数值较高（虽然测得值不超过140MPa，但对于纵向应力，已经是被荷载应力部分抵消后的数值）。根据一般规律推测，未能测到的焊缝及近缝区应力更大，因此钢板墙焊接施工中控制焊接裂纹产生是极为重要的。

（3）先焊收缩量大的焊缝的基本原则在类似全封闭强拘束，高刚性、强拘束钢板墙的焊接中尤为重要。

（4）对焊接应力较为集中的焊缝首尾、各角位置、焊缝间距离较近区、对应加劲肋等部位的焊缝，宜留应力释放孔、不焊或少焊；应严格控制焊缝坡口间隙；斜仰焊位采用低氢型焊条取代扩散氢含量相对较高、焊缝本身抗裂性较差的TWE-711药芯焊丝；调整焊接参数，如提高预热温度，降低焊接热输入，必要时适当后热等措施，以期达到降低焊接残余应力目的。

（5）应力监测数据及焊接实际施工的结果显示，津塔工程钢板墙焊接所用的连接节点形式，焊接工艺参数，焊接工艺措施和严格的焊接全过程监管，能够适应全封闭、强拘束、施工荷载应力状态下，钢板墙与柱-梁框架焊接的严苛条件，保证了焊接质量和工程的顺利进行。

参考文献

［1］陈国栋，廖彦林．钢板剪力墙结构静力性能理论研究．第十七届全国高层建筑结构学术会议论文．2002.

［2］汪大绥，陆道渊，黄良等．天津津塔结构设计．建筑结构学（增刊1）.2008.

［3］段向胜．天津津塔施工监测-钢板剪力墙焊接残余应力监测报告．中国建筑科学研究院．2010.

［4］中国机械工程学会焊接学会．焊接手册．2001.

国家游泳中心钢结构施工技术

庞京辉　高俊峰　尹敏达　周文瑛　路克宽
（中建一局钢结构工程公司，中建一局集团建设发展公司）

摘　要：国家游泳中心钢结构工程是国内首次采用ETFE透明充气膜作为维护结构的大型体育场馆建筑，其结构造型为“充满水的立方体”，由空间多面体组合而成，结构造型新颖复杂，给钢结构制造、现场安装带来极大的难度。通过过程实施的技术研究与攻关，顺利地完成了国家游泳中心钢结构安装工作，并积累了一定的可借鉴的施工经验。

关键词：国家游泳中心　钢结构　Q420C

1　工程概况、设计特点和技术难点

1.1　工程概况

国家游泳中心位于北京市奥林匹克公园中心区西南角，工程占地62828m^2，赛时建筑面积为79532m^2，标准坐席17000个，其中临时坐席约13000个（赛后将拆除）。国家游泳中心是2008年奥运会游泳、跳水、花样游泳、水球等项目的比赛场馆。建筑总体布置为正方形，平面尺寸为177.338m×177.338m，其造型为“充满水的立方体”。为了体现出不同形状的水滴充满整个空间的设计理念，屋面及墙体由延性空间钢框架结构构成水滴的骨架，里外两层钢框架分别外包ETFE膜，建筑外观体现出水滴的流动状态，整体像一个透明的“冰块”，本工程地下两层，地上五层，地下深度约12m，地上高度约31m，±0.000m相当于绝对标高45.900m，建筑墙体底标高为+1.059m，屋顶标高+30.587m，其钢结构构造采用了“延性多面体钢框架结构体系”，建筑外墙的厚度为3.472m，内墙为3.472m和5.876m两种，屋盖结构厚度为7.211m。为保证室内温度恒定，在墙体和屋盖中ETFE膜结构分别安装在外墙和内墙上，内膜和外膜之间形成空气层，在炎热的夏季或寒冷的冬季，空气层会阻挡外界热、冷空气侵入场馆内，场馆内的空调设备就会在温差相对小的范围内进行微量调节，达到室内节能的目的。

本工程钢结构屋盖被两道内墙分割成三个区域，跨度分别为40m、50m、137m。墙体与屋盖内外表面弦杆为矩形钢管，节点采用焊接半球节点；内部腹杆为圆钢管，节点采用焊接球节点；边框角线节点以边框为母杆的相贯连接节点。其纵横交错的杆件形成了复杂的三维空间结构及复杂的受力良好的钢框架结构体系。

1.2　设计特点

国家游泳中心工程“水立方”是全球第一座多面体钢架结构在国内首次采用ETFE膜材料作维护结构的建筑，也是国际上建筑面积最大、功能要求最复杂的膜结构系统。该工程钢结构是由十二面体和十四面体在空间组合后，通过旋转、分割形成的多面体空间刚架。其空间十二面体与十四面体单元体的尺寸较大，经过旋转后节点空间规律性差，构件封闭的几何形状很不规则，造成节点杆件构造复杂多样、非标准化。给构件的制作、安装、焊接、施工管理造成极大的难度。

1.3 本工程的技术难点

国家游泳中心的空间钢架结构是目前国内建筑立面中独一无二的建筑，体现了特、精、新、难四个方面的特点。为了实现这种多面体空间钢框架结构，工程建设中钢结构安装方法只能采取在空中把一根根钢杆件当成气泡的边棱，逐个在空中按照设计好的位置固定，再与钢球焊接，制成气泡形状。施工过程细致，结构复杂，规律性差，安装起来耗时耗工。综合起来工程存在以下难点：

（1）本工程钢结构屋盖被两道内墙分割成三个区域，跨度分别为40m、50m、137m，属于大跨度钢结构，杆件不规则、安装过程中定位复杂、钢结构安装工艺选择、安装精度的控制等难度大。

（2）由于钢结构层间标高变化多、跳跃大、规律性差，钢结构安装测量定位难度大。安装方案采用的是“单杆＋单球地面拼装高空散装法”，测量工作量大，现场通视条件差。尤其是钢结构三维空间的精确定位测量工作是一个挑战，也是一个新的技术课题。

（3）本工程大量使用了国产高强度低合金钢材420C级板材，焊接厚度从18～40mm不等，空间组拼焊接量大，由于Q420C级钢材碳当量高，冷裂敏感性大，常温、负温焊接参数及焊前预热、层间温度控制、焊后保温等在现行国家标准中尚无成熟技术参数，需要工程实践中研究确定。同时工程结构节点与杆件、杆件与杆件之间连接焊缝均为平、立、横、仰焊，圆钢管为全位置焊，质量等级均为一级焊缝。如何控制好焊缝及热影响区冷裂纹产生，减少焊接变形是技术难点。

1.4 施工关键技术

针对工程结构特点和施工技术难点，总结了四项具有代表意义的关键技术。这四项关键技术是：

（1）钢结构安装技术；

（2）钢结构节点空间快速定位测量技术；

（3）钢结构安装焊接技术；

（4）钢结构卸载技术。

2 钢结构施工关键技术实施

2.1 钢结构安装技术

2.1.1 钢结构安装施工难点

（1）国家游泳中心钢结构在设计时，既要保证建筑效果同时又要保证结构的安全和减少用钢量，因此在设计中对所有杆件和节点进行“个性化设计”，造成节点杆件构造复杂多样、非标准化。

(2) 由于本工程钢结构是由十二面体和十四面体组成的多面体空间刚架，其独特的构造形式造成节点杆件复杂多样、非标准化。空间分布规律性差，安装过程中需要解决测量定位、合拢缝位置的确定、安装精度的控制等许多难题。

(3) 本工程由于钢结构设计的构造特点，水滴的不规则形状决定了钢框架杆件空间变化的不规则性、空间性、多样性，构件总数为 30513 件，其中球体 9843 件，钢管 20670 件。要保证安装质量，其安装方法和工艺的研究，给我们提出了一个全新的技术课题。

(4) 本工程钢结构类型有四种，整球、球冠体、方钢管、圆钢管，每一根杆件都各不相同，各杆件之间不可替代，杆件的加工、运输、存放、吊装等管理难度大。

(5) 本工程钢结构屋盖被两道内墙分割成三个区域，跨度分别为 40m、50m、137m，均属于大跨度钢结构。在结构空中组装完毕后，在拆除支撑体系的卸载过程中如何保证结构安全、保证杆件内应力的变化在设计允许的范围内，是一大难题。

2.1.2 钢结构深化设计

(1) 材料及构件类型的归并

针对主体钢结构节点空间规律性差，构件规格多样，节点种类繁多，某些规格板件用量很少。为保证施工进度，同时达到经济节约的目的，对施工图进行深化设计时适当归并，减少了材料采购的规格和球节点的模具数量。

(2) 杆件与节点的归并

设计图纸给出了所有的杆件和节点规格与空间坐标，根据空间坐标计算出部分节点距离很近，杆件长度很短，对这些节点杆件进行合并。在设计图纸的节点大样合并原则指导下，对图纸又进行了进一步的深化，找出所有需要合并的构件，确保构件正常加工制作。

(3) 刚接节点深化

结构整体为全焊接结构，所有节点均设计为刚接节点。杆件不仅承受轴力，还要承受相当大的弯矩，所以节点区域受力状况相当复杂。为增加结构的延性，部分高应力杆件进行了外套管加强，极大地增加了现场焊接工作量。因而与制作安装厂商紧密配合，在设计与施工之间搭建起沟通的桥梁，优化焊接形式与焊接顺序，提高工厂化生产制作的比例，加快了施工进度，保证施工质量，提高了安装效率。

(4) 构件加工详图深化设计

总包与制作、安装各方进行紧密沟通，对构件加工详图进行深化设计，将施工图转化为制造厂的构件加工图纸。

2.1.3 钢结构安装方案选择

对钢结构施工安装方法进行了多项优选工作，选择三种安装方法进行综合经济对比分析。方案对比分析见表 1。

墙体、屋盖三种安装方案优缺点对比分析表　　表 1

方法	墙体	屋盖	优　点	缺　点
整体提升法	空中散装	地面拼装整体提升	1. 地面组装成型，操作环境较好。 2. 可以减少部分脚手架支撑的投入	1. 需要设置临时刚性提升支架。 2. 提升到位后，由于大跨度结构自挠，与墙体节点对位困难，结构合拢处理复杂。 3. 在合拢带焊接完成前，提升点须始终受力，在合拢带焊接完成后，卸掉提升支撑，结构会产生二次变形，无法控制
分段滑移	空中散装	分段安装下滑移脚手架	1. 减少脚手架支撑的投入。 2. 可提前插入二次结构施工	1. 由于屋盖下方是阶梯看台及其他附属结构，脚手架滑移轨道铺设及架体牵引措施复杂。 2. 在每段施工完毕后，须对该段的结构进行卸载后，滑出架体。如此阶段安装、阶段卸载对屋盖整体的变形趋势以及墙体变形无法控制。 3. 分段卸载后，前一段结构卸载产生的竖向位移，对下一段组装将产生很大影响，整体精度难以控制
散装	地面单杆＋单球拼装，高空组装	地面单杆＋单球拼装高空组装	1. 空中组装，整体卸载，对整体结构的施工精度与变形趋势可控。 2. 组装精度好，分区组装后按块拼装可以较好的消除累计偏差	1. 高空组装须投入大量脚手架支撑。 2. 二次结构插入时间晚

通过方案优缺点的比较，结合本工程钢结构设计特点，最后选定了“单杆＋单球地面拼装，高空分块组装法”工艺。

2.1.4 钢结构安装

（1）钢结构安装采用计算机进行全过程工况模拟计算分析

对于本工程这样的全新结构体系，施工安装也都是全新的，没有可借鉴的经验，因而施工过程中采用计算机进行全过程工况模拟计算，为施工工序的合理性和施工临时支撑的经济性提供具体的计算依据，同时保证施工过程中加载及卸载过程的结构安全。主要计算项目：

①施工过程中，屋盖主要临时支撑点设置及反力计算。通过计算屋盖构件在临时支撑工况下的内力及变形，结合下部土建条件，寻求一个比较经济合理的屋盖支撑点布置方案。

②屋盖支撑架受力点卸载全过程模拟计算。根据分区卸载实施的可能性，提供各种情况下的计算分析数据，并根据具体实施方案，对屋盖支撑架卸载全过程进行模拟计算分析，确保卸载过程结构的安全。

（2）钢结构安装分区

将墙体结构分为五个施工区：W1、W2、W3、W4、W5，将屋盖结构分为 R1、R2、R3 三个区（图 1 和图 2）。多点同时安装解决安装进度问题。

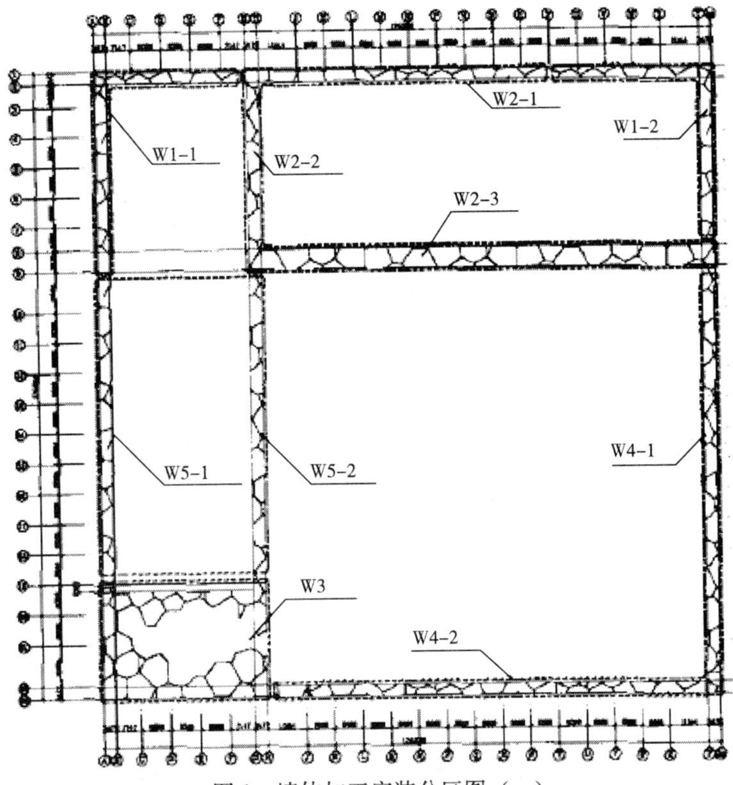

图 1　墙体加工安装分区图（一）

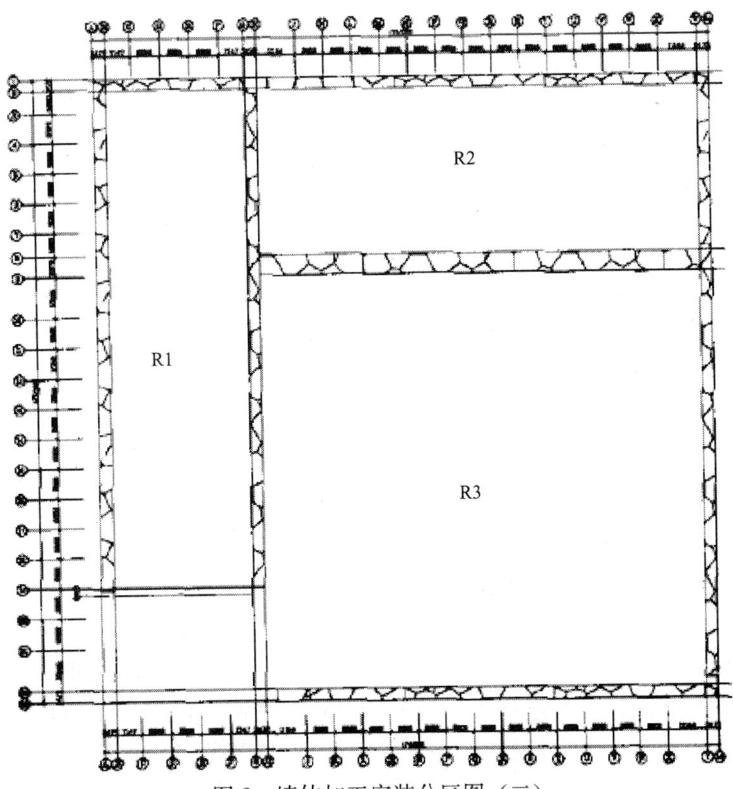

图 2　墙体加工安装分区图（二）

（3）钢结构安装顺序

安装顺序为：W1－1→W1－2→W2－W5→W4→W3，R1→R2→R3（图 1 和图 2）。

外部墙体以四个角、内墙以“T”形交叉处为起点，向两侧安装，汇合在内墙和外墙“T”形交叉处。

（4）钢结构加工、堆放及吊装管理

多面体气泡在空间的特殊定位决定了钢结构构件种类繁多，为了保证现场安装的进度和精度要求，施工现场与构件加工厂的组织管理必须做到有序，主要采取措施：

①构件编号分类存放管理

将每一个构件都在深化图纸上单独编号，球体以 S 开头，杆件以 F 开头，将现场墙体与屋面的构件分别按安装区域再编号，并将构件编号按料场分区录入计算机建立电子档案。由于现场场地狭小，所以要求现场制定各安装区详细的施工计划，加工厂根据施工安装计划，将加工好的构件在安装前一天发运到现场。构件在料场采取单层摆放，若构件实在多则最多双层摆放，要求构件编号朝上摆放。通过对构件统一安排和协调管理，确保众多杆件堆放有序，使用及时。

②构件加工管理

为了保证钢结构安装工期，构件的加工分为三个加工厂进行，项目部对工厂进行延伸管理，监督控制加工厂按已审定的工艺、材料进行加工制造。对原材料进入加工厂后的每个环节进行监控与记录，构件进入现场要进行质量验收，记录好每根构件的详细检验资料。使每个构件具有可追溯性，确保成品构件的质量和及时满足现场工期要求。

③构件吊装管理

按照钢结构安装分区，现场安排两台 25t、一台 50t 吊车进行构件水平运输及墙体低标高处的吊装工作。夜间安排塔吊进行垂直运输，将第二天需安装的构件在夜间运输至安装部位，提高塔吊的使用效率，降低施工成本。

（5）钢结构安装脚手架支撑体系

水立方钢结构屋盖采用高空组装的吊装工艺，多面体气泡在空间的定位决定了在完成下弦杆件施工后，需继续搭设脚手架向上进行施工，屋盖结构复杂，平面面积大（约 30000m^2），球节点有 1474 个（下弦球节点），且分布不规则。现场采用搭设满堂红脚手架作为钢结构屋盖施工的操作平台，针对不同节点（包括卸载点）和不同荷载值，采取不同的脚手架平台支撑．以满足钢结构施工的要求。整个支撑系统耗用脚手架 1.7 万 t。项目同时选择了工具化程度高、搭设快捷方便的法国插口式（安德固）脚手架，钢结构安装提高了安全性和施工效率。

（6）钢结构安装精度质量控制要求

①钢结构屋盖施工安装预起拱 125mm。

②墙体外、内表面单根构件的垂直度偏差按＋5mm 控制。

③墙体外、内表面上构件的高程和侧向位移偏差，以及墙体中间层构件三维方向的定位偏差，不能有累积偏差；屋盖分层安装的过程中，上层安装考虑消除下层已有偏差。

④钢结构焊接时，焊接工艺和顺序应考虑消除位置偏差，并采用循环焊接的方式减少焊接变形；在安装过程中应尽量控制，并保证所有杆件和节点合理相贯贴合焊接。

⑤焊后所有累积变形控制偏差值按 25mm 控制。

（7）钢结构安装工艺和方法的创新

水立方的外墙和里层由上千个气泡组成，找到节点在空中的准确位置非常困难。在工程实践中施工人员将中学几何里的“一条直线和线外一个点确定一个平面”定理用于杆件定位，让工程进度猛增了3倍，加上焊工技艺的不断熟练，工地高峰时每天杆件的焊接速度最高提到200多根，大大地加快了安装速度，钢结构提前一个多月封顶。

（8）钢结构安装监测技术

本工程钢结构的杆件要同时承受弯矩、扭矩。为了确保施工中结构变形在设计值范围内，我们进行了理论分析和模拟试验等研究工作，施工过程中实施监测技术，及时掌握应力变化情况，指导施工。施工过程整体监测分为两个部分：第一阶段主要监测施工工序实施过程中引起杆件应力二次分配的杆件应力变化情况；第二阶段为竣工后钢结构整体结构的永久健康监测。监测工作委托哈尔滨工业大学实施。

2.1.5 实施效果

国家游泳中心钢结构安装实施程序符合国家、北京市的相关法规及标准规范；参建各方加强关键环节监控，强调过程控制，施工质量符合设计和验收标准的要求。

2.2 钢结构节点空间快速定位测量技术

2.2.1 钢结构测量技术施工难点

（1）钢结构安装工序交叉多，控制点使用频率高，必须建立长期稳定、统一的测量控制体系。

（2）钢结构空间变化多，组合形式极不规则，对测量精度要求非常高。

（3）钢结构安装时间紧，层间标高变化多，跳跃大，没有规律。9803个球形节点、20870根钢质杆件要求高质高效测量难度大。

2.2.2 技术要点

由于本工程钢结构的内部点均为空间三维坐标点，且测量定位点均为球体或半球体，各部位定位及测量难度非常大。主要研究以计算机技术建立节点坐标数据库，将复杂的杆件节点三维空间坐标分解为简单的二维平面坐标和高程定位，计算各放样点坐标存入全站仪内存。采用高精度的全站仪对节点进行平面定位测量，在节点球上标出记号，既可进行杆件安装，又能按照节点球上标记安装杆件，保证杆件中心线过球中心，形成一整套从内业数据演算到外业施测的节点空间三维快速定位技术，并通过快速定位、精确校核的方法进行快速安装。

2.2.3 测量精度控制

（1）针对工程施工的实际情况，采用导线测量的方法建立平面控制网。

（2）为保证控制点的相对精度，导线边长相对中误差控制在1/40000以上。导线点距离不应太远，导线平均边长控制在100m。

（3）导线点要根据现场实际情况布设，导线点与放样点的距离宜控制在80m之内，最远不应超过100m。

（4）三维空间位置复测校核。为保证杆件中心线准确通过节点球中心，分别复测相邻节点的距离和高差。使用 50m 钢尺丈量相邻节点的相对距离，读数到毫米。使用水准仪测量相邻节点的高差，读数到毫米。

2.2.4 快速定位的实施

为使施工队快速确定球体的空间位置，保证安装速度，根据空间的几何理论：如果在一个封闭几何平面的一个边线在另外一个平面上，并以这个边为轴进行转动，如果该平面不在转动轴上的任何一个点对于另外一个平面的垂直距离确定的话，那么该平面上的其他点对于另外一个平面的垂直距离也同时可以确定，反之亦然，如图 3。

因此施工队在施工时先由墙体或屋面的平面开始，按照上述几何理论进行空间节点与杆件的安装。

（1）首先准确组装杆件与衬垫板，使杆件两端衬垫板的距离和理论杆件与球体相贯后的长度一致，然后将球体与一根杆件相贯连接后定位焊接牢固。

（2）将已经组装好的单杆＋球的小拼进行安装（此时球节点为图中 P5，杆件为 G1），由 P5 节点吊线坠，与 P6 点重合，测量 L1、L2、L3 的长度是否与理论值相符。调整符合后将球杆小拼中的 G1 杆件与平面 1 中的 P2 节点定位焊接牢固，空间球节点 P5 位置已经确定。由此在平面 1 上的 P1、P2 与空间的 P5 点已经确定了平面 2 的空间位置。

（3）以上述做法可以将多面体的一个面上所有节点空间位置确定。当多面体 3、4 个平面确定后，整个多面体节点与杆件即可确定安装成型。

2.2.5 实施效果

国家游泳中心工程钢结构球节点 9000 多个，采用常规方法每天只能测量校正 5～6 个球节点，需要近 5 年的时间才能完成钢结构安装。结合工程实际创建的钢结构三维空间快速定位测量方法，与常规测量方法相比，球节点测量安装速度每天可达到 60～70 个，平均安装一个球节点的时间节省了 80%左右，大大加快了施工进度；节省了设备投入，确保了 9843 个节点在空间定位±5mm 的预定精度要求。

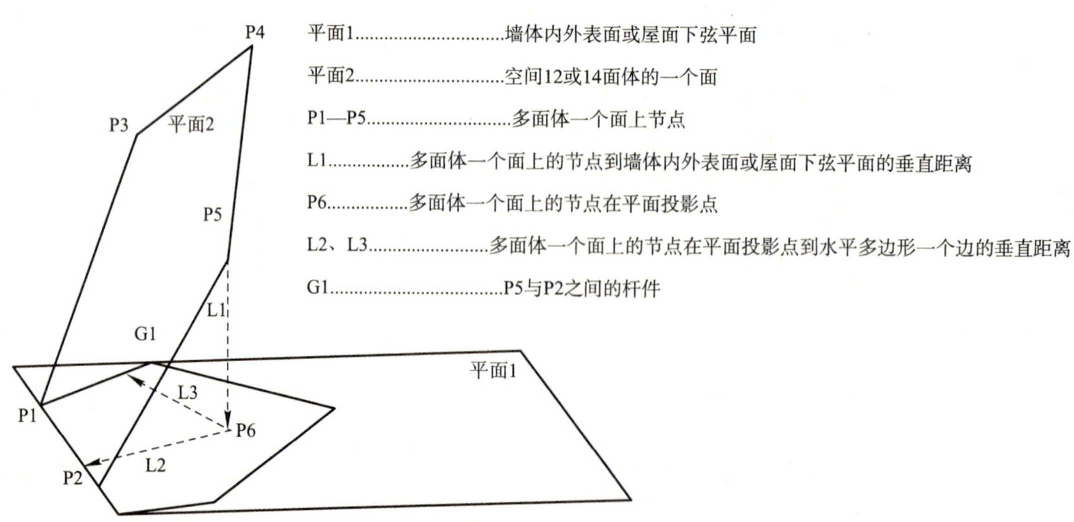

图 3 运用空间几何理论进行分析

2.3 钢结构安装焊接技术

2.3.1 焊接技术难点

（1）本工程大量使用了 Q420C 级钢材，由于 Q420C 级钢材碳当量高，冷裂敏感性大，常温、负温焊接参数及焊前预热、层间温度控制、焊后保温在现行国家标准中尚无成熟技术参数，需要工程实践中研究确定。

（2）焊缝质量等级要求高，杆件在空间组对焊缝均为平、立、横、仰焊，圆钢管为全位置焊，且焊接工位集中，解决组对构件焊接工艺流程，减少焊接变形是技术难点。

（3）本工程钢结构安装方案确定为“单杆＋单球地面拼装高空组装法”安装工艺，手工焊接作业大，焊接工位复杂、质量要求高，需要的操作工人多，焊接工人的技术等级要求高。

2.3.2 钢结构焊接技术要点

（1）控制焊缝及热影响区冷裂纹产生的措施

根据构件实际使用钢材的碳当量、强度等级、接头拘束度大小及一般低氢焊接材料或焊接方法的实际扩散氢含量确定最低预热温度，解决杆件焊后消氢热处理和加热温度条件，防止焊缝及热影响区形成脆性金相组织和焊缝冷裂纹。

（2）焊接变形控制措施

确定组对构件的焊接工艺流程制定合理的焊接方法和焊接顺序来控制焊接变形，采用了循环焊接的工艺，保证焊接质量。对现场组对构件焊接工艺流程进行试验，按照确定的杆件地面小面积拼装焊接和杆件空中组对焊接工序，采取措施控制地面拼装和空中管球组对的焊接质量。

（3）操作工人技能培训

本工程采用的 Q420C 级钢材焊接量大，为保证整个工程的焊接质量，对安装管理人员和焊接工人进行技能培训，考试合格后，才可进场作业。

（4）焊接工艺和质量保证措施

通过试验确定钢材与焊材的匹配技术指标，摸索出一套较为成熟的焊接工艺，编制出相应的焊接施工工艺规程。

2.3.3 焊接工艺措施

（1）厚钢板焊接技术

本工程大于 40mm 厚的钢板总重约为 440t，主要用于焊接球节点，最厚达到 60mm。针对质量要求，采取以下技术保证措施：

①焊缝形式合理设计；

②焊接材料采用低氢型焊条；

③选择合适的预热温度与焊后热控制，并严格控制焊接顺序。

（2）Q420C 级钢板焊接

①针对技术难点，组织焊评试验研究，对 Q420C 级钢板材在常温、负温的焊接、预

热方法、焊接层间温度控制、测温及杆件组对焊接工艺等进行试验。探索专门的工艺参数，制定焊接工艺评定质量标准。

②根据工程构件实际使用钢材的碳当量、强度等级、接头拘束度大小及一般低氢焊接材料或焊接方法的实际扩散氢含量确定了最低预热温度，解决了杆件焊后消氢热处理和加热温度条件，防止焊缝及热影响区形成脆性金相组织和焊缝冷裂纹。

（3）焊接工艺流程

对现场组对构件焊接工艺流程进行试验，确定了杆件地面小面积拼装焊接和杆件空中组对焊接方法，在地面拼装采用专用胎架进行转动焊接，空中管球组对采用全位置焊接，整体焊接采用循环焊接等措施。

2.3.4 实施效果

通过试验确定了钢材与焊材的匹配技术指标，摸索出一套较为成熟的焊接工艺，编制出相应的焊接施工工艺规程，解决了现场的焊接难题。经超声波探伤检查，工程焊接质量一次合格率达到98.2%以上，达到了钢结构工程焊接质量要求。

2.4 钢结构卸载技术

2.4.1 卸载技术的特点和难点

（1）特点

卸载支撑点数量多达135个；跨度大，最大净跨137m；螺旋千斤顶数量多达135个，且规格多，从16～50t不等。

（2）难点

卸载点多，统一协调管理难度大；卸载跨度大，面积大，工况分析计算复杂。

2.4.2 技术要点

结合工程结构的特点难点，为保证屋盖钢结构自重荷载挠度控制在设计允许范围内(239.23mm)，对目前国内多项钢结构卸载工艺和方法进行优选，综合考虑经济效益，采用计算机全过程卸载工况模拟分析，选择行程为400mm的50t螺旋千斤顶设备，设置卸载点共计135个，分两次卸载。主要卸载控制要点：

（1）计算机同步工况模拟分析技术；

（2）多点卸载施工技术与管理；

（3）卸载同步监测。

2.4.3 卸载技术控制指标

（1）卸载后屋盖自挠值不得大于239.23mm。

（2）屋盖结构在卸载时的变形趋势应与设计计算相符。当卸载点千斤顶退出工作时，结构在该点的竖向位移值应与设计计算值基本吻合。

（3）卸载过程中，结构杆件的应力不得超出设计值，应力比不得大于0.9。

2.4.4 卸载方案优选与实施

计算机同步工况模拟分析技术：

国家游泳中心钢结构施工采用高空组装的工艺，施工平台采用满堂红脚手架局部加强的方式。施工平台的设计必须兼顾结构组装施工需要和屋盖卸载需要。研究卸载施工方法时主要考虑了以下几个方面的问题：

①选择的卸载点所受的反力相差不能太大，以免杆件在卸载施工时有较大的应力变化。

②选择卸载点的数量不能过多，便于施工时现场统一指挥。

③选择卸载点数量与荷载应关联到脚手架搭设的方便性、尽可能减少脚手架材料的投入。

在上述的原则指导下．我们采用计算机模拟技术对卸载施工不同的 6 种工况进行了工程模拟演算，并选择了两种最接近施工实际进展的工况进行了比较（见表 2)。

经过计算机模拟分析与对比。两种工况的计算各项指标基本一致，在保证杆件应力的前提下，选取 135 个点作为卸载支撑点最为合理，此时最大的支点的支座反力 342kN，便于脚手架支撑体系的设计与施工。选择了屋盖整体拼装完成后分两次卸载的方法，以保证结构的拼装精度。

2.4.5 多点卸载施工技术与管理

（1）施工方法

采用分步、等距多行程、多点拟同步卸载的工艺进行屋盖钢结构卸载，每次行程 5mm。

（2）千斤顶选型

由于在施工过程中，千斤顶在屋架安装过程中长期处于受力状态，液压千斤顶将出现回油现象，所以选用螺旋千斤顶。千斤顶的选择在卸载点最大支点反力的基础上取 1.4 倍安全系数。

卸载工况分析表 **表 2**

序号	卸载工况	优　点	缺　点
1	根据施工顺序从西向东分两次卸载。即 R2 全部施工完毕，R1 与 R3 施工一半后，对西侧已施工完成的 R2 以及 R3、R1 的 1/3 屋盖结构进行卸载。保留临近施工区域千斤顶不拆除，同时屋盖结构继续施工，待屋盖施工完成后进行第 2 次卸载	1. 杆件无超应力现象； 2. 可以提前插入后续工序	在施工区与卸载区会出现结构位移的突变，对结构整体拼装尺寸有一定影响
2	在屋盖整体安装完成后，分区卸载。即施工完成后先卸载 R2，及 R1 的 1/2，再卸载 R3、R1 的剩余部分	1. 杆件无超应力现象； 2. 卸载平稳，无任何突变	后续工序插入时间晚

（3）卸载施工管理

①卸载准备工作

对施工现场进行实地检查，为工作人员创造一个畅通安全的工作面，以保证卸载时施工人员能够便捷、安全的施工。为便于工人直接掌握每次卸载行程，在千斤顶上逐一以

5mm 为单位做出刻度。为避免千斤顶在退出工作时失稳，用铅丝将其联系在施工平台上。同时为避免支点千斤顶荷载将构件节点反顶变形，在节点下方布置 300mm×300mm×20mm 的钢板进行过渡。

②卸载工程组织管理及人力安排

对所有参加卸载的施工人员提前进行模拟训练。卸载时现场管理人员按区域划分，每人负责 2～3 个卸载点，在卸载过程中各自对片区内的卸载点及脚手架支撑体系进行监测。卸载过程中，对 20 处应力比较大杆件的焊缝进行重点监测。卸载由总指挥统一指挥，规定下降行程，信息沟通采用对讲机。每个卸载工位工人按照千斤顶划格尺寸（5mm）严格控制行程。

③卸载过程同步监测技术

为了对钢结构在卸载过程中的安全状况进行评估，屋盖卸载过程进行同步监测，主要对大应力杆件的应力-应变进行监测，按照设计要求预警指数为 0.9 对重点杆件监测。应力变化情况随时用对讲机与总指挥沟通。

2.4.6 实施效果

2006 年 5 月 23 日及 6 月 16 日的两次成功卸载，经参建各方对卸载完成后测量和监测数据进行分析，按设计限定值钢结构自重荷载挠度为 239.23mm，下弦标高比设计值小 81mm（目前此数据作为观测下挠值的依据。81mm 不是屋面标高下降最大值，屋面标高下降最大值为卸载实际下降值与预起拱值的矢量和），满足设计要求。

几何封闭体钢结构整体焊接变形控制

张　斌　周文瑛　庞京辉　尹敏达
（中建一局钢结构工程有限公司）

摘　要： 本钢结构工程几何封闭体构件截面高度大，板特厚，焊接工作量大，焊接工艺复杂，焊接变形控制和残余应力释放困难。为此，箱梁对焊节点从深化设计优化和现场焊接措施两个方面控制。中心十字形主梁采用由转换大梁向四周对称分散的焊接顺序，其余次梁采用对称间隔跳跃的焊接顺序，该焊接顺序在防止大跨度方框形网格状结构节点连续焊接造成的累积变形，准确控制几何尺寸的同时能有效地控制结构焊接内应力。使箱梁腹板平面外变形控制在 2mm 之内。整体方框形结构四周平面弯曲均控制在 20mm 之内，满足设计及现行国家规范规程的要求。

关键词： 钢结构　特厚板　焊接变形　对称同时跳跃焊接

1　工程概况

上海浦东新区文献中心主楼钢结构工程为 82.5m×82.5m 的方框形结构，钢结构总量约 6500t，钢结构主材采用 Q345B-Z、Q345C-Z。主楼 17.5m 标高处楼面及 27.2m 标高屋面均为 7.5m×7.5m 网格状的连续箱形梁组成，梁与梁之间均为刚性连接。结构由四周四个核心筒和中心钢柱支撑整体结构，核心筒由 H 型钢钢骨柱组成。楼面钢箱梁高度为 1.6m，转换大梁的上、下翼缘钢板厚度 100mm，腹板厚度 80mm。与核心筒连接的十字形主梁下翼缘钢板厚度 100mm，上翼缘厚度为 80mm，两道腹板厚度为 50mm，屋面结构由网格状（7.5m×7.5m）箱形钢梁组成，钢箱梁高度为 1.3m，与核心筒连接的十字形主梁上下翼缘板厚度为 80mm，腹板厚度为 50mm。其他钢箱梁上下翼缘厚度均为 30mm，二道腹板厚度均为 25mm，周边悬挑主梁中部由二道斜向拉杆支撑，拉杆上端与筒体上部的屋面钢箱梁连接，每道斜拉杆由二根 70mm×600mm 并排的厚钢板组成。周边的上下层梁之间设置 250mm×250mm×16mm 方形钢柱，钢立柱上下端均为铰接。其他次梁截面与楼面层相同。方形结构中间四根组合柱通过六根转换大梁来支撑主梁。主楼钢结构平面图见图 1，主体结构立面图见图 1、图 2，主楼钢结构平面图见图 3。

图 1　主体钢结构立面图

图 2　主体结构内部立面图

图 3　主体结构平面图

工程主要焊接节点概况：

楼面十字形主梁焊接连接节点如图 4 所示。

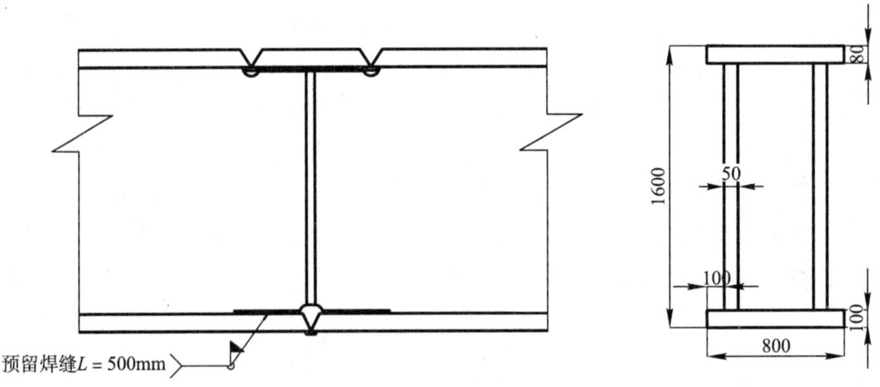

图 4　楼面十字形主梁截面图

焊缝坡口位置示意图如图 5 所示。

2　焊接工程重点难点

构件截面高度大，板特厚，焊接工作量大，焊接工艺复杂，特别是几何封闭体的焊接变形控制和残余应力释放困难。

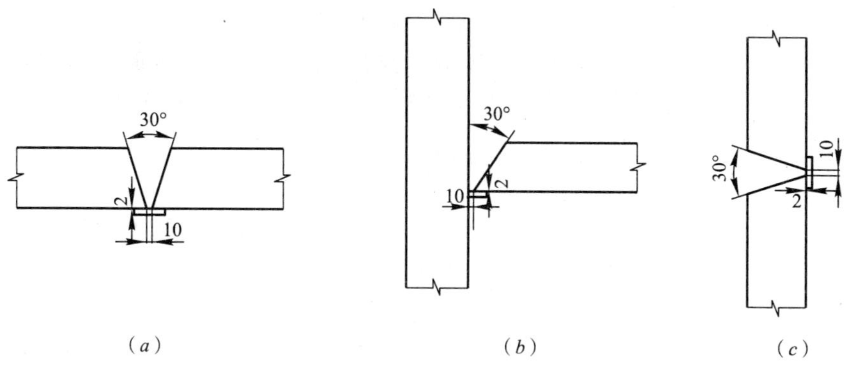

图 5　焊缝坡口、焊接位置示意图

(a) 上下翼缘对接坡口示意图；(b) 预留焊缝坡口示意图；(c) 腹板对接坡口示意图

3　焊接重点难点与解决方案

针对几何封闭体焊接残余应力释放、变形控制困难的问题，中心十字形主梁采用由转换大梁向四周对称分散的焊接顺序，其余次梁采用对称间隔跳跃的焊接顺序，该焊接顺序在防止大跨度方框形网格状结构节点连续焊接造成的累积变形、准确控制几何尺寸的同时能有效地控制结构焊接的内应力。通过现场实际焊接变形控制，整体方框形结构四周平面弯曲均控制在 20mm 之内，箱梁腹板平面外变形控制在 2mm 之内满足设计及现行国家规范规程的要求，确保了本工程焊接质量。

另外，现场采用 CO_2气体保护焊接，焊接效率高、焊接变形小。焊接采用电加热板进行焊前预热和焊后后热保温，加热效率高、温度控制准确。在箱形梁对接部位采取预留一段纵向工厂焊缝在工地焊接的方法以释放钢梁接头的内应力。

4　结构焊接顺序

4.1　结构总体焊接顺序

(1) 为了更有效地控制焊接变形，该结构焊接是在屋面结构全部安装校正完成之后才开始焊接工作。

(2) 该结构呈方框形结构，结构焊接首先要保证其几何尺寸准确，通过对本工程构件尺寸比较分析，根据先焊收缩量大、后焊收缩量小的原则，现场采取以下总体焊接顺序。

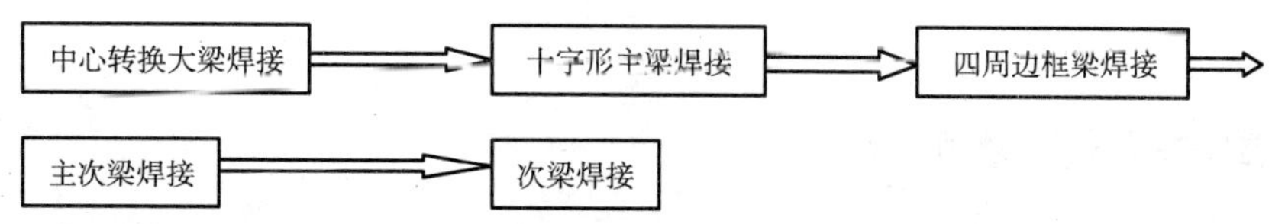

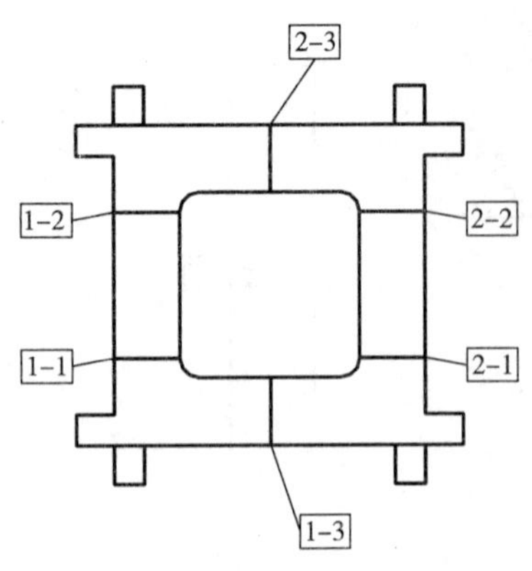

图 6 转换大梁焊接顺序图

（3）该焊接顺序在保证了结构几何尺寸准确定位的同时，采用对称焊接更好的控制焊接变形，而跳跃焊接顺序为构件内应力控制提供了条件，更好地保证了接头的焊接质量。

4.2 转换大梁焊接顺序

转换大梁焊接顺序根据对称同时的焊接原则焊接。具体焊接顺序如图 6 所示。

4.3 十字形主梁焊接顺序

十字形主梁焊接是以转换大梁为中心向四周对称同时扩展的焊接原则，具体焊接顺序如图 7 所示。

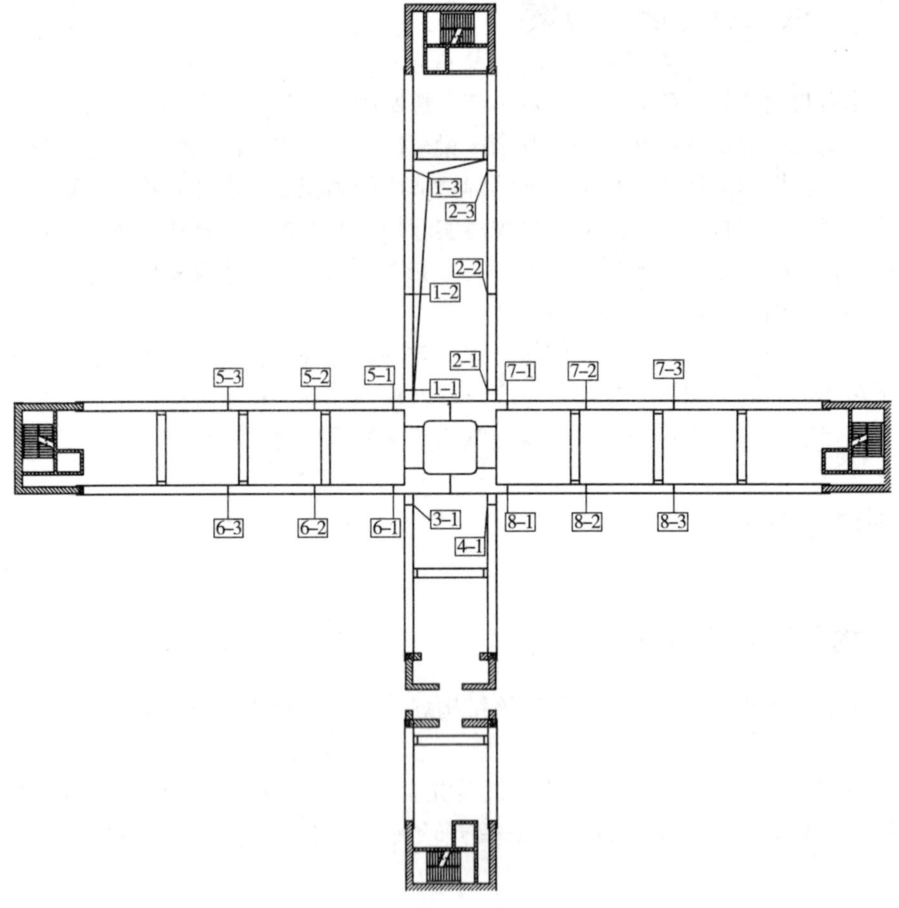

图 7 十字形主梁焊接顺序

4.4 四周边框梁焊接顺序

在方形结构内主体十字形主梁已经形成，接下来焊接四周边框梁，边框梁的焊接顺序是以四周核心筒为中心向四角对称同时扩展的原则焊接，具体焊接顺序如图 8 所示。

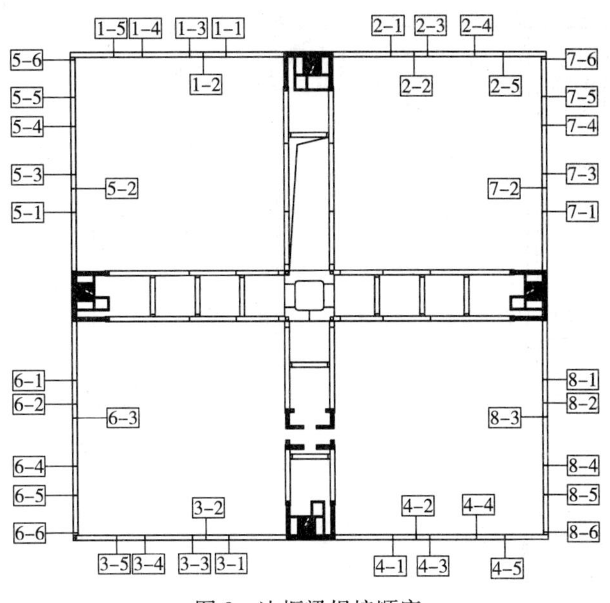

图 8　边框梁焊接顺序

4.5　主次梁焊接顺序

此时，十字形主梁及边框梁已经焊接完成，结构已形成框架体系，为了控制结构焊接变形及残余应力集中，对主次梁采取对称跳跃的焊接顺序，具体焊接顺序如图 9 所示。

4.6　次梁焊接顺序

次梁作为该封闭结构体最终封闭的构件，且次梁数量众多，焊接工程量大，为了控制焊接应力应变，次梁焊接采取对称跳跃的焊接顺序，具体焊接顺序如图 10 所示。

在该步骤焊接过程中，根据现场焊工实际数量安排，将现场次梁焊接共分为四个区域，一区与二区同时进行焊接作业，三区和四区同时进行焊接作业。具体焊接分区如图 11 所示。

4.7　箱形梁焊接变形控制

本结构形式新颖独特，在国内尚属首例，其中箱形梁节点焊缝数量多（共 9 条焊缝），焊接量和焊接难度大。节点焊接变形难于控制，且出现变形后不易校正，因此该典型节点变形控制十分重要，对整体结构的变形控制影响很大。

在国内尚无成熟经验可以借鉴的情况下，通过对结构形式研究分析，在保证焊接质量、提高焊接效率的基础上，主要从深化设计优化和现场焊接措施两个方面控制焊接变形。

4.7.1　节点构造优化设计措施

（1）分别在上、下翼缘板横焊缝的位置由工厂预留 500mm 焊缝在现场焊接（预留位置如图 12 所示），其目的是为减小现场焊接腹板及上、下翼缘焊缝的过程中预留自由收缩

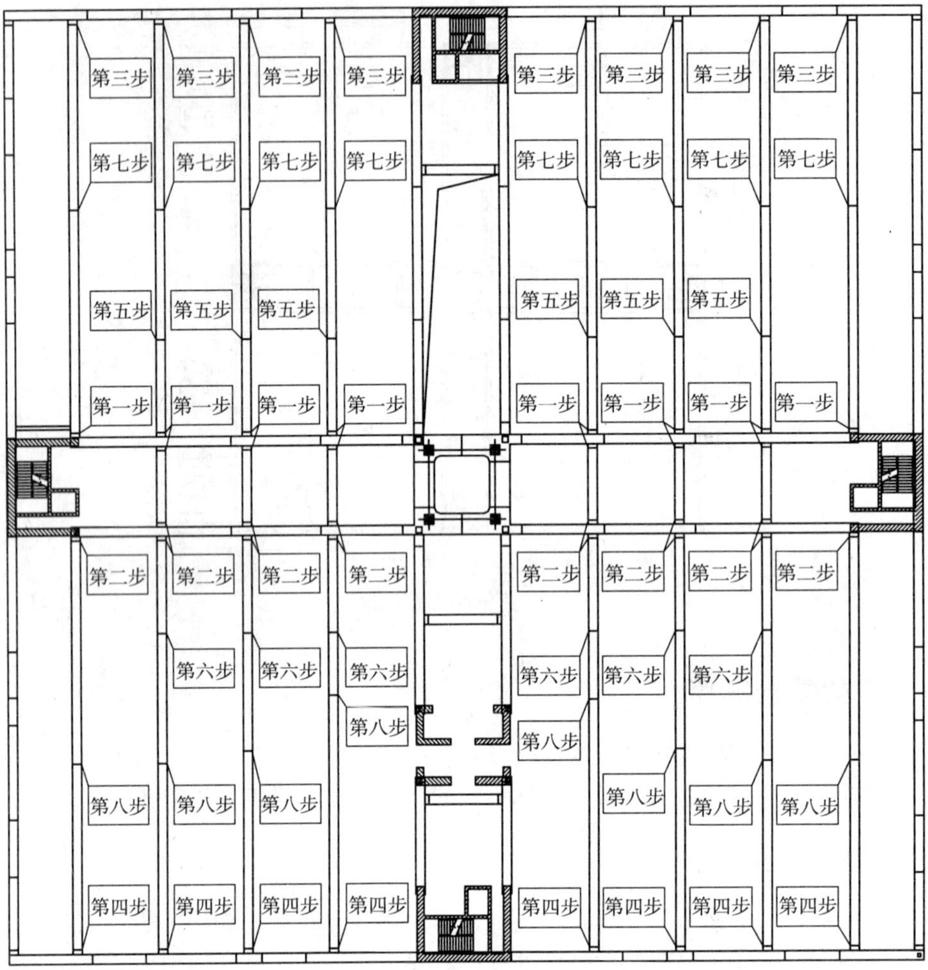

图 9　节间主次梁焊接顺序

注：图中每步的焊接根据接头数量安排 2～4 名焊工同时进行焊接。

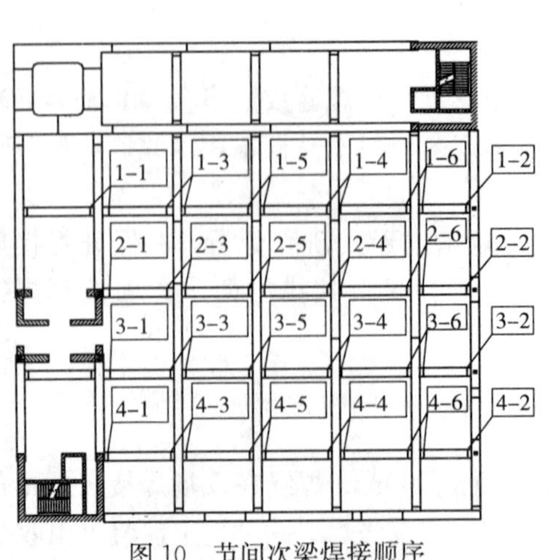

图 10　节间次梁焊接顺序

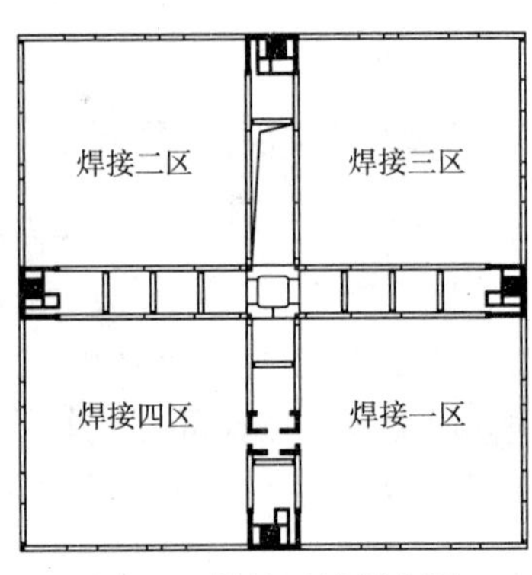

图 11　焊接区域划分图

注：1. 图 6 至图 10 中数字“1－1”表示焊接顺序，其中第一个数字表示焊工分组编号，第二个数字表示焊接顺序编号，第二个数字相同的位置同时焊接。

2. 根据不同节点位置、接头特点每组安排 2～4 名焊工焊接同一节点。

位置的焊缝受到焊接拉应力而出现撕裂现象，且工厂预留未焊位置也可以充分的释放腹板及上、下翼缘板焊缝的内应力。通过工地实际操作，这段焊缝工厂预留不焊十分必要，在工厂出厂的构件中，有个别焊缝没有预留，当现场腹板焊接完成后，现场观察到此处的焊缝有部分被撕裂的现象，从而印证了设计上下翼缘焊缝预留的正确性。

(2) 在 100mm 厚板 CO_2 焊接仰焊质量难于保证的情况下，将下翼缘仰焊缝改为平焊，保证了焊接质量，同时需要在钢梁上翼缘开洞作为焊工操作孔。

(3) 在保证现场对接焊缝能全熔透的前提下，节点设计采用小角度坡口、根部窄间隙的接头形式，减少了焊接热输入量，控制了焊接变形。焊缝坡口角度 30°，焊缝根部间隙 10mm。

4.7.2 现场焊接措施

(1) 为了减小焊接热输入量，现场采用 CO_2 气体保护焊，焊丝采用焊接成形较好的药芯焊丝 TWE711，并制定严格的焊接工艺。焊接速度采用中速焊接，焊接电流采用电流下限，从而减小焊接变形。

(2) 针对箱梁板厚、焊缝多、钢梁截面高的特点，根据对称、同时焊接和先焊收缩量大后焊收缩量小焊缝的原则，现场制定了合理的焊接顺序。在该焊接顺序中，首先同时焊接箱形梁腹板焊缝（见图 12），其次在下翼缘对接焊缝和预留焊缝焊接完成之后再焊接上翼缘盖板焊缝，其目的主要是为了增加钢梁下翼缘的刚度，防止在焊接钢梁上翼缘盖板的过程中钢梁出现下挠变形。焊接顺序如图 12 所示。

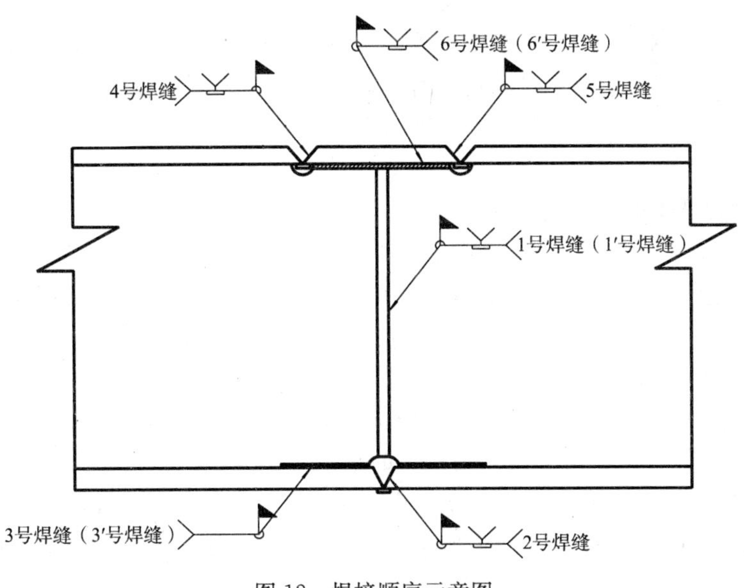

图 12 焊接顺序示意图

(3) 在焊接过程中，最容易出现变形的位置是焊接腹板时两侧腹板向里侧向变形，且变形量比较大（通过加工厂实际试验焊接变形达到 8～10mm）。腹板是整个钢梁接头的第一道焊缝，此时钢梁接头处在“自由状态”，更易出现变形。因此，腹板焊接变形控制是典型箱形梁变形控制的关键所在。在焊接腹板的过程中，由两名焊工在两侧同时进行焊接，将腹板焊缝三等分采用分段倒退法焊接（如图 13 所示），并且在箱梁中间加刚性可调支撑。根据焊接变形规律，变形量最大的部位在腹板靠近钢梁上盖板的位置，支撑的分布应是钢梁的上部密、下部疏，具体分布如图 14 所示。

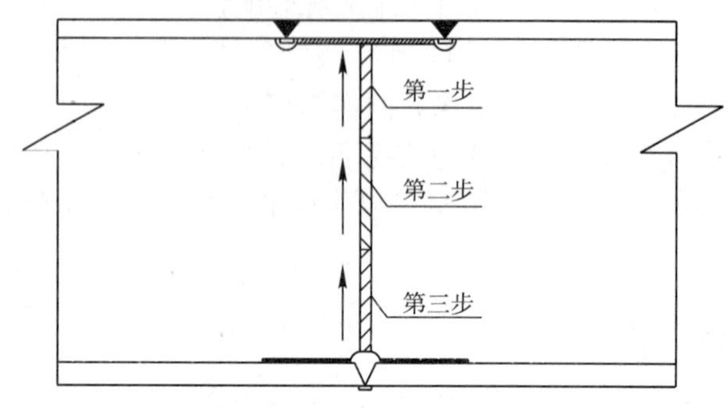

图 13　分段倒退焊接方法示意图

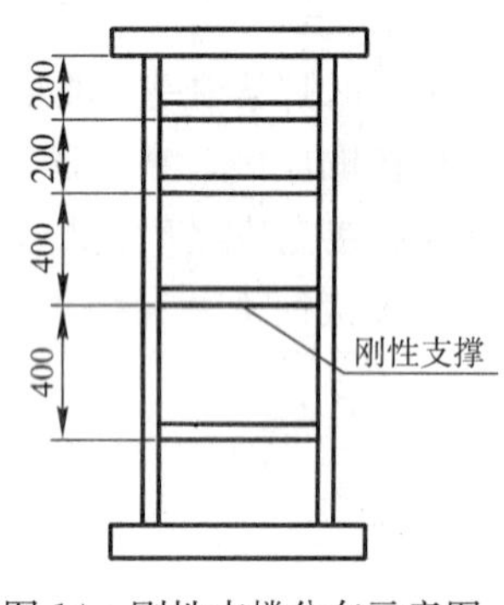

图 14　刚性支撑分布示意图

（4）在焊接钢梁上翼缘盖板时由一名焊工在盖板两端焊缝之间轮换交替焊接，该焊接方法不但能很好的控制焊缝层间温度，还能有效的控制钢梁盖板因一条焊缝焊接收缩引起盖板另一端出现上挠变形。

通过以上变形控制措施，在厚板箱梁节点焊接变形控制中收到了良好的效果。多安排对称、交替轮换、同时的焊接方法焊接是保证同类结构焊接质量的重要措施，现场焊接工作进展顺利，箱梁腹板平面外变形控制在 2mm 之内，完全满足施工要求，为国内同类箱形梁焊接变形控制积累了宝贵的经验。

5　结构整体变形控制结果

为了更好地控制结构焊接变形，在每完成一步焊接工作后，须对结构十字主梁变形及轴线进行跟踪测量，并对测量数据进行分析比较，并根据其测量结果及时调整焊接顺序，确保焊接变形控制至最小。

本焊接工程焊接完成后，通过对结构整体尺寸测量，结构四周边框梁整体平面弯曲均不大于 20mm，满足国家规范要求。根据焊前结构计算分析，其变形最大位置基本出现在封闭体系四个角的位置，实际焊接变形结果与计算分析及过基本吻合，从而验证了对封闭体采用对称跳跃焊接顺序的合理性，为同类封闭体焊接积累了宝贵的经验。焊后测量结果如图 15 所示。

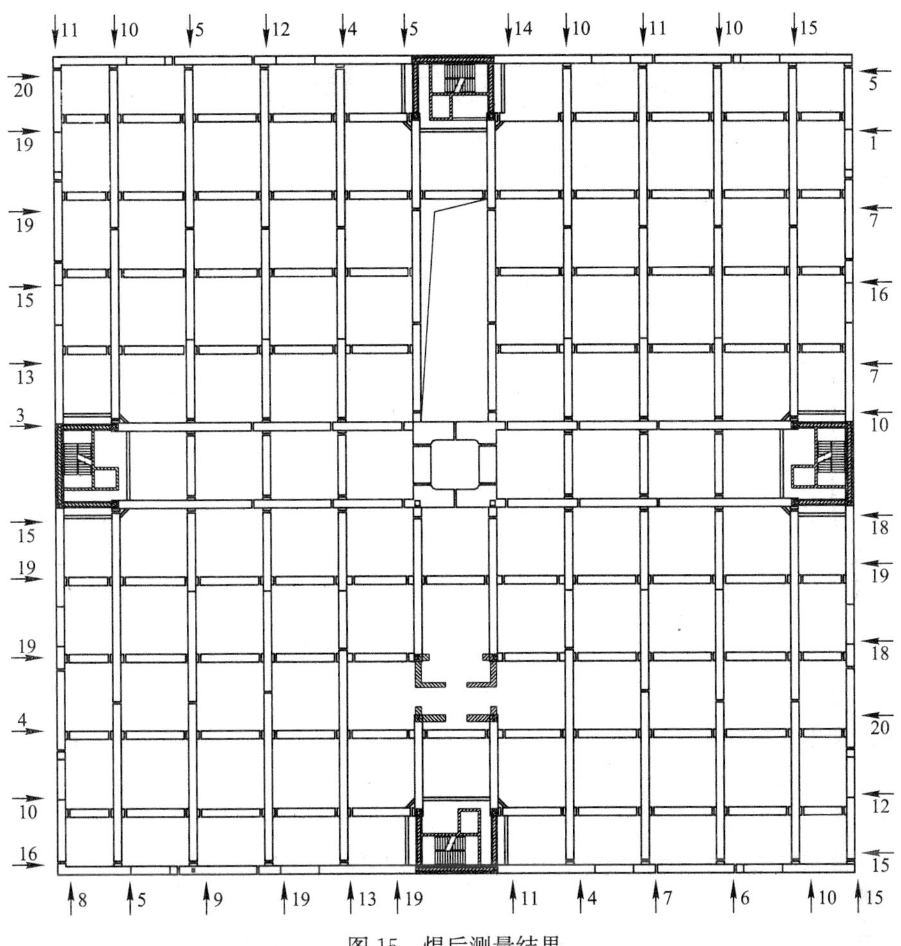

图 15　焊后测量结果

注：图中箭头表示焊接完成后结构整体平面弯曲方向。数值为钢梁顶部值，单位为 mm。

中国石油大厦工程现场焊接技术及新工艺应用

葛冬云　王　忠　韦疆宇
（中建一局钢结构工程有限公司）

摘　要：本工程中主结构现场焊接部分采用了大量的厚钢板焊接并在现场施工中使用药芯焊丝二氧化碳气体保护焊；中厅大桁架及屋盖部分全部为箱形梁结构，现场组对焊接中第一次大量使用药芯焊丝二氧化碳气体保护仰焊工艺；索桁架部分采用调质状态铸钢与无缝钢管对接焊；D栋F18～F22层顶网球馆箱型梁焊接过程中使用陶瓷垫板替代钢垫板进行焊接。

药芯焊丝、铸钢焊接、仰焊均为本公司第一次采用，根据《建筑钢结构焊接技术规程》JGJ 81－2002第5.1.1.3要求进行了焊接工艺评定。

关键词：厚钢板　药芯焊丝　仰焊　铸钢管对接焊　陶瓷垫板　焊接

1　工程概况

中国石油大厦工程地下部分建筑面积5.6万m^2，地上部分的建筑面积14.5万m^2，钢结构主要分布于地上，地下部分仅B1层插入钢柱，总用钢量约为22000t，钢柱、钢梁构件总数约为10900件，属于大型钢结构工程。

该工程为地下4层、地上22层，檐高90m，地上是钢框架-混凝土剪力墙结构体系。该工程地上结构南北长245.7m，东西宽50.9m；柱网尺寸8.1m×8.1m，8.1m×10.8m。

地上结构由A、B、C、D四栋22层高的塔楼和九层裙房组成；在B栋和C栋之间是东西长43.2m，南北宽40.5m，高53.5m的主中庭桁架。

主体结构为箱型钢柱、H型钢梁，主中庭结构包括箱型桁架和部分管结构。钢板厚度在50mm以下。

工程主要用钢材：

（1）厚度小于等于30mm的钢板材质符合中国标准《低合金高强度钢》GB/T 1591－94 Q345C和Q345B要求。

（2）厚度大于30mm的钢板材质为Q345GJ-C。钢板厚度大于或等于40mm，符合现行国家标准《厚度方向性能钢板》GB 5313，板厚方向断面收缩率不小于Z15级规定的允许值。

（3）交货状态：Q345C为热轧，Q345GJ-C、Q345GJZ-C为正火。

2　现场焊接技术要点

2.1　主体结构厚板焊接

本工程主体框架结构中，四栋塔楼连接东西核心筒的转换桁架梁（F3～F22层），侧边庭两侧 F8～F22 层主结构梁，及主中庭大桁架构件当中，大量使用了板厚大于等于 36mm 的厚钢板。总用钢量近 2000t。钢板交货状态为热轧及正火，本身具有良好的焊接性。但此类钢也存在着热影响区、过热区的脆化及容易产生各种裂纹的问题。加之板厚大，焊接熔敷量大，道次多，焊接收缩变形大，焊接应力大。因此，厚板焊接成为主结构焊接施工的重点（图 1 和图 2）。在厚板焊接过程中，采取了大电流焊接，严格控制层间温度，焊后保温的关键施工工艺，见表 1。

焊后保温的关键施工工艺　　表 1

平焊									
焊接工艺参数	层次	焊接方法	焊条或焊丝		焊剂或保护气	保护气体流量（L/min）	电流（A）	电压（V）	焊接速度（mm/min）
			牌号	直径（mm）					
	1～2	CO_2 焊	JM－56（实芯） TWE－711（药芯）	ϕ1.2	CO_2	40～50	290～310	36～38	350～450
	3～9	CO_2 焊	JM－56（实芯） TWE－711（药芯）	ϕ1.2	CO_2	40～50	310～320	38～40	350～450
	盖面	CO_2 焊	JM－56（实芯） TWE－711（药芯）	ϕ1.2	CO_2	40～50	270～290	36～38	350～450
焊前预热温度（℃）			60（负温度下 80）	层间温度（℃）		120～150	焊后保温（℃）		2h
立焊									
焊接工艺参数	层次	焊接方法	焊条或焊丝		焊剂或保护气	保护气体流量（L/min）	电流（A）	电压（V）	焊接速度（mm/min）
			牌号	直径（mm）					
	1～2	CO_2 焊	JM－56（实芯） TWE－711（药芯）	ϕ1.2	CO_2	40～50	180～210	24～30	350～450
	3～9	CO_2 焊	JM－56（实芯） TWE－711（药芯）	ϕ1.2	CO_2	40～50	200～240	24～30	350～450
	盖面	CO_2 焊	JM－56（实芯） TWE－711（药芯）	ϕ1.2	CO_2	40～50	200～240	24～30	350～450
焊前预热温度（℃）			60（负温度下 80）	层间温度（℃）		120～150	焊后保温（℃）		2h
横焊									
焊接工艺参数	层次	焊接方法	焊条或焊丝		焊剂或保护气	保护气体流量（L/min）	电流（A）	电压（V）	焊接速度（mm/min）
			牌号	直径（mm）					
	1～2	CO_2 焊	JM－56（实芯） TWE－711（药芯）	ϕ1.2	CO_2	40～50	270～280	36～38	350～450
	3～9	CO_2 焊	JM－56（实芯） TWE－711（药芯）	ϕ1.2	CO_2	40～50	300～320	38～40	350～450
	盖面	CO_2 焊	JM－56（实芯） TWE－711（药芯）	ϕ1.2	CO_2	40～50	260～280	36～38	350～450
焊前预热温度（℃）			60（负温度下 80）	层间温度（℃）		120～150	焊后保温（℃）		2h

图 1　50mm 厚板焊接工艺评定

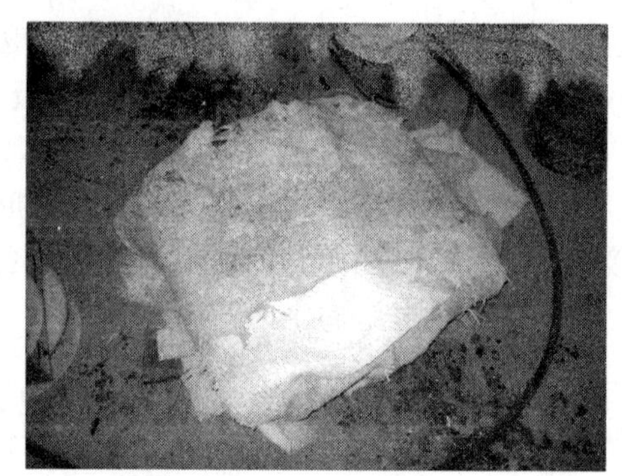
图 2　焊后保温

针对现场第一次采用的药芯焊丝，进行了 50mm 厚钢板十字接头平焊、20mm 钢板 T 形接头、30mm 钢板横焊负温度焊接工艺评定。力学试验中，拉伸、侧弯、冲击全部合格。

力学试验结果（表 2）。

力学试验结果　　**表 2**

试验类型＼试件形式		50mm+30mm 厚钢板十字接头平焊	30mm 钢板横焊	20mm 钢板立焊
拉伸 σ_b（MPa）		550	≥520	/
侧弯（弯曲）		合格	合格	合格
冲击 A_{kv}（J）	焊缝	≥124	≥81	/
	热影响区	≥38	≥68	/

2.2　仰焊工艺

主中庭桁架 2、索桁架、桁架 3 部分南北跨度 40.5m，东西跨度 43.2m，用钢量 850t。当中所有构件均为箱形结构。现场组对拼装构件数量大，焊接节点多，仅仰焊缝就达 310 条，总长度 184.6m。其中板厚 40mm 的桁架 2 箱形主弦杆下翼缘对接仰焊缝就有 32 条，总长 12.8m，其余 12mm、16mm、20mm 板厚的仰焊缝 171.8m。仰焊作为所有焊接位置当中较困难的一种焊接方法，因其施焊条件恶劣，焊缝成型困难，焊缝质量以及力学性能难以保证等原因，在焊接结构当中极少采用。而此结构中所有仰焊缝承担着大跨度桁架的最大拉力，焊缝的焊接质量成为本工程钢结构焊接的重中之重。为此，项目钢结构部针对现场具体节点制定了仰焊焊接工艺（工艺参数见表 3）及焊工培训计划，抽调现场 10 名具备 3 年以上现场焊接经验的优秀焊工，进行长达一个月的仰焊现场专项培训，并进行现场焊工附加考试及仰焊焊接工艺评定（图 3～图 5）。

焊丝选用适合全位置焊的 TWE－711（E501T－1）药芯焊丝，焊机选用松下 NBC－500 二氧化碳气体保护焊机。相比实芯焊丝，药芯焊丝焊缝成型美观，适合大电流焊接，电弧稳定，飞溅少，熔敷速度快，熔深大。这在很大程度上克服了仰焊易发生熔不透，外观成型差的缺点。由于电弧稳定，飞溅少，减轻焊工的操作难度及体力消耗，也使恶劣的施焊环境得以改善。

仰焊工艺参数 **表 3**

<table>
<tr><td rowspan="5">焊接工艺参数</td><td rowspan="2">层次</td><td rowspan="2">焊接方法</td><td colspan="2">焊条或焊丝</td><td rowspan="2">焊剂或保护气</td><td rowspan="2">保护气体流量(L/min)</td><td rowspan="2">电流(A)</td><td rowspan="2">电压(V)</td><td rowspan="2">焊接速度(mm/min)</td></tr>
<tr><td>牌号</td><td>直径(mm)</td></tr>
<tr><td>1～2</td><td>CO_2 焊</td><td>TWE-711
(E501T-1)</td><td>ϕ1.2</td><td>CO_2</td><td>40～50</td><td>180～200</td><td>24～30</td><td>150～200</td></tr>
<tr><td>3～9</td><td>CO_2 焊</td><td>TWE-711
(E501T-1)</td><td>ϕ1.2</td><td>CO_2</td><td>40～50</td><td>200～230</td><td>24～30</td><td>150～200</td></tr>
<tr><td>盖面</td><td>CO_2 焊</td><td>TWE-711
(E501T-1)</td><td>ϕ1.2</td><td>CO_2</td><td>40～50</td><td>180～200</td><td>24～30</td><td>150～200</td></tr>
<tr><td colspan="3">预热温度（℃）</td><td>90</td><td>层间温度(℃)</td><td>130～150</td><td>后热温度(℃)</td><td>170</td><td>后热时间</td><td>1h</td></tr>
</table>

图 3 40mm 厚钢板仰焊工艺评定

图 4 焊前预热

图 5 现场仰焊

焊接工艺评定检验结果显示，两组 40mm 钢板仰焊对接接头的拉伸、侧弯、冲击试验全部合格。

力学试验结果（表 4）：

现场仰焊完成后，全部 310 条仰焊缝 100% UT BⅡ级探伤不合格 3 条，一次合格率 99.03%，返修合格率 100%。

力学试验结果 表 4

试件形式 / 试验类型		40mm 厚钢板对接仰焊
拉伸 σ_b（MPa）		≥570
侧弯		合格
冲击 A_{kv}（J）	焊缝	≥115
	热影响区	≥152

3 现场焊接新工艺

3.1 气体保护焊单面焊陶瓷垫板试用

D 栋塔楼 F18～F22 顶网球馆为箱形梁柱框架结构，全部为室内外露构件。设计中，F19～F21 层顶箱形梁与箱形柱外挑箱形牛腿对接，下翼缘对接焊缝下的钢垫板需在焊接后刨除以免妨碍结构美观。由此焊接完成后须刨除的钢垫板长度在 150m 以上，加之其他相关损耗，造成材料无谓的浪费，且工作效率低下，耗费较长工期，与预定工期相矛盾。后在焊工的建议下，决定试用造船业中广泛采用的“气体保护焊单面陶瓷垫板”。随后从江苏宜兴订购型号为 JH300009000C 不吸水材料陶瓷垫板，试用并采用。

在试用后，发现该种垫板安装简易方便，不干胶锡箔一粘即可；焊后陶瓷片不发生崩裂破碎；焊接完成后无需专门清理即可自行脱落，清理方便；焊缝根部成型美观，堪与埋弧自动焊焊缝外观媲美。在价格成本上，甚至低于钢垫板；施工效率上，比原定的钢垫板提高数倍；施工工艺上，首开先河，第一次将造船业先进工艺应用到建筑钢结构现场施工中（图 6 和图 7）。

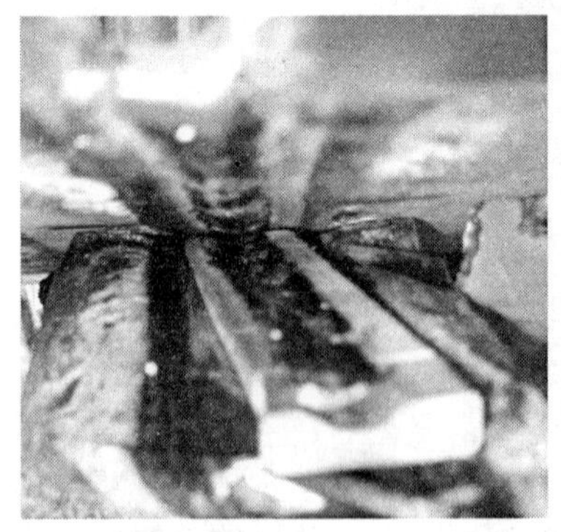

图 6 焊接完成后自然脱落

图 7 焊缝根部外形美观

3.2 调质状态铸钢与无缝钢管对接焊

中厅索桁架部分，使不锈钢索形成球面网状结构的 Q345B 无缝钢管，与上部箱形大屋盖铸钢球形节点及下部铸钢索夹具需焊接。

铸钢在国内建筑钢结构中应用较少，目前尚无建筑用施工规范。我公司第一次应用到铸钢焊接工艺。铸钢件材质为德国《一般工程用途钢铸件- 2005》(Steel castings for general engineering uses 10293 2005) 标准中的 G20Mn5 铸钢（调质态 QT），无缝钢管材质为国产 Q345B。两者在力学性能上差异较大。由于没有可借鉴的工艺，我们决定试用两组焊接工艺，最后取效果好的一组。第一组选用 J507 焊条手工电弧焊，第二组选用 JM56 实芯焊丝二氧化碳气体保护焊，焊接位置均为横焊。焊接参数见表 5。

焊接参数表 **表 5**

手工电弧焊									
焊接工艺参数	层次	焊接方法	焊条或焊丝		焊剂或保护气	保护气体流量(L/min)	电流(A)	电压(V)	焊接速度(mm/min)
			牌号	直径(mm)					
	1～2	电弧焊	J507	ϕ4	/	/	140～160		350～450
	3～5	电弧焊	J507	ϕ4	/	/	140～160		350～450
	盖面	电弧焊	J507	ϕ4	/	/	140～160		350～450
	预热温度（℃）		200～250（铸钢侧）	层间温度（℃）		200～250℃	后热温度及时间		250℃，2h
二氧化碳气体保护焊									
焊接工艺参数	层次	焊接方法	焊条或焊丝		焊剂或保护气	保护气体流量(L/min)	电流(A)	电压(V)	焊接速度(mm/min)
			牌号	直径(mm)					
	1～2	CO_2	JM56	ϕ1.2	CO_2	40～50	270～280	36～38	350～450
	3～5	CO_2	JM56	ϕ1.2	CO_2	40～50	300～320	38～40	350～450
	盖面	CO_2	JM56	ϕ1.2	CO_2	40～50	260～280	36～38	350～450
	预热温度（℃）		200～250（铸钢侧）	层间温度（℃）		200～250℃	后热温度及时间		250℃，2h

第一组借鉴“国家游泳中心”管焊接经验，采用高韧低氢的 J507 焊条。铸钢晶粒粗大，铸造残余应力极易造成焊接冷裂纹的产生，偏析还造成铸钢合金成分不均匀，对焊缝的形成极为不利。因此采用较高的预热温度及较长的后热时间，可改善焊缝热影响区质量并降低因内应力产生裂纹的可能（图 8 和图 9）。

图 8 J507 焊条焊接

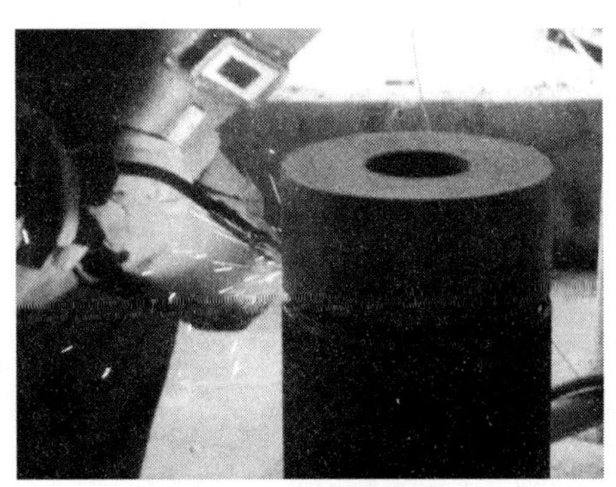

图 9 CO_2 气体保护焊

焊接工艺评定试验显示，手工电弧焊一组试件拉伸试验合格，冲击功试验：热影响区 A_{kv}≥17J，焊缝中心 A_{kv}≥85J（试件截面尺寸 5mm×10mm），合格；二氧化碳气体保护焊一组试件拉伸试验合格，冲击功试验：热影响区 A_{kv}≥16J，焊缝中心 A_{kv}≥54J（试件截面尺寸 5mm×10mm），不合格。最后决定使用 J507 焊条手工电弧焊。

4 结束语

结合现场实际，有针对性地编制合理的施工工艺，是确保现场施工质量的重要前提。过程中严格执行已定的工艺要求是施工质量的保证。同时，谨慎大胆地采用新工艺新技术，可提高施工质量及施工效率。

陶瓷衬垫在焊接中的应用

马德志[1]　马志新[2]　申献辉[1]　段　斌[1]　王庆鹏[1]
（1　中冶集团建筑研究总院；2　北京首钢冶金工程建设有限公司）

摘　要：本文介绍了焊接用陶瓷衬垫，叙述了采用陶瓷衬垫焊接的工艺特点，并结合香港昂船洲大桥工程实际进行了分别采用陶瓷衬垫和钢衬垫的对比焊接试验，对其机械性能进行试验分析。结果表明，陶瓷衬垫适应性强，使用方便，焊缝外观成型良好，焊接接头机械性能能够满足规范要求，并可大大提高生产效率，降低生产成本，值得在钢结构焊接生产中推广使用，但需进一步试验研究并制定相应的标准以规范使用。

关键词：焊接工艺　陶瓷衬垫

陶瓷衬垫由于具有优良的成型性能和工艺适应性，可用于CO_2气保护焊、手工电弧焊、埋弧自动焊等方法的焊接生产中，陶瓷衬垫强制成型单面焊，施焊方便，背面成型良好，焊接质量稳定、可靠，在一些领域的焊接生产中已逐步取代钢制衬垫。在双面焊中采用陶瓷衬垫，由于可使用较大的根部间隙和较强的焊接规范，背面无须清根，不仅大大提高了生产效率，而且焊缝根部质量也容易得到保证。由于陶瓷衬垫具有以上优点，值得在焊接生产中大力推广。

目前，我国建筑钢结构行业飞速发展，各种高层建筑、工业厂房、机库、候机楼、体育场馆、展览中心如雨后春笋，建筑造型标新立异、构造复杂多样，新材料、新技术、新工艺的不断应用，高强钢、超厚钢板的使用，要求在焊接生产中不断采用新工艺、新方法，以适应整个行业的发展。因此，对陶瓷衬垫进行试验研究，在钢结构制作、安装中合理地设计焊缝形式、焊接工艺并采用陶瓷衬垫以取代传统的钢衬垫，对于提高钢结构焊接生产效率、降低制造成本、减轻焊工劳动强度具有很重要的现实意义。

1　陶瓷衬垫

陶瓷衬垫的基本构造如图 1 所示。

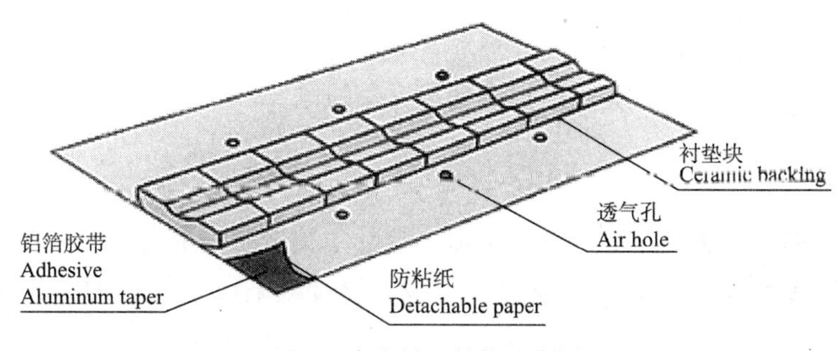

图 1　陶瓷衬垫结构示意图

根据适用范围，陶瓷衬垫可分为单面焊、双面焊、熔透角焊缝等几种形式。

2 采用陶瓷衬垫焊接的工艺要点

采用陶瓷衬垫的单面焊、双面焊装配示意如图 2、图 3 所示。

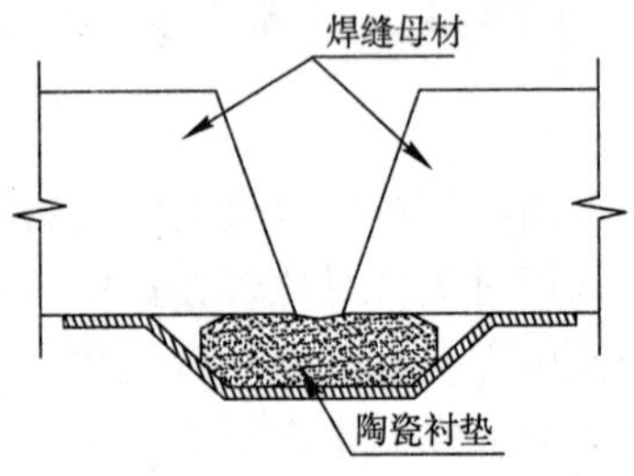

图 2 采用陶瓷衬垫单面焊示意图

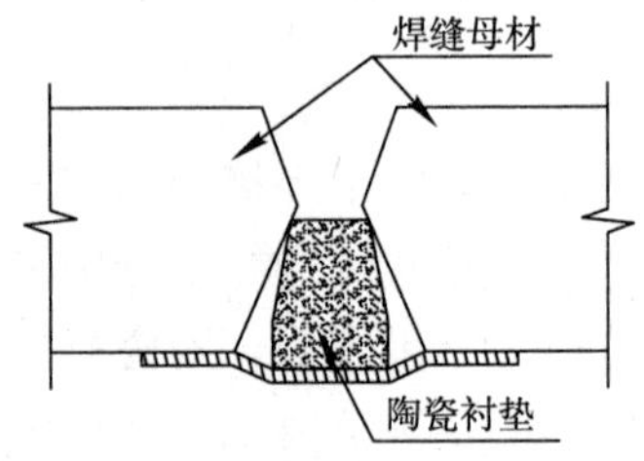

图 3 采用陶瓷衬垫双面焊示意图

陶瓷衬垫强制成型的实现条件是必须要有足够的熔深，保证焊缝根部熔透。因此，当选定了焊接方法和衬垫时，焊接工艺将决定焊缝的形状和尺寸，影响焊缝成形的焊接工艺参数主要有焊接规范参数和坡口的外观尺寸以及操作方法，以下分别进行讨论。

2.1 焊接规范参数

2.1.1 焊接电流

焊接电流是焊接中最重要的焊接规范参数，要针对不同的焊接方法、坡口形式以及衬垫种类，合理地选择焊接电流。

在单面焊中，要保证焊缝背面熔透，焊接电流应大于最低熔透电流，这也是单面焊双面成型的前提条件。根据试验，随着电流的增大，背面焊缝的熔宽和余高均增加，但如果焊接电流过大，坡口根部熔化过宽，衬垫熔化过多，会造成背面焊缝宽度过大，余高过高，使焊缝成型恶化，严重时烧穿衬垫造成背面焊瘤或烧穿等缺陷；电流过小时，容易出现未焊透和熔合不良等缺陷。

在双面焊中，由于采用的是梯形衬垫，衬垫块与钢板坡口是线接触，焊接时熔池在衬垫的上表面形成，由于熔池对衬垫块表面的热作用条件不一样，衬垫块上表面两边角熔化较多，中间熔化相对较少，形成凸形的熔化表面。这样，焊缝背面就形成与衬垫块表面相配的凹形，并且随着焊接电流的增大，焊缝背面形成的凹度和熔宽都有所增加，其中凹度增加更明显，当电流过大时，会出现焊瘤和烧穿等缺陷。

2.1.2 焊接电压

在采用 CO_2焊接方法中，电弧电压是焊接参数中关键的一个，它的大小决定了电弧的长短和熔滴的过渡方式，它对焊缝成形、飞溅、焊接缺陷以及焊缝的力学性能都有很大的影响，电弧电压过低或过高均会造成电弧的不稳，正反两面焊缝成形恶化，焊接质量下降。

2.1.3 焊接速度

陶瓷衬垫是不导电的，因此焊接速度不宜过快，否则熔池不连续，易出现熄弧，造成焊接过程的不稳定。随着焊接速度的增加，背面焊缝熔宽减小，而余高变化不大。

因为焊速、焊接电流和电弧电压三者是相互联系的，只有在实际焊接中综合考虑，才能保证得到良好的焊缝成型。

2.2 坡口的外观尺寸

2.2.1 根部间隙

坡口根部间隙的大小直接影响到背面焊缝的熔宽和余高，是保证焊缝根部熔透及得到理想的背面焊缝成型的重要因素，在正常焊接规范条件下，最佳间隙为3～7mm。

2.2.2 坡口角度

开坡口的目的是保证焊缝熔透，坡口角度增加，利于焊缝熔透。但坡口角度增加，焊接材料的消耗也随之增加，降低了焊接生产率，且增加了焊接结构的变形。如果坡口角度过小，焊缝根部难于熔透，还容易产生背面焊缝熔合不良等缺陷。一般情况下，坡口角度在50°～60°范围内较为合适。

2.2.3 钝边高度

钝边高度主要影响焊缝熔透及背面成型质量，在坡口角度一定的情况下，增加钝边高度，有利于节省焊接材料，提高生产率，但钝边增加时，背面焊缝熔宽及余高均减小，若钝边过大，会造成根部熔合不良，严重时会出现未焊透。因此钝边高度应根据坡口角度、根部间隙以及焊接规范参数来确定。

2.2.4 错边

在单面焊中，为得到理想的背面焊缝成型，一定要保证衬垫与工件背面贴合好，否则容易造成焊穿、焊瘤等缺陷。因此，采用陶瓷衬垫的焊缝坡口一定要控制错边量，如果错边量过大，可通过打磨使其平稳过渡。

2.3 操作方法

2.3.1 焊极的倾角

后倾焊时，由于电弧向后有一吹力，熔化金属向熔池尾部运动，电弧熔透能力增加，背面焊缝的熔宽及余高均增加，前倾焊时则相反。在焊接中，可根据实际情况选择焊极的倾角。

2.3.2 接头的处理

在采用陶瓷衬垫的焊接中，一般不主张冷接头，因为用陶瓷衬垫进行单面焊时，由于衬垫具有保温作用，在停弧冷却过程中，焊缝的结晶方向改变，从自下而上结晶变为自上而下结晶，最后在底部凝固收缩，容易产生缩孔。对于X形坡口双面焊，虽然衬垫的保温作用不如单面焊，但如果处理不好，也容易产生缺陷。另外，为保证焊接质量，需对焊缝接头进行打磨，可能会对衬垫造成破坏，不得不重新更换。因此一般采用热接法，即在熄弧后很短的时间内，一般为10s左右，也就是断弧处温度仍然较高时，重新引燃电弧，引弧位置在已施焊焊缝上距断弧处约10～15mm。

3 工艺试验及焊接接头的力学性能

为了能够对采用陶瓷衬垫与采用钢衬垫焊接接头的各项性能进行对比，我们结合香港昂船洲大桥的工程实际，进行了一系列的焊接工艺试验，以下我们选取有代表性的两组单面焊试验进行讨论。

两组试验采用的焊机为KRⅡ500型CO_2焊机（唐山松下）；焊丝：TM－60（天泰生产，符合AWS A5.28 ER80S－G标准），直径1.2mm；试板材质为S420M（东日本制铁所），试板尺寸为600mm×400mm，坡口为V形，坡口角度55°，根部间隙6mm，无钝边。

1号试板厚度为24mm，采用TG－2.0Z陶瓷衬垫（武汉天高）；2号试板厚度为18mm，采用6mm厚钢衬垫。

焊接规范参数如表1所示。

焊后对焊接接头分别进行了拉伸、弯曲、冲击、硬度及宏观金相的试验，试验结果如表2、表3所示。

焊接规范参数 **表1**

焊道	焊接电流(A)	电弧电压(V)	焊速(cm/min)	气体流量(L/min)	焊丝伸出长度(mm)
打底焊道	230～240	28	12～16	22	10～15
中间焊道	220～240	30	16～26	22	10～15
盖面焊道	220～230	30	28～39	22	10～15

焊接接头力学性能 **表2**

序号	抗拉强度(MPa)	冷弯（侧弯）	A_{kv}（－20℃）(J)	
		d=40mm，120°	焊缝	热影响区
1	550	完好	145	264
2	582	完好	139	227

注：在冲击试验中，根据BS EN 288－3标准，热影响区试件开槽位置在熔合线外1～2mm，本次试验取2mm，由于焊缝热影响区较小，故冲击值较高，接近于母材的冲击值。

焊接接头维氏硬度 **表 3**

序号	压痕位置	维氏硬度 HV10				
		母材（左）	热影响区（左）	焊缝	热影响区（右）	母材（右）
1	1－1′	186	262	226	242	179
	2－2′	180	208	214	216	177
2	1－1′	188	268	219	238	189
	2－2′	190	201	199	209	179

注：1－1′在距上表面 2mm 处，2－2′在距下表面 2mm 处位置。

根据以上结果，我们可以看出，两组试验结果基本一致，使用陶瓷衬垫可以满足常规机械性能的要求。

通过宏观金相照片（如图 4）可以看出，在焊缝根部熔合方面，使用陶瓷衬垫的 1 号焊接接头要优于使用钢衬垫的 2 号焊接接头。另外，在 2 号焊接接头中，衬垫与试板贴合面间隙的尖端指向焊缝，在外力特别是动载荷的作用下，有可能发展成为裂纹源，因此，某些重要部位的焊缝要求焊后清除垫板，在这一点上，陶瓷衬垫要优于钢衬垫。

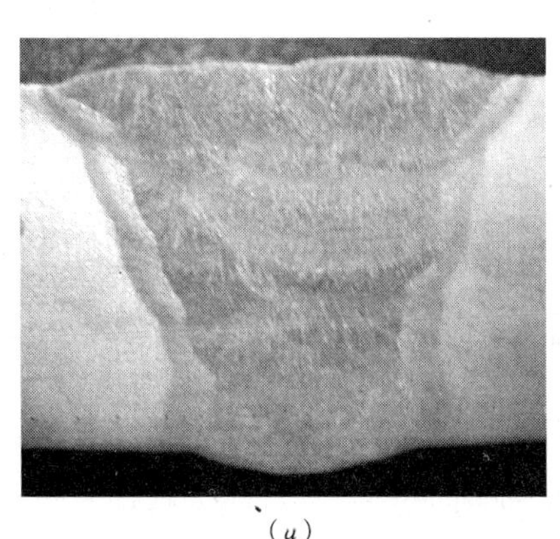

(*a*)

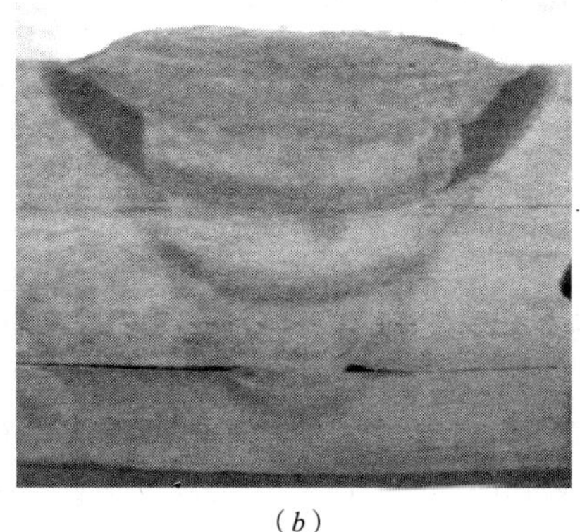

(*b*)

图 4 焊接接头宏观金相照片

(*a*) 1 号试件焊接接头；(*b*) 2 号试件焊接接头

由于以上是基于实际工程的焊接工艺评定试验，对于陶瓷衬垫本身化学成分对于根部焊缝熔敷金属的影响未做进一步的试验研究。

根据文献 [3]，由于衬垫的影响，背面焊缝，即衬垫成形面一侧夹杂质点数量明显多于正面焊缝一侧。能谱分析结果指出，夹杂物主要为 SiO_2、Al_2O_3、MnS、FeO 等。SiO_2、Al_2O_3一般为衬垫的基体材料，说明熔化的衬垫已进入熔池。在焊缝的结晶过程中，由于衬垫的保温作用，背面焊缝表面和焊缝根部的结晶滞后于中心部位和上部，因而进入熔池的夹杂物和冶金反应的夹杂质点上浮较难，而残留在焊缝中，由此导致焊缝根部塑性和韧性的降低。因此对于陶瓷衬垫的化学成分应根据其使用的场合、部位而加以限定。同时，在有低温冲击韧性要求的情况下，应适当调整焊接工艺参数，把衬垫的影响降到最低，文献 [4] 进行了有益的试验研究，由原来每层单道焊缝改为两道焊缝，一方面减小热输入量，另一方面改善了焊缝的结晶组织，有效提高了根部焊缝的冲击韧性。

4 结论

（1）采用陶瓷衬垫可实现单面焊双面成型，将传统的双面焊接工艺转化为仅从单面施焊的工艺过程。可有效提高生产率，降低生产成本。

（2）在双面焊中，由于采用了陶瓷衬垫，省去了背面清根，避免了碳弧气刨以及砂轮打磨带来的烟尘、噪音等污染，并大大降低了劳动强度，提高了工作效率，减少了焊接材料的浪费。

（3）陶瓷衬垫与钢衬垫相比，背面焊缝成形良好，焊缝直观可见，焊接质量易于控制，采用陶瓷衬垫的焊接接头，其基本机械性能能够满足规范要求。

（4）对于陶瓷衬垫对根部焊缝熔敷金属化学成分及力学性能的影响，实际应用中应予考虑。

（5）由于陶瓷衬垫对坡口根部间隙不敏感，衬垫长度可任意接长、剪短，尤其适合于现场安装焊缝。

（6）关于陶瓷衬垫在钢结构焊接中的应用，国内尚无相应标准，因此有必要对其进行进一步的试验研究，为其推广应用提供理论依据。

参考文献

[1] 杜学铭、张建强．陶瓷衬垫 CO_2 气体保护单面焊接工艺的研究．船海工程，2002，1（1）：21～24.

[2] 肖诗祥、施雨湘、胡涛．不清根手工双面焊材料及工艺研究．材料开发与应用，1997，6（3）：16～19.

[3] 肖强、张建强．陶瓷衬垫单面焊接接头的韧性断裂行为的研究．武汉大学学报（工学版），2002，12（6）：60～64.

[4] 张智、陈邦固．药芯焊丝 SQJ501Ni 立向上焊缝韧性的研究．焊接，2002（8）：24～27.

[5] BS EN 288-3：1992＋A1：1997. Specification and approval of welding procedures for metallic materials—Part 3：Welding procedure tests for the arc welding of steels（includes amendment A1：1997）.

质量控制

焊接层状撕裂工程实例、主因及对策评述

——T形、十字形及角接接头

周文瑛　田启良　方　军

（国家钢结构工程技术研究中心）

摘　要：建筑钢结构工程构件制作和安装焊接中，作用于T形、十字形及角接接头翼板板厚方向的焊接收缩应力，使焊接层状撕裂时有发生。其影响因素除有钢材厚度方向抗拉性能、接头坡口形式及焊接工艺以外，板厚中心的成分、组织偏析也起重要作用。列举五种焊接层状撕裂工程实例，详细分析其产生的主要原因，提出解决措施。要求加强层状撕裂预控以解决投资成本与施工成本的矛盾问题。

关键词：焊接层状撕裂　T形　十字形及角接接头　Z向性能　焊接收缩应力

随着重型建筑钢结构的大量建造，工程构件制作和安装焊接中出现层状撕裂的情况时有发生，虽然发生的几率并不高，但往往在构件中成批出现，有时甚至无法返修，造成钢材、人工的损失极大，必须加以重视和预控。

钢结构T形、十字形及角接接头焊接时，由于焊接收缩应力作用于板厚方向，而易使板材沿轧制带状组织晶间产生台阶状层状撕裂，其位置一般在焊缝近缝区脆性区以外若干毫米。图1～图3所示为典型的层状撕裂形态。

而在厚板角接接头中，作用于翼板板厚方向的焊接收缩应力，易使其板厚中心的成分、组织偏析部位产生开放性裂纹。此种裂纹外观检查即能发现，在近年来工程中比较常见（如图4所示）。

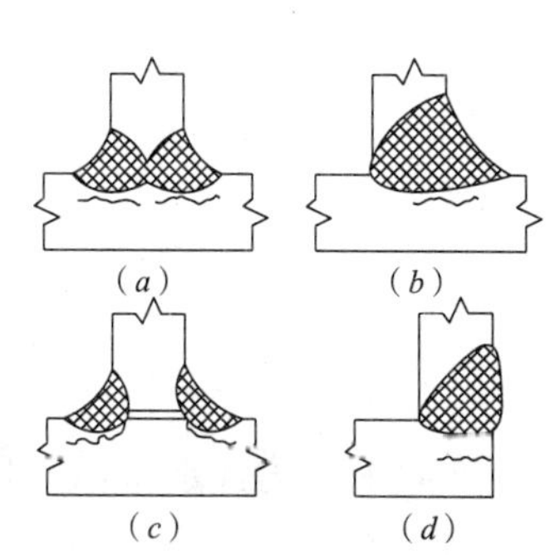

图1　T形接头层状撕裂的部位和形态

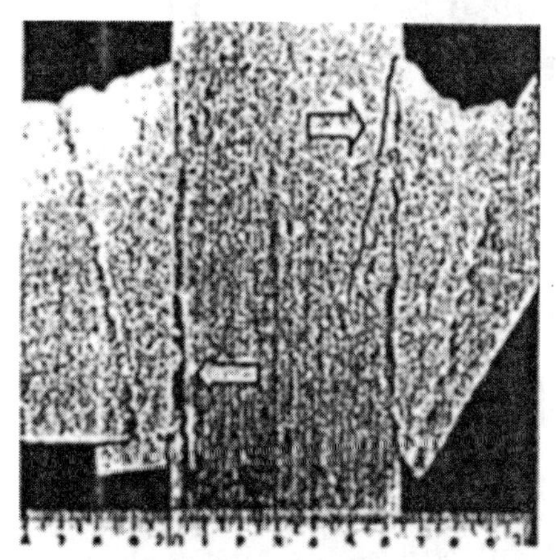

图2　十字接头单面焊层状撕裂的剖面侵蚀图

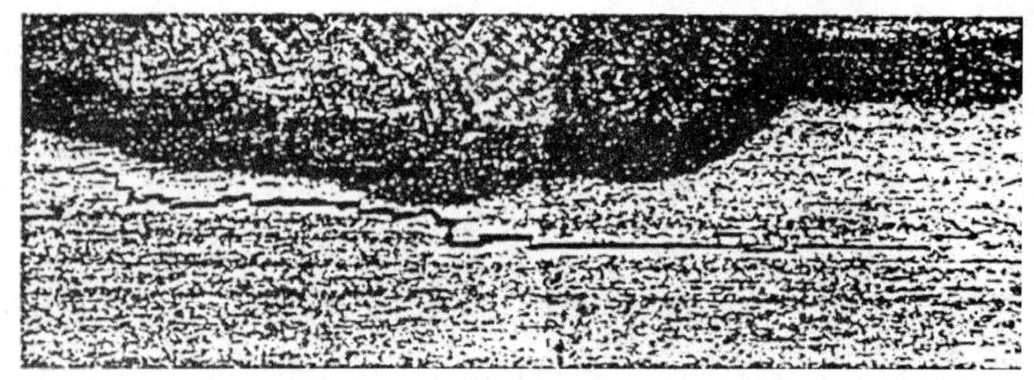

图 3　焊缝外沿晶间台阶状撕裂剖面图

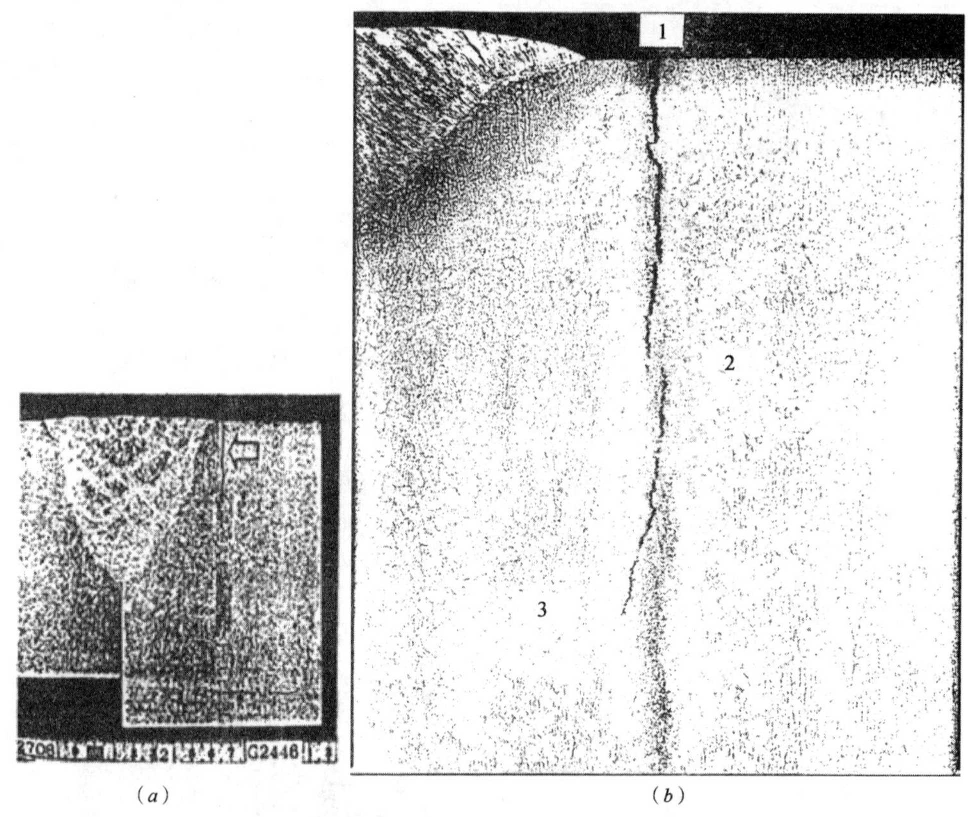

（a）　　　　（b）

图 4　角接接头翼板厚度中心撕裂的形态

注：图（b）为图（a）中箭头部位 5 倍放大图。

1　层状撕裂产生的影响因素

（1）钢材成分（尤其是含硫量）与厚度方向延性（以断面收缩率为评定指标）是层状撕裂产生的内在因素。

①钢材由铸锭轧成板材后，晶间存在的硫化锰、氧化夹杂物被轧成薄片状与金属带状组织共存。如金属冶炼纯度不高，夹杂物较多且形成连续的片状分布时，对钢材厚度方向

延性的降低有很大影响；

②现代钢材轧制时广泛使用连铸坯，使得特厚板的压缩比降低，特别当连铸坯厚度250mm，轧制压缩比小于4：1时（《固定式近海平台用可焊结构钢供货技术条件》BS EN 10225-2001 规定压缩比不小于4：1）；

③冶炼过程中脱硫、除气，轧制过程中电磁搅拌、软压下、双向轧制，轧后正火等技术措施不完善时，板厚中心组织偏析较严重（图5）。

钢板厚度方向性能分三级，其含硫量与断面收缩率由表1所示。

钢板厚度方向性能级别及其含硫量与断面收缩率值 **表1**

级别	含硫量（%）不大于	断面收缩率（Ψ_z%）	
		三个试样平均值不小于	单个试样值不小于
Z15	0.01	15	10
Z25	0.007	25	15
Z35	0.005	35	20

图5 厚板剖面酸蚀后可见中心组织偏析

（2）焊接节点形式（T形、十字形及角接接头）是层状撕裂产生的必要条件：

这些节点形式由于焊接收缩应力作用于翼板的板厚方向，而易使板材沿轧制带状组织晶间产生台阶状层状撕裂或在板厚中心的组织偏析、疏松区产生撕裂。

对接接头焊接一般不产生层状撕裂，但特厚板焊接时由于存在板厚方向的收缩应力，如坡口较大也有可能出现层状撕裂。

（3）焊接工艺参数是层状撕裂敏感性的重要影响因素：

A 由腹板板厚、接头坡口形式与尺寸决定的焊缝厚度和焊脚尺寸：

——厚板单面坡口、非对称坡口，焊接应力较大；

——不等厚T形、角接接头的腹板厚度大于翼板厚度1/3以上时，由于焊缝厚度和焊脚尺寸决定于腹板厚度，因而翼缘板厚度方向承受的收缩应力太大。

B 焊接顺序：

厚板双面坡口未采用对称轮流施焊，角接头未开双侧坡口。

C 翼板厚度方向的横向约束：

包括 T 形接头翼板伸出端（大于 1 倍腹板厚）的约束，角接时则无约束最易出现开放性层状撕裂。

D 构件节点的拘束度，如环焊缝相对于箱形梁隔板、T 形接头的拘束度更大（依次为高、中、低）。

E 焊接预热与缓冷后热：

预热的一般作用是在既定电弧热输入参数条件下，增加热输入同时扩大接头加热区范围，以降低热影响区冷却速度，目的在于降低接头近缝区硬度、提高其韧性，减小冷裂纹敏感性。对于 T 形、十字形、角接接头的层状撕裂，预热的作用是减小焊缝区与母材间的温差，使接头在更大范围内均匀收缩，从而减少收缩应力及其对板厚中心区的作用。两者在机理上是有区别的，即前者是减少焊接工艺对接头性能的负面影响，后者是减少因收缩引起的翼板板厚方向集中作用力，从而减少翼板层状撕裂敏感性。

缓冷后热为焊后立即加热（后热温度一般 200℃以下，不要求保温一定时间），机理与效果类似于预热。

其他影响因素：

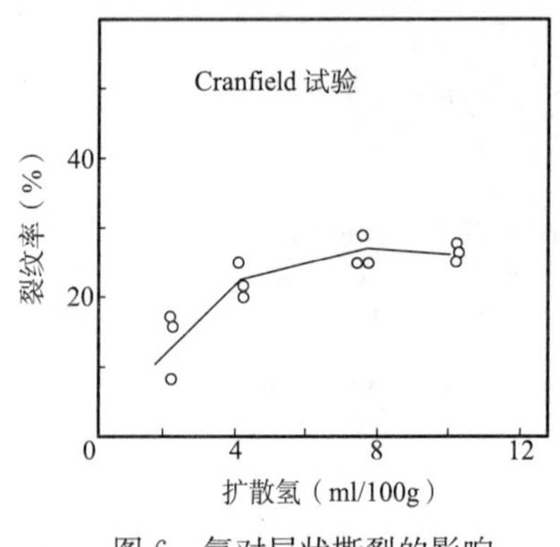

图 6　氢对层状撕裂的影响

——氢的影响（见图 6）：包括低氢焊材及低氢焊接方法，可减小层状撕裂倾向；

——消氢后热：消氢后热要求加热温度为 250～300℃，并按板厚要求一定的足够保温时间。加热温度与保温时间不足，则消氢的效果很小；

——焊接工艺参数：热输入太大时一次焊道产生的收缩应力大；

——焊材的强度等级：强度越大层状撕裂敏感性越大。

应综合以上各因素的影响选择钢材厚度方向性能级别。

2　钢材厚度方向性能级别的选择方法

德国钢结构委员会（DASt）和德国焊接学会（DVS）共同制定了“焊接钢结构中避免层状撕裂的建议（DASt）”——国际焊接学会文件 DOC. IIW810－85：规定以上各种影响因素 A、B、C、D、E 的综合作用，以层裂危险性指数 LTR 表示（见《钢结构施工手册》第 5 章表 5－122）：

层状撕裂危险性指数 LTR＝影响因素（A＋B＋C＋D＋E）

影响因素可为正值或负值，正值越大表示越易撕裂，负值的绝对值越大表示抗层裂性能越好（表 2）。

各影响因素对应的危险性指数　　表 2

影响因素		危险性数指数
A	Z方向焊脚尺寸的 0.3 倍（限于焊脚尺寸 10～50mm）	3～15
B	接头与坡口形式	−25～8
C	接头横向拘束为受拉板厚度的 0.2 倍（限于板厚 20～60mm）	4～12
D	构件节点的拘束度（低、中、高）	0～5
E	预热条件（最低预热温度 100℃）	0～−8

可根据层状撕裂危险性指数值（LTR）选择钢材厚度方向性能级别，见表 3。

钢材厚度方向性能级别的选择方法　　表 3

LTR	Ψ_z（%）	
	平均值	最小值
≤10	—	—
10～20	15	10
20～30	25	15
>30	35	25

该计算方法研讨发表于 20 世纪 80 年代，其不足之处是适用对象为 60mm 以下的中厚板，对于近代发展广泛使用的厚板或特厚板，公式中与板厚直接相关的影响因素 A 和 C，其影响系数未必仍然随板厚保持直线线性关系。此外该计算方法未考虑和列入扩散氢及钢材强度等级的影响。

其他文献介绍的计算方法还有以层状撕裂敏感指数 P_L 表示的公式：

$$P_L = P_{cm} + [H]/60 + 6S$$

直接列入含硫量，如控制铁水含硫量，真空处理可明显减小层状撕裂敏感指数，该式还考虑了氢的影响，但未考虑接头形式、尺寸和焊接顺序等，因而未被广泛应用。

3　层状撕裂工程实例及分析

3.1　工程实例一

（1）工程：超高层钢结构（TJGM）。

（2）钢材：ASTM A572 Gr50

化学成分（%）：C 0.18，Si 0.39，Mn 1.32，P 0.016，S 0.002，V 0.062，N 0.011；*CE* 0.4；

（250mm 厚连铸坯轧至 100mm，压缩比仅为 2.5∶1），未经 UT 检验；

0℃冲击功，$t/4$ 板厚处：L 向 128J，Z 向 79J；

$t/2$ 板厚处：L 向 31J，Z 向 16J；

Z 向 Ψ（%）：65，65，73。

（3）节点形式：箱形截面构件的角接接头，翼板及腹板厚 100mm。

（4）坡口形式：V 形 30°，间隙 10mm，钝边 0～1mm。

（5）热输入：预热 100～150℃，多层多道，多次翻身对称焊；

打底焊条手工弧焊 12kJ/cm；气保焊 10kJ/cm；

埋弧焊单丝 26～105kJ/cm；

埋弧焊双丝：前丝＋后丝 21kJ/cm＋20kJ/cm。

（6）层裂危险性指数 LTR：A＝20，B＝6，C＝20，D＝0，E＝－8

$$A+B+C+D+E=38$$

按 $LTR>30$ 要求用 Z35，订货虽未要求但实物的 S 和 Ψ_Z 已达到 Z35 水平。

（7）制作结果：板厚中心材质疏松处发生延迟裂纹（见图 4）。

（8）裂纹原因分析：订货未要求 Z 向拉伸性能，因此未经 UT 检验。由于 250mm 厚连铸坯轧至 100mm，压缩比仅为 2.5∶1，在未采取其他优化的轧制工艺措施条件下，尽管实物的 S 和 Ψ_Z 已达到 Z35 水平，焊接工艺条件甚优，也不能满足抗层裂的要求。

（9）改进工艺措施：柱翼板焊前刨边去除热切割后表面硬化层（板厚中心部位 HV10＝194～310）；焊完后整柱置于地炉中电加热至 150℃，保温 3h；

或按 Z35 要求从新订货。

（10）工艺改进结果：经 UT 无层裂。

3.2 工程实例二

（1）工程（cwh）：焊接十字型钢柱。

（2）钢材：Q345B 热轧，翼/腹板厚 30mm

化学成分（%）：C 0.20，Si 0.44，Mn 1.41，P 0.011，S 0.022，

CE 0.435；

20℃冲击功（J）：52、54、58。

（3）节点形式：十字节点，翼板/腹板厚 30mm/30mm。

（4）坡口形式：V 形 45°，间隙 6mm，钝边 0～1mm。

（5）层裂危险性指数 LTR：A＝8，B＝5，C＝6，D＝0，E＝0

A＋B＋C＋D＋E＝19，按 $LTR=19$ 应要求用 Z15。

（6）构件制作：目测发现板厚中间有线形条纹，疑为分层裂纹。

（7）检测、试验结果：钢板弯曲试样板厚中心开裂；

超探 164＋152 个区域，面积 803600cm^2＋744800cm^2，缺陷面积率 30.3%＋27.5%；

裂纹两侧夹杂物级别为 A2.5，B1，C1，D1，多为氧化锰，有些为硫化锰、氧化铝；

板厚中部 Mn，C 正偏析，组织大部或全部为珠光体，个别部位可见马氏体（HV10 为 560，542，554）。

（8）裂纹原因分析：该钢材的碳当量及 S 较高，板厚中部 Mn，C 正偏析，个别部位出现高硬度马氏体，属于钢材质量不良。翼/腹板厚 30mm，设计规范不要求用 Z 向钢，但按 $LTR=19$ 应要求用 Z15。

（9）解决方案：采用预热、后热措施或改用 Z15 钢材。

3.3 工程实例三

（1）工程（HX）：Ⅱ形双箱叠置成亚字形截面梁（图 7）。

（2）钢材：Q345GJD 热轧，翼板厚 60mm；

化学成分（%）：C 0.14，Si 0.33，Mn 1.44，P 0.02，S 0.005，*CE* 0.38；

−20℃冲击功（J）：150～200；Ψ_Z（%）：60（平均值）。

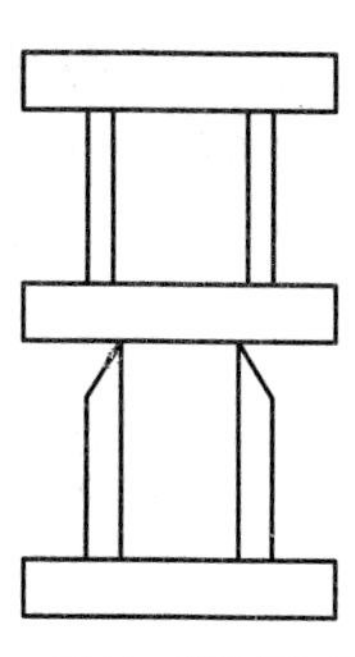

图 7　截面形式

（3）节点形式：Ⅱ式箱形截面角接，翼板/腹板厚 60mm/50mm。

（4）坡口形式：V 形 45°，间隙 6mm，钝边 0～1mm。

（5）层裂危险性指数 *LTR*：

A=18，B=5，C=10，D=0，E=−6

A+B+C+D+E=27，按 *LTR*>20 应要求用 Z25，

订货未要求 Z 向拉伸性能，但实物含硫量已达到 Z25 水平。

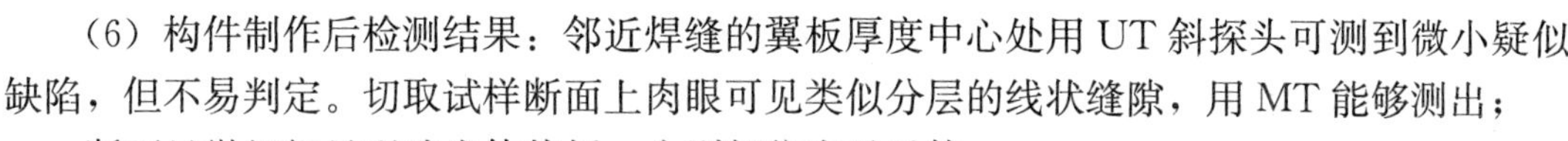

（6）构件制作后检测结果：邻近焊缝的翼板厚度中心处用 UT 斜探头可测到微小疑似缺陷，但不易判定。切取试样断面上肉眼可见类似分层的线状缝隙，用 MT 能够测出；

断面显微组织呈现珠光体偏析，个别部位有马氏体。

（7）裂纹原因分析：虽然钢材 Ψ_Z 较高、*S* 较低，但钢材组织偏析严重，总体性能较差。由于检测取样为局部位置，说明仅从含硫量和 Z 向拉伸性能数值的控制还不能充分满足抗层状撕裂的要求。

（8）改进措施：宜按 Z25 订购钢材并要求优化轧制工艺，控制板厚中心的成份、组织偏析；加强焊接预热、后热措施。

3.4　工程实例四

（1）工程（WHCZ）：刚性井架，柱间距 3.6m（图 8、图 9）。

（2）钢材：Q345B 热轧，板厚 30mm；

化学成分（%）：C 0.14，Si 0.30，Mn 1.44，P 0.012，S 0.005/0.009；

CE 0.38（%）；

20℃冲击功（J）：195～219；Z 向 Ψ：未检测。

（3）节点形式：箱形截面角接，翼板/腹板厚 30mm/25mm。

（4）坡口形式：V 形 20°，间隙 6mm，钝边 0～1mm。

（5）层裂危险性指数 *LTR*：

A=9，B=8，C=6，D=5，E=−6

A+B+C+D+E=22 按 *LTR*=22 要求用 Z15 或 25，

订货未要求 Z 向拉伸性能，实物含硫量已达到 Z15/25 水平。

（6）构件制作结果：翼板厚中心偏外侧发生多处延迟裂纹（图 10），返修合格后别处又出现新的裂纹。

（7）裂纹原因分析：翼板/腹板厚 30mm/25mm 设计规范不要求用 Z 向钢，但该结构为柱间距仅为 3.6m 的高约束封闭框架。接头形式为层裂敏感性最大的角接，且由于柱梁截面尺寸相同而不能优化为开双侧坡口。并且斜撑焊缝受立柱与横梁的双重约束，因此可认为该结构及节点设计极不合理。工艺上，两焊缝未采用轮流施焊。因此仅靠现用钢材已不能满足抗层裂的要求。

（8）解决方案：增加焊接预热、后热措施；优化焊接顺序，即两斜撑一端与柱、梁连

接节点的 4 条焊缝采用轮流施焊措施。各节点焊接顺序应从井架中间向两端扩展。横梁两端节点不能同时焊接。但最好改用 Z25 钢材，以简化焊接工艺，并为井架两片桁架间的现场安装焊接创造良好条件。

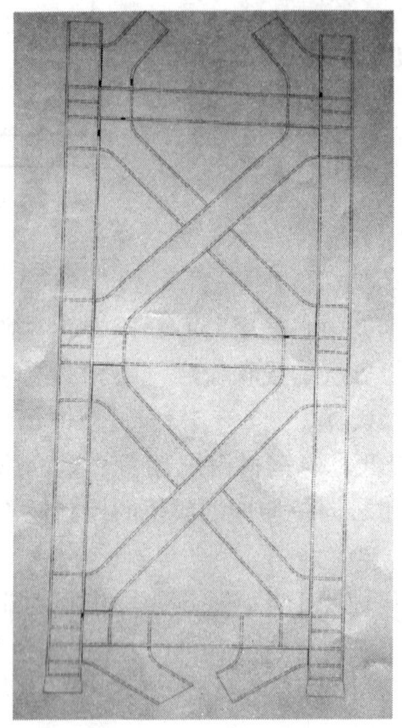

图 8　返修前裂纹

图 9　返修后裂纹

图 10　节点形式与裂纹位置（位于翼板厚度中心）

3.5　工程实例五

（1）工程（BGM3）：柱盖面板与外伸加劲板的十字连接节点。

（2）钢材：Q345C 热轧，隔板厚 36mm。

（3）节点形式：双侧角接（图 11）。

（4）层裂危险性指数 *LTR*：

A=12，B=12，C=8，D=4，E=0

A+B+C+D+E=36 按 *LTR*=36 要求应用 Z35。

（5）构件制作结果：加劲板厚中心或偏外侧发生多处深度 5～8mm 的间断性延迟裂纹（图 12）。

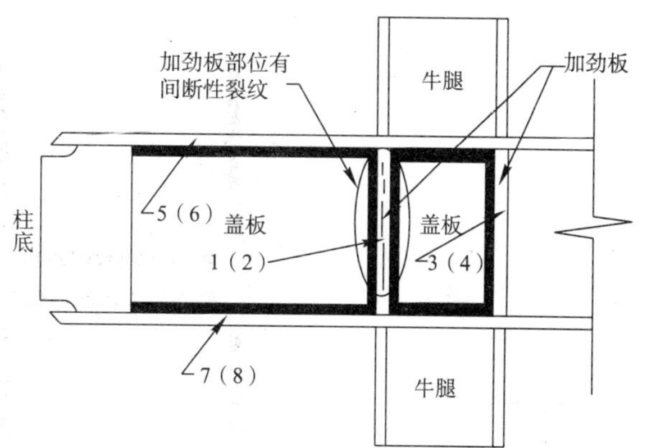

本视图以柱朝核心筒方向为主视图表示

图 11　节点简图

图 12　裂纹位置示意

（6）裂纹原因分析：加劲板板厚 36mm，设计规范不要求用 Z 向钢。该接头形式为层裂敏感性最大的角接，且是焊接节点双侧都有焊缝收缩的高约束条件，节点构造设计不合理；工艺上该两焊缝并未采用轮流施焊。现用钢材不能满足抗层裂的要求。

（7）解决方案：加劲板加长（图 13）；加劲板开坡口并先堆焊低强高塑性焊条（图 14）；优化焊接顺序，先焊拘束度最大的焊缝①并从中间向两端施焊（图 15）；增加焊接预热、后热措施。

（8）工艺改进结果：经 UT 无层裂。

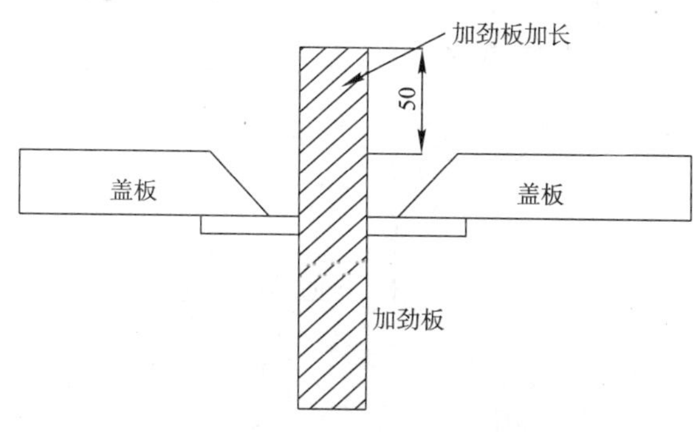

图 13　加劲板加长措施

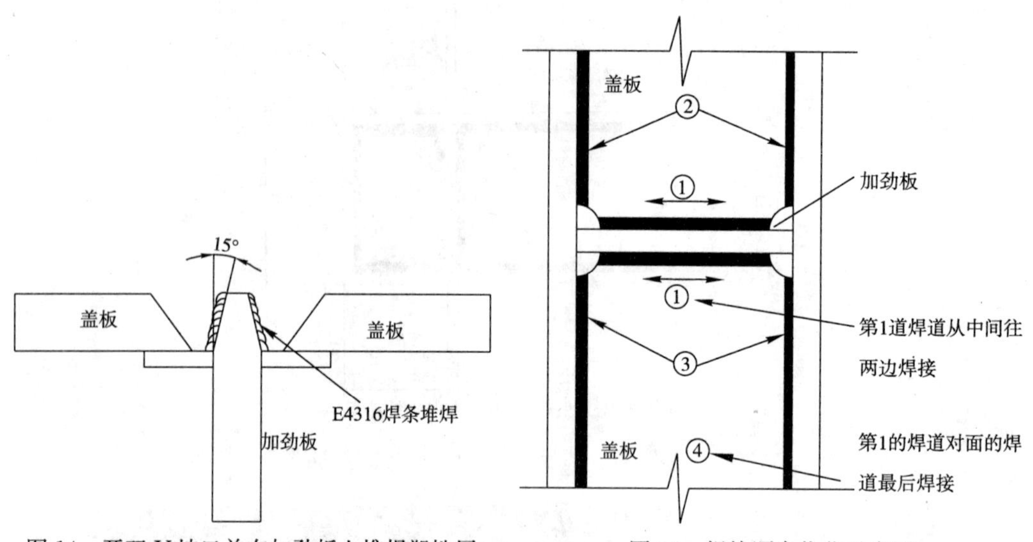

图 14　开双 V 坡口并在加劲板上堆焊塑性层　　图 15　焊接顺序优化示意图

3.6　工程实例六

（1）工程（NZB）：圆管柱-牛腿构件节点（图 16）。

（2）构件节点杆件截面形式及尺寸（mm）

圆管柱：1500×60（50）；外环板：ϕ3200×60；

箱内纵隔板厚度：40×4、20×2；

箱形牛腿：Ⅱ600×900×30×60；箱形斜撑：□ 600×400×25×25。

H 形牛腿：H600×400×20×40。

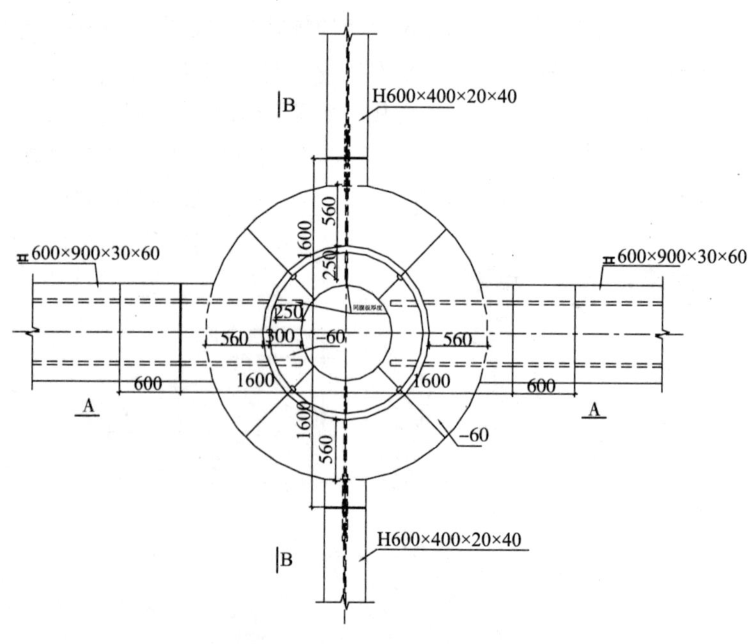

管柱连接示意图-2

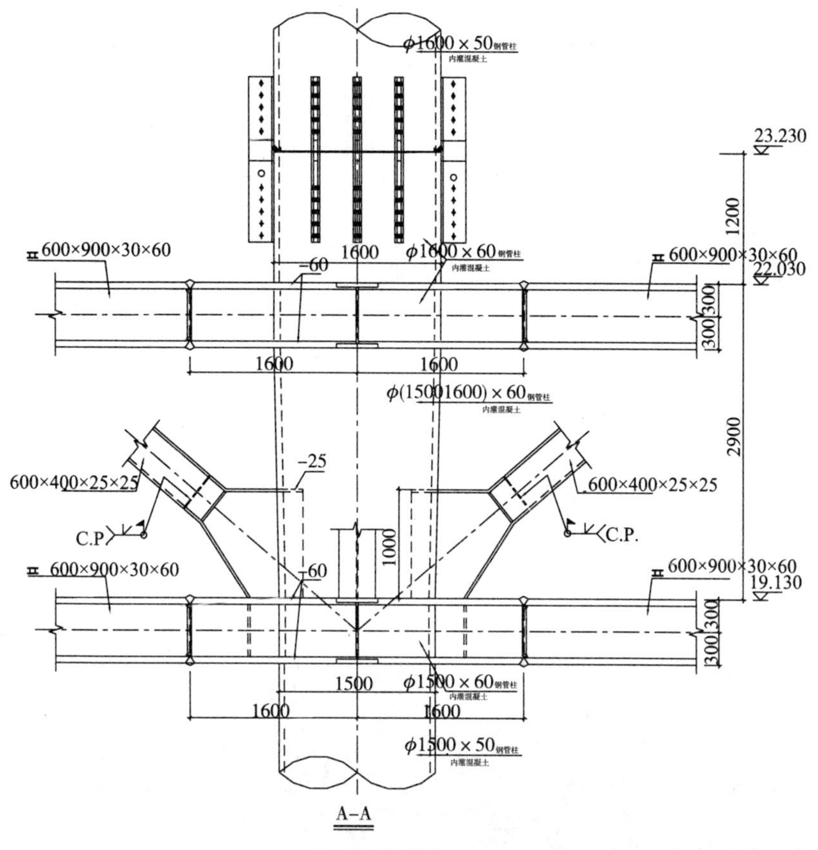

图 16 构件节点形式

（3）钢材

圆管柱钢材 Q390GJC Z15 由三家钢厂供货，发现其中一家钢厂厚度 60mm 钢板含硫量很低，Ψ_z 较高，但 0℃冲击韧性很低。另一钢厂厚度 40mm 的钢板则含硫量仅及格，Ψ_z 较低，但 0℃冲击韧性较高。此种现象并非个别，其典型成分及性能见材质单（表 4、表 5）。裂纹见图 17。

甲钢厂典型材质单 **表 4**

化学成分（%）

C	Si	Mn	P	S	Alt	Nb	V	Ti	Cu	Cr	Ni
0.16	0.26	1.45	0.014	0.003	0.035	0.034	0.046	0.017	0.04	0.08	0.04
0.16	0.24	1.46	0.011	0.001	0.029	0.036	0.045	0.013	0.04	0.06	0.03

力学性能

Y. S.	T. S.	E. L.	Ψz			Ψz Ave	弯曲	冲击功		
MPa	MPa	%	%	%	%	%	$d=3a$	℃	J	J
460	600	25.5	44	46	42	44	合格	0	24	50
450	600	21.0	50	47	52	50	合格	0	41	46

乙钢厂典型材质单 **表 5**

化学成分（%）

C	Si	Mn	P	S	Al S	Nb	V	Ti	Cu	Cr	Ni	Mo
0.14	0.32	1.41	0.014	0.004	0.056	0.035	0.023	0.019	0.013	0.06	0.03	0.004
0.13	0.30	1.50	0.014	0.006	0.039	0.033	0.026	0.017	0.014	0.042	0.014	0.004

力学性能

Y. S.	T. S.	E. L.	Ψz			Ψz Ave	弯曲	0℃冲击功（J）			
MPa	MPa	%	%	%	%	%	$d=3a$	单值			平均值
450	565	24.5	20	17	14	17	合格	207	181	195	194
400	550	31	20	22	22	21	合格	124	40	124	96

注：微量 B：0.00059%及 0.00049%

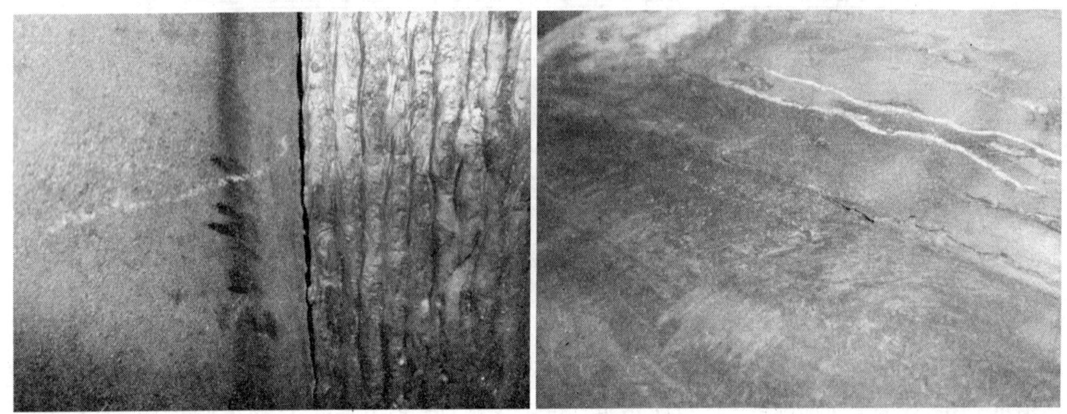

图 17　裂纹位置图

（4）装配焊接顺序

1）上下环板分别预制，将环板内的短管先与四块对称隔板①组装好，如图 18。

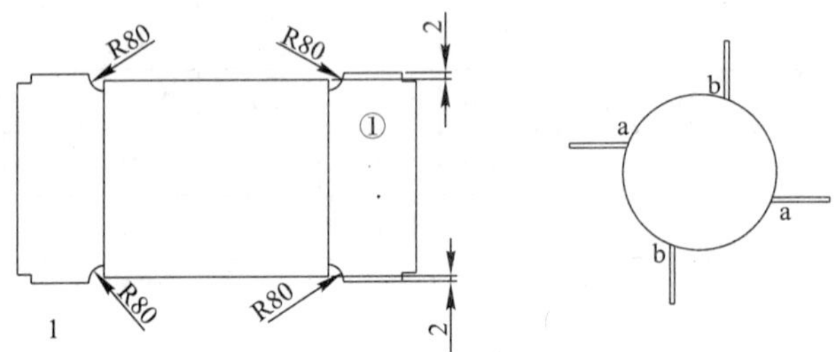

图 18　环板内的短管与隔板组装

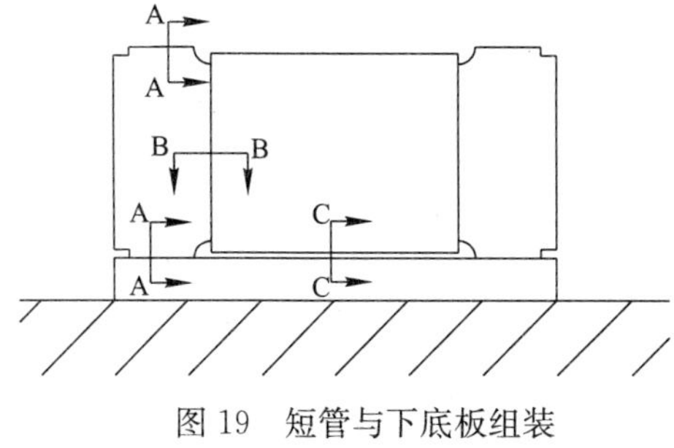

图 19　短管与下底板组装

2）组装好的短管与放于地面的下底板点焊组装（图 19）。

3）上盖板盖好后，先将 4 块隔板①与下底板和圆管两边围焊，与上盖板的焊缝先不焊接，作为释放应力焊缝，焊接过程中 a、b 两组焊缝要求对称施焊（图 20）。

4）焊接上下两条主环缝，先焊内侧，再从外侧清根（图 21）。

5）主环缝探伤合格后将 4 块剩余外隔板②和 8 块内隔板，装配焊接，对称施焊（图 22）。

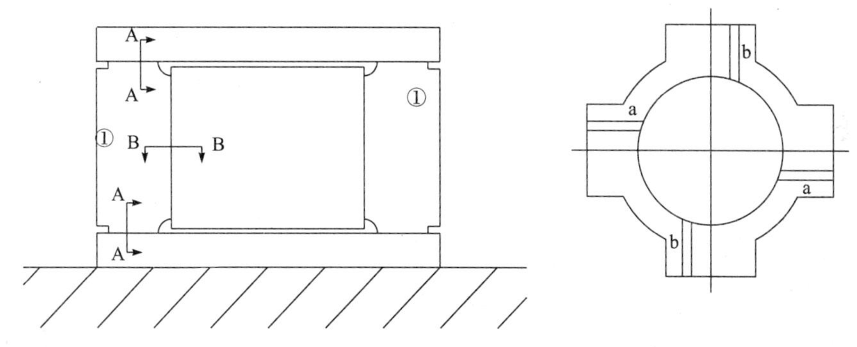

图 20　隔板①与下底板和圆管两边围焊

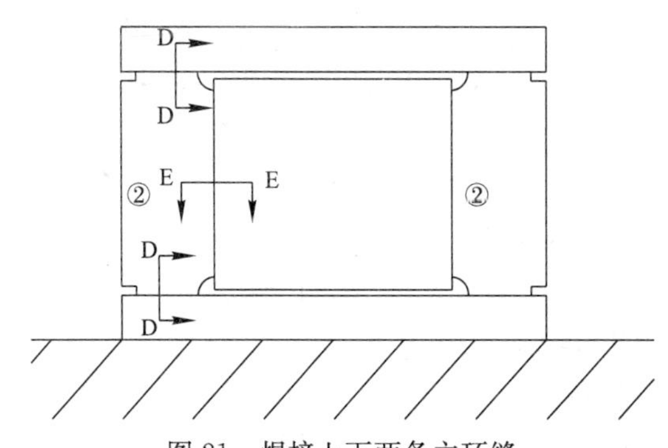

图 21　焊接上下两条主环缝

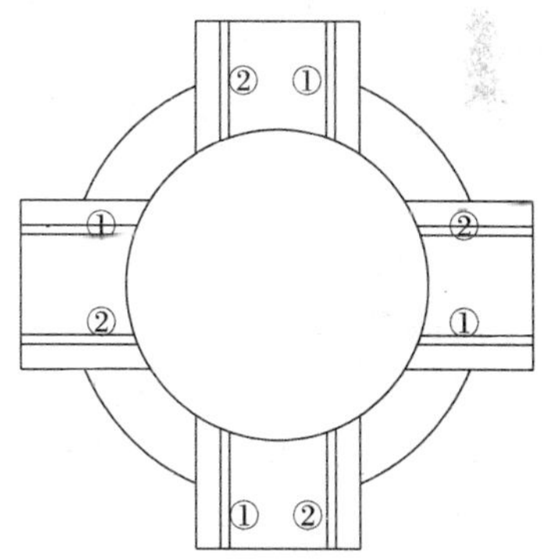

图 22　装配焊接外隔板②和 8 块内隔板

6）上下两个环板焊接完成后，将下环板与中间短管组装焊接（图 23）。

7）牛腿的预制及与管柱的组焊（略）。

8）组装上环与最上方短管（同 6)）。

9）组装下方 7321 长管（图 24）。

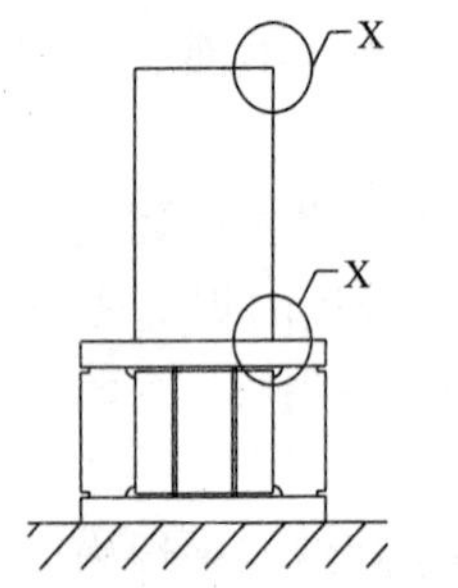

图 23　下环板与中间短管组装焊接

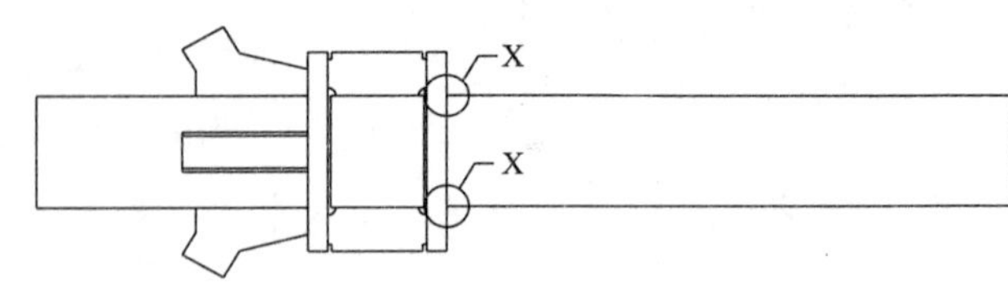

图 24　组装下方 7321 长管

10）组装上环板（图 25）。

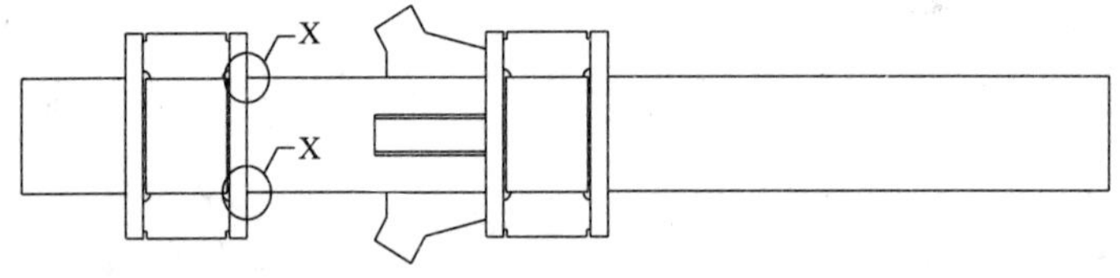

图 25　组装上环板

图中所示×处的坡口里大外小，此处坡口在卷圆前开好。焊接时从点焊开始就对称施焊，要求采用多层多道焊和退段焊，并要求用实芯焊丝打底，避免用药芯焊丝打底。

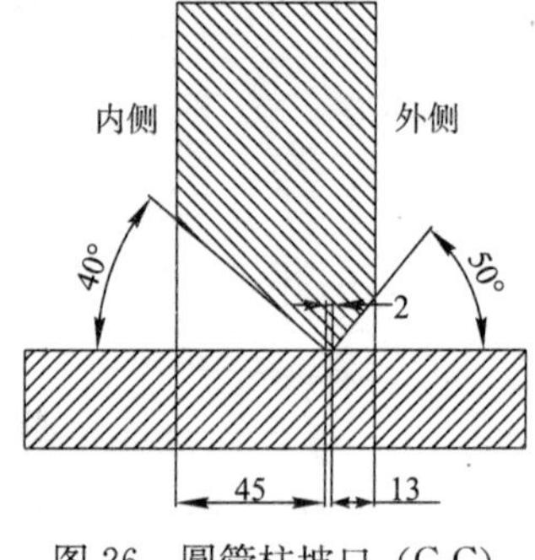

图 26　圆管柱坡口（C-C）

（5）主要节点形式：十字节点，翼板/腹板厚 60mm/60mm。

（6）主要节点坡口形式：X 形，内侧 40°，外侧 50°，钝边 2mm，间隙 0～1mm（图 26）。

（7）热输入：预热温度 120～150℃；后热温度 250℃，保温 2.5h。

多层多道焊接，圆管柱主环缝时，打底和填充都应采取对称焊和分段退焊。

（8）层裂危险性指数 *LTR*：A＝14，B＝－20，C＝12，D＝5，E＝－8

A＋B＋C＋D＋E＝19，按 *LTR*＝19 应要求用 Z15。

（9）检测结果：圆管柱-牛腿节点焊接后在角焊缝环板侧熔合线处出现多发性裂纹。

（10）裂纹原因分析：相对于节点复杂程度，用 Z15 钢已属勉强符合要求，虽然两厂钢板实物 *S* 很低，但甲钢厂的 Ψ_z 较高，而 0℃冲击韧性很低。乙钢厂的 0℃冲击韧性虽很高，但 Ψ_z 仅高于合格值。由于两厂钢材的质量均不良，尽管部件组装已采用上述比较合理的焊接工艺方案，层裂危险性指数 *LTR* 符合要求，却发生了裂纹。

初步分析为：由于采用分部组装焊接顺序，使最终组成的十字接头未能全对称轮流施焊，导致后焊管段时拘束应力太大而发生裂纹。由于构件不允许做破坏性检验，未能判别裂纹的起源，因而不能确定是环板焊缝下的层状撕裂引发熔合线开裂，还是单纯的熔合线冷裂纹。

（11）解决方案：减小拘束应力，使十字接头能全对称轮流施焊，为此必须采用整柱全部组装成一体上转胎施焊的方案，但该方案组件间临时固定连接较多，转胎上焊接量太大，车间生产时实现较困难。

实际生产采用将环形组件焊后消除应力热处理的方案，不影响原有工序。由于环形组件高度尺寸不大，可一炉多装，操作性和经济性均可接受。

（12）工艺改进结果：经 UT 无层裂。

4 评述

层状撕裂的防止主要应从钢材质量优化着手，其次是坡口形式、焊接顺序和焊接工艺的优化。这些影响因素中，钢材 Z 向性能的提高目前在国内大型知名钢厂技术上已成熟，Z 向钢的选用等级主要涉及建设投资成本和业主利益；坡口形式的优化是有限度的，取决于焊接施工可操作性，对于箱形构件角焊缝和一些特殊场合实际上无法采用双面坡口；焊接顺序的优化如构件上多条焊缝对称轮流施焊，需要构件频繁翻身并需加热保持道间温度。单个接头双面坡口对称轮流施焊需要配置多焊工、焊机。异形组合截面构件需要分解由标准截面构件组焊而成，无法实现在整个组合构件上对每个接头的对称焊接，而且由于组焊时往往利用构件自身刚性控制变形的同时增加了焊接拘束度。另外还涉及加工过程可采用机械化程度、加工成本、效率等；有些特殊工艺措施并不适合于规模生产，如表面堆焊塑性层、长时间后热等。

《高层民用建筑钢结构技术规程》JGJ 99－98 基于沿板材厚度方向承受拉力作用情况，规定了厚度≥50mm 应使用 Z 向钢，但不规定 Z 向钢使用等级。《建筑钢结构焊接技术规程》JGJ 81－2002 基于焊接层状撕裂，规定焊接 T 形、十字形及角接接头，当其翼板厚度≥40mm 时，应使用 Z 向钢。当时是针对一些传统生产厚度 38mm 以下钢材的钢厂，超能生产厚板的质量存在问题和预防焊接层状撕裂的需要。近年来在一些施工详图设计中，对厚度 40mm 以上 Z 向钢使用等级往往按 40～70mm、70～100mm、100mm 以上的区隔分别选用 Z15、Z25、Z35。在实践中，国内钢材厚度 40mm 以下由于板厚中心组织偏析，甚至钢板有明显的夹层，Z 向性能差而焊接施工频出问题。对于厚度 40～70mm 采用 Z15，厚度＞70～100mm 采用 Z25 的选择原则，在焊接节点构造复杂、拘束度较大、施焊顺序等工艺条件不易达到理想时，其层裂危险性指数 *LTR* 较高，施工中就易出现层状撕裂。虽然涉及不合格需返修的工程数量相对并不多，但往往造成较大的经济损失和业内影响。特别是近年来一些中等钢厂经过设备更新升级，也在生产厚度 50～60mm 的 Z15 钢板，但其连铸坯厚度一般为 250mm，轧制过程中电磁搅拌、软压下技术措施不完善，或轧后未经正火处理等，板厚中心组织偏析较严重，产品的 Ψ_z 和 S 含量仅达到标准规定的最低值或数值不稳定；在未采取其他优化的轧制和热处理工艺措施条件下，尽管实物的 S 和 Ψ_Z 已达到标准要求，焊接工艺条件甚优，也不能满足抗层裂的要求，对施工焊接造成一定的难度。施工企业从成本、效率考虑则希望提高 Z 向钢的使用等级。两者的矛盾如何平衡？

作者认为钢结构工程技术人员应熟知层状撕裂的起因与防止措施，对于钢材厚度方向性能的原则要求，建议如下：

（1）在设计规定的钢材厚度方向质量等级基础上优选钢厂、严格控制供货钢板实际的全面质量。本文列举的层状撕裂工程实例说明，仅依据计算的层状撕裂危险性指数 *LTR*，控制选择实物的低 S 和高 Ψ_Z 水平，即使焊接工艺条件优化，也不一定能满足抗层裂的要求；

（2）按照《建筑钢结构焊接技术规程》JGJ 81 中 4.5 及 6.3 的规定（新编《钢结构焊接规范》GB 50661 中 5.5.2 及 5.5.3），当翼缘板厚度≥20mm 时，为防止翼缘板产生层状撕裂，采取节点构造设计和焊接工艺优化措施；

（3）在焊接节点构造复杂、拘束度较大、施焊顺序等工艺条件不易达到理想时，其层裂危险性指数 *LTR* 较高，当翼缘板厚度≥20mm 时，设计宜要求在订货时钢板需经 UT 检验合格。对于板厚≥40mm 时宜要求 100% UT 逐张检验合格；

（4）对于板厚≥60mm/70mm 时 Z25 或 Z35 的等级选择，宜充分评估结构节点构造、坡口和焊接工艺是否有优化的可能性，如无法通过优化降低层裂危险性指数 *LTR*，则 Z 向性能等级宜就高选择；

（5）对钢板的 UT 检验质量等级要求，以往钢结构施工企业订货时一般仅为Ⅲ级，必要时设计宜依据层状撕裂危险性指数 *LTR*，适当提高至Ⅱ级，甚至Ⅰ级（依据《厚钢板超声波检验方法》GB/T 2970－2004），以达到质量预控的目的；

（6）按照《建筑钢结构焊接技术规程》JGJ 81 中 4.5 及 6.3 的规定（新编《钢结构焊接规范》GB 50661 中 5.5.2 及 5.5.3），当翼缘板厚度≥20mm 时，为防止翼缘板产生层状撕裂，采取节点构造设计和焊接工艺优化措施；

（7）当翼缘板厚度≥20mm 时，在订货时补充要求钢板需经 UT 检验合格。对于板厚≥40mm 时宜要求 100% UT 逐张检验合格；

（8）对于板厚≥60mm/70mm 时 Z25 或 Z35 的等级选择，宜充分评估结构节点构造、坡口和焊接工艺是否有优化的可能性，如无法通过优化降低层裂危险性指数 *LTR*，则 Z 向性能等级宜就高选择；

（9）对钢板的 UT 检验质量等级要求，以往钢结构施工企业订货时一般仅为Ⅲ级，宜依据层状撕裂危险性指数 LTR，必要时适当提高至Ⅱ级，甚至Ⅰ级（依据《厚钢板超声波检验方法》GB/T 2970－2004），以达到质量预控的目的。

参 考 文 献

［1］陈伯蠡．《焊接工程缺欠分析与对策》第 2 版，北京：机械工业出版社．

国内建筑钢结构工程焊接质量控制现况评述

段 斌 谢 琦

（中冶建筑研究总院有限公司）

摘 要：本文通过不同行业在工程管理体系的建设、人员资质及管理、焊接质量的过程控制和无损检测等方面的对比、分析，论述建筑钢结构行业的不足，并提出焊接质量控制必须执行过程控制，并应进一步完善工程项目管理体系，建立健全职业资格考核制度，以及全面实行由独立第三方参与的焊接质量过程控制和无损检测抽检工作的建议。

关键词：人员资质及管理 焊接质量过程控制 无损检测

1 概述

自20世纪80年代以来，随着国民经济的发展和钢产量的不断提高，以钢为主体结构材料的工业及民用建筑越来越被广泛采用。以2009年为例，全年建筑结构用钢（不含钢筋）达到2000万t左右。随着设计、制造、安装技术的进步，钢材及辅材品种的增加和性能的改进，展望未来，钢材作为一种可再生的建筑材料其发展前景广阔。

回顾中国建筑钢结构近几十年的发展历史，在高速发展的背景衬托下，时常可以看到一些不和谐的景象，由工程质量问题引发的事故时有发生。因此如何提高建筑钢结构施工质量，特别是工程焊接质量，值得我们深思。本文通过不同行业在工程管理体系的建设、人员资质及管理、焊接质量的过程控制和无损检测等方面的对比、分析，找到不足并提出解决办法。

2 不同行业焊接钢结构焊接质量控制因素的对比、分析

焊接钢结构广泛地应用到国民经济的各个行业，其中船舶、压力容器、工业和民用建筑钢结构是三个差异大，且具有典型意义的行业。为此，我们对上述的三个行业中焊接钢结构的焊接质量控制因素进行了对比分析。

2.1 工程项目管理体系的建设和完善

钢结构工程项目从立项到项目竣工基本遵循如下程序：项目立项、设计、制造、安装、竣工验收。而工程的质量控制则贯穿始终。因此，工程整体质量水平往往是工程项目管理体系完善程度的体现。表1反映出上述三大行业对钢结构焊接整体控制要求的差异。

各行业领域资质、质量要求相关规范　　表 1

行业 领域	船舶	压力容器	建筑钢结构
设计	《钢制海船人级规范》CCS	《压力容器压力管道设计许可规则》	《工程设计资质标准》
制造、安装	《材料与焊接规范》CCS	《锅炉压力容器制造、监督管理办法》、《锅炉压力容器制造、监督许可条件》《锅炉压力容器制造许可工作程序》《特种设备制造、安装、改造、维修鉴定评审细则》TSG Z0005	《施工企业资质等级标准》
钢材及焊材	《材料与焊接规范》CCS	执行相关国标和行业标准	执行相关国标和行业标准
质量控制	《材料与焊接规范》CCS	《压力容器安全技术监察规程》,《锅炉压力容器产品安全性能监督检验规则》,《钢制压力容器焊接工艺评定》JB 4708,《钢制压力容器焊接规程》JB/T 4709,《锅炉压力容器、压力管道焊工考试管理与规则》,《承压设备无损检测》JB 4703,《锅炉压力容器、压力管道特种设备无损检测单位监督管理办法》,《特种设备无损检测人员考核与监督管理规则》,《特种设备检验检测机构管理规定》,《压力容器定期检验规则》	《钢结构工程施工质量验收规范》GB 50205,《建筑钢结构焊接技术规程》JGJ 81,《钢结构超声波探伤及质量分级方法》JG/T 203

在设计方面，这三个行业在其相关的标准规范及管理办法中，均对人员资格、设施及认证和复审等提出了管理要求；在制造安装方面，船舶和压力容器行业实行认证或认可制度，管理相对严格规范。而建筑行业只对施工企业提出了资质要求，且门槛较低，对于生产制造企业已开始评级但基本没有限制；在钢材及焊接材料生产和使用的管理方面，船舶行业实行生产许可认证制度，即对生产企业，也对其生产的与造船有关的产品进行认证和年检；而压力容器行业和建筑行业，只关注相关产品是否满足现行国家标准或行业标准的要求，对其生产企业的资质关注较少。此外，与建筑行业相比，压力容器行业相关的材料行业标准体系更加全面和完善。在质量控制方面，船舶行业实行由船级社委派船检师进行项目管理。压力容器行业则是由具有政府职能的各地方锅炉压力容器检测监察机构实施管理。建筑钢结构行业则执行的是监理管理模式。两者职能基本相同，但在执行力度及专业程度上存在较大差异。

综合对比、分析三大行业在项目管理体系方面的异同可以得出如下结论：船舶与建筑行业基本上属于市场机制，政府参与较少。但与建筑行业相比，船舶行业的管理更规范、严谨，与国际同行业的管理模式和水平更为接近。但由于经济利益等原因，造成各船级社之间难于协调沟通，未能形成统一的企业及相关产品的认证验收标准，每年不同船级社对同一企业相同产品的重复认证给企业造成沉重的负担。压力容器的管理模式属政府行为，其管理的规范性、严谨性和执行力度不亚于船舶行业。但由于缺乏市场机制的激励，易于造成相关管理人员滋生官僚作风和懒惰情绪，导致工作质量和效率的降低。建筑行业的管理体系相对船舶和压力容器行业则不够健全。与压力容器行业相比，政府介入度不够，相关标准规范不够健全、完善，且执行力度不够。与船舶行业相比，行业协会的影响力度远不如船级社，且与政府部门之间的相关职能范围界定不清，影响了行业协会作用的发挥。各因素综合最终导致行业内管理松散，质量问题相对突出。

2.2 焊接从业人员资质与管理

焊接工作的从业人员主要是指焊工、焊接技术人员、焊接质量检验人员。总体来说，对焊接从业人员的教育、考核及管理方面的要求，船舶与压力容器行业相对一致，且较完善，而建筑行业尚有不足。

2.2.1 焊工

焊工是焊接工作的执行者。焊接质量的好坏在很大程度上取决于焊工的技术水平和敬业程度。目前国内船舶与压力容器行业均要求只有取得本系统内认可的资质证书方可上岗。而建筑行业则无此种要求，因而也没有行业行政部门认可的专门从事建筑行业焊工培训考核的组织机构，造成行业内焊工管理较为混乱，经常发生仅持政府劳动管理部门颁发的安全岗位证，甚至无证或执无效证件上岗从业的现象。特别是在焊工日常管理及个人职业道德和敬业程度教育培养方面更现不足，导致这种现象的主要原因有以下两方面：

（1）制度、规范：从 20 世纪 80 年代初至今，我国的社会体制发生了很大变化。从原来单一的公有制逐步向公私合营、私有制及股份制转化。体制的变化造成人员管理模式的改变。目前绝大多数企业均采取项目承包、专业分包的管理模式。专业分包多为一些私营小企业，管理不规范，人员流动性强。而焊工是一种技术性强且具有时效性的工种。这就要求管理者时刻了解其焊工的工作状况，根据国内现有的焊工管理规范的要求，持证焊工若连续六个月未从事其证件许可范围内的工作，则应在上岗前重新参加实操考核，合格者方能上岗。而上述管理模式很难满足规范要求。虽然国家现行业标准《建筑钢结构焊接技术规程》JGJ 81－2002 第 9.4.1 条，手工操作技能附加考试应符合的一般规定中明确指出：①凡从事高层、超高层钢结构及其他大型钢结构构件制作及安装焊接的焊工，应根据钢结构的焊接节点形式、采用的焊接方法和焊工所承担的焊接工作范围及操作位置要求，由工程承包企业决定附加考试类别，并报监理工程师认可；②凡申报参加附加考试的焊工必须已取得相应的手工操作基本技能资格证书。但由于不是强制性条款，除少数国家重点工程外，多数情况下企业并不执行，最终导致焊工管理失控，焊接质量下降。

（2）职业道德教育及其他：我国的职业教育从最初只注重技能培养转向同时注重安全、环保及职业道德全面的教育模式，其转变经历了较长的时期，但即使是在建筑钢结构迅猛发展的今天，我们对职业道德教育的关注也远不如对技能、安全和环保的关注。造成这种局面的原因可能有以下两方面：首先是技能、安全和环保教育成果容易量化，便于考核、宣传，领导重视；其次是上述三方面关乎就业、人身健康和安全因而广受重视。只有涉及人们精神文明的职业道德是隐性的，既不便量化，也不便考核，就少被关注。但殊不知，职业道德缺失一旦泛滥，其影响是深远的，后果是灾难性的。另外，建筑钢结构市场急剧膨胀，恶性竞争，以及焊接工种工作环境的特殊性，造成焊接从业人员整体素质降低也是不争的事实。

2.2.2 焊接技术人员

目前我国焊接技术人员的资格认定存在两套并行的体系，一是企业内部的职称评定体系，另一个是全国范围内统一的职业资格考试体系。前者虽有国家、地区或行业规定，但基本是企业内部行为。由于行业和技术领域的不同，标准难于统一，同一技术职称从业人员水平参差不齐在所难免。后者标准相对统一，考核严格，更适于对专业技术要求高、技术特点突出的行业或领域。但目前国内职业资格考试体系所涵盖的专业种类较少，焊接作为一个相对独立的技术领域，只在一些仅隶属于政府行政管理范围内的行业，如压力容器、管道及石油化工、天然气等行业及一些涉外交流较早的行业执行。建筑行业则尚未纳入其体系范畴，而纵观欧美技术发达国家，建筑行业的焊接工程师，焊接质量检验师早已纳入职业资格考试范畴，因此，我们要想从根本上提高焊接工程质量，应尽快建立健全焊接从业人员的职业资格考核体系。

2.2.3 焊接质量检验人员

目前在国内建筑钢结构行业中从事焊接质量检验的人员主要有两类：一类为无损检测人员，而另一类则主要是工程项目监理和各企业的质量检测人员。前者一般均经过专业技术资格培训，并已取得由国家相关行政部门或行业学、协会授予的资格证书。而后者则鱼龙混杂，有些虽经过培训，但专业不对口，或所学内容不全不细，更多的经企业内部的简单培训即上岗工作。项目监理人员中通过考试取得国家监理工程师证书的尚属少数。从这一点便可看出，建筑行业的大多数企业对焊接质量的控制理念还停留在以无损检测为主的水平上。但我们应当清楚，焊接质量的好坏更多取决于对焊接工作的过程控制，主要包括焊前审查、焊中检查及焊后检测。焊前审查主要是指对焊接从业人员的资质、焊接材料及焊接工艺、相关的技术文件等审核；焊中检查则应参照相关技术文件，重点对前期制定各种工艺方案及参数的执行情况进行核查；外观和无损检测是焊后检测的主要手段。但外观和无损检测并不能完全解决由于操作失误所造成的质量问题。例如：由于工艺方法或焊接参数选择不当，而造成焊缝及热影响区金属组织的改变和性能下降；由于焊接顺序不当，造成的残余应力过大；以及由于焊材的保存、烘干，焊接条件及环境的不适当，而引起焊缝金属内部含氢量过高等现象，都不是外观和无损检测所能解决的。更何况二级焊缝20%无损检测时，并未认真执行随机抽样及不合格率2%～5%时加倍抽检，不合格率大于5%时全数检测的规定。因此要想从根本上把好质量关，关键还是要树立过程控制理念，建立健全职业资格考核体系，提高质量检测从业人员的基本素质。在这方面船舶和压力容器行业做得比较好，较早地引入了欧美发达国家实行已久的职业资格考核制度，如验船师、焊接工程师、焊接检验师及焊接检验员等。

2.3 焊接质量的过程控制和无损检测

目前国内钢结构焊接工程的质量过程控制主要有两种模式，一种是以船舶和建筑行业为代表，另一种则是以压力容器行业为代表。两者的主要区别在于，前者是以验船师或监理工程师为驻厂代表，对制造安装过程进行旁站监控。无论是验船师或监理工程师，虽经专业培训后执证上岗，但其业务考核范围仅限于项目管理的法律法规及标准规范，很少涉及具体技术专业知识。旁站监控工作质量的好坏主要取决于旁站者自身的业务素养。若验船师或监理工程师的原专业业务技术领域为焊接或相近专业，且水平较高，则监控工作的质量一般效果较好。反之，其工作质量难于保证。而压力容器行业则不然，其驻厂监造人员必须在取得行业颁发的焊接检验师或焊接检验员的资格证书后方可上岗，这在一定程度上保证了其监督工作的质量。

关于对无损检测工作的要求，船舶和压力容器行业明确规定由船级社或特种设备检验机构按一定比例进行第三方抽检，而建筑行业到目前为止尚无明确的相关规定要求。只是在一些国家重点工程或地方大型工程中，执行由业主委托的第三方抽检制度，而更多的时候主要靠企业自检控制质量。因此漏检、瞒报事件时有发生。

3 焊接质量控制建议

焊接质量控制必须执行过程控制。针对建筑钢结构领域焊接质量管理体系中的各个主要环节，通过制定完善的技术管理文件可以预防焊接质量问题的发生，从而获得较高的施工质量，同时降低成本、提高效率。建筑钢结构领域焊接质量控制的一般程序详见图 1。

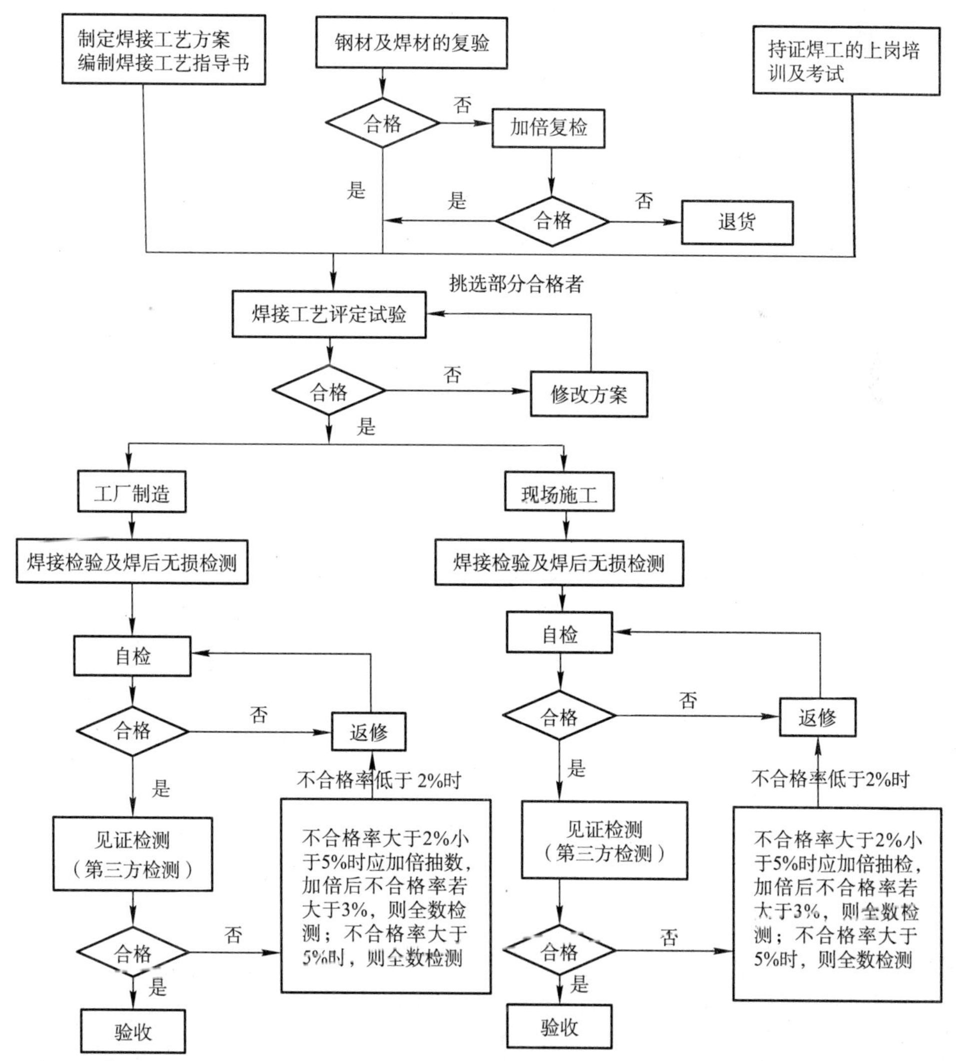

图 1 建筑钢结构领域焊接质量控制的一般程序

在此程序中除应将第三方检测纳入桥梁及重型、高层、大跨度钢结构的常规管理范畴，还应在整个程序的执行过程中，在当前建筑行业尚无法全面推广职业焊接工程师或焊接检验师介入制度的情况下，由业主或监理方聘用有经验的焊接专业技术人员参与工作，以提高工作质量。此外，应进一步完善工程项目管理体系，分清政府相关部门与行业协会的职责范围，建立健全职业资格考核制度，全面实行由独立第三方参与的焊接质量过程控制和无损检测抽检工作。重视并加强焊接从业人员的职业道德教育。

国家规范、标准

国家标准《钢结构焊接规范》GB 50661的编制

马德志
（中冶建筑研究总院有限公司）

摘　要：本文简单介绍了国家标准《钢结构焊接规范》GB 50661 的编制工作以及标准的主要内容和特点，并与现行的《建筑钢结构焊接技术规程》JGJ 81－2002 标准进行了对比。

关键词：钢结构　焊接　标准　编制

1　序言

现行的《建筑钢结构焊接技术规程》JGJ 81－2002 自颁布执行几年以来，与《建筑抗震设计规范》GB 50011－2001、《钢结构设计规范》GB 50017－2000、《钢结构工程施工质量验收规范》GB 50205－2001、《高层民用建筑钢结构技术规程》JGJ 99－98、《网架结构设计与施工规程》JGJ 17－91 等相关标准一起，为我国建筑钢结构的制作和安装施工起到了指导作用，对规范焊接工艺技术，保证钢结构质量及使用安全发挥了重要作用。该规程不仅在建筑钢结构领域得到广泛应用，在其他钢结构领域如各种设备钢构架、工业炉窑罐壳体、照明塔架、通廊、工业管道支架、厂区或城市过街桥等也都得到应用或借鉴。

但是现行的有关钢结构焊接标准都是行业标准或企业标准，还没有一本统一的国家标准。由于我国标准化工作是部门分管，条块分割的管理体制，行业标准之间存在协调不够，统一性差，特别是涉及跨行业、跨部门应用的共性技术，给标准的应用带来了诸多不方便，制约了行业之间相互的交流，给使用造成不应该的混乱。又如标准内容陈旧、滞后，新内容新技术急待补充修订等，都迫切需要制定一本统一的国家标准“钢结构焊接规范”。如美国的《钢结构焊接规范》AWSD1.1，该规范是美国钢结构焊接的主导标准，引导了超过 130 个标准及规则、实践介绍、指南或设计说明书等，由美国焊接协会（AWS）D1 结构焊接委员会编制。日本、欧洲的钢结构焊接相关标准也都统一在相同标准体系之中，适用于各行业（有特殊要求的如压力容器和压力管道除外），在应用中可操作性强，国际交往交流更方便。

随着经济全球化进程的加快，国际交往和标准的互认活动日益增多，标准的统一性、协调性将有利于我国标准在国际交往中的地位的提高和加强。制定一本统一的、具有影响力、覆盖范围最广的国家标准《钢结构焊接规范》，既是国内钢结构发展的需要，也是走出国门参与国际竞争的需要。

根据原建设部标准定额司 2007 年 7 月 10 日下达的国家标准《钢结构焊接规范》制订任务书，由中冶集团建筑研究总院有限公司负责主编工作。计划任务编号为 2007－2－55。

2 规范编制的指导思想和基本原则

本规范的编制工作，总的指导思想是：以现行行业标准《建筑钢结构焊接技术规程》JGJ81－2002为基础，充分考虑现行的各行业相关标准，同时借鉴欧、美、日等先进国家的标准规定，并进行必要的试验加以验证，提高规程的先进性、可操作性和实用性，主要遵循和把握以下原则：

（1）认真贯彻执行有关的国家法律、法规和方针、政策，做到安全适用、技术先进、经济合理；

（2）严格执行建设部关于工程建设标准编写规定，保证规程的编写水平；

（3）以《建筑钢结构焊接技术规程》JGJ 81－2002为基础，充分考虑国内各行业对钢结构工程焊接的要求，确定本规范的适用范围如下：

①结构形式：建筑钢结构、桥梁钢结构（铁路桥梁除外）、常压容器、工业炉窑罐体；

②荷载：静荷载、动荷载；

③材料：钢材厚度大于或等于3mm的碳素结构钢和低合金高强度结构钢、桥梁用钢、耐候结构钢、建筑节点铸钢、奥氏体不锈钢；

④焊接方法：手工电弧焊、气体保护焊、自保护焊、埋弧焊、电渣焊、气电立焊、栓钉焊及相应焊接方法的组合。

（4）注重与《建筑抗震设计规范》GB 50011－2001、《钢结构设计规范》GB 50017－2003、《钢结构工程施工质量验收规范》GB 50205－2001、《高层民用建筑钢结构技术规程》JGJ 99－98、《网架结构设计与施工规程》JGJ 17－91、《钢制焊接常压容器》JB/T 4735－97、《现场设备、工业管道焊接工程施工及验收规范》GB 50236－1998、《公路桥涵施工技术规范》JTJ 041－2000等相关标准相协调；

（5）为使重大技术问题获得可靠的技术数据，在规程编制过程中要积极收集整理已有的试验数据，并进行必要的扩充试验和工程验证，提高规程的先进性、可操作性和实用性。

3 规范编制组组成

为提高标准的适应性，本规范编制组包括了冶金、建筑、市政、电力、水利、铁路、机械等行业在内的钢结构相关制造施工企业、科研院所、设计院、监理公司共计27家参编单位，能够充分体现国内钢结构发展的现状、反映钢结构焊接行业的需求。

4 规范编制的技术内容

4.1 规范包含内容

本规范包含以下内容：总则、术语和符号、材料、焊接连接构造设计、焊接工艺评定、焊接工艺、焊接检验、焊接补强与加固、焊工技术资格认证。另外，还有4个附录。

4.2 与《建筑钢结构焊接技术规程》JGJ 81－2002相比，本标准所做调整

新规范以《建筑钢结构焊接技术规程》JGJ 81－2002为基础，根据规范编制原则和工作大纲，主要进行了以下几项调整：

（1）扩大适用范围，本规范适用于工业与民用钢结构工程中承受静荷载或动荷载、钢材厚度大于或等于3mm的结构焊接。本规范适用的焊接方法包括焊条电弧焊、气体保护电弧焊、自保护电弧焊、埋弧焊、电渣焊、气电立焊、栓钉焊及其组合。虽然规范并没有规定适用的具体结构类型，一般桁架或网架（壳）结构、多层和高层梁—柱框架结构的工业与民用建筑钢结构、公路桥梁钢结构、电站电力塔架、非压力容器罐体以及各种设备钢构架、工业炉窑罐壳体、照明塔架、通廊、工业管道支架、人行过街天桥或城市钢结构跨线桥等钢结构的焊接均可依据或参考本规范规定执行。

对于特殊技术要求领域的钢结构，根据设计要求和专门标准的规定补充特殊规定后，仍可参照执行。

本规范所列的焊接方法包括了目前我国钢结构制作、安装中广泛应用的全部焊接方法，充分反映了我国钢结构的发展和焊接技术的进步。

（2）在章节上按照《工程建设标准编制指南》的规定增加了“第二章术语和符号”以及英文目次和“引用标准名录”等内容。

（3）对钢结构工程焊接难度等级划分作了较大修改，并与企业资质、人员资格、材料选择、工艺控制、质量检验等相结合，提出了一套较完整的根据不同工况条件控制焊接产品质量的先进方法。

（4）为适应钢结构发展要求，扩大规范的钢材适用范围，除原行业标准规定的低碳钢、低合金钢外，增加Q420、Q460等超高强建筑钢板的焊接技术规定以及高层建筑用钢、优质碳素结构钢、铸钢、桥梁用钢、耐候结构钢等，新规范涉及的钢材标准包括《优质碳素结构钢》GB/T 699；《碳素结构钢》GB/T 700；《桥梁用结构钢》GB/T 714；《低合金高强度结构钢》GB/T 1591；《耐候结构钢》GB/T 4171；《焊接结构用碳素钢铸件》GB/T 7659－1987；《建筑结构用钢板》GB/T 19879；《铸钢节点应用技术规程》CECS 235以及日本、美国、欧洲相应的结构用钢（为方便使用，在条文说明中对国外钢材按照本规范规定进行了分类），提高了规范的适用性、可操作性。

（5）在第五章“焊接连接构造设计”，对设计施工图和制作详图的焊接技术要求给出了明确规定，有利于钢结构焊接工程各方职责分明，避免由于遗漏缺失影响工程质量。

（6）结合国内钢结构焊接的特点，参照《钢结构设计规范》GB/T 50017，对钢结构焊缝质量等级的划分原则作出了规定，增加了对铁路、公路桥焊缝质量等级的划分要求。

（7）增加了承受动荷载钢结构焊接的相应内容及规定。

（8）对焊接工艺评定的一般规定及替代规则进行了相应调整，根据实际需要，增加了诸如栓钉焊接、陶瓷衬垫等方面的内容。

（9）结合《建筑钢结构焊接技术规程》JGJ 81－2002的应用情况，取消了原规程中对角接及十字形焊接节点的弯曲试验要求，对硬度试验方法进行了补充及细化。

（10）借鉴欧美国家先进标准规定，结合国内特点，增加焊接工艺免予评定的条文。

（11）借鉴欧美国家先进标准规定，结合国内特点，对焊接工艺一章进行了相应的修改、补充、调整，将钢结构焊接中每个工艺过程各成一节，分别规定，使标准更具条理性，使用时也大为方便。

（12）基于本规范编制过程中的大量试验以及近年来国内钢结构焊接实践，对钢结构用钢最低预热温度进行了较大调整，详见表1。

常用结构钢材最低预热温度要求（℃） **表1**

钢材类别	接头最厚部件的板厚 t（mm）				
	$t \leqslant 20$	$20 < t \leqslant 40$	$40 < t \leqslant 60$	$60 < t \leqslant 80$	$t > 80$
Ⅰ[a]	—	—	40	50	80
Ⅱ	—	20	60	80	100
Ⅲ	20	60	80	100	120
Ⅳ[b]	20	80	100	120	150

调整后的规定，不仅适用的钢材种类大大增加，增加了标准的实用性和可参考性，而且常用碳钢、低合金结构钢如Q235、Q345等钢的最低预热温度要求也大幅降低，有助于节约能源、提高效率。

（13）根据国内钢结构建设的实际情况，本规范适时提出了对钢结构焊接自检、监检的相应规定，并提出过程控制的内容，不仅有助于规范钢结构焊接检测行业，明确钢结构焊接参与各方的职责，同时更强调了过程检验的重要性，因为就焊接产品质量控制而言，过程控制比焊后无损检测显得更为重要，特别是对高强钢或特种钢，产品制造过程中工艺参数对产品性能和质量的影响更为直接，产生的不利后果更难于恢复，同时也是用常规无损检测方法无法检测到的，正确的过程检验程序和方法是保证产品质量的重要手段。

（14）根据钢结构焊接的特点及国内实际情况，对比国内外10余部焊缝无损检测标准，参照《钢焊缝手工超声波探伤方法和探伤结果分级》GB/T 11345，对超声波检测的检验做出了相应规定，本规范规定宽严适度，避免了原规程执行《钢焊缝手工超声波探伤方法和探伤结果分级》GB/T 11345标准时，由于控制过严而造成的不必要的返修，在不损害整体工程质量的前提下，有利于提高效率、降低成本。

（15）参照《铁路钢桥制造规范》TB10212，确定了承受疲劳荷载焊缝的外观及内部质量的检验标准。

（16）为满足工程建设标准化的相应规定，原“焊工考试”一章更名为“焊工技术资格认证”，强调本规范作为技术标准只对焊工的技术要求进行规定，本章根据近年钢结构行业发展的最新动态，对原规程的内容进行适当调整、补充，有助于使企业焊工满足现代钢结构焊接施工的实际技术要求，推动焊工技术培训的全面开展。

4.3 工程验证

为检验验证本规范的先进性、科学性、适用性和可操作性，本规范在“中国国际贸易中心工程三期A阶段工程”、“重庆菜园坝长江大桥工程”等工程中进行了工程验证工作，参照本规范的相关规定进行焊接工艺制定、评定并进行质量控制、检测，实践证明，本规范较原规程更具可操作性，同时各规定适度、合理，既可靠保障工程质量，又符合国家节约降耗的大政方针，取得了很好的效果。

5 结论

（1）本规范编制组成员涵盖了各行业钢结构焊接相关单位，既有科研、设计单位，也有制作、施工、监理单位，充分体现了规范编制的产学研相结合的基本原则，为该规范的执行应用提供了基本保障，历时两年多完成的《钢结构焊接规范》是一项集全体编制组及业内众多专家智慧的结晶，填补了国内空白。此项规范的颁布执行必将产生不可估量的社会经济效益；

（2）本规范编制组通过大量试验研究，并对近年来国内钢结构焊接实践的技术、经验进行总结，同时借鉴欧、美、日国家钢结构先进标准，在《建筑钢结构焊接技术规程》JGJ 81－2002 的基础上扩大了适用范围，调整、补充相应技术规定，使其更具先进性、科学性、适用性和可操作性；

（3）通过工程实际验证，本规范在规范国内钢结构焊接技术、有效保障钢结构焊接质量上能够起到积极作用，相信该规范颁布执行后，必将对国内钢结构焊接行业产生深远影响，同时作为唯一一本钢结构焊接的国家标准，有利于各行业钢结构焊接相关标准的协调、统一，不断提高和加强我国钢结构焊接标准在国际交往中的地位。

焊接冷裂纹的预防及国内外规范最低预热温度规定

周文瑛[1]　马德志[1]　苏　平[1]　费新华[2]　申献辉[1]

（1　中冶建筑研究总院有限公司；2　宝钢钢构有限公司）

摘　要：低合金高强度钢焊接冷裂纹缺陷对结构安全性有重大影响，接头中存在硬脆显微组织，焊缝扩散氢含量较高，接头的拘束应力较大是其产生的主要原因。工艺上控制热输入量和焊前预热是防止其产生的主要措施。《钢结构焊接规范》主编及参编单位，以铁研试验进行了必要试验，在规程JGJ 81－2002的基础上，编写了相关钢种的最低预热温度规定。在以铁研试验裂纹率统计值约20%以下为预热温度基本判据的基础上，以焊接冷裂纹理论为指导，充分参考、对比国内外各规范的具体规定，编制了新的最低预热温度规定，对国内钢结构施工有重要的指导作用。

关键词：冷裂纹　碳当量　冷却速度（$t_{8/5}$）　预热温度

低合金高强度钢焊接裂纹缺陷对结构安全性有重大影响，其起因及预防措施历来是焊接领域研究重点。焊接裂纹的种类可简单分为热裂纹（也称结晶裂纹，指产生于结晶阶段，如图1中裂纹1、5、7）和冷裂纹（也称热影响区裂纹、氢致延迟裂纹，指裂纹位置，产生在冷却阶段或延迟至焊后若干小时甚至若干天）。本文只针对冷裂纹的相关问题进行讨论。

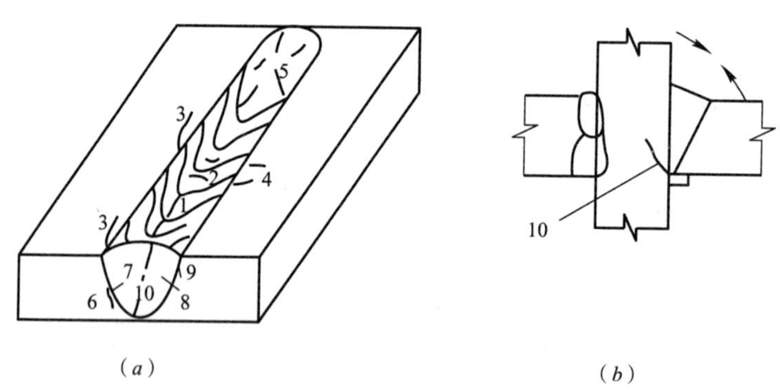

图1　各种裂纹的分布位置

1—焊缝纵向裂纹；2—焊缝横向裂纹；3—HAZ纵向裂纹；4—HAZ横向裂纹；5—弧坑裂纹；6—焊道下裂纹；7—焊缝结晶裂纹；8—焊缝、HAZ贯穿裂纹；9—焊趾裂纹；10—焊缝根部裂纹

1　冷裂纹形成因素

（1）接头中存在硬脆显微组织；

（2）焊缝扩散氢含量较高；

（3）接头的拘束应力较大。

2　冷裂纹敏感性评定方法

钢材的碳当量是产生接头硬脆组织的内因，用碳当量（CE%）表示钢材淬硬倾向和焊接性的优劣；低碳微合金高强钢冷裂纹敏感性，一般用冷裂纹敏感组分（P_{cm}%）表示。限制 CE%及 P_{cm}%可以减小冷裂纹敏感性。

国外焊接界学者在 20 世纪 80 年代提出的一些冷裂纹敏感性评定方法，包括碳当量和预热温度计算公式。至今由于钢材日趋于向低碳微合金、热机械轧制等发展，且结构节点更加复杂，拘束度更大，使这些公式的适用性有所欠缺。

2.1　碳当量计算公式

（1）美国焊接学会采用的碳当量计算公式：

$$CE_{(AWS)}(\%)=C+(Mn+Si)/6+(Cr+Mo+V)/5+(Cu+Ni)/15$$

（2）日本工业协会采用的碳当量计算公式：

$$CE_{(JIS)}(\%)=C+Mn/6+Si/24+Ni/40+Cr/5+Mo/4+V/14$$

（3）国际焊接学会采用的碳当量计算公式：

$$CE_{(IIW)}(\%)=C+Mn/6+(Cr+Mo+V)/5+(Cu+Ni)/15$$

适用范围：非调质中高强度低合金钢（σ_b=500～600MPa，C≥0.18%）

或 C≤0.2%；Si≤0.55%；Mn≤1.5%；Cu≤0.5%；Ni≤2.5%；

Cr≤1.25%；Mo≤0.7%；V≤0.1%；B≤0.006%。

（4）BS EN 1011－2：2001 采用的碳当量计算公式：

$$CE(\%)=C+(Mn+Mo)/10+(Cr+Cu)/20+Ni/40$$

适用成分范围（%）：C：0.05～0.32；Si≤0.8；Mn：0.5～1.9；

Cu≤0.7；Ni≤2.5；Cr≤1.5；Mo≤0.75；

V≤0.18；Ti≤0.12；Nb≤0.06；B≤0.005。

2.2　冷裂纹敏感组分（P_{cm}%）计算公式

$P_{cm}\%=C+Si/30+(Mn+Cu+Cr)/20+Ni/60+Mo/15+V/10+5B$

适用范围：σ_b=400～1000MPa；

C：0.07%～0.22%；Si≤0.6%；Mn：0.40%～1.4%；Cr≤1.2%；

Cu≤0.5%；Ni≤1.2%；

Mo≤0.7%；V≤1.2%；Nb≤0.04%；Ti≤0.05%；B≤0.05%。

板厚：19～25mm；

[H]：1.0～5.0mL/100g（甘油法）；

拘束度：5000～33000N/mm.mm；

斜 Y 试样试验条件：热输入 E=17kJ/cm。

3　焊接冷裂纹防止措施

在钢材已由设计选定，碳当量已定的条件下，施工中防止接头中出现硬脆显微组织的工艺措施只有控制热输入量和焊前预热。

预热、后热温度的确定：

(1) 控制 $t_{8/5}$：控制 800～500℃之间冷却速度（$t_{8/5}$）在 10s 以上，80s 以下（对低合金高强钢），使接头区既不出现淬硬组织也不出现过热粗晶组织。

(2) 控制焊缝中扩散氢的含量：首先控制母材表面、焊条、保护气体中的水分，防止氢融入电弧区和熔池，并避免氢在冷却过程析出后向母材近缝区扩散，聚集于晶格缺陷中形成高压，而使焊趾或焊缝根部产生裂纹。这是降低冷裂倾向的主要措施。其次，必要时在焊后消氢热处理有助于氢加速扩散而远离焊接应力集中区和脆化区，可以防止延迟裂纹。加热温度与板厚、保温时间有关。

4 确定最低预热温度的理论公式

(1) 日本学者提出的预热温度（T_0）计算公式为：

坡口形式 X、U、V 形时：$T_0=1330P_w-380$（℃）

坡口形式 K、T 形时：$T_0=2030P_w-550$（℃）

$P_w=P_{cm}+[H_D]/60+R_F/4\times10^5$

（或 $P_c=P_{cm}+[H_D]/60+t/600$）

P_w——裂纹敏感性指数；

R_F——拉力拘束度（N/mm. mm）；t—钢材厚度（mm）；

$[H_D]$——甘油法测定的扩散氢含量（mL/100g）。

根据裂纹敏感性指数 P_w 由图 2 所示曲线可确定预热温度。

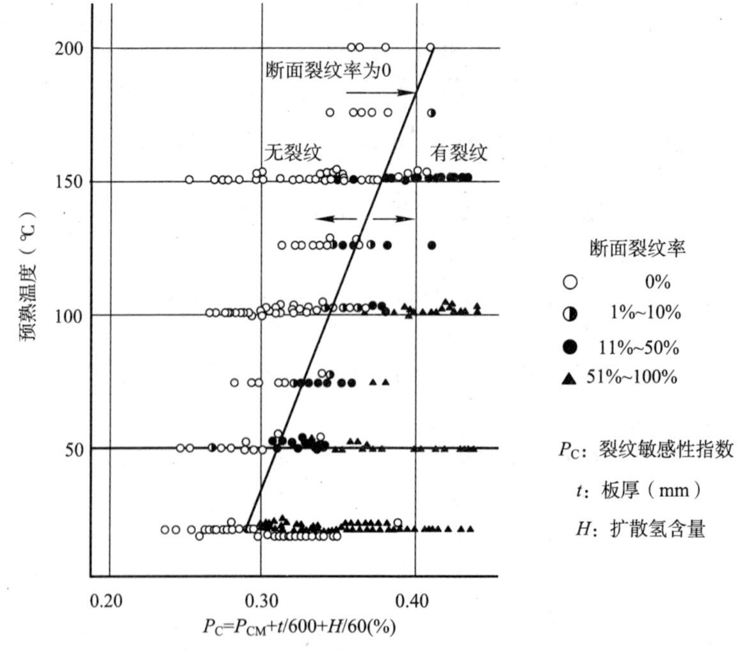

图 2 裂纹敏感指数与预热温度的关系

该公式未含热输入、冷却速度因素的影响，而且拘束度不论节点形式只按 $t/600$ 统一取值也与实际构件差别较大。

（2）美国《钢结构焊接规范》提出了热影响区硬度控制法和含氢量控制法，已为国内相关业者所熟知。

前者只考虑热输入量和最高硬度，不考虑含氢量和拘束度，局限性较大；后者把含氢量、裂纹敏感指数、拘束度、板厚各因素分级后排列组合制表，虽未考虑热输入量的影响，却还是比较全面的估算方法，该规范表格已为国内相关业者广泛应用（规定的上限区段预热温度最高值为 160℃）。

（3）德国钢铁学会提出从组合板厚、热输入、冷却时间（$t_{8/5}$）查曲线图（略）得出预热温度的方法，是以该国既定钢材的碳当量及其焊接性为基础的，应用于他国钢材、钢种则须做相当的试验才能绘出所需图表。

（4）BS EN 1011－2：2001 采用的预热温度计算公式考虑综合了以下各因素的影响：

1）钢材碳当量因素：$T_{pCE}=750\times CE-150$（℃）

碳当量 CE 每增加 0.01%，预热温度需提高约 7℃，见图 3。

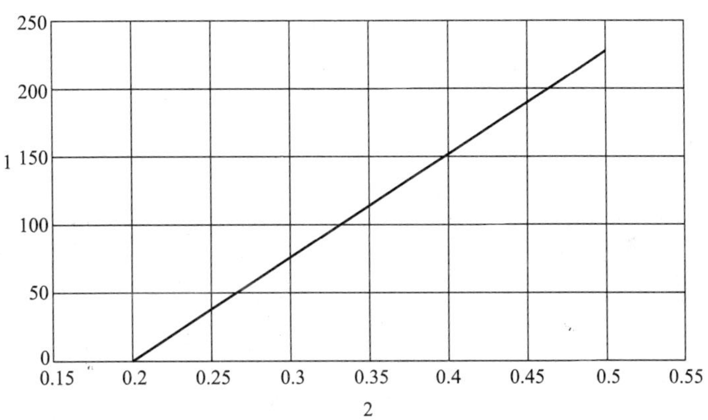

图 3　钢材碳当量与预热温度的关系

1—预热温度 T_{pCE}（℃）；2—钢材碳当量 CE（%）

2）板厚因素：$T_{pd}=160\times \tanh(d/35)-110$（℃），见图 4。

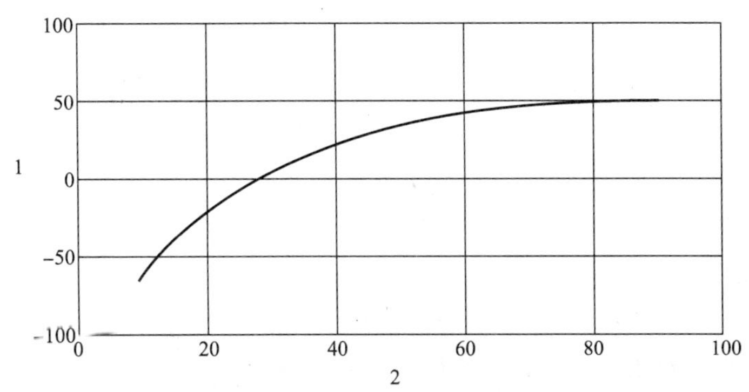

图 4　钢材板厚与预热温度的关系

1—预热温度 T_{pd}（℃）；2—钢材板厚 d（mm）

随着板厚增加预热温度急剧提高，板厚增至60mm以上预热温度不再提高。

3）扩散氢含量因素：$T_{pHD}=62\times HD^{0.35}-100$(℃)，见图5。

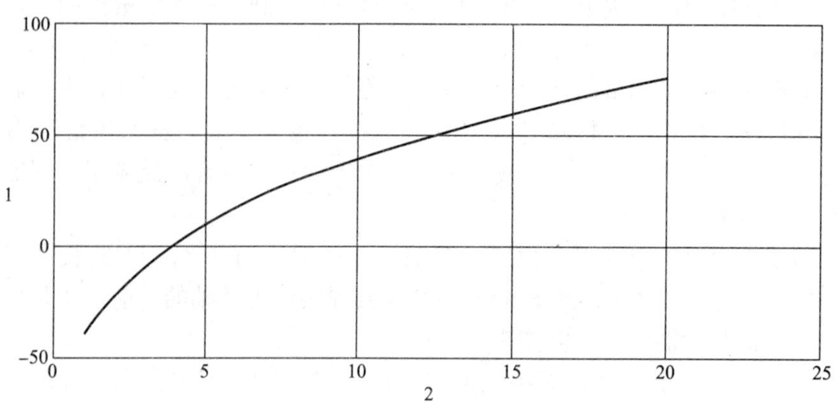

图5　扩散氢含量与预热温度的关系

1—预热温度 T_{pHD}（℃）；2—扩散氢含量 HD（mL/100g）

4）热输入量因素：$T_{pQ}=(53\times CE-32)\times Q-53\times CE+32$(℃)；见图6。但作者认为该图预热温度设定过低而不合理。

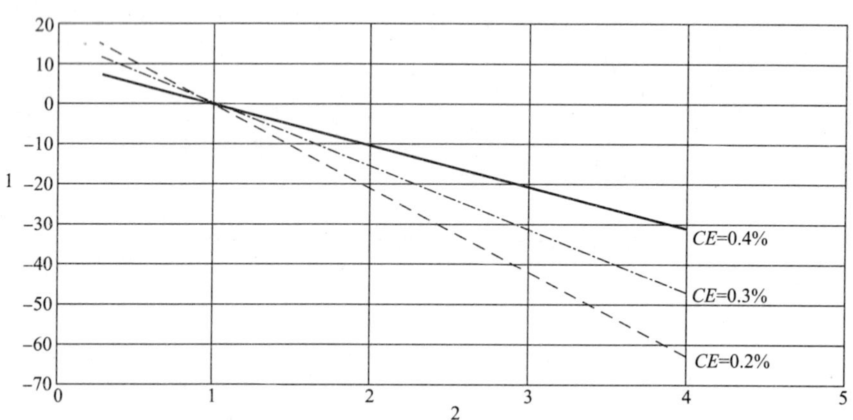

图6　热输入量与预热温度的关系

1—预热温度 T_{pQ}（℃）；2—热输入量 Q（kJ/mm）

5）内应力因素：直至目前有关内应力与预热温度的关系仅限于定性的了解。在以下预热温度的计算时，已假设焊缝区内应力分别等于其焊材的屈服应力。

综合以上各因素，预热温度计算公式为：

$$T_p=T_{pCE}+T_{pd}+T_{pHD}+T_{pQ}(℃)$$

或

$$T_p=697\times CE+160\times \tanh(d/35)+62\times HD^{0.35}+(53\times CE-32)\times Q-328\ (℃)$$

适用范围：结构钢的屈服强度不高于1000MPa；

$CE=0.2\%\sim0.5\%$；$d=10\sim90$mm；

$HD=1\sim20$mL/100g；$Q=0.5\sim4.0$kJ/mm。

该规范的规定在碳当量中对碳、锰、硅的含量范围比较宽，其他因素涉及较全面，尤其适合应用于现代发展的低碳微合金体系高强结构钢。绘制的三因素曲线图（略）为工程施工提供了简便的预热温度确定方法。

（5）我国《建筑钢结构焊接技术规程》JGJ 81－2002 对预热温度的规定：

按不同钢材强度级别与板厚以表列出最低预热温度（表略）。同时附注规定其他各项因素的限制确定实际工程结构施焊时的预热温度：

①接头形式为坡口对接，根部焊道，一般拘束度；

②热输入约为 15～25kJ/cm；

③采用低氢型焊条，熔敷金属扩散氢含量（甘油法）：

E4315、4316 不大于 8mL/100g；

E5015、E5016、E5515、E5516 不大于 6mL/100g；

E6015、E6016 不大于 4mL/100g；

④一般拘束度，指一般角焊缝和坡口焊缝的接头未施加限制收缩变形的刚性固定，也未处于结构最终封闭安装或局部返修焊接条件而具有一定自由度；

⑤环境温度为常温；

⑥焊接接头板厚不同时，应按厚板确定预热温度；焊接接头材质不同时，按高强度、高碳当量的钢材确定预热温度。

实际工程结构施焊时情况更为具体、复杂，要求其预热温度还应根据下列因素的变化来确定：

1）根据焊接接头的坡口形式和实际尺寸、板厚及构件拘束条件确定预热温度。焊接坡口角度及间隙增大时，应相应提高预热温度。

2）根据熔敷金属的扩散氢含量确定预热温度。扩散氢含量高时应适当提高预热温度。当其他条件不变时，使用超低氢型焊条打底预热温度可降低 25～50℃。二氧化碳气体保护焊当气体含水量符合规程第 3 章的要求或使用富氩混合气体保护焊时，其熔敷金属扩散氢可视同低氢型焊条。

3）根据焊接热输入的大小确定预热温度。当其他条件不变时，热输入增大 5kJ/cm，预热温度可降低 25～50℃。电渣焊和气电立焊在环境温度为 0℃以上施焊时可不进行预热。

4）根据接头热传导条件选择预热温度。在其他条件不变时 T 形接头应比对接接头的预热温度高 25～50℃。但 T 形接头两侧角焊缝同时施焊时应按对接接头确定预热温度。

5）当环境温度低于常温但高于 0℃时，全部板厚应预热至 20℃以上，低于 0℃时应按低温焊接规定，其预热温度应高于常温下的预热温度。

《建筑钢结构焊接技术规程》JGJ 81－2002 规程针对我国当时常用的结构钢牌号提出了最低预热温度要求，明确规定其适用范围并提出各影响因素变化时预热温度的增减范围，也可算是一种半定量的方法，但涉及钢材强度等级较低，已落后于现实发展。

（6）《钢结构焊接规范》GB 50661 对预热温度的规定

《钢结构焊接规范》GB 50661 主编及参编单位，以铁研试验进行了必要试验，在规程 JGJ 81－2002 的基础上，编写了相关钢种的最低预热温度规定（待颁布）。

随后针对国家游泳中心、国家体育场、广州新电视塔工程需要以相同的试验条件进行了 Q420D、Q460E、Q415NH（BRA520C）钢材试验。

1）试验汇总

Q345、Q390 铁研试验三试样裂纹总长与钢材碳当量、厚度、屈服强度见图 7～图 10。Q460E、Q415NH（BRA520C）钢材成分、性能见表 1～表 6。

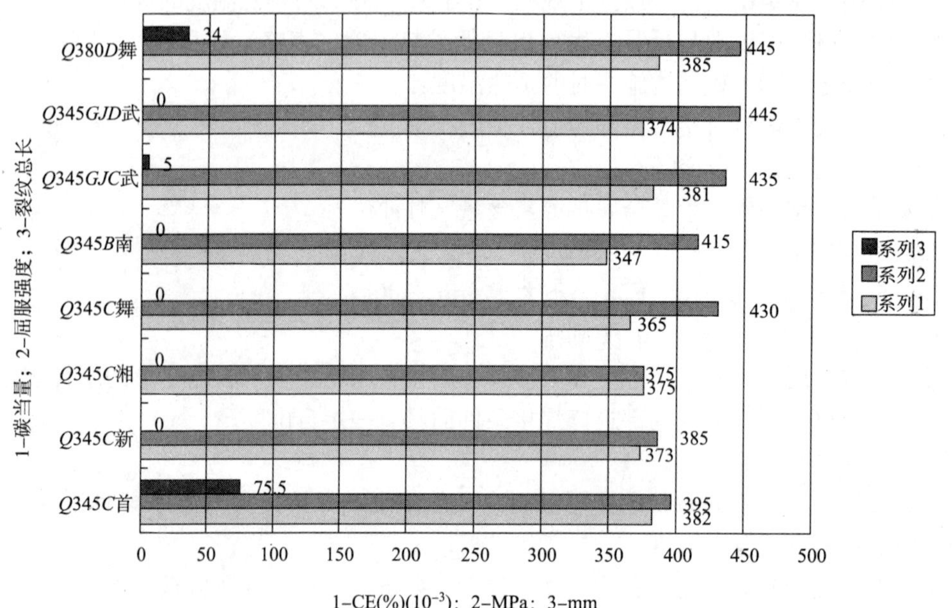

图 7　Q345 板厚 20mm，碳当量、屈服强度与 3 个试样裂纹总长（常温）

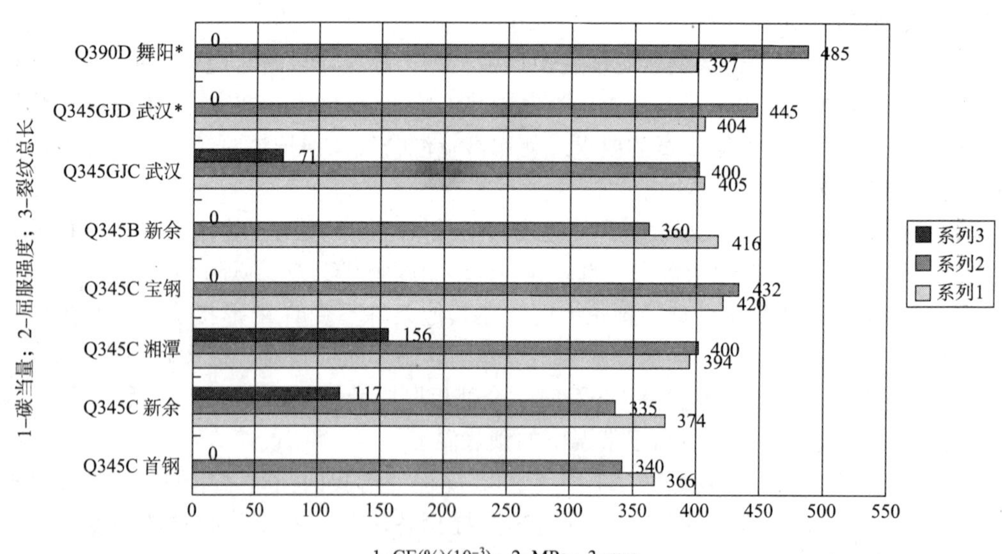

图 8　Q345、Q390 厚度 30mm，碳当量、屈服强度与 3 个试样裂纹总长（常温）

（＊为厚度 35mm、预热 60C°）

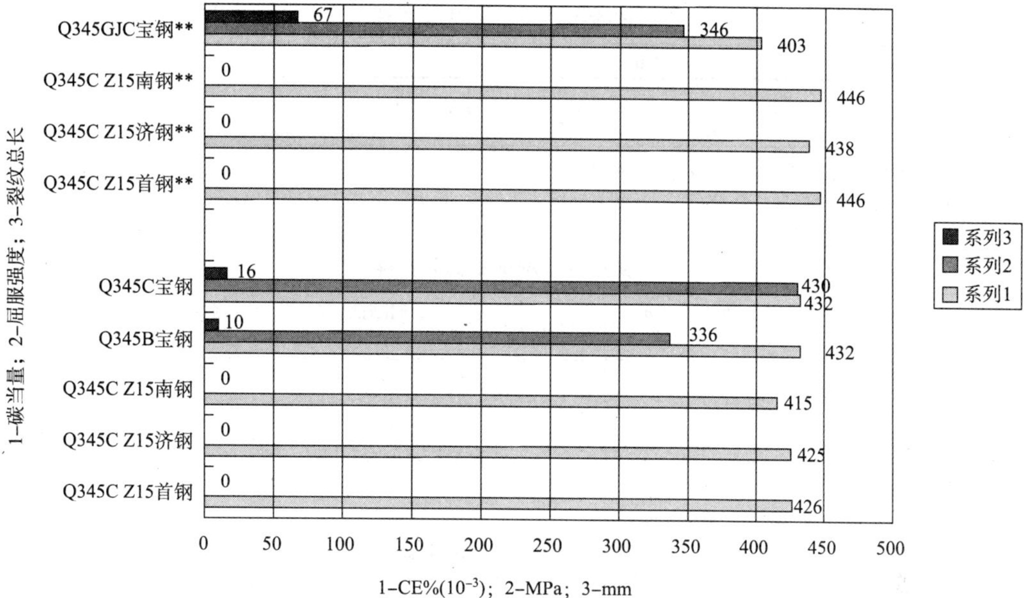

图 9　Q345 板厚 50mm，碳当量、屈服强度与 3 个试样裂预热 60℃（** 为厚度 60mm）

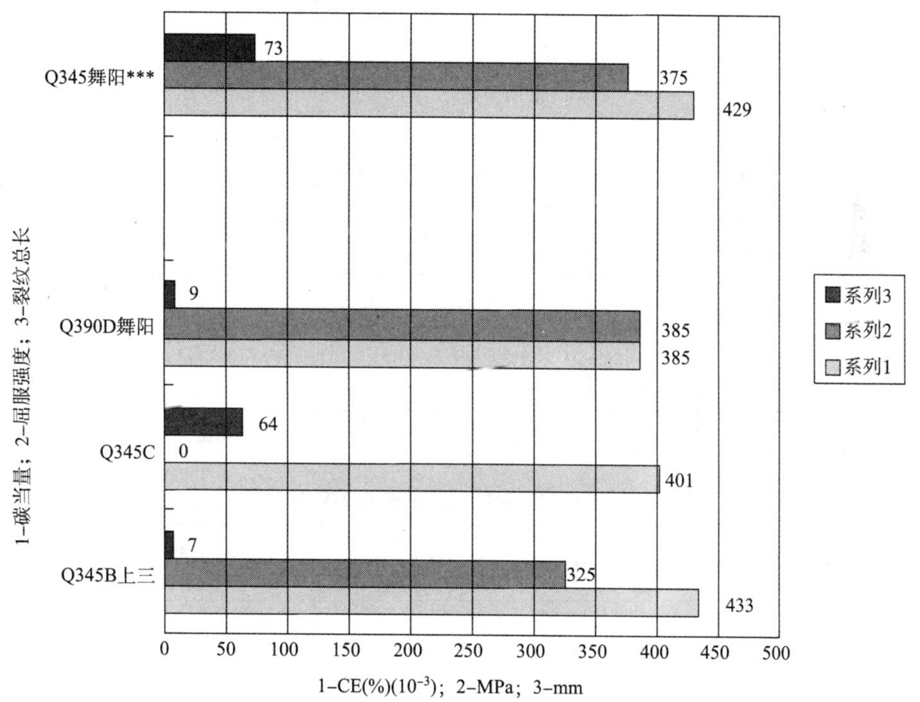

图 10　Q345、Q390 板厚 70mm，碳当量、屈服强度与 3 个试样裂纹总长（预热 80℃）
（*** 为板厚 90mm，预热 100℃）

试验用 Q460E 钢化学成分 **表 1**

C	Si	Mn	P	S	Cu	Ni	Mo	Nb	V	Cr	Ti	Al	N	备注
0.14	0.35	1.5	0.008	0.004	0.17	0.24	0.013	0.045	0.076	0.05	0.003	0.046	—	材质单
0.16	0.36	1.51	0.008	0.002	0.17	0.25	0.015	0.040	0.077	0.058	0.003	0.042	0.0022	复验

注：复验数据由国家建筑钢材质量监督检验中心提供。

材质单 $CE_{(IIW)}$=0.445%；复验 $CE_{(IIW)}$=0.456%

试验用 Q460E 钢力学性能 **表 2**

试件编号	屈服强度 σ_S (MPa)	抗拉强度 σ_b (MPa)	延伸率 δ (%)	Z 向断面收缩率 ψ (%)	侧弯 180° $d=3a$	备注
/	410	570	27	45，42，42	合格	材质单
A1	415	583	27.6	69	合格	供货状态全厚度拉伸复验

注：Z 向断面收缩率复验试件采用 ϕ10mm 的圆试棒。

试验用 Q460E 钢冲击韧性 **表 3**

序号	试验编号	冲击吸收功* (J)				冲击温度 (℃)	备注
		试验单值			平均值		
		202	197	168	189	−40	材质单
1	A4～A6	208	218	217	214	0	供货状态复验
2	A7～A9	170	214	231	205	−20	
3	A10～A12	158	164	154	159	−40	

注：* 取样方向为纵向。

BRA520C 钢材力学试验复验结果 **表 4**

母材		屈服强度 R_{el} (MPa)	抗拉强度 R_m (MPa)	伸长率 A (%)	屈强比	0℃冲击功 A_{kV} (J)	弯曲	Z 向性能 Z%
厚 30mm	标准值	420～550	520～680	≥20	≤0.83	≥47	#	/
	复验值	455	555	26.5	0.82	190，186，180	合格	/
厚 60mm	标准值	400～530	520～680	≥20	≤0.83	≥47	#	单个≥10%，平均值≥15%
	复验值	410	555	30.5	0.74	250，257，264	合格	67.5%/69.0%/66.5%

注：#弯曲试验要求：d=3a、α=180°；d：弯心直径；a：试样厚度；α：弯曲角度。

BRA520C 钢材成分试验复验结果 **表 5**

母材		C	Si	Mn	S	P	Ni	Cu	Cr	Al
厚 30mm	标准值	≤0.09	≤0.50	≤1.50	≤0.008	≤0.020	0.20～0.50	0.20～0.50	0.40～0.80	≥0.020
	复验值	0.07	0.26	1.18	0.001	0.009	0.33	0.37	0.52	0.042
厚 60mm	标准值	≤0.09	≤0.50	≤1.50	≤0.008	≤0.020	0.20～0.50	0.20～0.50	0.40～0.80	≥0.020
	复验值	0.07	0.26	1.18	0.001	0.012	0.32	0.37	0.49	0.043

BRA520C 钢材碳当量 **表 6**

母材		P_{cm}	P_{cm}
厚度	批号	要求值	计算值
30mm	0725280100	0.22	0.19
60mm	8A06305100	0.22	0.19

各钢种铁研试验板厚、预热温度与裂纹率统计汇总于表7。

各钢种铁研试验裂纹率 **表7**

钢号	组数（不同钢厂）	厚度（mm）	预热温度（℃）	裂纹率（%）*	备注
Q345（含GJ及D、C、B）	7	20	常温	4.8	
	6	30	常温	23.9	裂纹率稍高，规范仍可采用
	9	50	60	4.3	
	3	70	80	10.0	
	1	90	100	30.4	裂纹率太高，规范不予采用
Q390D	1	20	常温	14.2	
	1	35	60	0	
Q420D	1	62	120	0	
Q415NH BRA520C	1	30	60	100	裂纹率极高，规范不予采用
	1	30	80	8	
	2**	30	100	1.8	
	2**	60	80	33.5	裂纹率太高，规范不予采用
	1	60	100	0	
	2**	60	150	11.4	
Q460E	1	110	100	84.6	裂纹率极高，规范不予采用
		110	150	0	

注：*裂纹率=裂纹总长（mm）/组数×试样数3×焊缝长度80mm；**不同厂的低氢焊条。

2）最低预热温度的确定

在以上铁研试验裂纹率统计值约20%以下为预热温度基本判据的基础上，以焊接冷裂纹理论为指导，充分参考、对比国内外各规范的具体规定（见表8），编制了新的最低预热温度规定，见表9。

国外、国内各行业焊接最低预热温度规定 **表8**

规范、规程名称（焊接方法）	板厚（mm）	预热温度（℃）		板厚（mm）	预热温度（℃）	加热范围	测温位置
AWS D1.1-02\06（焊条电弧焊、实心及药芯焊丝气保焊、埋弧焊）		ASTM A572 Gr42\50\55 ASTM A36		ASTM A572 Gr60\65		焊缝两侧宽度各为施焊处板厚1.5倍以上，且不小于100mm	距离待焊起弧处各方向不小于75mm，宜在焊件反面检测
		低氢焊条埋弧、气保焊	非低氢焊条	低氢焊条、埋弧焊、气保焊			
	3～20	0℃	0℃	3～20	10℃		
	>20～38	10℃	65℃	>20～38	65℃		
	>38～65	65℃	110℃	>38～65	110℃		
	>65	110℃	150℃	>65	150℃		

续表

规范、规程名称（焊接方法）		板厚（mm）	预热温度（℃）	板厚（mm）	预热温度（℃）	加热范围	测温位置
《钢制压力容器焊接规程》JB/T 4709	-2000	16Mn、15MnV		20g		焊缝两侧宽度各为施焊处板厚3倍以上且不小于100mm	/
		30～50	≥100℃	30～50	≥50℃		
		>50	≥150℃	>50～100	≥100℃		
				>100	≥150℃		
	-2007	20g、20R、Q235、16Mn、16MnR、15MnVR…				/	板厚小于50mm时，于焊缝两侧宽度为各板厚4倍以上，且不小于50mm。板厚大于50mm时为75mm
		≤25	10℃				
		>25	≥80℃				
《北京市城市桥梁工程施工技术规程》DBJ 01-46-2001（定位焊、手弧焊、埋弧焊）		16Mn				焊缝两侧宽度50～80mm	/
		15～32	80～120℃				
《公路桥涵施工技术规程》JTJ 041-2000（定位焊、手弧焊、埋弧焊）		高强度低合金钢		碳素结构钢		焊缝两侧宽度50～80mm	/
		25以上	80～120℃	50mm以上	未规定		/
《铁路钢桥制造规范》TB 10212-98		由焊接性试验及工艺评定确定				/	/
《建筑钢结构焊接技术规程》JGJ 81-2002（焊条电弧焊、实心及药芯焊丝气保焊、埋弧焊）		Q345		Q235		焊缝两侧宽度各为施焊处板厚1.5倍以上，且不小于100mm	距离待焊起弧处各方向不小于75mm，宜在焊件反面测量
		>25～40	60℃	>25～40	/		
		>40～60	80℃	>40～60	60℃		
		>60～80	100℃	>60～80	80℃		
		>80	140℃	>80mm	100℃		

常用结构钢材采用中等热输入焊接时最低预热温度要求（℃） **表9**

钢材类别	接头最厚部件的板厚 t（mm）				
	$t\leq20$	$20<t\leq40$	$40<t\leq60$	$60<t\leq80$	$t>80$
Ⅰ[a]	—	—	40	50	80
Ⅱ	—	20	60	80	100
Ⅲ	20	60	80	100	120
Ⅳ[b]	20	80	100	120	150

注：1. 中等热输入指焊接热输入约为15～25kJ/cm，热输入每增大5kJ/cm，预热温度可降低20℃；

2. 当采用非低氢焊接材料或焊接方法焊接时，预热温度应比该表规定的温度提高20℃；

3. 当母材施焊处温度低于0℃时，应根据焊接作业环境、母材牌号及板厚的具体情况将表中母材预热温度适当增加，且应在焊接过程中保持这一最低道间温度；

4. 焊接接头板厚不同时，应按接头中较厚板的板厚选择最低预热温度和道间温度；

5. 焊接接头材质不同时，应按接头中较高强度、较高碳当量的钢材选择最低预热温度；

6. 本表各值不适用于供货状态为调质处理的钢材；控轧控冷（热机械轧制）钢材最低预热温度可下降的数值由试验确定；

7. "—"表示焊接环境在0℃以上时，可不采取预热措施。

a. 铸钢除外，Ⅰ类钢中的铸钢预热温度可参照Ⅱ类钢材的要求；

b. 仅限于Q460、Q460GJ钢材。

3）表 9 编写的依据说明

钢材类别相对于《建筑钢结构焊接技术规程》JGJ81－2002 的主要变化是扩充钢材强度等级至Ⅲ（Q420、Q420GJ）、Ⅳ级（Q460、Q460GJ），并根据目前国内钢材质量情况和近年来工程实践经验适当降低最低预热温度要求。其编写的依据说明如下：

①钢材分类与钢号的对应（规范第 4 章）

Ⅳ类：含 Q460、Q460GJ（标称屈服强度＞420MPa）；

Ⅲ类：含 Q390、Q390GJ、Q420、Q420GJ、Q415NH

（标称屈服强度＞370MPa 且≤420MPa）；

Ⅱ类：含 Q345、Q345GJ（标称屈服强度＞295MPa 且≤370MPa）；

Ⅰ类：含 Q235（标称屈服强度≤295MPa）

国内钢材标准对不同强度等级钢材碳当量上限规定的级差，GJ 钢为 0.03％，

非 GJ 钢为 0.01％（热轧）～0.02％（厚度 63mm 以上，Q460、Q420，正火）。

编制组随机取得的不同强度等级钢材碳当量比较列于图 11，由于这些结构钢都属于 Nb 强化的热轧和正火钢，碳当量宜采用 $CE_{(IIW)}$（％）作计算。仅 Q415NH（BRA520C）为低碳微合金结构钢，采用 P_{cm} 计算。

从图 11 中可见，Q390 与 Q420 厚板（70～130mm）碳当量基本相当，据此对 Q390、Q390GJ、与 Q420、Q420GJ 列为一类，其预热温度作相同规定可能是比较保守，但是比较稳妥的。

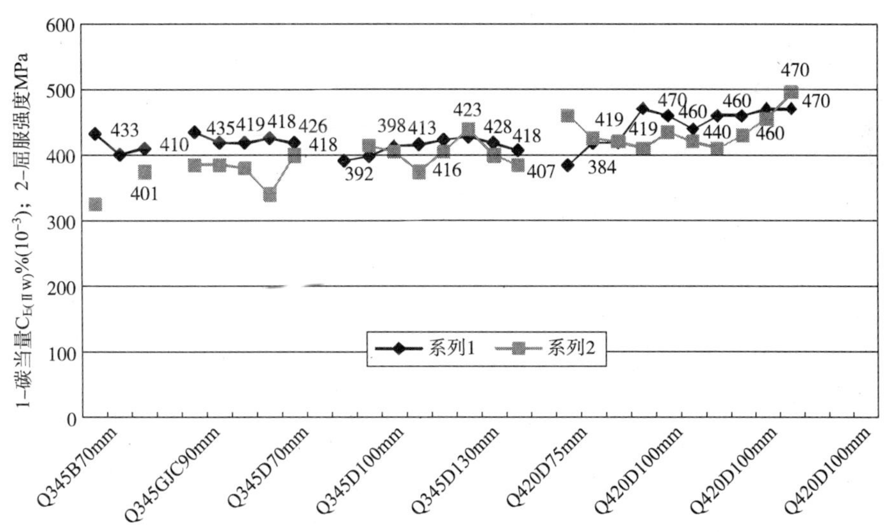

图 11　各钢号碳当量及屈服强度（板厚 70～130mm）

②钢材厚度每递增 20mm，预热温度基本增加 20℃，板厚 80mm 以上预热温度不再提高，这与 BS EN1011－2：2001（见图 4）基本一致，与 AWS D1.1－2006 规定的厚度 60mm 以下每递增 20mm 增幅 55℃相比，似乎要求预热温度较低。但由于 ASTM A572 钢无厚度效应，同样厚度同强度级别情况下，实际强度比国内钢材高，可以认为前者的规定是合理的。

③Ⅲ、Ⅳ类钢规定只在常温下焊接。厚度 20mm 以上预热温度起点稍高（60℃、80℃），对于 Q420GJ、Q460GJ 是必需的。

④预热温度最高 150℃，与 AWS D1.1－2006 基本一致。

⑤预热温度与《公路桥涵施工技术规程》JTJ 041－2000 及《北京市城市桥梁工程施工技术规程》DBJ 01－46－2001 的规定：高强度低合金钢 25mm 以上，预热 80～120℃相比很接近。与《钢制压力容器焊接规程》JB/T 4709－2007 对碳钢和低合金钢不予区分的笼统规定：20g、20R、Q235、16Mn、16MnR、15MnVR 均为板厚≤25mm，预热温度 10℃；板厚＞25mm，预热温度≥80℃相比，则板厚从 25～60mm 范围内差别稍大。

⑥加热范围及测温点位置对焊接预热温度实际值有直接影响，如不明确规定则预热温度无可比性，该规范规定与美国《钢结构焊接规范》AWS D1.1－2006 一致。

5 结束语

通过斜 Y 坡口裂纹试验，以各钢种、板厚采用的预热温度对应裂纹率统计值约 20％以下为判据，以焊接冷裂纹理论为指导，充分参考、对比国内外各规范的具体规定，并根据目前国内钢材质量情况和近年来工程实践经验编制了新的最低预热温度规定。

该规定符合国情，并能与国内相关专业、行业现行规范的规定大体一致，对国内钢结构施工有重要的指导作用。

钢结构工程冬季焊接施工的难点、技术与安全

——国内外各行业施工规范对最低施焊温度的规定

周文瑛
（国家钢结构工程技术研究中心）

摘　要：在冬季低温环境下施焊将使接头冷却速度加快，热影响区脆化，焊接裂纹敏感性加剧，防止裂纹产生的技术措施主要为提高焊前预热温度及焊后加热保温以减缓冷却速度（亦即控制 $\Delta t_{8/5}$），其他各项要求如坡口表面除锈、清洁、去潮及焊材的含氢量、烘干、防潮保存也比常温焊接时更为严格。参考国内外各行业施工规范规定并依据近年来国内各工程低温焊接试验结果，在《钢结构焊接规范》制定时，规定了低温焊接的最低施工温度（表 1、表 2）。

关键词：环境温度　低温焊接　保温棚　预热　后热

1　冬季焊接技术难点

目前钢结构工程中已普遍、大量使用了以 Q345 为代表的低合金高强度钢，在一些重点工程中，由于荷载较高或结构形式特异、受力复杂，已使用了强度更高的 Q390 \ Q390GJ、Q420 \ Q420GJ、Q460 \ Q460GJ 钢材，而且板厚达到 50～150mm，这类钢材在常温下焊接施工的裂纹敏感性已较大，在厚板和节点复杂、拘束应力较大的情况下焊接难度更大，技术上要求更严格。低合金高强度钢厚板的主要质量控制点为焊接冷却过程中的冷却速度，特别是 500～800℃区间内的冷却速度（以冷却时间 $\Delta t_{8/5}$表示），冷却速度太快将使焊缝和热影响区产生马氏体脆性组织，冷却速度太慢将使热影响区过热而产生粗大脆性的侧板条铁素体组织，在较大焊接应力的作用下易于在焊后立即或延迟产生裂纹。在冬季低温环境下施焊将使冷却速度加快，热影响区脆化，焊接裂纹敏感性加剧，对防止裂纹产生的技术措施主要为提高焊前预热温度及焊后加热保温以减缓冷却速度（亦即控制 $\Delta t_{8/5}$），其他方面的各项要求如坡口表面除锈、清洁、去潮及焊材的含氢量、烘干、防潮保存也比常温焊接时更为严格。

焊工这一特殊工种的操作质量受焊工身体、精神状态影响较大，负温环境下天寒地滑，焊接质量不易保证，且安全防护要求较高，在这方面也应有更高的要求。

2　冬季焊接一般技术与管理措施

2.1　低温焊接温度的规定

国外、国内各行业施工规范均规定了低温焊接的最低施工温度（表 1），以保证施工质

量和结构安全性，但规定很不一致。如 AWS D1.1（美）规定为－18℃，但在常温以下施焊应预热至常温。JASS6（日）规定为－5℃，但在－5～5℃施焊应对接头 100mm 范围内加热。BS 5135（英）规定为 0℃，低于此规定温度施焊应采取特殊的施工措施。《建筑工程冬期施工规程》JGJ 104－1997 规定低温焊接低合金钢最低施工温度为－26℃，低碳钢为－30℃，并对预热温度作了规定，即按钢种规定一定板厚以下预热 36℃（实际上只是对环境温度的补偿），超过该板厚预热 100～150℃。《铁路钢桥制造规范》TB 10212－98、《公路桥涵施工技术规程》JTJ 041－2000 及《北京市城市桥梁工程施工技术规程》DBJ 01－46－2001 规定焊接低合金钢的环境温度不应低于 5℃，焊接普通碳素钢不应低于 0℃。《钢制压力容器焊接规程》JB/T 4709－2007 规定焊接环境温度不应低于－18℃，低于该温度应在始焊处 100mm 范围内预热到 15℃以上。

《建筑钢结构焊接技术规程》JGJ 81－2002 规程规定：焊接作业区环境温度低于 0℃时，应将构件焊接区各方向大于或等于二倍钢板厚度且不小于 100mm 范围内的母材，加热到 20℃以上后方可施焊，且在焊接过程中均不应低于这一温度。这主要是考虑国内大型、复杂、重要的建筑钢结构工程越来越多，而负温下施工缺乏经验，规程不宜放得太宽，更要求 0℃以下施工时应根据使用的钢材、焊材、工艺方法，制定适当的预热、后热、保温措施，通过低温试验确认焊接接头的安全性。《建筑钢结构焊接技术规程》JGJ 81－2002 规程执行以来，京津地区的工程项目进行过大量－5～－20℃低温焊接试验并已按照母材的质量等级评定合格（见表 2），综合大量试验结果及工程施工实践证明在 0～－20℃环境温度时，所试验钢材强度级别高至 420MPa，厚度达 125mm，质量等级由 B 级高达 D 级，如采取一定预热、保温或后热措施，其焊接接头性能符合规程要求。相关的试验结果应该可以在目前的工程中参考应用。据此，《钢结构焊接规范》制定时，不再要求 0℃以下施工的各工程项目都要进行低温焊接试验，仅规定焊接环境温度低于－10℃时，必须进行相应焊接环境下的工艺评定试验。焊接环境温度低于 0℃但不低于－10℃时，应采取加热或防护措施，确保接头焊接处各方向大于等于 2 倍板厚且不小于 100mm 范围内的母材温度不低于 20℃或规定的最低预热温度（二者取高值），且在焊接过程中不应低于这一温度。

低温焊接施工的温度限制是指实际焊接操作时间及工位处的环境温度，或指焊件的温度，并非指本市气象报告的温度，更不是指某一时段的平均温度。在早晨，由于受夜间冷气温影响，钢构件实际温度有可能低于当时、当地的环境温度，应要加以注意。

2.2 对钢材的规定

结构钢材的质量等级宜符合 C 级钢即具有 0℃冲击韧性的要求，至少应符合 B 级钢即具有常温冲击韧性的要求，同时焊材的选配应达到相应要求。

《建筑工程冬期施工规程》JGJ 104－97 中 10.2.2 条规定 Q235 钢材应具有－20℃冲击保证值，其他强度更高的钢材应具有－40℃冲击保证值。显然钢材本身的韧性对焊接裂纹的防止是很重要的，但目前几乎所有工程项目都不符合此规定。《建筑钢结构焊接技术规程》JGJ 81－2002 对此未作规定，仅要求做试验。

铸钢件低温焊接时材质必须符合《焊接结构用碳素钢铸件》的要求，在负温下焊接尚应有负温冲击韧性保证值。

鉴于 Q420 以上高强度各质量等级钢材低温试验数据较少更缺乏工程低温施焊实践，

节点连接复杂而难以搭设局部保温棚或整体保温棚，由于工期确实需要必须在负温下施焊时，应根据钢材成分及性能、节点形式和板厚、焊接方法和焊接材料以及施焊环境温度，通过试验确定预热和后热具体参数。有关定位焊和禁止随意击弧的规定更应严格执行。

2.3 对焊材的要求

根据《建筑工程冬期施工规程》JGJ 104－97 中 10.2.2 条及《建筑钢结构焊接技术规程》JGJ 81－02 规定，必须采用低氢焊接材料，如手工电弧焊需用冲击韧性高于母材韧性值的碱性焊条（EXX15G、E5XX16G），二氧化碳气保焊也需用冲击韧性高于母材的焊丝（ERXX－6 或 2/G）并选用高纯度气体（纯度达到 99.9％，含水量不高于 0.005％）。负温时气瓶必须置于零度以上的棚内，保证液态二氧化碳的气化。气体纯度达不到要求时必须提高预热温度和后热，才能保证接头的质量和结构安全。焊条烘干后在露天放置时间不宜超过 2h，烘烤次数不宜超过两次（常温时为三次）。

2.4 对焊接工艺的要求

低温焊接应采取比常温焊接时更为严格的焊前预热措施，如提高预热温度和扩大加热范围至 2 倍板厚（常温时为 1.5 倍板厚），并在焊后立即用防火岩棉覆盖或包裹，意在抵消环境温度低使冷却速度加快的不利影响，防止内在和表面裂纹的产生。长焊缝不能及时连续施焊下一道焊缝时要随时覆盖已焊而未完成的焊道。必要时在特厚板和节点拘束应力较大的情况下采取焊后立即加热（250～300℃）并根据板厚定时保温处理的措施，可以达到去氢和减缓冷却速度的效果。

一般 Q235 及 Q345 钢在规程规定的一定板厚范围内，在 0℃以上焊接时不须预热，但在低温焊接时至少需烘烤钢材至 20～30℃，以补偿冷却速度的加快，同时去除钢材表面的凝结的水分。为防止夜间钢材蓄冷后未充分与白天气温平衡而使构件实际温度低于环境温度，必要时须扩大预热的板厚范围。

低温焊接时，定位焊的预热温度应比常温时约高 20℃，当定位焊焊缝出现气孔或裂纹时，应清除后重焊，不能企图在随后焊道施焊时将其熔化，以免裂纹扩展。不论何种钢材，低温下随意在钢构件上击弧都是应禁止的。焊接层间温度与预热温度相同，应特别指派专人及时频繁检测加强控制。雪天焊接时应有防护棚遮蔽，严格避免雪花飘落在热的焊缝上使其骤冷。

在负温焊接时，如提高预热温度和采取后热措施有困难，在节点四周搭设专门的保温棚并利用适当的取暖措施保持棚内正温，是避免焊接裂纹产生保证接头性能的有效措施。

2.5 对焊工的要求

《建筑工程冬期施工规程》JGJ 104－97 规定参加负温焊接施工的焊工应经过负温焊接工艺培训，考试合格，取得相应的合格证，方能参加负温焊接施工。由于低温环境对焊工的生理、心理、操作技术发挥都会产生负面影响，在进入负温环境的初期必须对已持证焊工集中进行适应性培训。以往的试验结果已经发现，低温焊接质量有所下降，UT 检查合格率较低，加强培训才能减少焊接缺陷提高焊缝 UT 检查合格率。对焊缝检测的要求：常温焊接要求按比例抽检的，建议低温焊接时应增加抽检比例。

2.6 对施工安全设施的要求

焊接操作平台、马道、吊篮等均应注意清除雪、水，并有防止人员滑倒的措施。焊工和其他辅助人员要配备防寒服装。应该充分认识到低温焊接施工在安全保障方面的难度是很大的，必须有充分的措施保证。

国内外各行业规程对低温焊接最低施工温度的规定　　表1

规范、规程名称	低合金钢	低碳钢	常温下至低温限值以上的措施/低温焊接措施
AWS D1.1（美）	−18℃	/	不需预热的钢材和板厚在常温以下施焊应预热至常温。18℃以下施焊时设防护棚或加热
JASS6（日）	−5℃	/	在−5～5℃施焊应对接头100mm范围内加热
BS 5135（英）	0℃	/	/
《钢制压力容器焊接规程》JB/T 4709-2007	−18℃	/	焊件温度0～−18℃时在始焊处100mm范围预热到15℃以上。低温焊接采取有效防护措施
《建筑工程冬期施工规程》JGJ 104-97	−26℃	−30℃	钢材应有相应温度的冲击韧性保证值，并根据钢材牌号及板厚预热36～150℃； 要求焊工经低温焊接培训
《北京市城市桥梁工程施工技术规程》DBJ01-46-2001 《公路桥涵施工技术规程》JTJ041-2000 《铁路钢桥制造规范》TB 10212-98	5℃	0℃	/
《建筑钢结构焊接技术规程》JGJ 81-2002	0℃	/	0℃以下施焊： 提高预热温度20～30℃； 扩大预热范围至2倍板厚； 焊后立即用岩棉保温，特厚板复杂节点应后热； 设防护棚
《钢结构焊接规范》GB 50661	−10℃	/	焊接环境温度低于0℃但不低于−10℃时，应采取加热或防护措施，确保接头焊接处各方向大于等于2倍板厚且不小于100mm范围内的母材温度不低于20℃或规定的最低预热温度（二者取高值）。 焊接环境温度低于−10℃时，必须进行相应焊接环境下的工艺评定试验

京津地区工程−5～−20℃低温焊接试验并评定合格的参数　　表2

工程名称	试验钢材牌号	厚度（mm）	施焊环境温度（℃）	对接焊接位置	预热温度（℃）	焊材牌号	后热条件
京城大厦	SM50A	32	−10	F	110～120	LB52A	仅保温缓冷
	SM50A	32	−20	F		MG50	
	SM53B	50	−20	H	150	MG50	
城建大厦	Q345C-Z16	50	−19～−10	H	140	JM56	200℃
	Q345B	40	−8	H	120		
LG大厦	A572Z15，C级	48	−8～−12*	H	100	JM56	仅保温
	A572Z15，C级	48	−5**	H	100		无保温
	A572+Q345C	30	−10	F	80		仅保温
	Q345+Q345	12	−10	V（T形）	50～80	E5015	无保温
新保利大厦	ASTM A913 Gr60 +Q 345GJC	42+40	−16	F	75	JM58	仅保温缓冷
		48+14	−15	V	100	JM60	
	ASTM A913 Gr60	125	−17	H	100	JM60	
	ASTM A913 Gr60	54	−17	F	100	JM58	
	Q 345GJC	125	−16	H	160	JM56	后热100℃， 保温80min
	ASTM A913 Gr60	68	−15	H	100		
中关村金融中心	Q 345GJC Q 345C	28 24	−14	F\H V***（T形）	100	JM56	仅保温 缓冷
国家游泳中心	Q420C（热轧）	24	−13	F\H\V\O	120	E5515	250℃
		24		F\V	120	ER55D2	
	Q420C （TMCP）	40		F\V\O	150	E5515	
		40		F\V	150	ER55D2	
	Q420C（TMCP）	52.5		F\V\O	170	E5515	
		52.5		F\V	170	ER55D2	
国家体育场	Q 345GJ D	60	−10±5	H\V\O H\V H\V	80	CHE507 JM58\56 THE711	仅保温 缓冷
	Q 345D	20		H\V\O H\V H\V	/	CHE507 JM58\56 THE711	
中央电视台	Q420D Q460E	75	−10		～100	CHW60C	保温℃ 缓冷
天津津塔	Q390GJD	60	−10	H	120	ER50-6	250～300℃， 1.5h

注：* 为棚内温度，棚外环境温度为−17～−20℃。0℃冲击不合格；

** 为棚内温度，棚外环境温度为−16～−18℃；*** 0℃冲击不合格。

综合大量试验结果证明在0～−20℃环境温度时，试验钢材强度级别高至420MPa，厚度达125mm，质量等级由B级高达D级，如采取一定预热、保温或后热措施，其焊接接头性能可以符合规范要求。

低温焊接的相关试验结果可供今后工程参考。

国内外相关钢焊缝超声波检验标准的对比探讨

朱爱希　段　斌　徐敬岗　傅彦青
（中冶集团建筑研究总院）

摘　要：本文从理论计算和实际测量两方面对 GB/T11345－89《钢焊缝手工超声波探伤方法和探伤结果分级》标准与国内外其他钢焊缝超声波探伤标准的检测灵敏度和检测结果之间进行综合比较，分析其差别。

关键词：超声波探伤　检测灵敏度　检验标准

1　前言

20 世纪 30 年代，俄国和德国科学家提出了使用超声波进行无损检测应用的可能性；美国 40 年代开发使用超声波探伤仪；我国起步较晚，从 60 年代开始应用超声波进行无损检测，80 年代以后，超声波探伤在航空航天、电力、交通、石油化工、机械、建筑钢结构、压力容器等各个行业得到了广泛的应用，同时也制定了相应的检验标准。目前在国内针对钢焊缝超声波检测的标准主要有：《钢焊缝手工超声波探伤方法和探伤结果分级》GB/T 11345－89、《承压设备无损检测》JB/T4730－2005、《船舶钢焊缝手工超声波探伤工艺和质量分级》CB/T3559－94、《铁路钢桥制造规范》TB10212－2009、《公路桥涵施工技术规范》JTJ041－2000、《起重机械无损检测钢焊缝超声检测》JB/T10559－2006 等；国外发达国家的超声波检验标准有 AWS D1.1/D1.1M：2006、EN 1712：1997、EN 1714：1997 及 JIS Z 3060－2002 标准。本文主要以《钢焊缝手工超声波探伤方法和探伤结果分级》GB/T11345－89 标准的检测灵敏度为基准，分析其他各检验标准的检测灵敏度与《钢焊缝手工超声波探伤方法和探伤结果分级》GB/T11345－89 标准检测灵敏度及检测结果质量评定之间的差异。

2　相关钢焊缝超声波检测标准检测灵敏度的比较

2.1　各标准的检测灵敏度

（1）《钢焊缝手工超声波探伤方法和探伤结果分级》GB/T11345－89B 级距离—波幅曲线的灵敏度见表 1。

（2）《钢制承压设备对接焊接接头超声波检测和分级》JB/T4730.3－2005 壁厚为 6～120mm 的焊接接头，其距离—波幅曲线的灵敏度按表 2 的规定。

距离—波幅曲线　**表 1**

厚度（mm）	判废线（dB）	定量线（dB）	评定线（dB）
8～300	ϕ3×40－4	ϕ3×40－10	ϕ3×40－16

距离—波幅曲线　**表 2**

试块形式	板厚（mm）	评定线（dB）	定量线（dB）	判废线（dB）
CSK－ⅡA	6～46	ϕ2×40－18	ϕ2×40－12	ϕ2×40－4
	＞46～120	ϕ2×40－14	ϕ2×40－8	ϕ2×40＋2
CSK－ⅢA	8～15	ϕ1×6－12	ϕ1×6－6	ϕ1×6＋2
	＞15～46	ϕ1×6－9	ϕ1×6－3	ϕ1×6＋5
	＞46～120	ϕ1×6－6	ϕ1×6	ϕ1×6＋10

（3）《船舶钢焊缝手工超声波探伤工艺和质量分级》CB/T3559—94 中根据被检焊缝母材厚度不同，距离—波幅曲线簇的灵敏度见表 3。

距离—波幅曲线　**表 3**

母材厚度 t（mm）	ARL 线（判废线）（dB）	DRL 线（测长区分线）（dB）	MRL 线（测长线）（dB）
≤50	ϕ3×40	ϕ3×40－10	ϕ3×40－16
＞50	ϕ3×40＋2	ϕ3×40－6	ϕ3×40－12

（4）《铁路钢桥制造规范》TB10212—2009 和《公路桥涵施工技术规范》JTJ041—2000 对接焊缝检测距离—波幅曲线见表 4。

距离—波幅曲线　**表 4**

焊缝质量等级	板厚（mm）	判废线（dB）	定量线（dB）	评定线（dB）
对接焊缝Ⅰ、Ⅱ级	10～46	ϕ3×40－6	ϕ3×40－14	ϕ3×40－20
	＞46～56	ϕ3×40－2	ϕ3×40－10	ϕ3×40－16

（5）《起重机械无损检测　钢焊缝超声检测》JB/T10559－2006 的距离—波幅曲线见表 5。

距离—波幅曲线　**表 5**

母材厚度 t（mm）	评定等级	判废线（dB）	定量线 A（dB）	定量线 B（dB）	评定线（dB）
6≤t≤20	1	ϕ3×40－10	ϕ3×40－14		ϕ3×40－18
20＜t≤38	1	ϕ3×40－8	ϕ3×40－10	ϕ3×40－12	ϕ3×40－16
38＜t≤65	1	ϕ3×40－4	ϕ3×40－6	ϕ3×40－8	ϕ3×40－14
65＜t≤100	1	ϕ3×40	ϕ3×40－2	ϕ3×40－4	ϕ3×40－10

（6）美国 AWS D1.1/D1.1M：2006《钢结构焊接规范》：

①基准当量：均以ⅡW 试块上 ϕ1.5mm 为基准，作为基准当量。

②评定当量：根据检测对象的受载状况来确定评定当量见表 6、表 7。

静载荷及周期载荷中受压非管材连接焊缝评定当量 **表 6**

当量等级	8≤t≤20	20≤t≤38	38<t≤65			65<t≤100		
	70°	70°	70°	60°	45°	70°	60°	45°
A级	≤+5	≤+2	≤−2	≤+1	≤+3	≤−5	≤−2	≤0
B级	+6	+3	−10	+2+3	+4+5	−4−3	−10	+1+2
C级	+7	+4	+1+2	+4+5	+6+7	+2+2	+1+2	+3+4
D级	≥+8	≥+5	≥+3	≥+6	≥+8	≥+3	≥+3	≥+5

注：t 为母材厚度。

周期载荷中受拉非管材连接焊缝评定当量 **表 7**

当量等级	8≤t≤20	20≤t≤38	38<t≤65			65<t≤100		
	70°	70°	70°	60°	45°	70°	60°	45°
A级	≤+10	≤+8	≤+4	≤+7	≤+9	≤+1	≤+4	≤+6
B级	+11	+9	+5+6	+8+9	+10+11	+2+3	+5+6	+7+8
C级	+12	+10	+7+8	+10+11	+12+13	+4+5	+7+8	+9+10
D级	≥+13	≥+11	≥+9	≥+12	≥+14	≥+6	≥+9	≥+11

注：t 为母材厚度。

（7）《钢焊缝的超声波探伤方法及检验结果的等级分类方法》JIS Z 3060—2002 探伤灵敏度调整见表 8。

H、M、L 线的划分 **表 8**

厚度	H 线（dB）	M 线（dB）	L 线（dB）
6～80mm	ϕ3×40	ϕ3×40−6	ϕ3×40−12

（8）EN 1712：1997 规定了它的判废线、评定线、记录线见表 9。

EN 1712：1997 的判废线、评定线、记录线 **表 9**

方法	厚度（mm）	判废线（dB）	评定线（dB）	记录线（dB）验收级别 2	记录线（dB）验收级别 3
方法 1	8～15	ϕ3×40	ϕ3×40−10	ϕ3×40−6	—
	15～100	ϕ3×40+4	ϕ3×40−10	ϕ3×40−6	ϕ3×40−2

2.2 理论计算不同基准反射体之间的 dB 值比较

当声程 $X>3N$ 时，在远声场中可以通过数字运算求出横孔形缺陷的超声返回信号幅值的公式：

$$H_f=K_1P_0\frac{2\pi}{\lambda x}\sqrt{\frac{r}{x+r}}\times\sqrt{C\ (a')^2+S\ (a')^2}\times\sqrt{C\ (b')^2+S\ (b')^2} \quad (1)$$

式中 K_1——定量系数，与探头的具体尺寸有关；

P_0——初始声压；

r——圆柱形缺陷（横孔）的半径；

$C(a')$、$S(a')$、$C(b')$、$S(b')$ ——菲涅耳积分；

a'、b'——菲涅耳积分的变数。

$$a'=\sqrt{\frac{2\pi r\ (x+r)}{\lambda x}} \tag{2}$$

$$b'=\sqrt{\frac{2\pi}{\lambda x}}\times\frac{l}{2} \tag{3}$$

式中 l——横孔长度；

x——声源至缺陷的距离；

λ——波长。

当 $r\geqslant\frac{\lambda}{2\pi}$、$l\geqslant2\sqrt{\frac{\lambda x}{2\pi}}$时，缺陷横孔为粗长横孔，式（1）可简化成：

$$H_f=K_1P_0\frac{\pi}{\lambda x}\sqrt{\frac{r}{x+r}} \tag{4}$$

当 $r\geqslant\frac{\lambda}{2\pi}$、$l<2\sqrt{\frac{\lambda x}{2\pi}}$时，缺陷横孔为粗短横孔，式（1）可简化成：

$$H_f=K_1P_0\frac{\sqrt{2}}{2}\left(\frac{\pi}{\lambda x}\right)^{\frac{3}{2}}\times\sqrt{\frac{r}{x+r}}\times l \tag{5}$$

利用式（4）可以得出相同孔径不同声程的长横孔分贝差值：

$$r\infty x,\ \Delta dB=30\log\frac{x_2}{x_1} \tag{6}$$

同样利用式（4）可以得出不同孔径相同声程的长横孔分贝差值：

$$\Delta dB=10\log\frac{r_1}{r_2} \tag{7}$$

利用式（4）和式（5）可以得出同声程时长横孔与短横孔之间的分贝差值，$r\infty x$ 时：

$$\Delta dB=10\log\frac{r_1}{r_2}+10\log\frac{x}{l^2}+10\log\frac{2\lambda}{\pi} \tag{8}$$

利用上述公式计算出各种孔径和深度的当量反射差值数据见表 10。

反射体反射当量理论差值 **表 10**

反射体 \ dB \ 深度	10	20	30	40	50	60	70	80	90	100	平均值
ϕ3×40	—	0.0	−5.3	−9.0	−11.9	−14.3	−16.3	−18.0	−19.5	−20.9	−12.8
ϕ2×40	—	−1.8	−7.0	−10.8	−13.7	−16.1	−18.0	−19.8	−21.3	−22.7	−14.6
ϕ1.5×40	—	−3.0	−8.3	−12.0	−14.9	−17.3	−19.3	−21.0	−22.5	−23.9	−15.8
ϕ1×6	—	−5.7	−12.8	−17.7	−21.6	−24.8	−27.4	−29.7	−31.7	−33.6	−22.8

注：以上数据以 2.5P9×9K2.5 计算所得。

2.3 试验所得不同基准反射体之间的 dB 值比较

实际测试用试块人工反射体当量分别为：ϕ3×40、ϕ2×40、ϕ1×6、ϕ1.5×40，测试时所选用探头型号如表 11 所示。横波在钢中的近场长度 $N'=N-L_2$，即 $N'=\frac{F_S}{\pi\lambda_{S2}}\times\frac{\cos\beta}{\cos\alpha}-$

$L_1\frac{tg\alpha}{tg\beta}$，$N=\frac{F_S}{\pi\lambda_{S2}}\times\frac{COS\beta}{COS\alpha}$，计算时 L_2 统一取 5mm。测试时采用 *CTS*－2000 型超声波探伤仪，以机油作为耦合剂，仪器各项性能指标均符合标准要求。实际测试时，在相同条件下，以 ϕ3×40 深度为 10mm 的人工反射体的反射当量为基准值（0），其他不同规格不同深度的人工反射体的反射当量与基准值（0）的差值如表 12 所示。

测试用探头及参数　　表 11

探头型号	2.5P9×9K1.5	2.5P10×12K2	2.5P9×9K2.5
K 值	1.5	2	2.5
晶片实际面积（mm^2）	81	120	81
晶片有效面积（mm^2）	63	82	49
$\cos\beta/\cos\alpha$	0.78	0.68	0.6
$tg\alpha/tg\beta$	0.66	0.58	0.5
近场长度 *N*′（mm）	11	15	7

反射体反射当量实测差值　　表 12

深度 / dB / 反射体	10	20	30	40	50	60	70	80	90	100	平均值
ϕ3×40	0.0	−6.7	−12.1	−16	−19.5	−22.2	−24.4	−26.5	−28.2	−30.0	−18.6
ϕ2×40	−2.5	−8.8	−14.0	−18.0	−21.4	−24.2	−26.5	−28.3	30.4	−32.9	−20.7
ϕ1×6	−7.6	−13.5	−19.6	−24.5	−28.8	−31.5	−35.1	−37.5	−40.0	−42.2	−28.3
ϕ1.5×40	−3.2	−10.3	−15.9	−19.5	−23.1	−25.4	−27.9	−30.0	−31.5	−33.9	−22.1

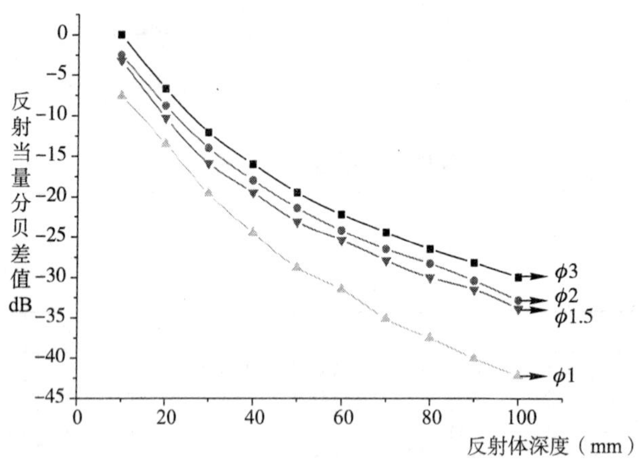

图 1　不同反射体不同深度反射当量的差值图示

相关标准判废当量线的实测数据　　表 13

深度（mm）	10	20	30	40	50	60	70	80	90	100	平均值
GB/T11345（B）8～300	−4.0	−10.7	−16.1	−20.0	−23.5	−26.2	−28.4	−30.5	−32.2	−34.0	−22.6
9JB/T4730（ⅡA）6～46	−6.5	−12.8	−18.0	−22.0	−25.4	−28.2	−30.5	−32.3	−34.4	−36.9	−24.7
JB/T4730（ⅡA）46～120	−0.5	−6.8	−12.0	−16.0	−19.4	−22.2	−24.5	−26.3	−28.4	−30.9	−18.7

续表

深度（mm）	10	20	30	40	50	60	70	80	90	100	平均值
JB/T4730（ⅢA）8～15	−5.6	−11.5	−17.6	−22.5	−26.8	−29.5	−33.1	−35.5	−38.0	−40.2	−26.3
JB/T4730（ⅢA）15～46	−2.6	−8.5	−14.6	−19.5	−23.8	−26.5	−30.1	−32.5	−35.0	−37.2	−23.3
JB/T4730（ⅢA）46～120	+2.4	−3.5	−9.6	−14.5	−15.8	−21.5	−25.1	−27.5	−30.0	−32.2	−18.3
JTJ041（Ⅰ、Ⅱ）10～46	−6.0	−12.7	−18.1	−22.0	−25.5	−28.2	−30.4	−32.5	−34.2	−36.0	−24.6
JTJ041（Ⅰ、Ⅱ）46～56	−2.0	−8.7	−14.1	−18.0	−21.5	−24.2	−26.4	−28.5	−30.2	−32.0	−20.6
CB3559 6～50	0.0	−6.7	−12.1	−16.0	−19.5	−22.2	−24.4	−26.5	−28.2	−30.0	−18.6
CB3559 50～100	+2	−4.7	−10.1	−14.0	−17.5	20.2	22.4	−24.5	−26.2	−28.0	−16.6
JIS Z 3060（H线）6～80	0	−6.7	−12.1	−16.0	−19.5	−22.2	−24.4	−26.5	−28.2	−30.0	−18.6
EN1712（参考线）8～15	0	−6.7	−12.1	−16.0	−19.5	−22.2	−24.4	−26.5	−28.2	−30.0	−18.6
EN1712（参考线）15～100	+4.0	−2.7	−8.1	−12.0	−15.5	−18.2	−20.4	−22.5	−24.2	−26.0	−14.6
AWS D1.1（拉-1）8～20	−13.2	−20.3	−25.9	−29.5	−33.1	−35.4	37.9	−40.0	−41.5	−43.9	−32.1
AWS D1.1（拉-2）20～38	−11.2	−18.3	−23.9	−27.5	−31.1	−33.4	−35.9	−38.0	−39.5	−41.9	−30.1
AWS D1.1（拉-3）38～65	−7.2	−14.3	−19.9	−23.5	−27.1	−29.4	−31.9	−34.0	−35.5	−37.9	−26.1
AWS D1.1（拉-4）65～100	−4.2	−11.3	−16.9	−20.5	−24.1	−26.4	−28.9	−31.0	−32.5	−34.9	−23.1
AWS D1.1（压-1）8～20	−8.2	−15.3	−20.9	−24.5	−28.1	−30.4	−32.9	−35.0	−36.5	−38.9	−27.1
AWS D1.1（压-2）20～38	−5.2	−12.3	−17.9	−21.5	−25.1	−27.4	−29.9	−32.0	−33.5	−35.9	−24.1
AWS D1.1（压-3）38～65	−1.2	−8.3	−13.9	−17.5	−21.1	−23.4	−25.9	−28.0	−29.5	−31.9	−20.1
AWS D1.1（压-4）65～100	+1.8	−5.3	−10.9	−14.5	−18.1	−20.4	−22.9	−25.0	−26.5	−28.9	−17.1
JB/T10559（1）6～20	−10	−16.7	−22.1	−26.0	−29.5	−32.2	−34.4	−36.5	−38.2	−40.0	−28.6
JB/T10559（1）20～38	−8	−14.7	−20.1	−24.0	−27.5	−30.2	−32.4	−34.5	−36.2	−38.0	−26.6
JB/T10559（1）38～65	−4	−10.7	−16.1	−20.0	−23.5	−26.2	−28.4	−30.5	−32.2	−34.0	−22.6
JB/T10559（1）65～100	0.0	−6.7	−12.1	−16.0	−19.5	−22.2	−24.4	−26.5	−28.2	−30.0	−18.6

相关标准定量当量线的实测数据 **表 14**

深度（mm）	10	20	30	40	50	60	70	80	90	100	平均值
GB/T11345（B）8～300	−10.0	−16.7	−22.1	−26.0	−29.5	−32.2	−34.4	−36.5	−38.2	−40.0	−28.6
JB/T4730（ⅡA）6～46	−14.5	−20.8	−26.0	−30.0	−33.4	−36.2	−38.5	−40.3	−42.4	−44.9	−32.7
JB/T4730（ⅡA）46～120	−10.5	−16.8	−22.0	−26.0	−29.4	−32.2	−34.5	−36.3	−38.4	−40.9	−28.7
JB/T4730（ⅢA）8～15	−13.6	−19.5	−25.6	−30.5	−34.8	−37.5	−41.1	−43.5	−46.0	−48.2	−34.3
JB/T4730（ⅢA）15～46	−10.6	−16.5	−22.6	−27.5	−31.8	−34.5	−38.1	−40.5	−43.0	−45.2	−31.3
JB/T4730（ⅢA）46～120	−7.6	−13.5	−19.6	−24.5	−28.8	−31.5	−35.1	−37.5	−40.0	−42.2	−28.3
JTJ041（Ⅰ、Ⅱ）10～46	−14.0	−20.7	−26.1	−30.0	−33.5	−36.2	−38.4	−40.5	−42.2	−44.0	−32.6
JTJ041（Ⅰ、Ⅱ）46～56	−10.0	−16.7	−22.1	−26.0	−29.5	−32.2	−34.4	−36.5	−38.2	−40.0	−28.6
CB3559 6～50	−10.0	−16.7	−22.1	−26.0	−29.5	−32.2	−34.4	−36.5	−38.2	−40.0	−28.6
CB3559 50～100	−6.0	−12.7	−18.1	−22.0	−25.5	−28.2	−30.4	−32.5	−34.2	−36.0	−24.6
JIS Z 3060（M线）6～80	−6.0	−12.7	−18.1	−22.0	−25.5	−28.2	−30.4	−32.5	−34.2	−36.0	−24.6
EN1712（级别 2）记录线	−6.0	−12.7	−18.1	−22.0	−25.5	−28.2	−30.4	−32.5	−34.2	−36.0	−24.6
EN1712（级别 3）记录线	−2.0	−8.7	−14.1	−18.0	−21.5	−24.2	−26.4	−28.5	−30.2	−32.0	−20.6
AWS（拉—1）8～20	−16.2	−23.3	−28.9	−32.5	−36.1	−38.4	−40.9	−43.0	−44.5	−45.2	−35.1
AWS D1.1（拉—2）20～38	−14.2	−21.3	−26.9	−30.5	−34.1	−36.4	−38.9	−41.0	−42.5	−43.2	−33.1

续表

深度（mm）	10	20	30	40	50	60	70	80	90	100	平均值
AWS D1.1（拉-3）38～65	−12.2	−19.3	−24.9	−28.5	−32.1	−34.4	−36.9	−39.0	−40.5	−41.2	−31.1
AWS D1.1（拉-4）65～100	−9.2	−16.3	−21.9	−25.5	−29.1	−31.4	−33.9	−36.0	−37.5	−38.2	−28.1
AWS D1.1（压-1）8～20	−11.2	−18.3	−23.9	−27.5	−31.1	−33.4	−35.9	−38.0	−39.5	−40.2	−30.1
AWS D1.1（压-2）20～38	−8.2	−15.3	−20.9	−24.5	−28.2	−30.4	−32.9	−35.0	−36.5	−37.2	−27.1
AWS D1.1（压-3）38～65	−6.2	−13.3	−18.9	−22.5	−26.2	−28.4	−30.9	−33.0	−34.5	−35.2	−25.1
AWS D1.1（压-4）65～100	−6.2	−13.3	−18.9	−22.5	−26.2	−28.4	−30.9	−33.0	−34.5	−35.2	−25.1
JB/T10559（1）6～20	−14.0	−20.7	−26.1	−30.0	−33.5	−36.2	−38.4	−40.5	−42.2	−44.0	−32.6
JB/T10559（1）20～38	−12.0	−18.7	−24.1	−28.0	−31.5	−34.2	−36.4	−38.5	−40.2	−42.0	−30.6
JB/T10559（1）38～65	−8.0	−14.7	−20.1	−24.0	−27.5	−30.2	−32.4	−34.5	−36.2	−38.0	−26.6
JB/T10559（1）65～100	−4.0	−10.7	−16.1	−20.0	−23.5	−26.2	−28.4	−30.5	−32.2	−34.0	−22.6

注：表13和表14中实测数据的单位均为dB。

2.4 检测灵敏度的简化处理

本文依据不同的钢焊缝手工超声波探伤标准的要求，对各个标准相关试块的人工反射体当量进行了测定和计算，由表11的实测值和表10的理论计算值可以看出，实测值与计算值基本一致，误差在允许的范围之内。

将表13和表14的实测数据进行比较，得到以 $\phi3\times40$ 为基准的不同距离波幅曲线的数据差值，但数据比较烦琐，为了便于观察数据的差值特引入了平均值，通过平均值的对比，可以方便地找出各个标准之间的dB差值。各标准的判废当量与定量当量如表15所示。

各标准的判废当量与定量当量　　表15

<table>
<tr><th>标准编号</th><th>试块基准孔</th><th>母材厚度(mm)</th><th>判废线当量 φ3×40（dB）</th><th>Δ1（dB）</th><th colspan="2">定量线当量 φ3×40（dB）</th><th colspan="2">Δ2（dB）</th></tr>
<tr><td>GB/T 11345-89</td><td>φ3×40</td><td>8～300</td><td>−23</td><td>0</td><td colspan="2">−29</td><td colspan="2">0</td></tr>
<tr><td rowspan="5">JB/T 4730-2005</td><td rowspan="2">φ2×40</td><td>6～46</td><td>−25</td><td>−2</td><td colspan="2">−33</td><td colspan="2">−4</td></tr>
<tr><td>>46～120</td><td>−19</td><td>+4</td><td colspan="2">−29</td><td colspan="2">0</td></tr>
<tr><td rowspan="3">φ1×6</td><td>8～15</td><td>−26</td><td>−3</td><td colspan="2">−34</td><td colspan="2">−5</td></tr>
<tr><td>>15～46</td><td>−23</td><td>0</td><td colspan="2">−31</td><td colspan="2">−2</td></tr>
<tr><td>>46～120</td><td>−18</td><td>+5</td><td colspan="2">−28</td><td colspan="2">+1</td></tr>
<tr><td rowspan="2">JTJ 041-2000</td><td rowspan="2">φ3×40</td><td>10～46</td><td>−25</td><td>−2</td><td colspan="2">−33</td><td colspan="2">−4</td></tr>
<tr><td>>46～56</td><td>−21</td><td>+2</td><td colspan="2">−29</td><td colspan="2">0</td></tr>
<tr><td rowspan="2">CB/T 3559-94</td><td rowspan="2">φ3×40</td><td>6～50</td><td>−19</td><td>+4</td><td colspan="2">−29</td><td colspan="2">0</td></tr>
<tr><td>>50～100</td><td>−17</td><td>+6</td><td colspan="2">−25</td><td colspan="2">+4</td></tr>
<tr><td>JIS Z 3060-02</td><td>φ3×40</td><td>6～80</td><td>−19（H线）</td><td>+4</td><td colspan="2">−25（M线）</td><td colspan="2">+4</td></tr>
<tr><td rowspan="2">EN 1712：1997</td><td rowspan="2">φ3×40</td><td>8～15</td><td>−19</td><td>+4</td><td colspan="2">−25（记录线）</td><td colspan="2">+4</td></tr>
<tr><td>>15～100</td><td>−15</td><td>+8</td><td>−21</td><td>−25</td><td>+8</td><td>+4</td></tr>
<tr><td rowspan="4">AWS D1.1/D1.1M：2006（周期荷载非管材连接）</td><td rowspan="4">φ1.5×25</td><td>8～20</td><td>−32</td><td>−9</td><td colspan="2">−35</td><td colspan="2">−6</td></tr>
<tr><td>>20～38</td><td>−30</td><td>−7</td><td colspan="2">−33</td><td colspan="2">−4</td></tr>
<tr><td>>38～65</td><td>−26</td><td>−3</td><td colspan="2">−31</td><td colspan="2">−2</td></tr>
<tr><td>>65～100</td><td>−23</td><td>0</td><td colspan="2">−28</td><td colspan="2">+1</td></tr>
</table>

续表

标准编号	试块基准孔	母材厚度（mm）	判废线当量 φ3×40（dB）	Δ1（dB）	定量线当量 φ3×40（dB）	Δ2（dB）
AWS D1.1/D1.1M：2006（静载荷非管材连接）	φ1.5×25	8～20	−27	−4	−30	−1
		>20～38	−24	−1	−27	+2
		>38～65	−20	+3	−25	+4
		>65～100	−17	+6	−25	+4
JB/T10559－2006（Ⅰ级）	φ3×40	6～20	−29	−6	−33	−4
		>20～38	−27	−4	−31	−2
		>38～65	−23	0	−27	+2
		>65～100	−19	+4	−23	+6

注：Δ1 为各标准判废线当量平均值与《钢焊缝手工超声波探伤方法和探伤结果分级》GB/T 11345－89 标准判废线当量平均值的差值；

Δ2 为各标准定量线当量平均值与《钢焊缝手工超声波探伤方法和探伤结果分级》GB/T 11345－89 标准定量线当量平均值的差值。

由表 15 得出以下分析结果：

①对于 JB/T 4730－2005、JTJ 041－2000 标准，当厚度在小于 46mm 范围内，其判废灵敏度高于 GB/T11345－89 标准；当厚度大于 46mm 时，其判废灵敏度低于 GB/T 11345－89 标准。

②对于 JB/T 4730－2005、JTJ 041－2000 标准，当厚度在小于 46mm 范围内，其定量线灵敏度高于 GB/T 11345－89 标准；当厚度大于 46mm 范围时，其定量线灵敏度与 GB/T 11345－89 标准相当。

③CB/T 3559－94 标准的判废灵敏度低于 GB/T 11345－89 标准；当厚度小于 50mm 时，其定量线灵敏度与 GB/T 11345－89 标准相当；当厚度大于 50mm 时，其定量线灵敏度比 GB/T 11345－89 标准高 4dB。

④JIS Z 3060－2002 标准 H 线、M 线比 GB/T 11345－89 标准的判废线、定量线低 4dB。

⑤EN 1712：1997 标准在 8～15mm 范围内的参考线、记录线较 GB/T 11345－89 标准的判废线低 4dB，在 15～100mm 范围内的参考线比 GB/T 11345－89 标准的判废线低 8dB，记录线分为参考线－2 与参考线－6，较 GB/T 11345－89 标准的定量线低。

⑥AWS D1.1/D1.1M：2006（周期荷载非管材连接）的判废灵敏度与定量线灵敏度均大于等于 GB/T 11345－89 标准的判废线、定量线灵敏度。

⑦JB/T 10559－2006 标准在 6～38mm 厚度范围内，其判废线、定量线灵敏度高于 GB/T 11345－89 标准的判废线、定量线灵敏度；在 38～65mm 范围内，两标准的判废线灵敏度相同，JB/T 10559－2006 标准的定量线灵敏度比 GB/T 11345－89 标准低 2dB；在 65～100mm 范围内，JB/T 10559－2006 标准的判废线、定量线灵敏度低于 GB/T 11345－89 标准。

3 相关钢焊缝超声波检测标准检测结果质量等级评定的比较

各相关钢焊缝超声波检测标准检测结果质量等级评定及缺陷的允许长度见表 16。

各标准的质量等级评定及允许缺陷长度 **表 16**

<table>
<tr><th>标准编号</th><th colspan="4">缺陷指示长度 mm</th></tr>
<tr><td>GB/T 11345－89（B级）</td><td colspan="4">BⅠ：1/3t（10，30）；BⅡ：2/3t（12，50）；BⅢ：3/4t（16，75）</td></tr>
<tr><td>JB/T 4730.3－2005</td><td colspan="4">Ⅰ：1/3t（10，30）（任意 9t 焊缝长度范围内 L′不超过 t）
Ⅱ：2/3t（12，40）（任意 4.5t 焊缝长度范围内 L′不超过 t）</td></tr>
<tr><td>JTJ 041－2000</td><td colspan="4">Ⅰ：1/4t（8）（任意 9t 焊缝长度范围内 L′不超过 t）；
Ⅱ：1/2t（10）（任意 4.5t 焊缝长度范围内 L′不超过 t）</td></tr>
<tr><td>CB/T 3559－94</td><td colspan="4">Ⅰ：1/3t（8，24）（任意 6t 焊缝长度范围内 L′不超过 2t）；
Ⅱ：1/2t（12，36）（任意 6t 焊缝长度范围内 L′不超过 2.5t）；
Ⅲ：3/4t（16，48）（任意 6t 焊缝长度范围内 L′不超过 3t）；
Ⅳ：t（20，60）（任意 6t 焊缝长度范围内 L′不超过 4t）</td></tr>
<tr><td rowspan="10">JIS Z 3060－2002</td><td colspan="2">缺陷区域</td><td>Ⅳ区（过 H 线）</td><td>Ⅱ、Ⅲ（过 L 线）</td></tr>
<tr><td rowspan="3">t≤18</td><td>1</td><td>（4mm）；</td><td>6mm</td></tr>
<tr><td>2</td><td>（6mm）；</td><td>9mm</td></tr>
<tr><td>3</td><td>（9mm）；</td><td>18mm</td></tr>
<tr><td rowspan="3">18＜t≤60</td><td>1</td><td>（1/4t）</td><td>1/3t</td></tr>
<tr><td>2</td><td>（1/3t）</td><td>1/2t</td></tr>
<tr><td>3</td><td>（1/2t）</td><td>t</td></tr>
<tr><td rowspan="3">t＞60</td><td>1</td><td>（15mm）</td><td>20mm</td></tr>
<tr><td>2</td><td>（20mm）</td><td>30mm</td></tr>
<tr><td>3</td><td>（30mm）</td><td>60mm</td></tr>
<tr><td rowspan="2">EN 1712：1997（2 级）</td><td>8～15</td><td colspan="3">参考线：L≤t；参考线－6dB：L＞t</td></tr>
<tr><td>15～100</td><td colspan="3">参考线＋4dB：L≤1/2t；参考线－2dB：1/2t＜L≤t；参考线－6dB：L＞t</td></tr>
<tr><td>AWS D1.1/D1.1M：2006
（周期荷载非管材连接）</td><td colspan="4">B 级当量：20mm
C 级当量：焊缝中部 50；焊缝顶部、底部 20</td></tr>
<tr><td>AWS D1.1/D1.1M：2006
（静载荷非管材连接）</td><td colspan="4">B 级当量：20
C 级当量：50</td></tr>
<tr><td rowspan="2">JB/T10559－2006（Ⅰ级）</td><td>6～20</td><td colspan="3">20mm</td></tr>
<tr><td>20～100</td><td colspan="3">ⅡA：20mm；ⅡB：顶部和底部 20mm；中部 50mm</td></tr>
</table>

由表 16 得出以下分析结果：

①当板厚不大于 60mm 时，GB/T 11345－89 与 JB/T 4730.3－2005 标准允许的单个缺陷长度相同；当板厚大于 60mm 时，GB/T 11345－89 标准允许的单个缺陷长度大于 JB/T 4730.3－2005 标准，JB/T 4730.3－2005 标准有累积缺陷的计算方法。

②JTJ 041－2000 标准允许的单个缺陷长度比 GB/T 11345－89 标准允许的单个缺陷长度要求严格，且有累积缺陷的计算方法。

③CB/T 3559－94 标准允许的单个缺陷长度（极限最大值）比 GB/T 11345－89 标准允许的单个缺陷长度要求严格，且有累积缺陷的计算方法。

④JIS Z 3060 标准允许有过 H 线的Ⅳ区缺陷，比 GB/T 11345－89 标准的要求宽松，说明其对单个点状缺陷反射波幅无要求，在过 L 线的Ⅱ区、过 M 线的Ⅲ区的缺陷 3 级比 GB/T 11345－89 标准 BⅢ级在 80mm 范围内的允许单个缺陷长度要求宽松一些。对其在

过 L 线的Ⅱ区、过 M 线的Ⅲ区的缺陷 2 级比 GB/T 11345－89 标准 BⅡ级在 80mm 范围内的允许单个缺陷长度要求严格一些。

⑤EN 1712 标准在 8～15mm 范围较 GB/T 11345－89 标准要求宽松，但有累积缺陷的计算方法；在 15～100mm 范围内根据记录线的不同进行评定。以参考线－2dB 进行评定时，EN 1712 标准的要求低于 GB/T 11345－89 标准，但有累积缺陷的计算方法；以参考线＋4dB 进行评定时，则比 GB/T 11345－89 标准要求严格，且有累积缺陷的计算方法。

⑥AWS D1.1 标准的静载 C 级缺陷当量缺陷允许长度大于 GB/T 11345－89 标准的 BⅡ级；动载 C 级缺陷当量在焊缝中部时的允许长度大于 GB/T 11345－89 标准的 BⅡ级，当在焊缝顶部、底部时，缺陷允许长度小于 GB/T 11345－89 标准的 BⅡ级。

⑦JB/T 10559－2006 标准在 6～20mm 范围内，缺陷允许长度松于 GB/T 11345－89 标准的 BII 级；在 20～100mm 范围内，焊缝中部的缺陷允许长度松于 GB/T 11345－89 标准的 BII 级，其他情况下严于 GB/T 11345－89 标准的BII 级。

4 结论

综上所述，我们可以得出以下结论：

(1) EN 1712 标准在 15～100mm 范围内的定量线检测灵敏度最低，EN1712 标准在 15～100mm 范围内的判废线检测灵敏度最低。此外，JIS Z 3060：2002 标准对缺陷当量无特别限定，允许有过 H 线的Ⅳ区的点状缺陷存在。

(2) AWS D1.1 和 JB/T10559 标准在小于 20mm 范围内允许的单个缺陷长度最大（允许单个缺陷最大长度为 20mm）；EN 1712 标准在 20～100mm 范围内允许的单个缺陷长度最大（允许单个缺陷最大长度为板厚 t）。

参考文献

[1] GB/T11345－89. 钢焊缝手工超声波探伤方法和探伤结果分级.

[2] JB/T4730－2005. 承压设备无损检测.

[3] CB/T3559－94. 船舶钢焊缝手工超声波探伤工艺和质量分级.

[4] TB10212－2009. 铁路钢桥制造规范.

[5] JTJ041－2000. 公路桥涵施工技术规范.

[6] JB/T10559－2006. 起重机械无损检测 钢焊缝超声波检测.

[7] AWS D1.1/D1.1M：2006 美国 钢结构焊接规范.

[8] JIS Z 3060－2002 Method for ultrasonic examination for welds of ferritic steel.

[9] BS EN 1712：1997 Non-destructive examination of welds—Ultrasonic examination of welded joints—Acceptance levels.

[10] BS EN 1714：1998 Non-destructive testing of welded joints—Ultrasonic examination of welded joints.

[11] 易子安，关于美国和我国焊缝超声波探伤标准定量灵敏度的换算，无损检测，第 9 卷，第 10 期，1987 年.

欧洲焊接技术规范在建筑钢结构中的应用

马德志　申献辉　王庆鹏
（中冶集团建筑研究总院）

摘　要：本文介绍了欧洲焊接技术规范在焊接工艺评定、焊工考试以及焊接质量控制等方面的要求和特点，并与国内相关规范进行了比较。

关键词：建筑钢结构　欧标　焊接　规范

1　前言

欧标（包括 ISO 及 BS 标准）同美标、日标并称世界三大标准体系，在国际上享有重要的地位，随着中国建筑钢结构的强劲发展以及国内外技术交流的日益频繁尤其是涉外工程的增多，对欧洲标准的使用也有所增多，因此，有必要对其相关标准内容及实施进行了解，他山之石，可以攻玉，一方面增强我们在涉外工程中的竞争力，同时，在国内相应标准的修订中也可得到借鉴。以下就我单位在香港昂船洲大桥工程钢构件工厂制作过程中对欧标的使用谈一下自己的体会，献一孔之见，希望能对国内同行在使用欧洲焊接技术规范时有所帮助。

欧洲标准由欧洲标准委员会（CEN）下相应的技术专委会制定，其官方文本为英、法、德三种，成员为奥地利、比利时、捷克、丹麦、芬兰、法国、德国、希腊、冰岛、爱尔兰、意大利、卢森堡、荷兰、挪威、葡萄牙、西班牙、瑞典、瑞士和英国共 19 个成员国。

2　相关的欧洲焊接标准

2.1　通用标准

BS EN ISO 4063（焊接及其相关方法-名称及代码）

BS EN ISO 6947（焊接位置-坡度及旋转角度的定义）

ISO 857－1（焊接及其相关方法-名词-第 1 部分：金属材料焊接方法）

2.2　焊接工艺评定标准

BS EN 1011（金属弧焊焊接标准，共 5 个分册）

BS EN 288（焊接工艺评定标准，共 9 个分册，现基本已被 EN ISO 15607～14 取代）

EN ISO 14555（金属材料的电弧螺柱焊）

EN ISO 15607（焊接工艺评定通用准则）

EN ISO/TR 15608（焊接工艺评定材料分组）
EN ISO 15609（金属材料的焊接工艺评定-焊接工艺规程 WPS）
EN ISO 15610（金属材料的焊接工艺评定-基于焊材试验的评定）
EN ISO 15611（金属材料的焊接工艺评定-基于先前焊接经验的评定）
EN ISO 15612（金属材料的焊接工艺评定-标准焊接工艺）
EN ISO 15613（金属材料的焊接工艺评定-基于预生产焊接试验的评定）
EN ISO 15614（金属材料的焊接工艺评定-焊接工艺试验，共 13 分册）

2.3 焊工考试标准

BS EN 287（熔化焊焊工考试，共 3 个分册）
EN 1418（全机械自动熔化焊及电阻焊焊接操作者考试）
EN ISO 9606（熔化焊焊工考试，共 5 个分册）
EN ISO 14732（全机械自动熔化焊及电阻焊焊接操作者考试）

2.4 焊接质量验收标准

BS EN 12062：1998（金属材料焊缝的无损检测-通用准则）
BS EN ISO 5817：2003（缺陷质量分级）
BS EN 970，1997（VT 检测标准）
BS EN 1712、1713、1714、583（UT 探伤标准）
BS EN ISO 9934（MT 探伤标准，共 3 分册）
BS EN 1435（RT 探伤标准）
BS EN 571（PT 探伤标准）
BS EN 1321（焊接接头宏观金相检验标准）
BS EN 1043（焊接接头硬度检验标准）

3 对焊接工艺评定的要求

3.1 材料分组

对于材料焊接性的分组，详见 ISO/TR 15608《焊接-金属材料分组指南》，与国内标准《建筑钢结构焊接技术规程》JGJ 81－2002 根据钢号级别（主要是屈服强度级别）分组不同，该标准是根据金属材料（包括钢、铝及铝合金、铜及铜合金、镍及镍合金、锆及锆合金、铸铁）的化学成分、屈服强度以及供货状态等的综合对金属材料进行分组的，对不同产地、不同材料规范体系的金属材料都可以比较容易的进行分组，因此，相比之下，欧标对金属材料焊接性的影响因素考虑更全面，对金属材料的分组更科学可行，覆盖面更广。

3.2 焊接方法及施焊位置

与国内标准相同，欧标也对各种焊接方法及施焊位置的进行了规定，并给出了各自的代码，这部分内容详见 BS EN ISO 4063《焊接及其相关方法-命名和代码》、ISO 6947《施

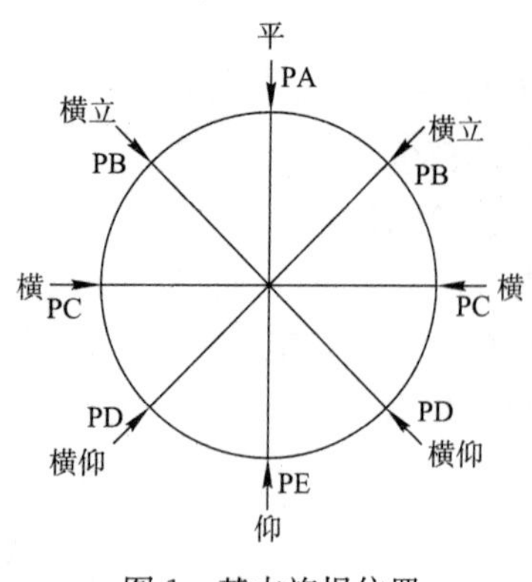

图 1　基本施焊位置

焊位置-倾斜角度和旋转角度》。BS EN ISO 4063 对电弧焊、电阻焊、气焊、压力焊、缝焊等焊接方法名称和代码进行了规定，非常全面，基本上包含了所有的焊接方法，几种常用的焊接方法及其代码见表 1。在 ISO 6947 标准中，根据焊缝倾角和旋转角度对施焊位置进行了分类，其基本施焊位置分为平焊（PA）、横立（PB）、横焊（PC）、横仰（PD）、仰焊（PE）、立向上焊（PF）、立向下焊（PG），管周向焊缝向上焊（H），管周向焊缝向下焊（J），管周向焊缝轨道焊（K），见图 1，在此基础上通过增加板（或管）倾角和焊缝转角可以描述任一施焊位置。

常用焊接方法及其代码　　**表 1**

焊接方法	代码	焊接方法	代码
药皮焊条手工电弧焊	111	药芯焊丝活性气体保护焊	136
自保护药芯焊丝焊	114	药芯焊丝惰性气体保护焊	137
埋弧焊	12	钨极惰性气体保护焊（TIG 焊）	141
惰性气体保护焊（MIG 焊）	131	等离子弧焊	15
活性气体保护焊（MAG 焊）	135	氧一乙炔焊接	311

3.3　焊接工艺评定

3.3.1　欧标中焊接工艺评定相关的标准和流程图（见表 2 及图 2）

由表 2 和图 2 我们可以看出，对于实际工程，一个有效的可用的 WPS，其获得途径可以有几种方法，在这一点上值得国内相关标准借鉴。

3.3.2　基于试验的焊接工艺评定

由于国内钢结构焊接相关标准《建筑钢结构焊接技术规程》JGJ 81 - 2002 中的焊接工艺规程主要是基于工艺评定试验得到的（也有基于以前焊接经验的，但标准中未给出具体评定的细节），所以本文只对欧标中基于试验的焊接工艺评定（EN ISO 15614）做一介绍，以便和国内标准《建筑钢结构焊接技术规程》JGJ 81 - 2002 进行比较。

（1）基本规定

①EN ISO 15614 - 1 中规定，在焊接工艺评定试验中，焊工（或操作者）焊接的试板一经评定合格，如果符合相应的试验要求，则该焊工同时也获得了相关焊工考试规范（EN ISO 9606 或 EN 1418）认可的在相应许可范围内的焊工资格。

②工艺评定试板的接头形式为全熔透对接接头、全熔透管对接接头、T 形接头（全熔透或角焊缝）、管分支接头（骑座式、插入式、穿越式全熔透焊缝或角焊缝）。

③工艺评定试板的焊接和试验应由检验人员或机构见证。

④检验和试验要求，见表 3。

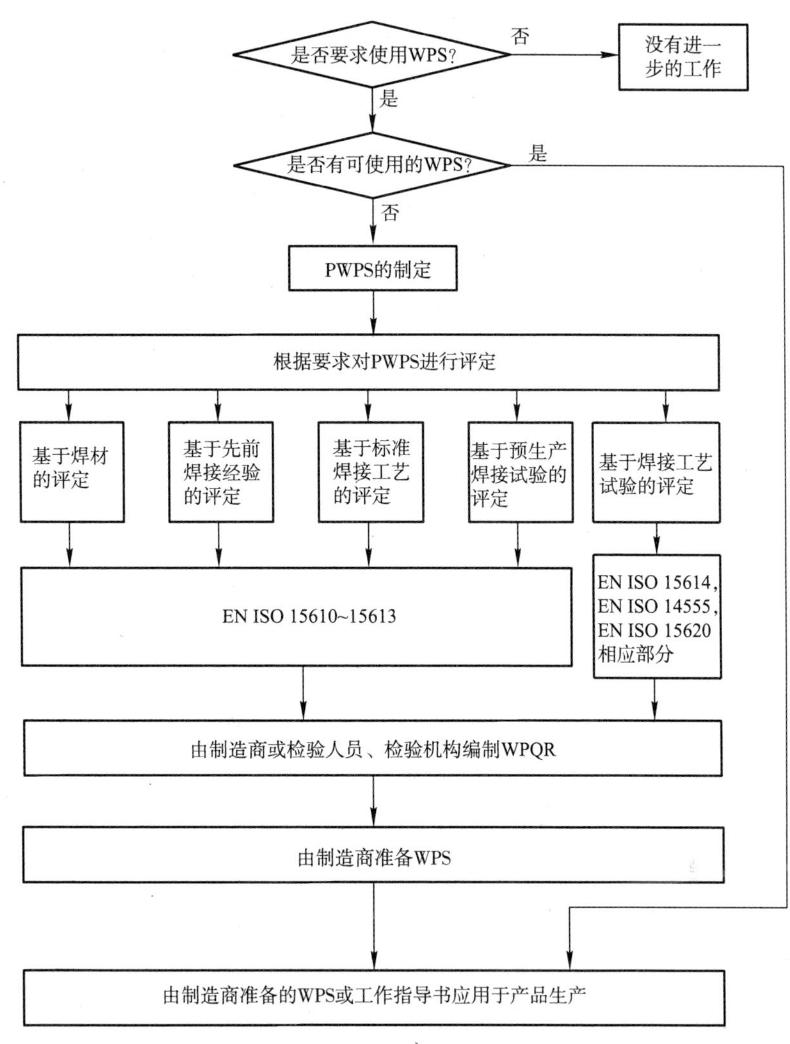

图 2　欧标中焊接工艺评定流程图

注：pWPS Preliminary Welding Procedure Specification 初步的焊接工艺规程
WPQR-Welding Procedure Qualification Record 焊接工艺评定记录
WPS-Welding Procedure Specification 焊接工艺规程

欧标中焊接工艺评定相关标准　　表 2

焊接方法	电弧焊	气焊	电子束焊	激光焊	电阻焊	栓钉焊	摩擦焊
通用准则	EN ISO 15607						
材料分组	CR ISO/TR 15608			无		CR ISO/TR 15608	
焊接工艺规程 WPS	EN ISO 15609－1～5					EN ISO 14555	EN ISO 15620
试验焊材	EN ISO 15610		无				
焊接经验	EN ISO 15611					EN ISO 15611 EN ISO 14555	EN ISO 15611 EN ISO 15620
标准工艺	prEN ISO 15612				无		
预生产试验	EN ISO 15613					EN ISO 15611 EN ISO 14555	EN ISO 15611 EN ISO 15620
焊接工艺试验	prEN ISO 15614					EN ISO 14555	EN ISO 15620

工艺评定试板的检验和试验项目 表 3

试板形式	试验项目	检验比例或数量
全熔透对接接头	外观	100%
	射线或超声波探伤	100%
	表面裂纹检测（磁粉或渗透）	100%
	横向拉伸试验	2
	横弯试验	4
	冲击试验	2 组（焊缝和热影响区）
	硬度试验	按要求
	宏观金相检验	1
全熔透 T 形和管分支接头	外观	100%
	表面裂纹检测（磁粉或渗透）	100%
	射线或超声波探伤	100%
	硬度试验	按要求
	宏观金相检验	2
角焊缝	外观	100%
	表面裂纹检测（磁粉或渗透）	100%
	硬度试验	按要求
	宏观金相检验	2

⑤合格标准：试板的各项检验项目应符合 EN 25817 标准的 B 级质量要求（焊缝余高、角焊缝凸度、塌陷、焊喉尺寸正偏差应满足 C 级质量要求），无损检测合格标准在 EN 12062 标准中给出。

⑥复验：如果在检验和试验中，有不符合标准要求的项目，允许按一定规则进行复验，若复验合格，仍可以认为该焊接工艺评定试验合格。

（2）关于工艺评定覆盖范围的规定

①评定合格的焊接工艺规程适用于工厂制造和现场安装；

②不同焊接接头按其母材分组、板厚、管径、交叉角（管分支接头）在 EN ISO 15614 标准中都给出了相应的覆盖范围；

③同一种方法，手工、机械、自动焊接不可相互替代；不同焊接方法不能互相替代；对不同方法组合的焊接工艺评定，可以对每一焊接方法单独进行评定，也可对该方法组合进行评定，但评定结果仅对具有相同焊接顺序的该方法组合有效；

④除 PG 和 J－L045 施焊位置外，任一施焊位置的工艺评定均可覆盖所有其他施焊位置，当有冲击和硬度试验要求时，冲击试样应取在焊接热输入最大的位置（一般 PF 位置）硬度试样应取在焊接热输入最小的位置（一般 PC 位置）；

⑤接头形式：对接焊缝可以覆盖全熔透和部分熔透焊缝和角焊缝，当产品焊缝以角焊缝为主时，可使用角焊缝工艺评定试验；管对接可覆盖交叉角≥60°的管分支接头；T 形接头仅覆盖 T 形和角接接头；无衬板单面焊可覆盖双面焊缝和带衬板焊缝；带衬板焊缝可覆盖双面焊缝；无背面清根双面焊缝可覆盖背面清根双面焊缝；角焊缝仅覆盖角焊缝；对于某一种焊接方法，不允许将多道焊缝变为单道焊缝（或双面单道焊缝），反之亦然；

⑥焊材：当具有相同的机械性能、相同类型的药皮、药芯或焊剂、同样的标称化学成

分以及相同的或较低的氢含量时（根据相应标准对该种型号焊材的规定），一种型号的焊材可以代替其他型号的焊材；对于111、114、12、136和137方法，当要求冲击试验时，焊材的生产商及牌号应与工艺评定试验的相同，如果要更换牌号，除了其焊材型号中必须部分相同外，还需另外焊接试板，该试板的焊接参数与先前的相同，并只需进行冲击试验；当焊接热输入符合要求时，允许改变焊材的尺寸规格；

⑦电流：电流的类型（交流、直流、脉冲）和极性应与评定试验中的相同。对于111，当没有冲击要求时，交流电可以覆盖直流电；

⑧热输入：当有冲击要求时，热输入的上限比试板焊接时热输入量高25%；当有硬度要求时，热输入的下限比试板焊接时热输入量低25%；如果评定合格的工艺试验中既有高热输入量又有低热输入量，则中间的热输入量皆为合格；

⑨其他：预热温度应不小于工艺评定试验开始时的预热温度；层间温度应不大于工艺评定试验中的最大层间温度；消氢处理的温度和时间不应减少，后热处理不应省略，但可以增加；不允许增加或减少焊后热处理；对于沉淀强化的材料，其焊前热处理状态不许改变。

4 焊工考试

欧洲标准对于焊工考试的规则同焊接工艺评定一样，也是根据焊工在考试中使用的焊接方法、母材形式（板或管）、规格、材料分组、焊材类型、焊接位置等要素对焊工进行评定，并对焊工资格的覆盖范围以及资格的延续都有详尽的规定。欧洲标准比较重视对过程的控制，如BS EN 287对焊工操作技能考试的规定中，特别强调根部焊缝和盖面焊缝要停弧一次，并做标记，以备对该处重点检测，考察焊工的接头处理能力，还有对于根部焊缝和盖面焊缝，不许砂轮打磨，只允许采用钢丝刷或焊渣铲清除焊渣，以考察焊工的打底、盖面的基本技能，这些在国内相关标准中都未曾涉及。类此种种，不一而足，由于篇幅有限，不再赘述。

5 焊接质量控制

生产中焊接质量的控制主要是通过外观和无损检测来进行控制的，欧洲标准对于焊缝的外观检测相当重视，甚至认为作用要高于其他无损检测方法，并且要求检测人员具备由欧盟或美国AWS颁发的资格证书，无损检测主要包括超声、磁粉、射线等方法。涉及的标准如前所列，从设备、材料到方法、验收标准都有详尽的规定，令人印象很深的是欧标对于操作细节的规定，如超声波检测检测BS EN 583-2标准，它是关于超声波探伤仪时基线和灵敏度调整的标准，探伤仪时基线和灵敏度的调整是A型显示超声波探伤仪最基本的操作技能，关系到缺陷定位、定量、定性的准确性和检测结果的可靠性。而曲面试件的横波探伤（包括管、棒、椭圆封头及管座类试件），涉及参考试块和参考反射体类型、尺寸的选择，斜探头接触面的修整，探头入射角、折射角及曲底面声束入射角的测定，也涉及在凸曲面或凹曲面上扫查时，缺陷深度和水平位置的修正计算，以及检测灵敏度的传输修正等问题。对这些关键技能的运作与校验，国内相关标准（如GB 11345和JB 4730等）

均未展开细述，因此，研读 BS EN 583 - 2 标准，能给人一种茅塞顿开的感觉。当然其他标准中，也都有许多值得我们学习的地方，如在超声波验收标准 BS EN 1712 中，对于回波超过判废线（RL）的不连续的判定，如果确定该不连续不是危害性缺陷，则仍可以根据不连续的指示长度和回波高度判断是否合格，而在国内标准中（如 GB 11345），只要超过判废线（RL）皆判定为不合格缺陷，相比而言，欧标的这一规定更科学、合理，减少了不必要的返修对焊缝可能造成的更多的伤害。

6 结语

通过本人对于欧洲标准的使用，可以用一句话来概括欧标："科学严谨、细致完善、易于执行"，但是由于欧洲标准化委员会的成员国众多，一些成员国也有各自的标准，如英标、德标、法标等，各成员国的标准也有在使用，各种标准的引用比较多，给国内使用者带来许多麻烦，因此，我们在刚开始使用时，总感觉不很适应，当然，这只是白璧微瑕，丝毫不影响欧标本身的先进性。近年来，CEN 和 ISO 两个组织在逐步将各成员国标准统一在 ISO 和 EN 标准体系中，相信，以后对于欧标的使用会更加方便。

参考文献

[1] BS EN ISO 4063：2000 Nomenclature of processes and reference numbers.

[2] BS EN ISO 6947：1997 Welds-Working positions—Definitions of angles of slope and rotation.

[3] ISO 857 - 1：1998 Welding and allied processes-vocabulary-part 1：Metal welding processes.

[4] BS EN 1011 Welding Recommendations for welding of metallic materials.

[5] BS EN 288 Specification and approval of welding procedures for metallic materials.

[6] EN ISO 15607：2003 Specification and qualification of welding procedures for metallic materials-General rules.

[7] EN ISO/TR 15608：2000 Guidelines for metallic materials grouping system.

[8] EN ISO 15609 Specification and qualification of welding procedures for metallic materials-Welding procedure specification.

[9] EN ISO 15614 - 1：2004 Specification and qualification of welding procedures for metallic materials-Welding procedure test-part 1：Arc and gas welding of steels and arc welding of nickel and nickel alloys.

[10] BS EN 287 Approval testing of welders for fusion welding.

[11] BS EN 12062：1998 Non-destructive examination of welds-General rules for metallic materials.

[12] BS EN ISO 5817：2003 Welding-Fusion welded joints in steel，nickel，titanium and their alloys (beam welding excluded) -Quality levels for imperfections.

[13] BS EN 1712：1997 Non-destructive examination of welds-Ultrasonic examination of welded joints-Acceptance levels.

[14] BS EN 583 Non-destructive testing-Ultrasonic examination.

焊接工艺评定与
焊工培训考试

特殊焊缝位置焊接工艺及焊工培训

葛冬云　张　斌　韦疆宇　刘贤才
（中建一局钢结构工程有限公司　北京）

摘　要：中国国际贸易中心三期A阶段工程斜横焊、斜立焊、斜仰焊等非常规的特殊位置焊缝数量极为庞大，裙房部分桁架还存在一定数量箱形梁厚板水平仰焊和斜立焊。加大了现场焊接施工的难度，针对不同的焊接位置，制定了合理的工艺参数，对焊工进行了严格的培训，提高了焊接合格率。

关键词：特殊位置　焊接　工艺

1　工程概况

中国国际贸易中心三期A阶段工程主塔楼为变截面形式塔楼，平面外轮廓尺寸从地面层的55.3m×55.3m，逐渐收缩至73层的44m×44m。外框筒腰桁架柱、核心筒立面H形和箱形斜支撑均有角度不等的倾斜。外框筒三道腰桁架倾斜钢柱最大板厚75mm；核心筒立面斜支撑焊缝位置包括斜立焊、斜仰焊，最大板厚50mm；裙房桁架水平仰焊缝50条，斜立焊缝280条，最大板厚55mm（图1）。

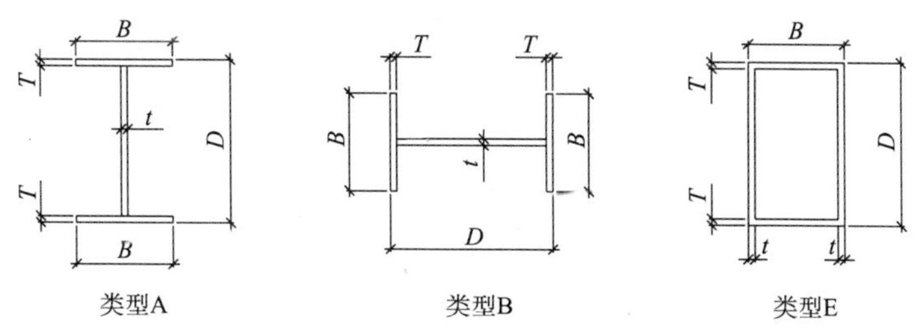

图1　特殊位置焊缝截面形式

2　工程难点及对策

（1）外框筒腰桁架柱对接焊缝倾斜角度在7°～19°，部分焊缝的倾斜角度介于横焊与仰焊之间，焊接的工艺及技巧掌握难度大，焊接质量出现较大程度下降。施工中通过进行专项技术攻关，改进焊接工艺措施；对每个焊工作焊缝返修记录，筛选焊工，对焊工做更细致分工，以提高斜横焊的焊接质量。

（2）斜立焊焊接难度大，效率低，为此在焊工进场时即进行一个月的专项焊工培训和焊工考试。

（3）裙房大跨度桁架对接仰焊数量大，承载桁架及上部结构自重的最大水平分力，质量要求高，施工条件恶劣，焊缝成型困难，焊缝质量及力学性能较难保证。为此进行了仰焊焊接工艺评定，焊工培训和考试（图 2 和表 1）。

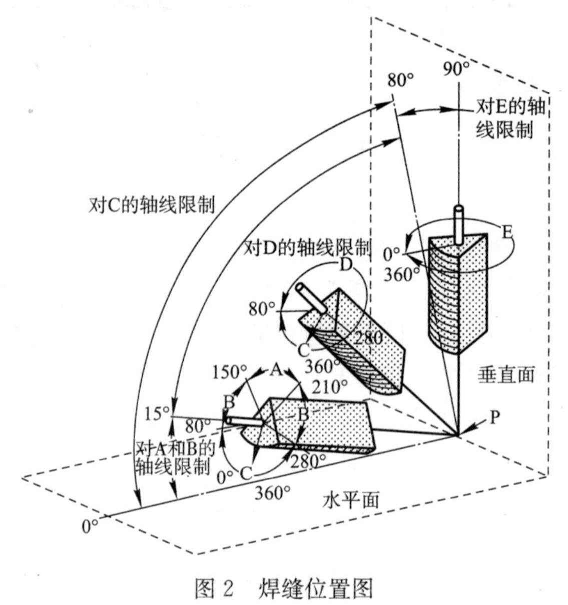

图 2　焊缝位置图

坡口焊缝位置表　　表 1

位置	参考图	与轴倾斜	面的转动
平	A	0°～15°	150°～210°
横	B	0°～15°	80°～150°
仰	C	0°～80°	0°～80°
立	D E	15°～80° 80°～90°	80°～280° 0°～360°

3　主要关键技术

3.1　斜横焊

本工程外框筒腰桁架位置为斜向焊接 H 型钢，最大板厚 75mm。在腰桁架柱焊接初期并未估计到焊缝小角度倾斜在焊接中可能会发生的问题，因此在制定焊接工艺时，仍采用常规水平横焊的焊接工艺参数，且焊工（特别是现场焊接经验尚缺乏的焊工）未能及时适应横焊缝的小角度变化。因此使得焊接熔池在重力作用下沿倾斜面下流，造成大量未熔合的通常缺陷焊缝，占到所有类型焊接缺陷的 30.3%（图 3）。

针对此问题的集中凸现，项目技术人员组织焊工及班组长对斜横焊接的操作方法进行比对分析和实操试验，对此特殊焊接位置的工艺措施作出调整：

图 3 现场斜横焊缝

（1）调整焊工焊枪角度：

在焊工焊接过程中，要求焊工焊枪角度与钢柱表面水平方向及垂直方向均成 85°～90°，并保持焊接速度中速，该方法能使焊接熔池与前一道焊道充分熔合，焊枪保持中速焊接也能提高焊接熔池在焊道内的附着能力，从而防止熔池沿钢柱倾斜方向和向下方向流动，进而减少焊缝内部未熔合的缺陷（图 4）。

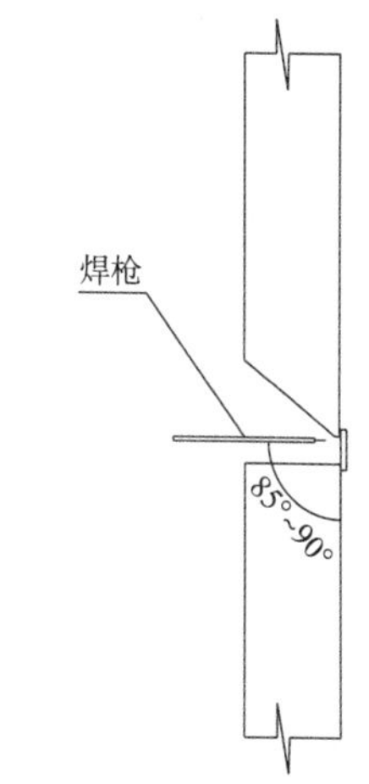

图 4 焊枪与焊缝角度示意图

（2）严格控制焊接道间温度：

在倾斜钢柱焊接过程中，如果道间温度过低会使得熔池焊渣不能充分的浮出熔池表面，从而形成焊道内夹渣。如果层间温度过高，会使得焊接熔池不易在焊道内附着，容易沿着钢柱倾斜方向及重力方向流动，从而形成未熔合的缺陷。通过实验及其余焊工焊接斜横焊经验总结，现场层间温度在常温下控制在 150～160℃，而在冬季焊接控制在 200～210℃，最大可能地降低了未熔合及焊道内夹渣的出现（图 5）。

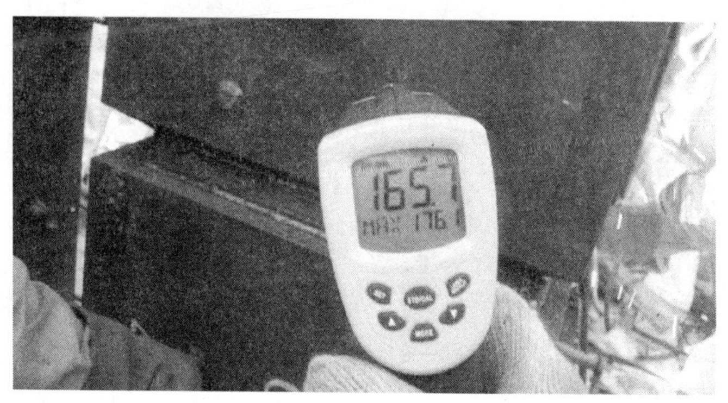

图 5 层间温度控制

（3）使用焊接性能更为优良的药芯焊丝替代实芯焊丝，解决实芯焊丝飞溅大，电弧稳定性差，焊缝表面质量和外观差的缺点，提高焊缝内部和外观质量。

通过不断总结；不断的改进工艺，现场最终在焊接第二道腰桁架及第三道腰桁架时，焊缝的一次自检合格率提高到了 97%以上（表 2）。

焊接工艺参数（斜横焊） **表 2**

<table>
<tr><td rowspan="4">焊接工艺参数</td><td rowspan="2">层次</td><td rowspan="2">焊接方法</td><td colspan="2">焊丝</td><td rowspan="2">保护气体</td><td rowspan="2">保护气体流量(L/min)</td><td rowspan="2">电流(A)</td><td rowspan="2">电压(V)</td><td rowspan="2">焊接速度(mm/min)</td></tr>
<tr><td>型号</td><td>直径（mm）</td></tr>
<tr><td>打底</td><td>CO_2 焊</td><td>E501T-1</td><td>ϕ1.2</td><td>CO_2</td><td>40～50</td><td>290～310</td><td>36～38</td><td>35～45</td></tr>
<tr><td>填充</td><td>CO_2 焊</td><td>E501T-1</td><td>ϕ1.2</td><td>CO_2</td><td>40～50</td><td>310～320</td><td>36～40</td><td>35～45</td></tr>
<tr><td></td><td>盖面</td><td>CO_2 焊</td><td>E501T-1</td><td>ϕ1.2</td><td>CO_2</td><td>40～50</td><td>270～290</td><td>36～38</td><td>35～45</td></tr>
<tr><td colspan="3">预热温度（℃）</td><td>90</td><td>道间温度（℃）</td><td>150～160</td><td>后热温度（℃）</td><td>170</td><td>后热时间</td><td>1h</td></tr>
</table>

3.2 斜立焊

斜立焊由于焊接电流小，熔深小，较易发生焊缝上口未熔合的情况；在厚板焊接时，焊枪的摆动空间都受到极大限制；焊接中，熔融金属因受重力作用，熔池成型的保持困难，是焊缝表面极易出现焊瘤、夹杂、未熔合的缺陷。这对许多焊接经验不丰富的焊工来说，难度较大。

针对许多焊工斜立焊掌握程度不高，经验欠缺的情况，现场在正式焊接之前，就组织了 80 人次专门进行了厚板斜立焊的焊工培训及附加考试，通过近一个多月的培训，在借鉴以往焊接经验的基础上，组织焊工附加考试，选择技能优秀水平稳定的焊工从事现场的斜向位置焊接，焊工培训及附加考试现场如图 6～图 8 所示（工艺参数见表 3）。

图 6 斜立焊焊工附加考试现场

图 7 斜立焊附加考试完成试件

图 8 现场斜立焊焊缝外观

焊接工艺参数（斜立焊） **表 3**

<table>
<tr><td rowspan="5">焊接工艺参数</td><td rowspan="2">层次</td><td rowspan="2">焊接方法</td><td colspan="2">焊丝</td><td rowspan="2">保护气体</td><td rowspan="2">保护气体流量(L/min)</td><td rowspan="2">电流(A)</td><td rowspan="2">电压(V)</td><td rowspan="2">焊接速度(mm/min)</td></tr>
<tr><td>型号</td><td>直径（mm）</td></tr>
<tr><td>打底</td><td>CO_2 焊</td><td>E501T-1</td><td>ϕ1.2</td><td>CO_2</td><td>40～50</td><td>180～220</td><td>26～30</td><td>150～200</td></tr>
<tr><td>填充</td><td>CO_2 焊</td><td>E501T-1</td><td>ϕ1.2</td><td>CO_2</td><td>40～50</td><td>200～240</td><td>28～32</td><td>150～200</td></tr>
<tr><td>盖面</td><td>CO_2 焊</td><td>E501T-1</td><td>ϕ1.2</td><td>CO_2</td><td>40～50</td><td>200～240</td><td>28～32</td><td>150～200</td></tr>
<tr><td colspan="3">预热温度（℃）</td><td>90</td><td>道间温度（℃）</td><td>130～150</td><td>后热温度（℃）</td><td>170</td><td>后热时间</td><td>1h</td></tr>
</table>

3.3 仰焊、斜仰焊

仰焊作为所有焊接位置当中较困难的一种焊接方法，因其施焊条件恶劣，焊缝成型困难，焊缝质量以及力学性能难以保证等原因，在焊接结构当中较少采用。为此，项目钢结构部针对现场具体节点制定了仰焊焊接工艺（工艺参数见表 4）及焊工培训计划，进行长达一个月的仰焊现场专项培训，并进行现场焊工附加考试及仰焊焊接工艺评定。

因受重力作用，焊缝金属在熔融状态下易下坠。为避免出现未融合等焊接缺陷，焊接时的运条方法宜采用熔深较大的直线型运条方法，即沿焊接方向作直线移动，在焊缝横向上不作任何摆动。焊道宽度宜在 5～8mm，最大不得超过 10mm。

焊接工艺参数（仰焊） 表 4

焊接工艺参数	层次	焊接方法	焊丝		保护气体	保护气体流量 (L/min)	电流 (A)	电压 (V)	焊接速度 (mm/min)
			型号	直径（mm）					
	打底	CO_2 焊	E501T-1	ϕ1.2	CO_2	40～50	180～200	24～30	150～200
	填充	CO_2 焊	E501T-1	ϕ1.2	CO_2	40～50	200～230	24～30	150～200
	盖面	CO_2 焊	E501T-1	ϕ1.2	CO_2	40～50	180～200	24～30	150～200
预热温度（℃）			90	道间温度（℃）	130～150	后热温度（℃）	170	后热时间	1h

焊丝选用适合全位置焊的 E501T-1 药芯焊丝。相比实芯焊丝，药芯焊丝焊缝成型美观，适合大电流焊接，电弧稳定，飞溅少，熔敷速度快，熔深大。这在很大程度上克服了仰焊易发生熔不透，外观成型差的缺点。由于电弧稳定，飞溅少，减轻焊工的操作难度及体力消耗，也使恶劣的施焊环境得以改善（图 9～图 12）。

图 9 仰焊工艺评定

图 10 现场水平仰焊

焊接工艺评定检验结果显示，两组 40mm 钢板仰焊对接接头的拉伸、侧弯、冲击（0℃）试验全部合格（见表 5）。

力学实验结果 **表 5**

试验类型 \ 试件形式		40mm 厚钢板对接仰焊
拉伸 σ_b（MPa）		≥570
侧弯		合格
冲击 A_{kv}（J）	焊缝	≥115（0℃）
	热影响区	≥152（0℃）

图 11　现场斜仰焊

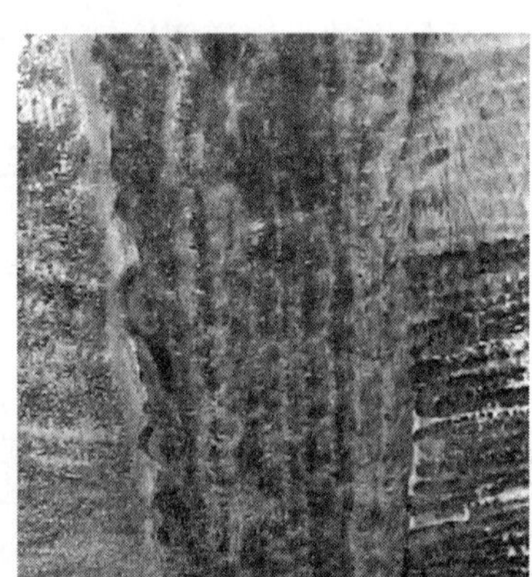

图 12　现场焊接后焊缝外观

4　结论

结合现场实际，有针对性地编制合理的施工工艺，是确保现场施工质量的重要前提。通过焊工培训，过程中严格执行已定的工艺要求是施工质量的保证。同时，强化施工过程的监控，及时发现施工过程中出现的问题，作有效的总结分析，并不断完善施工工艺和措施，使之日趋成熟，可起到提高施工质量及施工效率作用。该工艺对类似工程有普遍适用性。

Q390GJD 钢板负温度焊接工艺评定试验

葛冬云　韦疆宇
（中建一局集团建设发展有限公司）

摘　要：天津津塔在国内建筑结构中首次大规模采用 Q390GJD 钢板（6350t），最大板厚 100mm。考虑到部分结构焊接施工跨越冬季，对该钢材进行负温度条件下模拟柱—柱对接横焊低温（−10℃）焊接工艺试验。不搭设焊接保温棚，暴露于自然环境空气中焊接。一组试件在焊接完成并立即进行后热消氢处理后，实施保温缓冷；另一组试件暴露于自然环境随空气冷却。试验结果显示：有缓冷措施的一组冲击韧性优于随空气自然冷却的一组，建议焊后实施保温缓冷措施。

关键词：Q390GJD 钢板　低温焊接工艺　后热消氢处理　保温缓冷　自然冷却

1　焊接工程概况

天津津塔是天津市地标建筑，高度 336.9m，是目前华北区域最高建筑。结构形式为钢管混凝土柱框架＋核心钢板剪力墙体系＋外伸钢臂抗侧力体系。整个建筑外立面为多个 V 字形连续分隔连接而成的椭圆形筒状结构，建筑造型独特，线条流畅。津塔工程用钢量 6.8 万 t，结构主要采用 Q345 和 Q390 钢材，其中国产 Q390GJD 钢板的大规模采用，在当时国内建筑结构中，尚属首次，用量达 6350t，最大板厚 100mm。

2　Q390GJD 钢板理化性能

本工程使用的 Q390GJD 钢材由武汉钢铁集团生产。

此次 Q390GJD 国产钢材的采用，是在工程深化设计初期，我承包方大胆提议，并经结构设计方及多方专家论证后，将原设计 Q420 材质改为 Q390GJD。

经过对两种钢材的性能参数比对后可知，Q390GJD 钢焊接性能更优良，碳当量及焊接裂纹敏感性方面优于 Q420 钢；在力学性能方面，60mm 厚 Q390GJD 钢板屈服强度高于 70mm 厚 Q420 钢板；且 Q420 钢板在卷管后的径厚比数值已接近国内卷管径厚比经验值的极限。经综合比对，采用 Q390GJD 钢材既能获得更优异的结构性能，又能降低实际施工难度（表 1 和表 2）。

Q390GJD 化学成分表（%）　　**表 1**

	C	Si	Mn	P	S
标准	≤0.18	≤0.55	≤1.6	≤0.20	≤0.015
合格证	0.15	0.36	1.55	0.16	0.09

Q390GJD 力学性能表 **表 2**

	屈服强度 σ_s（MPa）	抗拉强度 σ_b（MPa）	伸长率 δ_s（%）	冲击功 A_{kv}（J）（−20℃）
标准	370～490	490～650	≥20	34
合格证	410	550	31	133，168，225

3 焊材选配

在焊材的选配上，仍然选用国内钢结构施工较常采用的 ER50－6 型实芯焊丝。在经过金属合金元素及力学性能比对后，钢材与焊材两者间的理化性能较为接近。由于 ER50－6 在国内应用广泛，工艺成熟，因而选用其对焊接质量的稳定性十分重要（表 3 和表 4）。

ER50－6（锦泰）实芯焊丝化学成分表（%） **表 3**

	C	Si	Mn	P（Max）	S（Max）
标准	0.06～0.15	0.80～1.15	0.40～1.65	0.025	0.035
合格证	0.08	0.88	1.47	0.010	0.013

ER50－6（锦泰）实芯焊丝力学性能表 **表 4**

	屈服强度 σ_s（MPa）	抗拉强度 σ_b（MPa）	伸长率 δ_s（%）	冲击功 A_{kv}（J）（−30℃）
标准	≥420	≥500	≥22	27
合格证	460	575	29	88，89，78

4 试验条件及焊接工艺

考虑到采用 Q390 钢材的部分结构焊接施工跨越冬季，决定对采购的 Q390 钢材进行负温度条件下模拟柱—柱对接横焊低温焊接工艺试验。试验环境参考天津当地近五年最低气温，确定试验温度为－10℃，暴露于自然环境空气中焊接，不搭设焊接保温棚。试验地点选在沈阳。

焊接工艺试验分两组。两组试件同时进行焊接，采用相同的焊接工艺参数。区别在于：一组试件在焊接完成并立即进行后热消氢处理后，实施保温缓冷；另一组试件在焊接完成并立即进行后热消氢处理后，暴露于自然环境中随空气冷却（表 5）。

焊接参数 **表 5**

焊接层数	焊丝直径（mm）	电流（A）	电压（V）	焊丝伸出长度（mm）	气体流量（L/min）	焊接速度（mm/min）	最低预热温度（℃）
首层	ϕ1.2	260～280	30～32	30	55～60	400	120
填充层	ϕ1.2	280～300	30～38	25～30	55～60	340	/
盖面层	ϕ1.2	240～260	30～32	15～20	55～60	400	/

后热温度为250～300℃，在该温度下后热时间以母材板厚每25mm后热半小时计，后热时间为1.5h（图1～图4）。

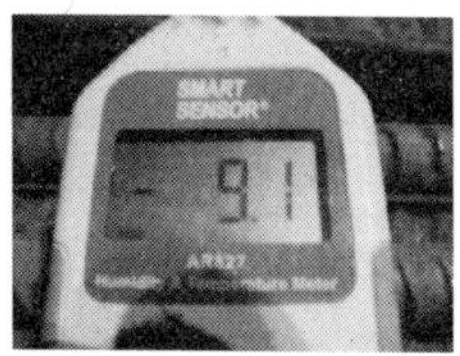

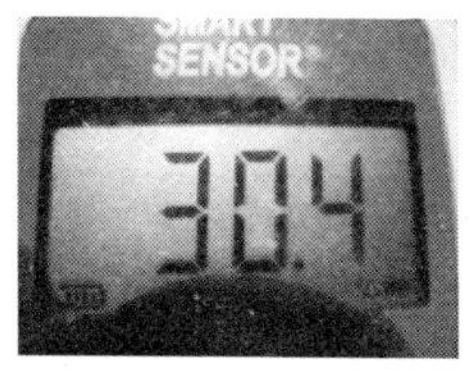

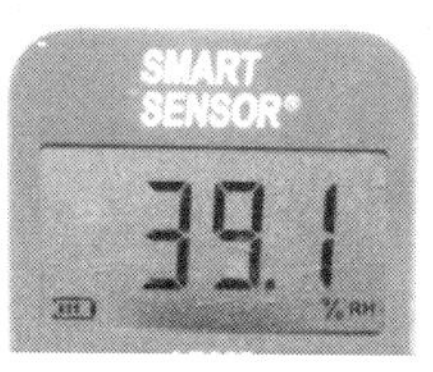

图1　环境温度－11～－9℃
湿度30％～40％

图2　两组试件同时等速焊接

图3　焊后后热

图4　一组保温缓冷，一组随空气冷却

5　力学试验结果对比

试验完成后，送国家钢铁质检中心试验室进行了焊接力学试验（表6）。

检验类别和试验数量　　**表6**

母材形式	试件形式	试件厚度	无损探伤	试样数量			
板	对接接头	55mm	要	拉伸	侧弯	冲击（－20℃）	
						焊缝	热影响区
				2	4	3	3

力学试验结果表明，两组试件力学性能均满足要求（表7和表8）。

实施保温缓冷一组数据 表 7

	拉伸试验 σ_b（MPa）	侧弯试验 $d=3a$ 180°	冲击功 A_{kv}（J）（−20℃）	
			焊缝中心	热影响区
标准	≥490	/	34	34
试验值	550，550	合格	65，112，115	110，110，75

随空气自然冷却一组数据 表 8

	拉伸试验 σ_b（MPa）	侧弯试验 $d=3a$ 180°	冲击功 A_{kv}（J）（−20℃）	
			焊缝中心	热影响区
标准	≥490	/	34	34
试验值	560，545	合格	73，102，67	66，61，72

6 结论

焊接工艺试验结果比对后可知，ER50－6 实芯焊丝与 Q390GJD 钢材匹配合理，在－10℃负温度自然环境下焊接可获得优良的力学性能。两组试件在不同的冷却速度下，抗拉强度没有明显差异，但是在冲击韧性的表现上，有缓冷措施的一组优于随空气自然冷却一组，因而建议焊后实施保温缓冷措施，以获得更优良的焊接接头性能。

ASTM A572 Gr50 级热轧 H 型钢及 Q345C 钢低温焊接工艺评定

葛冬云　王　忠
（中建一局钢结构工程有限公司）

摘　要：北京乐喜金星（LG）大厦工程采用了 ASTM A572 Gr50 型钢，为适应冬夏两季不同的焊接预热保温要求，在哈尔滨进行了－10℃低温焊接工艺评定，从而在北京的冬季到来之前取得了切实可行的焊接工艺参数。

关键词：ASTM A572 Gr50 级热轧 H 型钢　Q345C 级钢板　－10℃低温焊接工艺评定

1　工程概况

北京 LG 大厦塔楼地下 4 层，地上 31 层；裙房 6 层，建筑总面积约 150400m^2，总用钢量约 16000t。塔楼框架柱为 W14×257，裙房柱为焊接箱型口 600×600×30，钢梁主要是进口热轧 H 型钢和国产热轧 H 型钢，部分是焊接 H 型钢。

本工程钢材主要为美标 ASTM A572 Gr50 级热轧 H 型钢，部分为国产 Q345B、Q345C 级钢板和热轧 H 型钢。当钢材厚度大于或等于 40mm 时，执行国家标准《厚度方向性能钢板》GB/T 714－2000 的 Z15 级规定，板厚方向的断面收缩率 15%，硫磷含量符合该标规定的允许值。

2　现场低温焊接工艺评定试验

工程主体结构焊接大部分在 2003 年 11 月 15 日至 2004 年 3 月 15 日间进行。为了冬期能够正常安装焊接施工，我公司提前到哈尔滨市进行低温－10℃的焊接工艺评定试验。

钢柱焊接选择在室外搭设防风保温棚的形式，钢梁和连接板焊接模拟实际情况露天焊接，尽量与现场施工环境相同。

2.1　低温（－10℃、－5℃）钢柱对接工艺评定试验

钢材：A572 Gr50 与 A572 Gr50 柱 Z15（板厚 48mm）；

焊接方法：选用 CO_2气体保护焊；

焊接位置：横焊；

焊缝形式：单 V 形坡口 30°带垫板，间隙 9mm；

试验板尺寸为 500mm×760mm，由合格焊工施焊。

钢柱对接低温焊接参数表 **表 1**

板厚（mm）	焊丝牌号	焊丝直径（mm）	焊接电流（A）	焊接电压（V）	预热温度（℃）	焊接速度（mm/min）
48	JM-56	ϕ1.2	280～340	30～38	100	350～450

试件焊接接头质量按《建筑钢结构焊接技术规程》JGJ 81-2002 标准作外观检验，焊后 24h 做超声波检验，结果满足设计要求，然后按《焊接接头机械性能试验取样方法》GB 2649-89 规定取试样，并按《焊接接头冲击试验方法》GB 2650-2008 进行接头低温（0℃及−10℃）冲击试验（焊缝、热影响区各 3 个）；拉伸 2 个；侧弯 4 个试验。

焊接条件为：有防风棚及焊后保温措施做一组；有防风棚无焊后保温措施一组（表 2）。

钢柱对接低温焊接试验结果表 **表 2**

检测项目 / 焊接温度	拉伸			侧弯弯心直径 $D=2a$（mm）		冲击			
	σ_b	断口位置	评定结果	弯曲角度	评定结果	缺口位置	试验温度（℃）	冲击功 A_{kv}（J）	评定结果
−10℃*（焊后保温）	540	母材	合格	180	合格	粗晶区	0（−10）	18（18.5）	0℃及−10℃均不合格
	540	母材	合格	180	合格	粗晶区	0（−10）	21（25）	
				180	合格	粗晶区	0（−10）	22（20）	
				180	合格	焊缝	0（−10）	119（110）	合格
						焊缝	0（−10）	111（112）	
						焊缝	0（−10）	129（90）	
−5℃**（焊后不保温）	530	母材	合格	180	合格	粗晶区	0（−10）	39（34）	合格
	520	母材	合格	180	合格	粗晶区	0（−10）	42（38）	
				180	合格	粗晶区	0（−10）	51（41）	
				180	合格	焊缝	0（−10）	117（93）	合格
						焊缝	0（−10）	116（88）	
						焊缝	0（−10）	109（116）	

注：*为棚内温度，棚外环境温度为−17～−20℃；**为棚内温度，棚外环境温度为−16～−18℃。

2.2 低温（−10℃）柱-梁对接工艺评定试验

钢材：Q345C 钢柱牛腿与 A572 钢梁（板厚 30mm）；

焊接方法：选用 CO_2 气体保护焊；

焊接位置：平焊；

焊缝形式：单 V 形坡口 30°带垫板，间隙 6mm；

试验板尺寸：500mm×760mm，由合格焊工施焊。

试件焊接接头质量按《焊接接头机械性能试验取样方法》JGJ 81-2002 标准作外观检验，焊后 24h 做超声波检验，结果满足设计要求，然后按《焊接接头机械性能试验取样方法》GB 2649-89 规定取试样，并按《焊接接头冲击试验方法》GB 2650-2008 进行接头低温（−20℃）冲击试验（焊缝、热影响区各 3 个）；0℃冲击试验（焊缝、热影响区各 3

个)；拉伸 2 个；侧弯 4 个试验（表 3 和表 4）。

焊接条件为：无防风棚及有焊后保温措施做一组；无防风棚无焊后保温措施一组。

柱-梁对接低温焊接参数表 **表 3**

钢材	焊丝牌号	焊丝直径 (mm)	焊接电流 (A)	焊接电压 (V)	预热温度 (℃)	焊接速度 (mm /min)
Q345C+ A572	JM-56	ϕ1.2	280～360	30～38	80	350～450

柱-梁对接低温焊接试验结果表 **表 4**

检测项目 / 焊接温度	拉伸			侧弯弯心直径 $D=2a$（mm）		冲击			
	σ_b	断口位置	评定结果	弯曲角度	评定结果	缺口位置	试验温度（℃）	冲击功 A_{kv}（J）	评定
-10℃（焊后保温）	540	母材	合格	180	合格	粗晶区	0（-10）	134（110）	合格
	560	母材	合格	180	合格	粗晶区	0（-10）	152（140）	
				180	合格	粗晶区	0（-10）	124（95）	
				180	合格	焊缝	0（-10）	100（80）	合格
						焊缝	0（-10）	67（55）	
						焊缝	0（-10）	72（72）	
-10℃（焊后不保温）	530	母材	合格	180	合格	粗晶区	0（-10）	29.5（30）	合格
	530	母材	合格	180	合格	粗晶区	0（-10）	29.5（44）	
				180	合格	粗晶区	0（-10）	29.5（41）	
				180	合格	焊缝	0（-10）	62（28）	-10℃不合格；0℃合格
						焊缝	0（-10）	51（28）	
						焊缝	0（-10）	54（10）	

2.3 低温（-10℃）角 T 形接头工艺评定试验

钢材：Q345C 钢柱与 Q345C 连接板（板厚 12mm）；

焊接方法：选用手工电弧焊；

焊接位置：角立焊；

试验板尺寸为-12mm×300mm×300mm，由合格焊工施焊。

试件焊接接头质量按《焊接接头机械性能试验取样方法》JGJ 81-2002 标准作外观检验，结果满足设计要求，然后按《焊接接头机械性能试验取样方法》GB 2649-89 规定取试样，弯曲 2 个；宏观试验 2 个（表 5 和表 6）。

焊接条件为：无防风保温棚措施。

T 形角接头低温焊接参数表 **表 5**

钢材	焊条牌号	焊条直径 (mm)	焊接电流 (A)	焊接速度 (mm /min)	预热温度 (℃)
Q345C+Q345C	E5015	ϕ3.2	100～130	100～260	50～80
Q345C+Q345C	E5015	ϕ4.0	120～160	100～260	

T 形角接头低温焊接试验结果表 **表 6**

检测项目 / 焊接温度	面弯 弯心直径 $D=3a$（mm）	
	弯曲角度	评定结果
－10℃（焊后保温）	120	合格
	120	合格

3 推荐的低温焊接温度

以热影响区冲击功值≥34J（0℃）为合格判定标准，推荐低温焊接温度限值如下：

ASTM A572 Gr50 级热轧 H 型钢，厚度 48mm，对接接头，在常规焊接热输入，预热 100℃，焊后包裹保温条件下，推荐低温焊接温度限于－5℃。如欲在更低温度下施焊，建议提高预热温度或采用焊后加热到一定温度并保温的措施；

Q345C 级钢板，厚度 30mm，对接接头，在常规焊接热输入，预热 80℃，焊后包裹保温条件下，推荐低温焊接温度限于－10℃；

Q345C 级钢板，厚度 12mm，T 形角接头，在常规焊接热输入，预热 50～80℃，焊后包裹保温条件下，推荐低温焊接温度限于－10℃。

同时，焊材应选优。本文中涉及的现场图片见表 7。

哈尔滨低温焊接现场记录 **表 7**

雪地上搭起的防风保温棚

保温棚内焊前预热

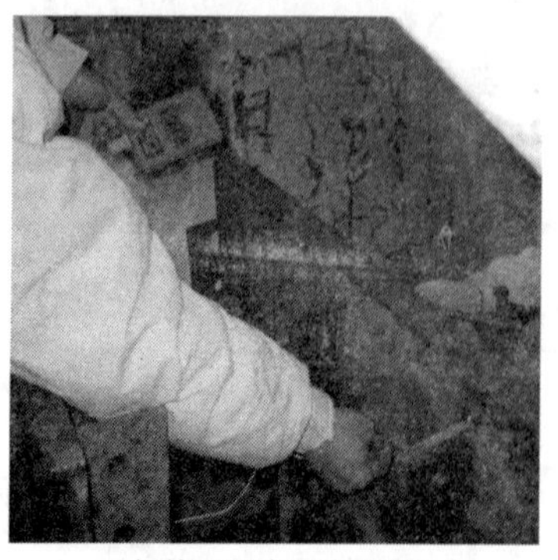

焊接过程中温度监测

焊后试件置于室外（焊后不保温）

 焊后保温	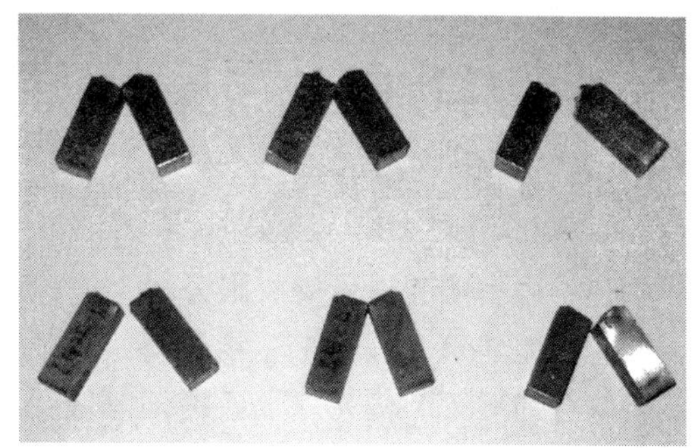 横焊－10℃冲击试样
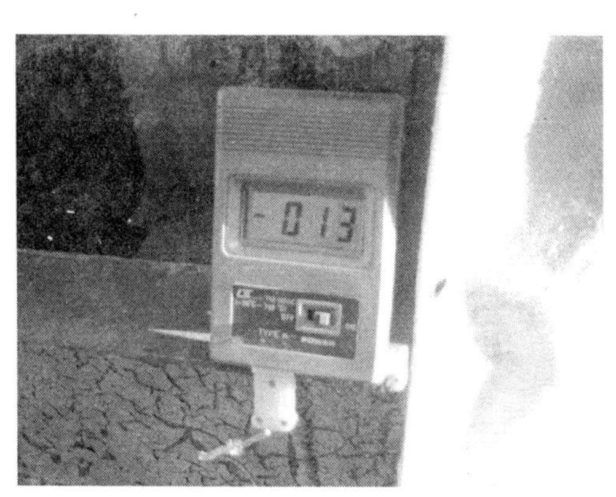 实测环境温度（－13℃）	 立焊试件焊接时，环境温度为－11℃，焊后120°弯曲试验合格
	平焊试件焊接时，环境温度为－10℃，低温冲击试验选择了0℃和－10℃两种，焊后保温的试样全部合格；焊后不保温的试样，热影响区－10℃冲击功值≥30J，焊缝冲击功单值低至10J。如工程需要－10℃施焊并要求－10℃冲击功合格，则应选配冲击韧性更高的焊丝

中建一局集团建设发展有限公司

中建一局集团建设发展有限公司，简称一局发展，成立于1953年。现有员工2400余人，拥有房屋建筑工程施工总承包特级资质，注册资本3亿元，年完成营业额60亿元以上，新签合约额150亿元以上，资信等级AAA级。2010年，一局发展积极践行“诚信、效率、学习、创新”的企业核心价值观，在中建总公司三级单位效益规模综合排名中独占鳌头。

几十年来，一局发展依靠不断追求精益的管理和卓越的品质，始终在中国建筑行业保持勃勃生机。

改革开放之初，一局发展快速对接市场，成为首都北京早期大型外商投资项目的建设者，承建了北京松下彩管厂、北京丽都饭店、北京燕莎中心、北京中国国际贸易中心一期等工程，也成为中国建筑业较早与日本大成、德国霍尔兹曼、法国SAE等国际著名承包商合作，与国际建筑业进行先进文化交融的企业。

进入新世纪以来，一局发展主攻高端建筑市场，承建了一大批高品质的“高、大、精、尖、难、特”工程及具有时代和地区标志性意义的建筑精品。国家游泳中心、中国中央电视台新址、北京国贸三期、上海环球金融中心、北京LG大厦、中国石油大厦、天津津塔、无锡机场、深圳平安国际金融中心（基坑）等地标性精品建筑都在一局发展手中诞生，同时无锡海力士半导体厂房、合肥京东方厂房、大连INTEL厂房，以及目前国内两条高世代线液晶厂房——昆山龙飞光电项目和深圳华星光电项目，更是展现了一局发展在大型高科技电子厂房方面雄厚的综合实力。同时，一局发展积极发展市政环保道桥及城市轨道交通等基础设施建设，稳健运用企业资信优势通过投资带动工程总承包，以成本加酬金的方式与大型地产商建立了长期的伙伴关系。截至目前一局发展累计完成各类国家和地方重点工程1000余项，获得国家科技进步奖1项、詹天佑奖2项、鲁班奖15项、国家优质工程奖11项、各类省部级优质工程奖逾百项。

一局发展以诚信和效率为贵，坚持“用户第一、客户至上、以诚取信、服务为荣”的经营方针，以经营质量为本，始终践行为客户提供有价值服务的理念，坚持法人管项目，积极创新管理理念和管理机制，成立技术中心，建立“强大、高效、受人尊敬”的总部，并以“三级层次十一大系统”的“311”模式确立了在建筑业具有一流水平的信息化工作环境。

一局发展拥有一支专业技术过硬的精英骨干队伍，包括国际杰出项目经理2人，全国优秀项目经理13人，国家注册造价工程师50人，国家注册建造师141人，高级职称管理人员325人，中级职称管理人员496人。

近年来，一局发展将坚定不移打造“中国建筑”房建领域工程总承包一流品牌作为发展方向，在保持企业传统规模优势的同时，积极增强企业机制能力，提高经营质量，大力推进经营结构调整，紧跟市场节奏，保障了企业稳健发展。

中冶建筑研究总院有限公司焊接研究所
中冶焊接科技有限公司

中冶建筑研究总院有限公司焊接研究所始创于1958年，创始人是已故国内外著名焊接专家曾乐教授。多年以来，焊接所为国内各大钢铁企业成功解决了许多焊接领域的技术难题，始终致力于建筑钢结构焊接技术、钢材焊接性、钢结构工程及压力容器的质量检测、工程结构安全评定及技术咨询、专用焊接与切割设备、特种焊接材料、冶金备件修复与制造技术和焊接检测技术的研究，取得了丰硕的成果。

焊接研究所目前拥有以博士、硕士领衔的中高级科研人员多名，所有工程技术人员均经过专业技术培训，具有国际焊接检验师CWI或无损检测等资格证书。其中工程检测及技术咨询部下属共四个部门：

1. 技术咨询部：技术咨询部是焊接检测部的一个对外窗口，负责各类协会、学会工作，中国工程建设焊接协会秘书处、中国工程建设焊接协会培训部、中国钢结构协会钢结构焊接分会秘书处、冶金工程建设焊工技术考试委员会秘书处、北京市焊接学会咨询工作委员会秘书处均设在此。技术咨询部下设焊接从业人员资质认证考试中心，有11个设施先进的工位，可进行焊条电弧焊、氩弧焊、CO_2气体保护焊、埋弧焊、栓钉焊以及电渣焊、气电立焊等焊接方法的培训、考试和各种高级焊接人才培训，开展焊接工艺评定、焊材复验、焊接技术咨询、技术服务等工作。

2. 无损检测实验室：在从事工程检测的同时，还从事无损检测新材料、新工艺、新设备的研究开发，曾获得多项专利及科研成果奖励，主持或参加制定了多项无损检测标准。

3. 金相实验室：本实验室主要以做低碳低合金建筑钢材焊接区金相为特色，同时还承接中碳钢、铸铁、不锈钢等钢种的金相检测。承接项目主要为金属低倍缺陷、金相组织、非金属夹杂物、脱碳层深度、晶粒度和硬度（洛式、维式和显微硬度）的检测。

4. 测量实验室：本实验室拥有国外进口的全站仪、电子水准仪等先进的测量设备，具有超高层钢结构控制网检测、构件安装精度检测和大跨度结构、高层建筑变形观测的能力，先后参加过多项重大超高层及大跨度钢结构工程的测量检测工作。

中冶焊接科技有限公司由中冶建筑研究总院有限公司、中冶宝钢技术服务有限公司、中冶京诚工程技术有限公司共同出资设立，依托中冶集团建筑研究总院50余年的焊接研究积淀和丰富的产学研资源，集成中冶集团焊接产业及综合优势创立的高科技企业。公司致力于焊接技术、焊接检测技术、特种焊接材料（硬面堆焊系列、不锈钢系列、工具钢系列、耐磨耐候等），通用焊接材料、专用装备、水电解氢氧发生器、新型组合楼板系列的研制、生产与销售，面向市场专业提供焊接科技成套解决方案和焊接检测咨询服务，是一家科研专业水准国内领先、国际一流的创新性公司。